Pytheas von Massalia

PRISMATA
Beiträge zur Altertumswissenschaft
Begründet von Ilona Opelt †

Herausgegeben von Bruno Bleckmann, Raban von Haehling,
Christoph Schubert, Markus Stein, Bernhard Zimmermann

BAND 24

Peter Braun-Angott

Pytheas von Massalia

Geographische, astronomische und handelspolitische
Aspekte seines Reiseberichts

PETER LANG
Berlin · Bruxelles · Chennai · Lausanne · New York · Oxford

Bibliografische Information der Deutschen Nationalbibliothek
Die Deutsche Nationalbibliothek verzeichnet diese Publikation in der Deutschen Nationalbibliografie; detaillierte bibliografische Daten sind im Internet über http://dnb.d-nb.de abrufbar.

ISSN 0175-6265
ISBN 978-3-631-93785-3 (Print)
ISBN 978-3-631-93802-7 (ePDF)
ISBN 978-3-631-93803-4 (ePUB)
DOI 10.3726/b22909

© 2026 Peter Lang Group AG, Lausanne (Schweiz)
Verlegt durch Peter Lang GmbH, Berlin (Deutschland)

info@peterlang.com

Alle Rechte vorbehalten.

Das Werk einschließlich aller seiner Teile ist urheberrechtlich geschützt. Jede Verwertung außerhalb der engen Grenzen des Urheberrechtsgesetzes ist ohne Zustimmung des Verlages unzulässig und strafbar. Das gilt insbesondere für Vervielfältigungen, Übersetzungen, Mikroverfilmungen und die Einspeicherung und Verarbeitung in elektronischen Systemen.

www.peterlang.com

Inhalt

Vorwort		xi
1.	Einführung und Aufbau der Arbeit	1
2.	Übersicht über die Fragmentinhalte	11
2.1	Britannien	11
2.2	Iberische Halbinsel	14
2.3	Bretonische Halbinsel	14
2.4	Thule	15
2.5	Die Parokeanitis	17
2.6	Der Schlafplatz der Sonne	17
2.7	Metuonis und die Bernsteininsel Abalus/Basilia	18
2.8	Die „Meerlunge"	18
2.9	Rekonstruktionen der Reise	19
2.10	Zusammenfassung	22
3.	Kritik am Reisebericht des Pytheas in der Antike	23
3.1	Urteil des Polybios über den Reisebericht des Pytheas	23
3.2	Die Zeit des Dikaiarchos, Eratosthenes und Pytheas	26
3.3	Polybios' Beurteilung der „alten Geographen"	28
3.4	Gründe für das Mißtrauen des Polybios und Strabons gegen den Reisebericht des Pytheas	32
	3.4.1 Polybios	32
	3.4.2 Strabon	42

		3.4.2.1	Kritik an der Erdkarte des Eratosthenes	42
			3.4.2.1.1 Die Lage der Insel Thule auf dem Polarkreis	43
			3.4.2.1.2 Überlegungen zur Ausdehnung der Oikumene	55
			3.4.2.1.3 Osismier und Ostidäer. Das Kyrtoma Europas. Die Insel Uxisame	58
3.5	Weitere Kritik am Bericht des Pytheas über Thule			64
3.6	Pytheas und der hellenistische Reiseroman			74
	3.6.1	Fabel- und Wundergeschichten in der antiken Literatur		74
	3.6.2	Strabons Kritik an der Erzählung des Poseidonios über die Fahrten des Eudoxos von Kyzikos		81
	3.6.3	Pytheas von Strabon auf eine Stufe mit Euhemeros und Antiphanes gestellt		87
		3.6.3.1	Vergleich mit Euhemeros	87
		3.6.3.2	Vergleich mit Antiphanes. Der Thule-Roman des Antonios Diogenes	88
	3.6.4	Der Hyperboräerroman des Hekataios von Abdera		93
3.7	Zusammenfassung			96

4. Pytheas und die Frage nach der Herkunft des Zinns in der Antike — 97

4.1	Mutmaßungen über die Zinninseln			97
4.2	Kenntnisse des Polybios über spanisches und britannisches Zinn			99
4.3	Exkurs: Poseidonios über den antiken Zinnbergbau in Spanien und die Kassiteriden			106
4.4	Polybios und das galicische Zinn			110
4.5	Scipios Zusammenkunft mit den Kaufleuten aus Corbilo, Narbo und Massalia			113
	4.5.1	Die Scipionen als Gesprächsführer		115
		4.5.1.1	Pb. Cornelius Scipio	115
		4.5.1.2	Pb. Cornelius Scipio Maior	115
		4.5.1.3	Scipio Aemilianus	116
	4.5.2	Zeitpunkt der Zusammenkunft		117

	4.5.2.1 Scipio und Polybios 150/151 in Spanien und Afrika	117
	4.5.2.2 Scipio und Polybios vor Numantia	118
	4.5.3 Die Atlantikfahrt des Polybios	121
	4.5.4 Britannisches Zinn als mögliches Gesprächsthema	124
	4.5.5 Zusammenhang mit dem Bericht des Diodorus Siculus	127
4.6	Bericht des Diodorus Siculus über das britannische Zinn	128
	4.6.1 Der Zinnabbau in Belerion	129
	4.6.2 Verarbeitung des Zinns auf Belerion und Transport auf die Insel Iktis	131
	4.6.2.1 Verarbeitung des Zinns	131
	4.6.2.2 Die Insel Iktis	137
	4.6.2.3 Exkurs: Die Insel Mictis des Timaios	138
	4.6.2.4 Gezeiteninseln im Kanal	145
	4.6.3 Der Weg des britannischen Zinns von Iktis an das Mittelmeer	145
	4.6.4 Poseidonios als Quelle Diodors	151
	4.6.4.1 Tolosa, Tectosagen und der Garonneweg	152
	4.6.4.2 Kenntnisse über Britannien, Bericht des Priskianos Lydos	157
	4.6.4.3 Poseidonios und Pytheas	160
	4.6.5 Publius Licinius Crassus als Quelle Diodors	166
4.7	Zusammenfassung	170

5.	**Das Britannien des Pytheas und die antike Geographie**	171
5.1	Mutmaßungen über Existenz, Größe und Inselnatur	171
5.2	Geographische Angaben	173
	5.2.1 Küstenlänge bei Eratosthenes	173
	5.2.2 Umfang nach Polybios	177
	5.2.3 Gestalt, Lage und Küstenlänge nach Diodorus Siculus	178
	5.2.4 Umfang bei Plinius und Isidor von Charax	182
5.3	Pytheas in Britannien	184
	5.3.1 Die Lesarten ἐμβατόν und ἐμβαδόν	184
	5.3.1.1 ἐμβατόν	185
	5.3.1.2 ἐμβαδόν	187
	5.3.2 Pytheas' Fahrt längs der Küste Britanniens	190

INHALT

- 5.4 Die Länder oberhalb von Britannien ... 196
  - 5.4.1 Fluthöhen ... 196
  - 5.4.2 Der Schlafplatz der Sonne ... 197
    - 5.4.2.1 Bericht des Geminos ... 197
    - 5.4.2.2 Bericht des Kosmas Indikopleustes ... 202
- 5.5 Wege nach Britannien ... 207
  - 5.5.1 Seeweg um die iberische Halbinsel ... 207
    - 5.5.1.1 Kritik des Artemidoros ... 208
      - 5.5.1.1.1 Entfernung Gadeira-Heiliges Vorgebirge ... 209
      - 5.5.1.1.2 Verschwinden der Gezeiten ... 214
      - 5.5.1.1.3 Wege an der atlantischen Nordküste Spaniens ... 215
    - 5.5.1.2 Pytheas und die *Ora Maritima* des Rufus Festus Avienus ... 216
  - 5.5.2 Sperrung der Straße von Gibraltar ... 221
  - 5.5.3 Die Römisch-Karthagischen Verträge ... 223
    - 5.5.3.1 Erster Vertrag ... 223
    - 5.5.3.2 Zweiter Vertrag ... 224
  - 5.5.4 Landweg versus Seeweg ... 225
- 5.6 Zusammenfassung ... 228

6. Pytheas und die Breitentafel des Hipparchos ... 231
- 6.1 Strabons Kritik an den Vorstellungen des Hipparchos und Deïmachos hinsichtlich der Lage Indiens ... 232
- 6.2 Strabons Beweise gegen Hipparchos als Reductio ad Absurdum ... 234
  - 6.2.1 Erste Absurdität: Skythien viel weiter nördlich als Ierne gelegen ... 234
  - 6.2.2 Zweite Absurdität: Britannien und Baktrien auf demselben Parallelkreis gelegen ... 236
    - 6.2.2.1 Tageslängen und Sonnenhöhen in Britannien ... 236
    - 6.2.2.2 Herleitung des Widerspruchs ... 241
- 6.3 Das Breitenverzeichnis des Hipparchos ... 244
  - 6.3.1 Der Auszug Strabons aus dem Breitenverzeichnis des Hipparchos ... 244

	6.3.2 Strabons Gebrauch des Verzeichnisses für seinen Beweis	247
	6.3.3 Vergleich der Breitentabelle des Hipparchos mit der des Ptolemaios	251
	6.3.4 Hipparchos' Breitentabelle und die Insel Thule	255
6.4	Mögliche Standortbestimmungen durch Pytheas	257
	6.4.1 Reisezeit und Reisedauer	257
	6.4.2 Pytheas und die Lehre von der Kugelgestalt der Erde	258
	6.4.2.1 Das geozentrische Weltsystem	258
	6.4.2.2 Bestimmung der Lage des Himmelspoles	260
	6.4.2.3 Breitenmessung mit Hilfe des Gnomons	262
	6.4.2.4 Messung der Tageslängen	266
6.5	Zusammenfassung	269
7.	**Mutmaßungen über Pytheas' Thule**	**271**
7.1	Island und die Färöer	272
7.2	Shetland Inseln	280
7.3	Norwegen	289
7.4	Zusammenfassung	294
8.	**Pytheas und die Bernsteininsel Abalus**	**295**
8.1	Bernsteininseln bei Plinius und Diodorus Siculus	295
8.2	Lokalisierung von Abalus	298
	8.2.1 Gutonen, Guionen, Inguaeonen und Teutonen	298
	8.2.2 Abalus-Helgoland als „Port of Trade" für den Bernsteinhandel	300
8.3	Seeverbindungen von Abalus nach Britannien und Rückkreise	302
8.4	Zusammenfassung	304
9.	**Résumé**	**305**
10.	**Anhang: Die Arktischen Kreise und der Polarkreis**	**309**
10.1	Arktische Kreise	309
10.2	Polarkreis	310

11. Bibliographie — 313
Abkürzungen — 313
Textausgaben und Übersetzungen — 313
Sammelwerke — 321
Literaturverzeichnis — 322

12. Abbildungsverzeichnis, Liste der Tabellen — 339

Index — 341

Vorwort

Die vorliegende Arbeit wurde im Dezember 2021 von der Philosophischen Fakultät der Heinrich-Heine-Universität Düsseldorf als Dissertation angenommen.

Mein herzlicher Dank gilt Herrn Prof. Dr. Michael Reichel, der die Arbeit angeregt und mit wertvollem Rat und stetem Interesse gefördert und begleitet hat.

Ferner danke ich Herrn Prof. Dr. Bruno Bleckmann für die Übernahme des Korreferats und für anregende und ergänzende Hinweise zu einigen Punkten der Arbeit. Ihm und den anderen Herausgebern gilt auch mein Dank für die Aufnahme in die Reihe „Prismata. Beiträge zur Altertumswissenschaft".

Zu Dank verpflichtet bin ich auch den Bibliothekarinnen der Hochschule Düsseldorf (HSD) für ihren unermüdlichen Einsatz bei der Beschaffung der weit verstreuten Literatur zum Thema.

Unvergessen bleibt auch das große Engagement, mit dem mich meine Freunde Ankatrin und Alberto Giussani und ferner auch meine Schwester Ulrike samt Familie auf weiten Reisen auf den Spuren des Pytheas begleitet haben.

Nach Abschluss des Promotionsverfahrens erschien die umfangreiche und sehr kenntnisreich kommentierte Fragmentsammlung von Lionel Scott.[1] Sie kommt allerdings bezüglich des Zwecks und des zeitlichen Verlaufs der Reise

---

[1] Lionel Scott, Pytheas of Massalia. Texts, Translation, and Commentary, Abingdon/New York 2022.

sowie hinsichtlich der Lokalisierung der von Pytheas im Norden aufgesuchten Regionen zu anderen Ergebnissen als die vorliegende Monographie.

Kürzlich erschien eine weitere Arbeit zum Reisebericht.[2] Es handelt sich um ein Werk von François Herbaux, das einen knapp gefassten Überblick über den gesamten Themenkomplex „Pytheas" von den antiken Zeugnissen bis hin zu modernen literarischen Bearbeitungen des Reiseberichts in Romanform bietet.

Düsseldorf, im April 2025
Peter Braun-Angott

---

[2] François Herbaux, Pythéas. Explorateur du Grand Nord, Paris 2024.

1. Einführung und Aufbau der Arbeit

Pytheas war ein aus dem griechischen Massalia, dem heutigen Marseille, stammender Reisender, Astronom und Geograph, der vermutlich im letzten Drittel des 4. Jahrhunderts v. Chr. ausgedehnte Reisen in den der antiken Welt noch weitgehend unbekannten europäischen Norden unternommen hat, die ihn bis zu der in der Nähe des Polarkreises gelegenen legendären Insel Thule und zur Bernsteininsel Abalus geführt haben sollen. Pytheas hat seine Fahrt in einer Schrift dokumentiert, die verloren gegangen ist, doch sind einige wichtige Beobachtungen, die er auf seiner Expedition in den Norden gemacht haben will, verstreut in den Werken späterer Autoren der Antike überliefert worden. In der Hauptsache stammen die erhaltenen Quellentexte zum einen aus dem geographischen Werk Strabons, zu dessen namentlich genannten Gewährsleuten Eratosthenes von Kyrene, Artemidoros von Ephesos, Polybios von Megalopolis sowie der Astronom Hipparchos von Nikaia gehören, der unabhängig von Strabon noch eine Sonderquelle liefert, und zum anderen – in minderem Umfang – aus der *Naturalis Historia* des Plinius, der sich u. a. auf den Historiker Timaios von Tauromenion und den Geographen Isidor von Charax stützt. Zu diesen Fragmenten treten noch vereinzelt Stellen aus den Schriften anderer antiker Autoren, von denen die wichtigsten der Mathematiker und Astronom Geminos von Rhodos sowie der Astronom Kleomedes sind. Die letzten aus der Spätantike stammenden Belegstellen finden sich bei Markianos von Herakleia, Stobaios, Stephanos von Byzanz und Kosmas Indikopleustes (siehe Abb. 1).

KAPITEL 1

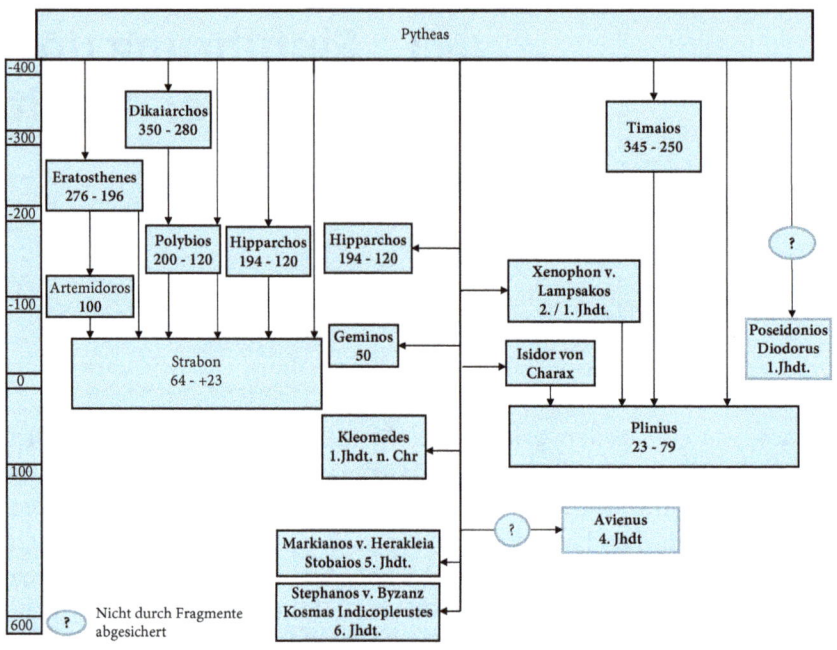

Abb. 1: Quellenautoren.

Auf der Basis dieser Testimonien und Fragmente sind schon seit langem in der Forschung zahlreiche Versuche unternommen worden, ein Bild von den Unternehmungen des Pytheas zu gewinnen, doch hat es sich gezeigt, dass die Quellentexte eine Rekonstruktion der Reise nicht oder nur mit großer Unsicherheit gestatten.[3] In der Tat sind die in den Fragmenten wiedergegebenen Ortsbeschreibungen, soweit überhaupt vorhanden, zum Teil derart knapp gehalten und zudem auch oft widersprüchlich, dass sie ganz unterschiedlichen Regionen des Nordens zugeordnet werden können. Nach den einen gelangte Pytheas bis zu dem in der Nähe des Polarkreises gelegenen Island, nach anderen erreichte er die norwegische Küste und befuhr sogar die Ostsee bis hoch hinauf in den Finnischen Meerbusen, was K. G. Sallmann zu dem ironischen Kommentar veranlasste, dass die Kühnheit, mit der die

---

[3] Vgl. H.-G. Nesselrath, RGA 23, 2003, 617–620, s. v. Pytheas.

Nordlandfahrt rekonstruiert werde und mit der die Lokalitäten wie Abalus oder Thule identifiziert würden, oft der des Pytheas nicht nachstehe.[4] Als weitere Schwierigkeit kommt hinzu, dass in der Mehrzahl der Fälle nicht mehr mit Sicherheit entschieden werden kann, ob Pytheas selbst die Gegenden, von denen die Texte handeln, besucht und in Augenschein genommen hat, oder ob er Nachrichten aus zweiter oder sogar dritter Hand in seinem Reisebericht verarbeitet hat. F. Walbank hat dies sehr prägnant zum Ausdruck gebracht, wenn er schreibt: „Much in the story of Pytheas remains obscure; for this our sources are largely to blame, for far too often we face a situation in which we have to consider what Strabo said about what Polybius said about what Eratosthenes said about what Pytheas said somebody had told him".[5]

Von den ganz unterschiedlichen Möglichkeiten, die Fragmente zu interpretieren, haben auch wieder zwei in jüngerer Zeit erschienene umfangreiche Monographien Zeugnis abgelegt, die zu völlig verschiedenen Ergebnissen bezüglich des gesamten Reiseverlaufs gelangt sind.[6]

Die vorliegende Arbeit will den bereits vorhandenen Rekonstruktionen des Reiseberichts eine neue nicht hinzufügen. Sie setzt auch nicht die Reihe der kommentierten Fragmentsammlungen fort, nachdem erst in jüngerer Zeit zwei sehr ausführliche Kommentare erschienen sind, die die Fragmentsammlungen älteren Datums von Schmekel (1848) und Mette (1952) ergänzen und ersetzen.[7] Sie schlägt vielmehr einen anderen Weg ein und unternimmt es, in einer Reihe von Einzeluntersuchungen ein Bild von Pytheas als einem Geographen und Astronomen am Beginn des Zeitalters der exakten antiken Wissenschaften zu zeichnen und geographische und astronomische sowie handelspolitische Aspekte seines Reiseberichts aufzuzeigen. Dabei soll dem schon verschiedentlich in der Forschungsliteratur geäußerten Gedanken Rechnung getragen werden, dass die Reise des Pytheas weniger der

---

[4] K. G. Sallmann, Geographie des älteren Plinius in ihrem Verhältnis zu Varro, Versuch einer Quellenanalyse, Berlin/New York 1971, 83 Anm. 91.
[5] F. W. Walbank, The Geography of Polybius, Classica et Mediaevalia, IX, 1948, 174.
[6] B. Cunliffe, The Extraordinary Voyage of Pytheas the Greek, New York 2003; S. Magnani, Il Viaggio di Pitea sull' Oceano, Bologna 2002.
[7] C. H. Roseman, Pytheas of Massalia. On the Ocean, Text, Translation and Commentary, Chikago 1994; S. Bianchetti, Pitea di Massalia. L'Oceano, Introduzione, Testo, Traduzione e Commentario, Pisa/Roma, 1998; A. Schmekel, Pytheae Massaliensis quae supersunt fragmenta edidit et illustravit Alfredus Schmekel. Schulprogramm, Merseburg 1848; H. J. Mette, Pytheas von Massalia, Berlin 1952.

Erkundung unbekannter Länder oder der Erschließung neuer Handelswege für seine Heimatstadt Massalia, sondern in erster Linie wissenschaftlichen Zwecken diente, und zwar insbesondere der empirischen Bestätigung der zu seiner Zeit noch neuartigen Lehre von der Kugelgestalt der Erde.[8]

Eine der für die Zeitgenossen erstaunlichsten aus diesem Weltmodell theoretisch ableitbaren Folgerungen war die Erkenntnis, dass die sommerlichen Tageslängen nach Norden hin beständig zunehmen mussten und die Sonne jenseits des Polarkreises überhaupt nicht mehr untergehen würde. Der Astronom Pytheas nahm sich deshalb vor, diese Phänomene, von deren Auftreten es bisher keinerlei gesicherte Nachrichten in der antiken Welt gab,[9] an Ort und Stelle zu studieren und darüber hinaus zu erkunden, bis in welche Breiten die nördliche Hemisphäre noch bewohnbar war. Das für ihn am einfachsten erreichbare Land des Nordens, in dem derartige Untersuchungen durchgeführt werden konnten, war Britannien, und eine Analyse der Fragmente macht es sehr wahrscheinlich, dass er bis in den äußersten Norden dieser Insel und sogar zu den Orkneys und den Shetlands vorgedrungen ist und dort astronomische Messungen vorgenommen hat. Von diesem Punkt an verliert sich allerdings seine Spur. Es kann sein, dass er auf der Rückreise einen in der südlichen Nordsee gelegenen bronzezeitlichen „Port of Trade" für den Bernsteinhandel besucht hat, alle Annahmen über darüber hinausgehende Fahrten nach Island, den Färöer Inseln, Grönland, Norwegen oder gar Finnland lassen sich aber aus den Fragmenten nicht sicher belegen und beruhen mehr oder weniger auf Spekulation.

Aufbau der Arbeit

Kapitel 2 – Übersicht über die Fragmentinhalte – bringt einen Überblick über den Inhalt der wichtigsten Testimonien und Fragmente, aus dem bereits die Schwierigkeiten deutlich werden, eine zusammenhängende Reiseroute zu rekonstruieren, die über den Norden Britanniens hinausgeht. Die Übersicht schließt mit zwei typischen Beispielen für die in der Forschung vorgeschlagenen Rekonstruktionen des Reiseverlaufs.

---

[8] H. Berger, Geschichte der wissenschaftlichen Erdkunde der Griechen, Leipzig 1903, 334, 354; Bianchetti, wie Anm. 7, IX.
[9] Vgl. S. Rausch, Bilder des Nordens, Darmstadt 2013, 128.

Im Anschluss daran wird im **Kapitel 3 – Kritik am Reisebericht des Pytheas in der Antike** – ausführlich auf das negative Urteil eingegangen, das Pytheas von Seiten des Polybios und Strabons erfahren hat, die den Reisebericht vielleicht noch im Original und nicht wie spätere Autoren aus zweiter oder dritter Hand kannten. Polybios und Strabon jedenfalls hielten den Reisebericht für erfunden, und in der Forschung wird vielfach die Auffassung vertreten, dass sie dabei von Eifersucht und Missgunst geleitet worden seien und dass es ihnen an mathematisch-astronomischem Verständnis gefehlt habe, um die Ausführungen des Pytheas richtig würdigen zu können. Diese beiden Gelehrten verfügten aber sehr wohl über die einem gebildeten Griechen geläufigen astronomischen Kenntnisse, und sie nahmen Pytheas als Geographen und Astronomen ernst, doch gab es aus ihrer zeitbedingten Sicht sachliche, in der Arbeit ausführlich erläuterte Gründe, den Ausführungen des Pytheas zu misstrauen. Dazu gehörten insbesondere die von Eratosthenes übernommenen Angaben bezüglich der exponierten Lage der Insel Thule, die nach dem Urteil Strabons zu einem verzerrten Kartenbild der Oikumene führten. Im Übrigen lässt keines der Fragmente darauf schließen, dass Pytheas Fabelgeschichten erzählt oder über Dinge berichtet hätte, die dem Leser von vornherein als unmöglich erscheinen mussten, und es wird dargelegt, dass, obwohl Polybios und Strabon in ihrer Kritik Pytheas in offensichtlich polemischer Übertreibung auf eine Stufe mit Euhemeros von Messene und Antiphanes von Berge stellten, der Bericht des Pytheas charakteristische Elemente der hellenistischen utopischen Romanliteratur sehr wahrscheinlich nicht enthalten hat.

In **Kapitel 4 – Pytheas und die Frage nach der Herkunft des Zinns in der Antike** – wird die Frage untersucht, welche Rolle der Zinnhandel zwischen Britannien und Massalia im Reisebericht gespielt hat. In der Forschung wird überwiegend angenommen, dass Pytheas über den in Cornwall praktizierten antiken Bergbau auf Zinn berichtet habe, das für die Herstellung von Bronze unentbehrlich war. Zwar findet sich in den Fragmenten kein Hinweis darauf, aber es existiert ein von Diodorus Siculus verfasster, ausführlicher und im 5. Buch seiner *Bibliotheke* mitgeteilter Bericht über die Gewinnung des britannischen Zinns und dessen Verschiffung über den Kanal und anschließenden Überlandtransport nach Massalia. Diodor nennt seine Quellen nicht, aber zahlreiche Forscher sind der Meinung, dass sein Bericht letztlich auf Pytheas zurückgeht. Bei der Erörterung dieser These wird zunächst dargelegt, dass Polybios, einer der schärfsten Kritiker des Pytheas, vermutlich über keine näheren Informationen bezüglich des Cornischen Zinns verfügte, obwohl er den Reisebericht des Pytheas sehr gut gekannt haben muss und ihn vermutlich sogar selbst zur Hand hatte, sodass es zweifelhaft erscheint, ob darin wirklich vom Zinnabbau in Cornwall die Rede gewesen sein kann. Der zweite Teil der Untersuchung befasst sich mit dem Bericht Diodors selbst und behandelt dann die Frage, ob Diodor, wie in der Forschung vermutet, abhängig ist von Timaios von Tauromenion, der seinerseits den Reisebericht des Pytheas für seine Schriften ausgewertet habe. Die Untersuchung kommt zu dem Ergebnis, dass dies nicht der Fall ist und damit ein wichtiges, in der Forschung vorgetragenes Argument für Pytheas als Primärquelle entfällt. Vereinzelt sind auch der Universalgelehrte Poseidonios von Apameia, der den europäischen Westen auf ausgedehnten Reisen kennengelernt hatte, und Publius Licinius Crassus, der Legat Caesars, als Diodors Quelle in Erwägung gezogen worden. In der vorliegenden Arbeit werden diese Zuweisungen diskutiert, und an Hand von literarischen und geographischen Belegen wird aufgezeigt, dass Diodor, obwohl er Poseidonios im erhalten gebliebenen Teil seines Werkes kein einziges Mal namentlich erwähnt, die Vorlage seines Berichts sehr wahrscheinlich in einer von dessen Schriften gefunden hat und dass sogar Poseidonios und nicht Pytheas seine Primärquelle gewesen sein könnte. Dies würde bedeuten, dass Pytheas sich nicht, wie in der Forschung häufig vermutet, im Interesse der im Zinnhandel tätigen Kaufmannschaft Massalias in Britannien aufgehalten hat, sondern seine Reise dorthin vorwiegend zu Forschungszwecken unternommen hat.

Kapitel 5 – Das Britannien des Pytheas und die Geographie der Antike – befasst sich zunächst kurz mit einigen in der Antike gerüchteweise verbreiteten Ansichten über die Existenz und die phantastische Größe Britanniens und geht dann auf die Berichte des Eratosthenes, Polybios, Diodorus Siculus und Plinius über Umfang und Lage der Insel ein. Anschließend werden die näheren Umstände der Erschließung Britanniens durch Pytheas erörtert, die sich je nach Lesart der Codices und Handschriften entweder auf dem Land- oder auf dem Seeweg vollzog. Wahrscheinlicher aber, als dass er die Insel zu Lande durchzog, ist es, dass er auf einheimischen Schiffen längs der Küsten fuhr und gelegentlich Landgänge für seine Messungen einschaltete. Dabei erreichte er vermutlich die Shetland Inseln, und es könnte sein, dass ihm – den Berichten des Astronomen Geminos von Rhodos und des in der Spätantike lebenden Reisenden und späteren Mönchs Kosmas Indikopleustes zufolge – dort der „Schlafplatz der Sonne" von den Eingeborenen gezeigt wurde. Abschließend wird die Frage diskutiert, auf welchem Wege Pytheas nach Britannien gelangen konnte. Grundsätzlich bestanden für ihn die beiden Möglichkeiten, entweder auf dem Landweg durch Gallien an die Biskaya zu ziehen und sich dort nach Britannien einzuschiffen, oder den Seeweg um die Iberische Halbinsel einzuschlagen. Während sich aber für die Wahl eines Landweges keinerlei Belege in den Quelltexten finden lassen, spricht für den Seeweg, dass der Reisebericht gewisse Detailinformationen über die atlantischen Küsten Spaniens enthalten haben muss. Der Geograph Artemidoros, der diese Gegenden aus eigener Anschauung sehr gut kannte, was u. a. auch durch den vor einigen Jahren editierten sogenannten „Papyrus des Artemidoros" belegt wird, zog allerdings nach dem Zeugnis Strabons diese von Eratosthenes aus dem Reisebericht überlieferten Angaben in Zweifel und bestritt ihren Wahrheitsgehalt. Es kann aber sein, dass verschiedene Mißverständnisse Eingang in die Überlieferungskette Pytheas-Eratosthenes-Artemidoros-Strabon gefunden haben und dass Pytheas die Verhältnisse hinsichtlich der Schifffahrt längs der atlantischen Küsten Spaniens korrekt dargestellt hat.

Des Weiteren wird untersucht, ob ein Zusammenhang zwischen dem Reisebericht und der *Ora Maritima* des spätantiken Dichters Rufus Festus Avienus besteht. Es ist sehr gut möglich, dass Pytheas den als Vorlage für Avienus' Lehrgedicht dienenden, aber verloren gegangenen Periplus kannte, in dem eine Umsegelung der Iberischen Halbinsel beschrieben worden war. Dagegen ist es jedoch wenig wahrscheinlich, dass, wie in der Forschung vereinzelt angenommen worden ist, Avienus seinerseits Kenntnis vom Reisebericht des Pytheas hatte und Einzelheiten daraus in sein Gedicht hat einfließen lassen, oder dass der Periplus sogar auf Pytheas selbst zurückgeht.

Gegen die Möglichkeit einer Seereise rund um die Iberische Halbinsel ist in der Forschung eingewandt worden, dass die Karthager über Jahrhunderte hinweg eine Sperrung der Straße von Gibraltar für fremde Schiffe verfügt hätten und deshalb Pytheas auf den Landweg durch Gallien hätte ausweichen müssen. In der Arbeit wird dargelegt, dass eine derartige Blockade erst nach Abschluss des 2. Römisch-Karthagischen Vertrags hätte wirksam werden können und dass auch danach in Zeiten politischer und militärischer Schwäche Karthagos die Durchfahrt durch die Meeresenge möglich gewesen wäre. Falls Pytheas, wie es sehr wahrscheinlich ist, als Privatreisender unterwegs war, so wäre er bei einer Fahrt auf einheimischen Schiffen längs der Küsten von einer Sperrung vermutlich gar nicht betroffen worden.

Kapitel 6 – Pytheas und die Breitentafel des Hipparchos – befasst sich mit astronomischen Untersuchungen, die Pytheas vermutlich in Britannien angestellt hat. Dazu wird eine Textstelle aus dem 2. Buch der *Geographika* Strabons herangezogen (C 75, 2.1.18), in der dieser für einige nördlich von Massalia verlaufende Breitenkreise geographisch relevante, vom Astronomen Hipparchos überlieferte Daten wie Tageslängen und Sonnenhöhen mitgeteilt hat. Die vorliegende Arbeit behandelt die Frage, ob diese Angaben auf Messungen beruhen, die Pytheas auf seiner Nordlandreise vorgenommen hat, oder ob Hipparchos sie unabhängig von Pytheas auf theoretischem Wege durch Rechnung gewonnen hat. Zunächst wird dargelegt, dass Strabon diese Angaben nicht benutzte, um geographisch verwertbare Aussagen über den europäischen Norden zu treffen, sondern um Hipparchos Fehler hinsichtlich der nord-südlichen Erstreckung der Oikumene nachzuweisen. Strabon entnahm dazu die oben erwähnten Angaben einem von Hipparchos erstellten Breitenverzeichnis, in dem diese Breitenkreise ursprünglich auf Byzantion bezogen gewesen sein müssen; für seine Beweise bezog Strabon sie aber auf Massalia. Auf dieses Breitenverzeichnis wird dann näher eingegangen und durch Vergleich mit dem Verzeichnis des Ptolemaios wird dargelegt, dass Hipparchos bei der Erstellung seiner Tabelle wahrscheinlich wie jener solstitiale Tageslängen in Äquinoktialstunden oder Bruchteilen davon nach Norden fortschreitend hypothetisch vorgab und daraus die zugehörigen geographischen Breiten und Sonnenstände sowie weitere astronomische Details berechnete. Die von Strabon mitgeteilten Daten können deshalb keine von Pytheas gewonnenen Messwerte sein. Das heißt jedoch nicht, dass Pytheas, der seine Reise zu wissenschaftlichen Zwecken unternommen hatte, um insbesondere die Lehre von der Kugelgestalt der Erde empirisch zu überprüfen, nicht doch Messungen der Tageslängen und Sonnenstände zur Bestimmung seines jeweiligen Standortes vorgenommen hätte. Es wird dargelegt, welches Instrumentarium und welche Auswertungsmethoden Pytheas für seine Untersuchungen möglicherweise verwendet hat, und festgestellt, dass er unter den zu seiner Zeit herrschenden Bedingungen einer Land- und Seereise nicht zu absolut zuverlässigen und präzisen Messwerten gelangen konnte, und dass er diese auch nicht numerisch genau auswerten konnte, weil er noch nicht wie Hipparchos über den voll entwickelten Apparat der griechischen Mathematik und Astronomie verfügte. Er dürfte sich aber immerhin eine grobe Orientierung darüber verschafft haben, wie weit er sich von Massalia entfernt und dem Polarkreis, seinem vermutlichen Ziel, genähert hatte. Hipparchos konnte dann aus den diesbezüglichen Angaben des Pytheas rechnerisch ermitteln, an welchen Punkten Britanniens sich dieser ungefähr aufgehalten haben musste, und damit belegen, dass im hohen Norden die von ihm bei der Erstellung seiner Breitentabelle konzipierten Zunahmen der sommerlichen Tageslängen tatsächlich beobachtbar waren. Zum Abschluss des Kap. 6 wird noch in einem Exkurs auf die Frage eingegangen, ob das Breitenverzeichnis des Hipparchos, das vermutlich wie das des Ptolemaios bis zum Polarkreis und sogar noch darüber hinaus ging, auch Angaben über die Insel Thule enthielt. Die Untersuchung kommt zu dem Ergebnis, dass dies wahrscheinlich nicht der Fall war.

In einer Arbeit, die sich mit Pytheas befasst, darf ein Beitrag zur Diskussion über die Existenz und Lage der Insel Thule nicht fehlen. **Kapitel 7 – Mutmaßungen über Thule –** geht auf die von Pytheas überlieferte Kunde von Thule ein und setzt sich mit den verschiedenen Lokalisierungen der Insel auseinander. In der Forschung ist sie mit Island, den Färöern, Norwegen sowie den Shetland Inseln gleichgesetzt worden, und für jede dieser Identifikationen lassen sich gute Argumente vorbringen, doch treffen die in den Fragmenten überlieferten Aussagen bezüglich Thules in ihrer Gesamtheit auf keine der in Erwägung gezogenen Gegenden zu, sodass eine eindeutige Festlegung in Hinblick darauf, was Pytheas' Thule war und wo es lag, nicht möglich ist. Nach Überprüfung und gegenseitiger Abwägung diesbezüglicher alter und neuer Argumente lässt sich nur sagen, dass Thule, falls es ein wirkliches geographisches Objekt und keine Erfindung des Pytheas oder seiner von ihm im Norden angetroffenen Gesprächspartner war, mit größerer Wahrscheinlichkeit in einer der Shetland Inseln gesucht werden muss als in einer der anderen erwähnten Lokalitäten. Diese Auffassung hat übrigens in jüngster Zeit wieder Anhänger gefunden,[10] nachdem lange Island und Norwegen in der Forschung die bevorzugten Kandidaten für eine Lokalisierung von Pytheas' Thule waren.

Kapitel 8 – Pytheas und die Bernsteininsel Abalus – befasst sich mit den von Plinius und Diodorus Siculus überlieferten Berichten über eine im Ozean

---

[10] D. Ellmers, Der Krater von Vix und der Reisebericht des Pytheas, Archäologisches Korrespondenzblatt Bd. 40, H. 3, 2010, 376; Wolfson, Tacitus, Thule and Caledonia, Oxford 2008, 16/17.

gelegene Insel, an deren Küsten der in der Antike hochgeschätzte Bernstein angeschwemmt und von den Eingeborenen gesammelt und weiterverkauft wurde. Sehr wahrscheinlich ist die von Plinius im 37. Buch seiner *Naturalis Historia* unter Berufung auf Pytheas beschriebene Insel, die dieser Abalus, Timaios aber Basilia genannt hatte, identisch mit der von Diodor ohne Quellenangabe im 5. Buch seiner *Bibliotheke* erwähnten Bernsteininsel, wo sie den Namen Βασίλεια trägt. In der Forschung wird bis heute diskutiert, ob diese Insel im Nordsee- oder im Ostseeraum zu suchen ist. In der Arbeit wird die von D. Detlefsen sehr gut begründete Auffassung vertreten, dass letzteres ausgeschlossen werden kann.[11] Abalus lag vielmehr in der südlichen Nordsee, und war wahrscheinlich, wie R. Wenskus vermutet hat, ein auf Helgoland befindlicher bronzezeitlicher „Port of Trade" für den Handel mit jütländischem Bernstein gewesen.[12] In diesem Zusammemhang wird in der Arbeit dargelegt, dass es Seeverbindungen zwischen dem Nordosten Schottlands und Jütland gegeben haben muss und Pytheas auf diesem Weg zur Insel Abalus/Basilia oder in deren Nähe gelangt sein kann. Über seine Rückkreise nach Massalia geben die Fragmente keine Auskünfte, aber es kann sein, dass er über eine der von der Nordseeküste ausgehenden Bernsteinstraßen auf dem Landweg in seine Heimatstadt zurückkehrte.

Kapitel 9 – Résumé fasst die wesentlichen Ergebnisse der Studie noch einmal zusammen

Kapitel 10 – Anhang: Die Arktischen Kreise und der Polarkreis erläutert die in der antiken Astronomie und Geographie entwickelten Konzepte der arktischen Kreise und des Polarkreises.

Die in der Arbeit in griechischer Sprache zitierten Texte aus Strabons Geographika wurden, soweit nicht ausdrücklich gekennzeichnet, der Ausgabe von S. Radt entnommen. Texte und Übersetzungen aus Plinius' *Naturalis Historia* wurden aus der Ausgabe von G. Winkler und R. König übernommen mit Ausnahme der Textstelle NH 4.104, die aus der Ausgabe von H. Rackham stammt. Soweit es nicht ausdrücklich anderweitig vermerkt ist, sind alle weiteren Übersetzungen griechischer und lateinischer Zitate die des Verfassers der Arbeit.

---

[11] D. Detlefsen, Die Entdeckung des germanischen Nordens im Altertum, in: Quellen und Forschungen zur alten Geschichte und Geographie, Heft 8, Berlin 1904.

[12] R. Wenskus, Pytheas und der Bernsteinhandel, in: K. Düwel, H. Jankuhn, H. Siems, D. Timpe, Untersuchungen zu Handel und Verkehr der vor- und frühgeschichtlichen Zeit in Mittel- und Nordeuropa I, Göttingen 1985, 97–100.

2. Übersicht über die Fragmentinhalte

Im Folgenden sollen zunächst in einem kurzen Überblick die Inhalte der wichtigsten Fragmente wiedergegeben werden, damit deutlich wird, auf welche Aussagen sich eine Rekonstruktion des Reiseverlaufs überhaupt stützen kann. Zu diesem Zweck ist die Übersicht gegliedert entsprechend den einzelnen während der Reise vorgeblich berührten Regionen, die sich geographisch fixieren lassen, nämlich Britannien, Iberien und die Keltike. Es folgen ferner Thule, das Land des Schlafplatzes der Sonne, das Aestuarium namens Metuonis mit der Bernsteininsel Abalus und schließlich die rätselhafte „Meerlunge". Es werden nur Fragmente und Testimonien zitiert, d. h. solche Textstellen, in denen Pytheas namentlich erwähnt wird.

2.1 Britannien

Eine zentrale Rolle im Bericht des Pytheas müssen Britannien und die umliegenden Gewässer gespielt haben. Am wichtigsten ist das Zeugnis des Polybios, der sich im verloren gegangenen 34. Buch seiner *Historien* mit den Erzählungen des Pytheas kritisch befasst hat. Eine Zusammenfassung seiner diesbezüglichen Ausführungen ist von Strabon im 2. Buch seiner *Geographika* (C 104, 2.4.1–2) überliefert worden. Polybios wird dort u. a. mit den Worten zitiert, von Pytheas seien alle getäuscht worden, indem er vorgegeben habe, ganz Britannien bereist zu haben, soweit es zugänglich sei, und ferner behauptet habe, dass der Umfang der Insel mehr als 40.000 Stadien betrage (ὅλην μὲν τὴν Βρεττανικὴν τὴν ἐμβατὸν ἐπελθεῖν φάσκοντος, τὴν δὲ περίμετρον πλειόνον ἢ τεττάρον μυριάδων ἀποδόντος τῆς νήσου).

Diese von Strabon überlieferten Worte des Polybios sind allerdings das einzige, was sich in der antiken Literatur an Konkretem von dem erhalten hat, was Polybios aus den Britannien betreffenden Erzählungen des Pytheas berichtet haben mag. Er muss aber noch weitere Einzelheiten aus ihnen gekannt haben. So bemerkt Strabon C 104, 2.4.2, Polybios habe gemeint, dass Eratosthenes trotz einiger Zweifel, ob dem Bericht des Pytheas im Ganzen vertraut werden dürfe, dennoch dessen Angaben über Britannien, Gadeira/Gades und Iberien Glauben geschenkt habe, und in C 190, 4.2.1 schreibt Strabon, Polybios habe berichtet, dass keiner der Kaufleute aus Corbilo, Narbo und Massalia, als sie von Scipio nach Britannien befragt wurden, befriedigende Auskünfte hätte geben können, woraus Polybios den Schluss gezogen habe, dass des Pytheas Mitteilungen bezüglich Britanniens vollständig erdichtet seien.

Eine weitere Erwähnung Britanniens im Zusammenhang mit der Reise des Pytheas findet sich bei Strabon in C 63, 1.4.3. Strabon befasst sich hier mit der Erdbeschreibung des Eratosthenes und stellt fest, dass Pytheas, auf den sich Eratosthenes bezieht, falsche Angaben über die Ausdehnung der Insel gemacht habe: Ihre der Keltike zugewandte Seite erstrecke sich nicht über mehr als 20.000 Stadien, wie Pytheas gesagt habe, sondern habe eine Länge von nur 5.000, und ferner sei Κάντιον (Kent) nicht einige Tagesreisen von der Keltike entfernt, wie dieser behauptet habe, denn, so wendet Strabon ein, von Kent aus sei die gegenüberliegende Küste mit blossem Auge sichtbar.

Plinius erwähnt Britannien mehrmals im Zusammenhang mit Pytheas, allerdings immer nur sehr kurz. Hinsichtlich des Umfanges der Insel teilt er NH 4.102 mit, dass Pytheas diesen zu 4.875 Römische Meilen angegeben habe. Dies entspricht genau 39.000 Stadien und steht in guter Übereinstimmung mit den von Polybios genannten 40.000 Stadien. An anderer Stelle im 2. Buch seiner *Naturalis Historia* befasst sich Plinius mit den Erscheinungen von Ebbe und Flut und stellt NH 2.217 fest, die Gezeiten machten sich im Ozean viel stärker bemerkbar als in den anderen Meeren. Er unterstreicht dies zur Bekräftigung mit der kurzen Bemerkung, Pytheas habe versichert, dass oberhalb von Britannien (supra Britanniam) die Fluten bis zu einer

Höhe von 80 *Cubiti* emporstiegen.[13] Pytheas muss dieses Phänomen selbst erlebt oder die Kunde davon aus dem Munde der Eingeborenen erfahren haben und scheint deshalb bis in den Norden Schottlands oder sogar darüber hinaus gelangt zu sein. Als Indiz dafür, dass sich Pytheas wirklich dort aufgehalten hat, kann ferner eine Stelle aus dem 2. Buch der *Geographika* Strabons herangezogen werden. Strabon setzt sich hier C 69–C 75 in einer längeren Erörterung kritisch mit einigen geographischen Vorstellungen des Astronomen und Geographen Hipparchos von Nikaia auseinander und zieht C 75, 2.1.18 für seine Argumentation einen Auszug aus dessen Breitentabelle heran, in der Tageslängen und Sonnenstände für einige durch den Norden Britanniens verlaufende Parallelkreise angegeben werden. Aus Strabons diesbezüglichen Mitteilungen geht hervor, dass Hipparchos den Reisebericht gekannt haben muss und dass er diese Daten in Beziehung zu den von Pytheas in den nördlichen Breiten vorgenommenen astronomischen Beobachtungen setzte.

Schließlich wird Britannien auch im Zusammenhang mit den Erzählungen des Pytheas über die Insel Thule von Strabon und Plinius kurz erwähnt. Thule sei, so schreibt Strabo C 114, 2.5.8, von Pytheas als die nördlichste der britannischen Inseln bezeichnet worden (Θούλην τὴν βορειοτάτην τῶν Βρεττανίδων), und in C 63, 4.1.2 teilt er mit, Thule liege gemäß Pytheas sechs Schiffstagesreisen nördlich von Britannien und befinde sich nahe dem gefrorenen oder geronnenen Meer (ἀπὸ μὲν τῆς Βρεττανικῆς ἓξ ἡμερῶν πλοῦν ἀπέχειν πρὸς ἄρκτον, ἐγγὺς δ' εἶναι τῆς πεπηγυίας θαλάττης). Diese Lage Thules in Bezug auf Britannien findet sich auch bei Plinius NH 2.187 allerdings ohne die Erwähnung des gefrorenen Meeres. An anderer Stelle NH 4.104 spricht Plinius aber von einem eine Tagesreise von Thule entfernten gefrorenen Meer (*mare concretum*).

Mit diesem Überblick sind bereits die Inhalte aller der Fragmente angegeben, in denen Pytheas namentlich im Zusammenhang mit Britannien genannt wird und die als Beleg für seinen Aufenthalt auf der Insel herangezogen werden können. Daneben werden aber in der Forschung als weitere Belege vielfach noch die Berichte Diodors (Diod. 5. 21.1–22.4) über die Lage

---

[13] Der römische Cubitus bezeichnet eine Länge von 443.6 Millimeter. Siehe F. Hultsch, Griechische und Römische Metrologie, Berlin 1862, Tab. VI B, S. 302. Demnach betrug die Fluthöhe unwahrscheinliche 35 Meter!

und Größe Britanniens sowie über den in Cornwall praktizierten Zinnabbau angeführt, doch läßt sich ein eindeutiger Beweis, dass diese Mitteilungen wirklich auf Pytheas zurückgehen, nicht erbringen.

2.2 Iberische Halbinsel

Schon aus dem bereits erwähnten, von Strabon C 104, 2.4.2 überlieferten Kommentar des Polybios, wonach Eratosthenes den Berichten des Pytheas über Britannien, Gadeira/Gades und Iberien trotz einiger Zweifel geglaubt habe, geht hervor, dass diese Berichte gewisse Details über die iberische Halbinsel enthalten haben müssen. Konkrete Angaben, was Pytheas hierzu ausgeführt und Eratosthenes daraus in seinem geographischen Werk verwendet haben mag, macht Polybios aber nicht. Vielleicht handelte es sich dabei u. a. um jene Angaben des Eratosthenes zu Iberien, denen der Geograph Artemidoros von Ephesos nach dem Zeugnis Strabons widersprochen hatte. Strabon geht C 148, 3.2.11 auf diese Kritik im dritten Buch seiner *Geographika* bei der Beschreibung der Iberischen Halbinsel ein: Es sei falsch, so zitiert er Artemidoros, wenn Eratosthenes sage, dass Gadeira/Gades fünf Tagesreisen vom Heiligen Vorgebirge (Cabo de Sâo Vicente) entfernt sei, ferner dass der Einfluss der Gezeiten sich bei Gadeira nicht mehr bemerkbar mache und dass es leichter sei, die nördliche Küste Iberiens in Richtung der Keltike als umgekehrt in Richtung des Ozeans zu befahren. Artemidoros fügte an – und das stellt den Bezug zu diesen Aussagen und der Unternehmung des Pytheas her – falsch sei auch alles andere, was Eratosthenes im Vertrauen auf Pytheas (Πυθέᾳ πιστεύσας) gesagt habe.

2.3 Bretonische Halbinsel

Nicht nur Artemidoros tadelte Eratosthenes für die ungerechtfertige Benutzung des Pytheas, auch Strabon tut dies an verschiedenen Stellen seiner *Geographika* und liefert dadurch, ohne dass dies in seiner Absicht gelegen hätte, vereinzelte Einblicke in dessen Reisebericht. So moniert Strabon C 64, 1.4.5, Eratosthenes habe die Ausdehnung des vom Volksstamm der Ὠστιδαῖοι bewohnten Vorgebirges namens Κάβαιον und der davor gelegenen Inselkette fälschlich der west-östlichen Erstreckung der Oikumene zugeschlagen. Alle diese Örtlichkeiten hätten damit aber nichts zu tun, sie lägen in der Keltike oder seien eher Hirngespinste (μᾶλλον πλάσματα). Den Bezug zu Pytheas liefert hier nur die Bemerkung Strabons, die äußerste dieser Inseln sei Οὐξισάμη, von der Pytheas gesagt habe, dass sie drei Tagesreisen (von einem nicht näher bezeichneten Punkt) entfernt sei. Bei der Insel Οὐξισάμη handelt es sich sehr wahrscheinlich um die vor der Westspitze der Bretagne gelegene Ile d'Ouessant, und das von Strabon erwähnte Vorgebirge Κάβειον muss mit einem der Kaps an der bretonischen Westküste gleichzusetzen sein – vielleicht mit der heutigen *Pointe du Raz* südlich von Brest – denn in dieser Gegend verzeichnet auch Ptolemaios ein Γάβειον ἀκρωτήριον. Nach Ptolemaios befanden sich dort auch die Wohnsitze des keltischen Volksstammes der Ὀσίσμιοι,[14] bei denen es sich sicher um dieselben Ὀσίσμιοι handelt, von denen Strabon C 195, 4.4.1 bei der Beschreibung der an der keltischen Küste des Atlantiks ansässigen Volksstämme sagt, dass sie ein in den Ozean vorspringendes Vorgebirge bewohnten, welches aber nicht so weit in die See hinaus reiche, wie es Pytheas, der sie Ὀστιδαῖοι genannt habe, und die ihm Glauben Schenkenden erzählt hätten.

Im Bereich der Bretonischen Halbinsel muss auch der bereits oben erwähnte Ort Corbilo gelegen haben. Strabon bezeichnet C 190, 4.2.1 Corbilo als einen an oder in der Nähe der Loire gelegenen Handelsplatz, von dem Polybios im Zusammenhang mit den Erzählungen des Pytheas gesprochen habe (περὶ ἧς εἴρηκε Πολύβιος, μνησθεὶς τῶν ὑπὸ Πυθέου μυθολογηθέντων).

2.4 Thule

Thule wird in der antiken Literatur an zahlreichen Stellen mit und ohne Nennung des Namens von Pytheas erwähnt, doch werden im folgenden nur solche Texte berücksichtigt, in denen von Thule ausdrücklich in Verbindung mit Pytheas die Rede ist, der als erster über die Insel berichtet hat. Wie bereits oben im Zusammenhang mit Britannien erwähnt, ist Thule nach Strabon C 63, 1.4.2 sechs Tagesreisen nördlich von Britannien gelegen und befindet sich ganz in der Nähe des „gefrorenen" oder „geronnenen Meeres". Strabon präzisiert C 114, 2.5.8 die Lage Thules und schreibt, Pytheas habe behauptet, diese nördlichste der britannischen Inseln befinde sich dort, wo der sommerliche Wendekreis mit dem arktischen Kreis zusammen falle (Ὁ μὲν οὖν

---

[14] Ptol. geogr. 2.8.2 und 2.8.5 (Stückelberger I, 202 und 204).

Μασσαλιώτης Πυθέας τὰ περὶ Θούλην τὴν βορειοτάτην τῶν Βρεττανίδων ὕστατα λέγει, παρ᾽ οἷς ὁ αὐτός ἐστι τῷ ἀρκτικῷ ὁ θερινὸς τροπικὸς κύκλος). In der Terminologie der antiken Astronomie bedeutet dies aber, dass Thule exakt auf dem Polarkreis gelegen war. Dasselbe Ergebnis lässt sich auch aus der Erdbeschreibung des Eratosthenes erschließen, über die Strabon im 1. Buch seiner *Geographika* berichtet hat. Nach Eratosthenes betrug der Abstand des durch Thule verlaufenden Parallelkkreises vom Äquator genau 46.300 Stadien und damit lag Thule, da Eratosthenes 700 Stadien auf 1° rechnete, auf ungefähr 66° nördlicher Breite (46.300/700 = 66.143 entsprechend 66°8'34"). Das ist ein bemerkenswert guter Wert für die geographische Breite des Polarkreises, die Ptolemaios z. B. für seine Zeit zu 66°8'40" angegeben hat.[15] Strabon glaubte aber nicht an die Existenz von Thule und bemerkt C 63, 1.4.3 in diesem Zusammenhang, dass derjenige, der als einziger von Thule gesprochen habe – Pytheas nämlich, den Strabon für den Gewährsmann des Eratosthenes hält – ein notorischer Lügner (ἀνὴρ ψευδίστατος) gewesen sei. An anderer Stelle C 201, 4.5.5 scheint er die Insel allerdings als ein reales geographisches Objekt angesehen zu haben, denn er sagt, es gäbe darüber keine sicheren Informationen wegen der großen Entfernung und berichtet von den Lebensbedingungen ihrer Bewohner.

Plinius erwähnt Pytheas' Thule im 2. und 4. Buch seiner *Naturalis Historia*. Er beschreibt in NH 2.186 die mit wachsender Breite einhergehende Zunahme der Tageslängen im Sommersolstitium und spricht dann von Gegenden, in denen im Sommer sechs Monate Tag, im Winter dagegen sechs Monate lang Nacht herrsche, und fügt hinzu, dasselbe finde nach dem Bericht des Pytheas auch statt auf der Insel Thule, die sechs Tagesreisen von Britannien entfernt sei (quod fieri in insula Thyle Pytheas Massaliensis scribit, sex dierum navigatione in septentrionem a Britannia distante). Nimmt man dies wörtlich, so war Thule direkt unter dem Nordpol gelegen! Unter Verweis auf diese Stelle stellt Plinius aber in NH 4.104 im Zusammenhang mit den bei Britannien liegenden Inseln sachlich richtiger fest, dass es auf Thule, der letzten von allen Inseln, während die Sonne das Zeichen des Krebses durchwandere, keine Nächte, und zur winterlichen Sonnenwende keine Tage gebe (ultima omnium, quae momerantur, Tyle, in qua solstitio nullas esse noctes indicavimus, Cancri signum sole transeunte, nullosque contra per brumam

---

[15] Ptol. alm. II 6. 33 (Manitius I, 78; Heiberg I, 115).

dies), und erwähnt dann zum Abschluss seiner Beschreibung der britannischen Inseln noch das eine Schiffstagesreise von Thule entfernte „gefrorene" oder „geronnene" Meer, das von einigen auch das Kronische genannt werde (a Tyle unius diei navigatione mare concretum a nonnulis Cronium appelatur).

Auch der Astronom Kleomedes erwähnt in seiner *Meteora* (R. Todd, Cleomedis Caelestia I 4. 208–213), dass auf der Insel Thule, auf der Pytheas gewesen sein solle (περὶ δὲ τὴν Θούλην καλουμένην νῆσον, ἐν ᾗ γεγονέναι φασὶ Πυθέαν), der sommerliche Wendekreis ganz mit dem arktischen Kreis zusammenfalle, und dass dort, wenn die Sonne im Zeichen des Krebses stehe, der Tag einen Monat dauere.

2.5 Die Parokeanitis

Strabon teilt C 104, 2.4.1 eine Bemerkung des Polybios mit, die meist dahingehend interpretiert wird, dass Pytheas behauptet habe, nach seiner Rückkehr von Thule die ganze Ozeanküste Europas von Gadeira/Gades bis zum Tanais befahren zu haben (ἐπανελθὼν ἐνθένδε πᾶσαν ἐπέλθοι τὴν παρωκεανῖτιν τῆς Εὐρώπης ἀπὸ Γαδείρων ἕως Τανάιδος). In dieser Stelle sehen zahlreiche Forscher einen Hinweis darauf, dass Pytheas, von Thule kommend, auch die Ostsee befahren habe oder dass er sogar nach Gades zurückgekehrt sei und eine zweite Reise angetreten habe.

2.6 Der Schlafplatz der Sonne

Aus den bisher herangezogenen Texten geht außer dem von Polybios bei Strabon C 104, 2.4.1 überlieferten Selbstzeugnis des Pytheas, ganz Britannien, soweit es zugänglich war, besucht zu haben, nicht hervor, ob er die beschriebenen Regionen wirklich gesehen hat. Das gilt auch für die Insel Thule, wo immer sie gelegen haben mag, wenn man einmal von der oben erwähnten Bemerkung des Kleomedes absieht. Es existiert jedoch ein Text aus einem antiken astronomischen Werk, der in der Forschung verschiedentlich als Beleg dafür angesehen wird, dass Pytheas tatsächlich in die Nähe des Polarkreises gelangt sein könnte. Es handelt sich dabei um eine kurze Bemerkung, die der Astronom und Mathematiker Geminos im 6. Kapitel seiner etwa 70 v. Chr. entstandenen *Einführung in die Astronomie* (ΕΙΣΑΓΩΓΕ ΕΙΣ ΤΑ ΦΑΙΝΟΜΕΝΑ) eingestreut hat und die vielleicht das einzige wörtlich aus dem Bericht des

Pytheas überlieferte Zitat ist.[16] Ähnlich wie Plinius beschreibt Geminos dort, wie beim Fortschreiten nach Norden die Tageslängen im Sommersolstitium zunehmen und bemerkt in diesem Zusammenhang, dass auch Pytheas bis in diese hohen Breiten gekommen zu sein scheine. Dieser sage jedenfalls in der von ihm selbst verfassten Schrift über den Ozean (ἐν τοῖς περὶ τοῦ ὠκεανοῦ πεπραγματευμένοις αὐτῷ), die Eingeborenen hätten ihm den Platz gezeigt, wo die Sonne sich zur Ruhe lege (ὅπου ὁ ἥλιος κοιμᾶται). Dasselbe berichtet auch der im 6. nachchristlichen Jahrhundert lebende Kosmas Indikopleustes im 2. Buch seiner *Christlichen Topographie*.[17]

2.7 Metuonis und die Bernsteininsel Abalus/Basilia

Das 37. Buch seiner *Naturalis Historia* widmete Plinius dem Thema „Edelsteine". Er befasst sich dort auch in einigen Paragraphen ausführlich mit dem Vorkommen, der Verarbeitung und der Verwendung von Bernstein und schreibt NH 37.34, Pytheas habe von einer sich über 6.000 Stadien erstreckenden Meeresbucht namens Metuonis (aestuarium oceani Metuonidis nomine spatio stadiorum sex milium) berichtet, an der ein germanisches Volk (gens Germaniae) wohne, das er – je nach Lesart der Handschriften – als das Volk der Gutonen oder Guionen bezeichnet habe. Eine Schiffstagesreise von der Küste entfernt befinde sich eine Insel namens Abalus, an der Bernstein, eine Ausscheidung des gefrorenen Meeres, im Frühjahr angeschwemmt werde (ab hoc diei navigatione abesse insulam Abalum, illo per ver fluctibus advehi et esse concreti maris purgamentum). Die Inselbewohner würden es an Stelle von Holz zum Brennen benutzen und an die benachbarten Teutonen verkaufen. Dies glaube auch Timaios, so fügt Plinius an, doch nenne er die Insel Basilia.

2.8 Die „Meerlunge"

Irgendwo auf seiner Reise scheint Pytheas auf ein Phänomen gestossen zu sein, das jegliches Fortkommen zu Wasser und zu Lande unmöglich machte. Strabon zitiert jedenfalls C 104, 2.1.4 Polybios mit den Worten, Pytheas habe behauptet, in Gegenden gelangt zu sein, in denen es weder Land, noch Meer,

---

[16] Gemin. Isagoge 6. 7–9.
[17] W. Wolska-Conus, Cosmas Indicopleustès II, Paris 1968, 399.

noch auch Luft für sich als jeweils eigenständige Substanzen gegeben habe, sondern vielmehr eine Verbindung aus diesen, die einer Ansammlung von Quallen (πλεύμονι θαλαττίῳ ἐοικός) ähnlich gewesen sei. Land, Meer und alle Dinge hätten sich in dieser „quallenartigen" Mischung in der Schwebe befunden (αἰωρεῖσθαι), und sie habe wie ein Band (ὡς ἂν δεσμὸν εἶναι τῶν ὅλων) alles umschlossen und sei weder begeh- noch beschiffbar gewesen. Diese einer Qualle ähnlichen Erscheinung habe er selbst gesehen (αὐτὸς ἑωρακέναι). Wenn im Folgenden Bezug auf dieses eigenartige Phänomen genommen wird, für das bisher noch keine wirklich befriedigende Erklärung gefunden worden ist (siehe Kap. 3.6.2), wird entsprechend dem in der Fachliteratur gepflegten Sprachgebrauch kurz von der „Meerlunge" des Pytheas die Rede sein.

2.9 Rekonstruktionen der Reise

Die im Zusammenhang mit Britannien und der iberischen und bretonischen Halbinsel erwähnten Lokalitäten, über die Pytheas berichtet haben soll, sind wirklich existierende geographische Objekte. Sie lassen sich zu einer zwar lückenhaften und hypothetischen, aber dennoch mehr oder weniger stimmigen Reiseroute zusammenfügen, die zunächst von Massalia aus entweder auf dem Seeweg um die iberische Halbinsel herum oder auf dem Landweg durch Gallien zu einem der Häfen an der Biskaya führte, von dort die bretonischen Küstengewässer und den Kanal durchquerte, die Südküste Britanniens berührte und dann längs der West- oder Ostküste der Insel bis zu deren Nordspitze oder sogar bis zu den Shetland Inseln verlief. Anders verhält es sich jedoch mit der Insel Thule, ferner dem Lande, wo man den „Schlafplatz der Sonne" zeigte, und der Gegend, in der die Fahrt durch die rätselhafte „Meerlunge" nicht mehr weiter fortgesetzt werden konnte. Auch die Meeresbucht Metuonis und die Bernsteininseln Abalus und Basilia sind zunächst nur Namen und lassen sich nicht eindeutig lokalisieren.

Im Folgenden soll anhand von zwei Beispielen illustriert werden, wie aus den Fragmenten, die im wesentlichen nur Namen und einige spärliche Ortsbeschreibungen enthalten, mit viel Phantasie zusammenhängende Reiserouten rekonstruiert worden sind. Ein eher konventionelles Beispiel für den Fahrtverlauf hat der Archäologe und Keltologe Barry Cunliffe entwickelt.¹⁸ Pytheas gelangte von Massalia nach kurzer Seereise über den Golf von Lion in die Gegend des heutigen Narbonne und durchquerte dann den Süden Galliens dem Lauf der Aude und Garonne folgend. In der Gironde schiffte er sich auf einem einheimischen Schiff ein und segelte zunächst längs der Küste der Biscaya, berührte die bretonische Halbinsel und durchfuhr, ebenfalls auf Booten der einheimischen Küstenbewohner, die gesamte Irische See, nachdem er zuvor noch einen Abstecher zu den Zinnminen Cornwalls gemacht hatte. Er umrundete dann Schottland, und irgendwo dort, vielleicht auf den Orkneys oder den Shetland Inseln, bestieg er das Schiff, das ihn in sechstägiger Reise nach Thule an die Ostküste Islands brachte. Nachdem er hier die Wunder der Mittsommernacht erlebt hatte und noch einen Abstecher an die Packeisgrenze gemacht hatte, begab er sich wieder auf die Rückreise nach Schottland und fuhr von dort längs der englischen Ostküste nach Süden bis etwa auf die Höhe von Suffolk. Hier wandte er sich nach Osten, überquerte die Nordsee und gelangte, an der west- und ostfriesischen Küste der Metuonis vorbeifahrend, in die Deutsche Bucht und stattete dort der Bernsteininsel Abalus, die Cunliffe mit Helgoland identifiziert, einen Besuch ab. Die Rückfahrt erfolgte längs der Nordseeküste bis zur Einfahrt in den Kanal, den er, sich dicht an der englischen Südküste haltend, bis auf die Höhe Cornwalls durchfuhr, womit er eine vollständige Umrundung Britanniens vollzogen hatte. Das letzte Teilstück nach Massalia legte er dann auf derselben Route zurück, die er bereits auf dem Hinweg genommen hatte.

Als zweites Beispiel werde der von Paul Fabre vorgeschlagene Reiseverlauf herangezogen.¹⁹ Fabre lässt Pytheas „nur" bis zu den Färöern gelangen, die er mit Thule identifiziert, dehnt aber dessen Reise bis weit an die baltischen Küsten der östlichen Ostsee aus. Pytheas verließ Massalia zu Schiff, umrundete die iberische Halbinsel und segelte die Biscaya hoch bis zur Insel Uxisame (Οὐξισάμη), die Fabre mit der Ile d'Ouessant oder mit den Scilly Inseln identifiziert. Nach einer Inspektion der Zinnminen Cornwalls fuhr er längs der Südküste Britanniens bis zur Höhe von Kent, wandte sich dann gegen Norden und erreichte, längs der Ostküste Britanniens segelnd, das von Diodor erwähnte Kap Orka (Duncansby Head) im Norden Schottlands.

---

[18] Cunliffe, Extraordinary Voyage, Karte S. 172.
[19] P. Fabre, Les Massaliotes, et L'Atlantique, 107e Congrès National des Sociétés Savantes Archéologie, Brest 1982, 25–49.

Von hier aus brach er zur Fahrt nach Thule auf, das er aber nur als eine Zwischenstation auf dem Weg in das im Ostseeraum vermutete sagenhafte Bernsteinland ansah. Er erreichte Thule auf den Färöern und setzte dann nach einer Exkursion zum „gefrorenen Meer" nach Norwegen über, das er in der Gegend des heutigen Bergen erreichte. Von hier fuhr er dann längs der West- und Südküste Norwegens weiter und erreichte über den Kattegat die Ostsee, nachdem er in den Sand- und Nebelbänken rund um Kap Skagen mit der „Meerlunge" konfrontiert worden war. Der scheinbare Umweg über Thule erklärt sich, wie R. Dion bereits in einer ganz ähnlichen Rekonstruktion der Reiseroute vorgeschlagen hat,[20] dadurch, dass die im Nordatlantik vorherrschende West-Südostströmung eine Fahrt in den Ostseeraum über Norwegen als günstig erscheinen ließ. Dion läßt aber Pytheas direkt von den Shetland Inseln nach Norwegen gelangen, dass er für Thule hält.

Im weitern Verlauf der Reise gelangte Pytheas – wieder nach Fabre – auf die von ihm selbst Basileia, von den Eingeborenen aber Abalus genannte Bernsteininsel, die Fabre mit Bornholm identifiziert, und setzte dann die Fahrt noch bis in die Bucht von Riga fort. Hier glaubte er in der Mündung der Düna die nördliche Mündung des Tanais, des Europa und Asien trennenden Grenzflusses, gefunden zu haben, und beabsichtigte, dem Flusslauf nach Süden folgend, schließlich das Schwarze Meer zu erreichen. Er erkannte aber, dass dies zu Schiff nicht möglich war – schon die Argonauten hatten auf einer ähnlichen (natürlich sagenhaften) Fahrt in dieser Gegend ihr Schiff weite Strecken über Land transportieren müssen – und kehrte deshalb um.[21] Auf dem Rückweg fuhr er entlang der Küste der Metuonis, in der er den gesamten Ostseeraum sah, umrundete die jütische Halbinsel, passierte die friesischen Küsten und kehrte dann auf dem Seeweg nach Massalia zurück.[22]

---

[20] R. Dion, Pythéas Explorateur, Revue de philologie, de littérature et d'histoire anciennes, ser. 3:40=92 (1966), 191–216.

[21] Der Praehistoriker J. Herrmann nimmt sogar an, dass Pytheas tatsächlich von der Ostseeküste aus über das russische Flusssystem in den Pontos gelangte. Siehe J. Herrmann, Volksstämme und „nördlicher Seeweg" in der älteren Eisenzeit, Zeitschrift für Archäologie 19, 1985, 147–153.

[22] P. Fabre, Les Grecs et la Découverte de L'Atlantique, Revue des études anciennes, 94, 1992, 11–21. Karte S. 21.

2.10 Zusammenfassung

Aus den Fragmenten lässt sich ein nur unvollständiges Bild von der Reise des Pytheas gewinnen. Einige der in ihnen erwähnten Örtlichkeiten lassen sich zwar bekannten Ländern zuordnen, andere aber bleiben hinsichtlich ihrer Geographie und ihres Charakters weitgehend unbestimmt und können ganz unterschiedlichen Regionen des Nordens angepasst werden. Es ist daher nicht möglich, eine kohärente und stimmige Rekonstruktion des Reiseberichts zu erstellen. Zwischen den dennoch in der Forschung unternommenen zahlreichen Versuchen, Pytheas auf seiner Reise in den Norden zu verfolgen, bestehen daher erhebliche Unterschiede in Hinblick auf die von ihm eingeschlagene Reiseroute und die Lage seiner Reiseziele.

3. Kritik am Reisebericht des Pytheas in der Antike

3.1 Urteil des Polybios über den Reisebericht des Pytheas

Im 2. Buch seines geographischen Werkes setzt sich Strabon mit den Ansichten seiner Vorgänger kritisch auseinander und kommt dabei auch auf Polybios zu sprechen. Polybios hatte im 34. Buch seiner insgesamt 40 Bücher umfassenden *Historien* eine Reihe von geographischen Fragen erörtert, deren Behandlung er im Vorhergehenden zurückgestellt hatte, um den Gang der Erzählung nicht immer wieder unterbrechen zu müssen. Dieses Buch ist verloren gegangen, doch finden sich in den Schriften einer Reihe von Autoren der Antike Fragmente und Testimonia, die dem geographischen Werk des Polybios zugeordnet werden können. Polybios hatte sich in diesem 34. Buch u. a. auch mit den neuen, von denen ihrer Vorgänger abweichenden Vorstellungen des Dikaiarchos und Eratosthenes über die Länder Europas auseinander gesetzt und war auch auf die Schriften des Pytheas eingegangen, den er ebenfalls zu den neueren Geographen zählte. Dabei zog er dessen Glaubwürdigkeit in Zweifel und übte scharfe Kritik an dessen Berichten über den Westen und Norden Europas. Strabon hat die diesbezüglichen Ausführungen des Polybios in den Abschnitten C 104, 2.4.1 und 2.4.2 seiner *Geographika* zusammengefasst. Sie werden im folgenden zunächst im Ganzen wiedergegeben und weiter unten jeweils im passenden Zusammenhang analysiert werden. In 2.4.1 zitiert Strabon zunächst Polybios mit einigen Details aus den Erzählungen des Pytheas, mit denen dieser – so Polybios – viele getäuscht habe. Es handelt sich dabei um die Angaben des Pytheas über seine Expedition nach Britannien und den Umfang dieser Insel, über das entlegene Thule, ferner über die rätselhafte „Meerlunge" und über die Fahrt längs der gesamten Küste des nördlichen Ozeans von Gadeira bis zum Tanais. In diesen Ausführungen des Polybios sind mit Ausnahme der Bernsteininsel Abalus und des „Ästuariums" Metuonis, die von Plinius NH 37.34 beschrieben werden, bereits die wichtigsten Lokalitäten angesprochen, über die Pytheas berichtet haben soll. Strabon schreibt (G. Aujac, Strabon Géographie I (2), 70):

Πολύβιος δὲ τὴν Εὐρώπην χωρογραφῶν τοὺς μὲν ἀρχαίους ἐᾶν φησι, τοὺς δ'ἐκείνους ἐλέγχοντας ἐξετάζειν Δικαίαρχόν τε καὶ Ἐρατοσθένη, τὸν τελευταῖον πραγματευσάμενον περὶ γεωγραφίας, καὶ Πυθέαν, ὑφ' οὗ παρακρουσθῆναι πολλούς, ὅλην μὲν τὴν Βρεττανικὴν ἐμβατὸν[23] ἐπελθεῖν φάσκοντος, τὴν δὲ περίμετρον πλειόνον ἢ τεττάρον μυριάδων ἀποδόντος τῆς νήσου, προσιστορήσαντος δὲ καὶ τὰ περὶ τῆς Θούλης καὶ τῶν τόπων ἐκείνων ἐν οἷς οὔτε γῆ καθ' αὑτὴν ὑπῆχεν ἔτι οὔτε θάλαττα οὔτ' ἀήρ, ἀλλὰ σύγκριμά τι ἐκ τούτων πλεύμονι θαλαττίῳ ἐοικός, ἐν ᾧ φησι τὴν γῆν καὶ τὴν θάλατταν αἰωρεῖσθαι καὶ τὰ σύμπαντα, καὶ τοῦτον ὡς ἂν δεσμὸν εἶναι τῶν ὅλων, μήτε πορευτὸν μήτε πλωτὸν ὑπάρχοντα τὸ μὲν οὖν τῷ πλεύμονι ἐοικὸς αὐτὸς ἑωρακέναι τἆλλα δὲ λέγειν ἐξ ἀκοῆς. ταῦτα μὲν τὰ τοῦ Πυθέου, καὶ διότι ἐπανελθὼν ἐνθένδε πᾶσαν ἐπέλθοι τὴν παρωκεανῖτιν τῆς Εὐρώπης ἀπὸ Γαδείρων ἕως Τανάιδος.

Bei der Beschreibung der Länder Europas sagt Polybios, er wolle die Alten beiseite lassen, und nur die einer Überprüfung unterziehen, welche jene kritisierten, nämlich Dikaiarchos und Eratosthenes, der sich als letzter mit der Erdbeschreibung befasst habe, und ferner den Pytheas, von dem sich viele in die Irre hätten führen lassen, indem er behaupte, ganz Britannien, soweit es zugänglich sei, bereist zu haben, und den Umfang der Insel zu mehr auf 40.000 Stadien angebe, und dazu noch über Thule und jene Gegenden erzähle, in denen weder Land noch Meer noch auch Luft für sich bestehend existierte, sondern ein einer Meeresqualle[24] ähnelndes Gemisch von diesen Stoffen, in dem Land und Meer und alle Dinge in der Schwebe seien – gleichsam ein Band des Ganzen – weder begehbar noch zu Schiff befahrbar. Jenes quallenähnliche Gebilde habe er selbst gesehen, das übrige aber erzähle er vom Hörensagen. Das also sind die Mitteilungen des Pytheas, und er fügt noch hinzu, dass er bei seiner Rückkehr von dort die ganze Ozeanküste Europas von Gadeira bis zum Tanais befahren habe.

---

[23] Zu der von A. Korais vorgeschlagenen Konjektur ἐμβαδόν statt ἐμβατόν siehe Kap. 5.3.1.2.
[24] πλεύμων ist die antike Bezeichnung für Qualle. Liddell-Scott, Oxford 1869, 1281: a sort of mollusc.

Unmittelbar im Anschluss an 2.4.1 fährt Strabon in 2.4.2 mit der Wiedergabe eines von Ironie durchsetzten polemischen Angriffs des Polybios auf Pytheas fort. Es sei unglaubhaft – so Polybios – dass einem unbemittelten Privatmann so weite Reisen zu Wasser und zu Lande möglich gewesen sein sollten, wie Pytheas sie unternommen zu haben vorgebe. Allerdings habe Eratosthenes den Angaben des Pytheas bezüglich Britanniens, Gadeiras und Iberiens trotz einiger Zweifel Glauben geschenkt, doch habe ihnen nicht einmal Dikaiarchos Vertrauen entgegen gebracht. Sehr witzig bemerkt Polybios, dass man eher dem Messenier – er meint Euhemeros von Messene – trauen dürfe, der nur zu *einem* Land, der Insel Panchaia, gelangt sei, als dem Pytheas, der behaupte, die Grenzen der Welt im Norden Europas gesehen zu haben. Ein solches Unternehmem aber würde man nicht einmal dem Hermes glauben. Strabon gibt diese Polemik des Polybios mit folgenden Worten wieder:

Φησὶ δ' οὖν ὁ Πολύβιος ἄπιστον καὶ αὐτὸ τοῦτο, πῶς ἰδιώτῃ ἀνθρώπῳ καὶ πένητι τὰ τοσαῦτα διστήματα πλωτὰ καὶ πορευτὰ γένοιτο· τὸν δ' Ἐρατοσθένη διαπορήσαντα, εἰ χρὴ πιστεύειν τούτοις, ὅμως περί τε τῆς Βρεττανικῆς πεπιστευκέναι καὶ τῶν κατὰ Γάδειρα καὶ τὴν Ἰβηρίαν. πολὺ φησι βέλτιον τῷ Μεσσηνίῳ πιστεύειν ἢ τούτῳ. ὁ μέντοι γε εἰς μίαν χώραν τὴν Παγχαίαν λέγει πλεῦσαι· ὁ δὲ καὶ μέχρι τῶν τοῦ κόσμου περάτων κατωπτευκέναι τὴν προσάρκτιον τῆς Εὐρώπης πᾶσαν, ἣν οὐδ' ἂν τῷ Ἑρμῇ πιστεῦσαι λέγοντι. Ἐρατοσθένη δὲ τὸν μὲν Εὐήμερον Βεργαῖον καλεῖν, Πυθέᾳ δὲ πιστεύειν, καὶ ταῦτα μηδὲ Δικαιάρχου πιστεύσαντος.

Nun sagt Polybios, selbst das sei schon unglaublich, wie es einem mittellosen Privatmann möglich gewesen sein soll, so weite Räume zu Schiff und zu Lande zurückzulegen. Eratosthenes aber habe trotz Zweifeln, ob man dieses glauben dürfe, den Angaben über Britannien vertraut und auch denen bezüglich Gadeiras und Iberiens. Viel besser, sagt er, sei es, dem Messenier zu glauben als diesem. Jener behaupte ja nur, zu dem einen Lande Panchaia zu Schiff gefahren zu sein, dieser aber wolle bis zu den äußersten Grenzen der Welt den ganzen Norden Europas erforscht haben, was man sogar dem Hermes nicht abnehmen würde, wenn er es sagte. Eratosthenes aber nenne den Euhemeros einen Bergäer, dem Pytheas aber glaube er, obwohl nicht einmal Dikaiarchos ihm geglaubt habe.

Im Zusammenhang mit diesen Ausführungen des Polybios steht eine Textstelle aus den *Excerpta de Virtutibus et Vitiis*. Diese unter der Regierung des byzantinischen Kaisers Konstantin VII Porphyrogennetos (reg. 913–959) zusammengestellte Sammlung von Auszügen aus verloren gegangenen Werken antiker Autoren enthält u. a. auch zahlreiche Fragmente aus den

Historien des Polybios, darunter ein dem 34. Buch zugeordneter Text, in dem eine ungenannte Person mit dem in der Antike berüchtigten Lügenautor Antiphanes von Berge verglichen wird.[25] Es heißt dort, sehr wahrscheinlich unter Anspielung auf Eratosthenes oder Pytheas:

> Πῶς οὐκ ἂν εἰκότως δόξειεν ὑπερβεβηκέναι καὶ ἀπολεληρηκέναι τὸν Βεργαῖον Ἀντιφάνην καὶ καθόλου μηδένι καταλιπεῖν ὑπερβολὴν ἀνοίας τῶν ἐπιγινομένων

> Wie könnte die Meinung als unbillig erscheinen, dass (er) sogar den Bergäer Antiphanes mit seinem törichten Geschwätz übertroffen hat und er überhaupt niemanden der nachfolgenden Schreiber an übermäßigen Unverstand hinter sich gelassen hat.[26]

3.2 Die Zeit des Dikaiarchos, Eratosthenes und Pytheas

Polybios beginnt seine Ausführungen mit der Bemerkung, er wolle bei der Beschreibung Europas die Alten beiseite lassen und nur diejenigen überprüfen, welche diese kritisiert hätten, nämlich Dikaiarchos und Eratosthenes, der sich als letzter mit der Erdbeschreibung befasst habe, und ferner Pytheas, von dem viele getäuscht worden seien.

Es ist sicher, dass Polybios die geographischen Werke des Dikaiarchos und des Eratosthenes zur Hand hatte und sie benutzte. So korrigierte er z. B., wie Strabon berichtet, mit wechselndem Erfolg vermeintliche und tatsächliche Fehler, die Eratosthenes bei der Vermessung einiger Distanzen bezüglich des Mittelmeerraumes unterlaufen seien (Ἑξῆς δὲ τὰ τοῦ Ἐρατοσθένους ἐπανορθοῖ, τὰ μὲν εὖ, τὰ δὲ χεῖρον λέγων ἢ ἐκεῖνος)[27], und desgleichen setzte er sich auch mit verschiedenen Entfernungsangaben des Dikaiarchos im Detail auseinander,[28] was nur bei genauer Kenntnis der geographischen Ansichten dieser Gelehrten möglich war. Was nun den Bericht des Pytheas anbetrifft, so ist es natürlich nicht ausgeschlossen, dass Polybios seine diesbezüglichen Kenntnisse aus den Werken des Dikaiarchos und insbesondere des Eratosthenes

---

[25] U. Ph. Boissevain, C. de Boor, Th. Büttner-Wobst, vol. 2, pars 2, Excerpta de virtutibus et vitiis, Nr. 113 p. 201, Berolini 1910 = Pol. 34, 6, 15.
[26] Auf die Frage, wen Polybios hier gemeint hat – Eratosthenes oder Pytheas – wird weiter unten eingegangen.
[27] Strab. C 106, 2.4.4.
[28] Strab. C 105, 2.4.2.

schöpfte, der wichtige Details seiner Erdbeschreibung hinsichtlich West- und Nordeuropas nachweislich dem Werk des Pytheas entnommen hat. Dikaiarch und Eratosthenes hatten sich ja beide offenbar gründlich mit den Schriften des Pytheas auseinander gesetzt, denn Strabo zitiert (siehe oben Kap. 3.1) Polybios mit den Worten, Eratosthenes habe Pytheas hinsichtlich dessen Angaben über Gadeira, Iberien und Britannien trotz einiger Zweifel vertraut (διαπορήσαντα, εἰ χρὴ πιστεύειν τούτοις), keinen Glauben habe ihm jedoch Dikaiarchos geschenkt. Es spricht allerdings auch nichts gegen die Annahme, dass Polybios das Werk des Pytheas selbst vorlag, zumal das Verb ἐξετάζειν, das Polybios sowohl in Hinblick auf Dikaiarchos und Eratosthenes als auch auf Pytheas benutzt, auf eine unmittelbare Lektüre dieser drei Autoren hinzuweisen scheint. Sogar Karl Müllenhoff, der ansonsten fast alles, was von antiken Autoren über Pytheas überliefert worden ist, der Vermittlung durch den Historiker Timaios von Tauromenion zuschreiben will, räumt die Möglichkeit ein, dass Polybios das Werk des Pytheas direkt zugänglich war.[29]

Die Tatsache, dass Dikaiarchos, Eratosthenes und Pytheas von Polybios zu den neueren Geographen gezählt wurden – alle drei vertraten das neue Weltbild von der Kugelgestalt der Erde – weist darauf hin, dass sich die Lebenszeiten dieser drei Autoren nicht zu sehr unterschieden haben können. Bei Dikaiarchos und Eratosthenes trifft dies jedenfalls zu. Die Lebenszeit des Eratosthenes ist in den antiken Quellen gut dokumentiert. Er wirkte von 247 bis zu seinem Tode im Jahre 196 als Leiter der Bibliothek zu Alexandria und soll ein Alter von mehr als 80 Jahren erreicht haben. Über das Leben des Dikaiarchos liegt dagegen nur wenig Verlässliches aus antiker Quelle vor. Das Sudalexikon führt ihn als Schüler des 322 verstorbenen Aristoteles (Ἀριστοτέλους ἀκουστής) auf,[30] und seine Akme wird in der Forschung zwischen 336 (Regierungsantritt Alexanders des Großen)[31] und 300 angesetzt,[32] sodass genügend Spielraum verbleibt für eine Herabdatierung seiner Lebenszeit bis in die erste Hälfte des 3. Jahrhundert hinein. Eratosthenes könnte demnach ein jüngerer Zeitgenosse des Dikaiarchos gewesen oder kurz nach dessen Tod geboren worden sein. Auch über die Lebensdaten

---

[29] Müllenhoff, Deutsche Altertumskunde I, Berlin 1890, 406 Anm.*
[30] Wehrli, Dikaiarchos, Die Schule des Aristoteles, Heft I, Basel 1967, 13 fr.1.
[31] Wehrli, Dikaiarchos, 43.
[32] Müllenhoff, Deutsche Altertumskunde I, 236: „nicht viel später als 310".

des Pytheas lassen sich aus den antiken Quellen keine wirklich gesicherten Angaben gewinnen außer der Tatsache, dass Dikaiarchos seinen Reisebericht gekannt haben muss und der Historiker Timaios diesen Bericht bei seinen Schriften benutzt zu haben scheint.[33] T. S. Brown gibt als terminus post quem für dessen Tod das Jahr 260 an, da nach dem Zeugnis des Polybios das Geschichtswerk des Timaios mit den Ereignissen des Jahres 264 endete.[34] Zieht man in Betracht, dass Timaios ein Alter von 96 Jahren erreicht haben soll,[35] dann läge sein Geburtsdatum in der Mitte des 4. Jahrhunderts.

Es sind nun in den vergangenen zwei Jahrhunderten intensiver Forschung zahlreiche Versuche unternommen worden, die Reise des Pytheas zeitlich genauer festzulegen, und abgesehen von einer extrem frühen Datierung zwischen 380 und 360 durch P. Fabre[36] und einer extrem späten zwischen 242 und 238 duch R. Carpenter[37] – beide Ansätze können als widerlegt gelten[38] – liegt die überwiegende Mehrzahl der Datierungen innerhalb des letzten Drittels des 4. Jahrhunderts.[39] Da alle diese Abschätzungen mit gewissen Unsicherheiten behaftet sind, kommt vielleicht sogar das erste oder zweite Jahrzehnt des 3. Jahrhunderts in Frage, solange sich kein Widerspruch zu dem Umstand ergibt, dass Dikaiarchos den Reisebericht des Pytheas gekannt und Timaios von Tauromenion ihn vermutlich benutzt hatte. Die Lebenszeiten von Pytheas, Dikaiarchos und Eratosthenes liegen also in einem eng begrenzten Zeitrahmen.

3.3 Polybios' Beurteilung der „alten Geographen"

Es geht aus den Quellen nicht hervor, wen Polybios meinte, als er davon sprach, die alten Geographen bei seiner Beschreibung von Europa unberücksichtigt zu lassen, vielleicht gehörten sie aber zu denjenigen, von denen in einem Exkurs Pol. 3, 58, 2–59, 7 die Rede ist, mit dem Polybios die Schilderung

---

[33] Plinius erwähnt NH 37.34, dass Timaios die Bernsteininsel Abalus des Pytheas Basilia genannt habe.
[34] T. S. Brown, Timaeus of Tauromenion, Berkeley/Los Angeles 1958, 1–2.
[35] Lukian, Makrobioi 22.
[36] P. Fabre, Les Massaliotes, 31 Anm. 49.
[37] R. Carpenter, Beyond the Pillars of Heracles, the Classical Word seen by the Eyes of its Discoverers, New York 1966, 147.
[38] D. W. Roller, Through the Pillars of Herakles, New York 2006, 65.
[39] Eine Übersicht findet sich bei S. Bianchetti, Per la datazione del Peri Okeanou di Pitea, Sileno 23, 1997, 74 Anm. 6.

des im dritten Buch seiner Historien behandelten Zweiten Punischen Krieges unterbricht. Es ist in Hinblick auf die Kritik, die Polybios an Pytheas übt, aufschlussreich, diese Stelle etwas näher zu betrachten. Polybios kommt dort auf die Bedeutung der Geographie für die Geschichtsschreibung und in diesem Zusammenhang u. a. auch auf die Autoren zu sprechen, die versucht hätten, die Länder an den äußersten Rändern der Oikumene zu beschreiben, dabei aber viele Fehler begangen hätten, und stellt 3, 58, 2 fest:

σχεδὸν γὰρ πάντων, εἰ δὲ μή γε, τῶν πλείστων συγγραφέων πεπειραμένων μὲν ἐξηγεῖσθαι τὰς ἰδιότητας καὶ θέσεις τῶν περὶ τὰς ἐσχατίας τόπων τῆς καθ' ἡμᾶς οἰκουμένης, ἐν πολλοῖς δὲ τῶν πλείστων διημαρτηκότων, παραλείπειν μὲν οὐδαμῶς καθήκει, ῥητέον δέ τι πρὸς αὐτοὺς οὐκ ἐκ παρέργου καὶ διερριμμένως, ἀλλ' ἐξ ἐπιστάσεως, καὶ ῥητέον οὐκ ἐπιτιμῶντας οὐδ'ἐπιπλήττοντας, ἐπαινοῦντας δὲ μᾶλλον καὶ διορθουμένους τὴν ἄγνοιαν αὐτῶν, γινώσκοντας ὅτι κἀκεῖνοι τῶν νῦν καιρῶν ἐπιλαβόμενοι πολλὰ τῶν αὐτοῖς εἰρημένων εἰς διόρθωσιν ἂν καὶ μετάθεσιν ἤγαγον.

Da nämlich beinahe alle oder doch die meisten Geschichtsschreiber versucht haben, die eigentümliche Beschaffenheit und die Lage der Länder am äußersten Rand der bewohnten Erde darzustellen, die meisten aber in vielen Punkten in die Irre gegangen sind, so darf man dies keinesfalls übergehen, sondern muss sich mit ihnen auseinandersetzen, aber nicht beiläufig und brockenweise, sondern eingehend und sorgfältig, nicht um sie zu tadeln und zu schelten, vielmehr so, dass man sie anerkennt und ihre Unkenntnis richtig stellt, in der Überzeugung, dass auch sie, wenn sie unsere Zeit erlebt hätten, viele ihrer Angaben berichtigt und geändert haben würden. [Übersetzung H. Drexler][40]

Er fährt dann fort, nur wenige Griechen hätten es überhaupt unternommen, jene entlegenen Gegenden zu erforschen, denn es sei zu ihrer Zeit wegen vieler Gefahren fast unmöglich gewesen, zu Wasser und erst recht zu Lande dorthin zu gelangen. Und diejenigen, so fügt er an, die entweder dorthin verschlagen worden seien oder aber gezielt jene äußersten Regionen aufgesucht hätten, diese hätten Schwierigkeiten gehabt, als Augenzeugen etwas in Erfahrung zu bringen, weil die Gegenden völlig unzivilisiert oder wüst waren (διὰ τὸ τοὺς μὲν ἐκβεβαρβαρῶσθαι, τοὺς δ' ἐρήμους εἶναι τόπους) und noch schwieriger sei es für sie gewesen, über das Beobachtete richtige Auskünfte zu erhalten wegen der unzulänglichen Kommunikation aufgrund vorhandener Sprachunterschiede (διὰ τὸ τῆς φωνῆς ἐξηλλαγμένον).

---

[40] H. Drexler, Polybios, Geschichte I, Zürich/Stuttgart 1961.

KAPITEL 3

Fast scheint es, als habe Polybios sogar ein gewisses Verständnis dafür, dass Berichte über so entlegene Gegenden auch manches Fabulöses enthielten, denn er fährt fort:

> ἐὰν δὲ καὶ γνῷ τις, ἔτι τῶν πρὸ τοῦ δυσχερέστερον τὸ τῶν ἑωρακότων τινὰ μετρίῳ χρῆσθαι τρόπῳ καὶ καταφρονήσαντα τῆς παραδοξολογίας καὶ τερατείας ἑαυτοῦ χάριν προτιμῆσαι τὴν ἀλήθειαν καὶ μηδὲν τῶν πάρεξ ὄντων ἡμῖν ἀναγγεῖλαι. διόπερ οὐ δυσχεροῦς, ἀλλ' ἀδυνάτου σχεδὸν ὑπαρχούσης κατὰ γε τοὺς προγεγονότας καιροὺς τῆς ἀλητοῦς ἱστορίας ὑπὲρ τῶν προειρημένων, οὐκ ἔτι παρέλιπον οἱ συγγραφεῖς ἢ διήμαρτον, ἐπιτιμᾶν αὐτοῖς ἄξιον, ἀλλ' ἐφ' ὅσον ἔγνωσάν τι καὶ προεβίβασαν τὴν ἐμπειρίαν τὴν περὶ τούτων ἐν τοιούτοις καιροῖς, ἐπαινεῖν καὶ θαυμάζειν αὐτοὺς δίκαιον.

Wenn aber jemand solche Kenntnisse gewonnen hatte, dann war es offenbar für den Augenzeugen schwerer, das rechte Maß zuhalten, die Wunderberichte und Aufschneidereien zu verschmähen, der Wahrheit um ihrer selbst willen die Ehre zu geben und uns nichts, was mit ihr im Widerspruch steht, zu berichten. Da also in früheren Zeiten ein wahrheitsgetreuer Bericht über die erwähnten Länder nicht nur schwierig, sondern fast unmöglich war, so ist es nicht recht, die Geschichtsschreiber, wenn sie etwas weggelassen oder sie geirrt haben, zu tadeln, sondern man muss ihre Erkenntnisse und die Förderung des Wissens auf diesem Gebiete für ihre Zeit anerkennen und bewundern. [Übersetzung H. Drexler]

Aus diesen Feststellungen wird ersichtlich, wie sehr sich Polybios darum bemüht, den Forschern, die sich in früheren Zeiten vorgenommen hatten, die äußersten Enden der bewohnten Welt zu erkunden, Gerechtigkeit widerfahren zu lassen. Wenn sie Täuschungen erlegen seien und sich geirrt hätten, dann sei das nicht ihnen selbst anzulasten, sondern der Ungunst der Verhältnisse geschuldet, die sie bei ihrem Vorhaben angetroffen hätten. Er fährt dann fort, dass aber nun zu seiner Zeit viel günstigere Verhältnisse bestünden, weil seit der Errichtung der Herrschaft Alexanders die Länder Asiens, die übrigen Länder aber fast alle dank der Übermacht (ὑπεροχήν) Roms sowohl zu Wasser als auch zu Lande zugänglich geworden seien, und dass ferner die Eliten nun nicht mehr durch kriegerische und politische Interessen von der Beschäftigung mit den Wissenschaften abgehalten würden. Es bestehe, so schreibt er, deshalb die Verpflichtung, eine bessere und genauere Kunde der voher unbekannten Länder zu erlangen, und dies den Wißbegierigen zur Kenntnis zu bringen. Genau das wolle er, Polybios, jeweils am passenden Orte seiner Ausführungen versuchen, und weist 3, 59, 7–8 zum

Abschluß seines Exkurses darauf hin, hauptsächlich zu diesem Zwecke seine Reisen in Libyen und Iberien ferner auch in Gallien und in dem an diese Länder von außen her angrenzenden Meere (καὶ τὴν ἔξωθεν ταύταις χώραις συγκυροῦσαν θάλατταν) unternommen zu haben.[41]

Wenn man diese Ausführungen des Polybios seinen von Strabon C 104, 2.4.1–2 überlieferten kritischen Bemerkungen zum Bericht des Pytheas gegenüberstellt, dann gewinnt man den Eindruck, dass Polybios Pytheas genau das zum Vorwurf macht, was er bei den alten Autoren bemängelte, ohne aber an dessen Bericht denselben von Nachsicht und Verständnis geprägten Maßstab anzulegen, wie er es bei der Beurteilung jener getan hatte, die in früheren Zeiten in unbekannte Länder aufgebrochen waren und ohne ihr Verschulden wegen der Ungunst der Verhältnisse zu einer wahrheitsgemäßen Berichterstattung nicht in der Lage waren. Eine derartige ablehnende Haltung ist verwunderlich. Sie wäre verständlich, wenn die Reise des Pytheas zur Zeit des Polybios oder kurz vorher stattgefunden hätte, zu einer Zeit also, als die römische Vorherrschaft im Westen, wie Polybios sagt, günstige Voraussetzungen für Forschungsreisen in unbekannte Länder geschaffen hatte und damit eine bessere und wahrheitsgemäße Beschreibung jener Gegenden möglich machte. Dies traf zwar für die von Polybios oben erwähnten Reisen zu, die er selbst zu Forschungszwecken unternommen hatte, denn sie fanden zur Zeit des 3. Punischen Krieges (Reise längs der atlantischen Küste des heutigen Marokkos) statt und etwas später nach der Niederschlagung des Freiheitskampfes der Keltiberer (Reise längs der atlantischen Küste Iberiens und Galliens) und damit zu einer Zeit, als der westliche Mittelmeerraum zum größtenTeil endgültig in das Imperium einbezogen und auch die atlantischen Regionen Iberiens und der Keltike bis hoch zur Biskaya von Rom befriedet worden waren. Zur Zeit des Pytheas aber, dessen Reise, wie oben dargelegt, spätestens zu Ende des 4. Jahrhunderts oder kurz danach und damit mehr als 150 Jahre vor den Expeditionen des Polybios erfolgt sein muss, konnte jedoch von einer ὑπεροχή Roms im Westen noch keine Rede sein, sodass Pytheas ebenso wie den alten Geographen mildernde Umstände von Polybios hätten zugebilligt werden können. Es bleibt somit im folgenden zu klären, was Polybios in Hinblick auf Pytheas zu dem Vorwurf ὑφ' οὗ παρακρουσθῆναι πολλούς bewog und warum er Pytheas nicht zu seinen Vorgängern zählte, die es zu berichtigen galt.

---

[41] Siehe Kap. 4.5.3 Atlantikfahrt des Polybios.

3.4 Gründe für das Mißtrauen des Polybios und Strabons gegen den Reisebericht des Pytheas
3.4.1 Polybios

Konkrete Angaben des Polybios darüber, worin Pytheas seine Leser im einzelnen getäuscht habe, hat Strabon in der oben (Kap. 3.1) wiedergegebenen Kritik am Bericht des Pytheas nicht gemacht. Eine Ausnahme scheint der sich auf mehr als 40.000 Stadien belaufende Umfang Britanniens zu sein, doch konnte Polybios nicht wissen, dass dieser Wert viel zu groß war. Diese Maße überstiegen zwar die Küstenlänge selbst Siziliens, der größten Mittelmeerinsel, für die ein der Wirklichkeit sehr nahe kommender Wert von 5.000 Stadien in der Antike bekannt war,[42] um ein ein Mehrfaches, aber für den Umfang der Insel Taprobane, des heutigen Sri Lanka, waren z. B. Zahlen in ähnlicher Größenordnung wie die bezüglich Britanniens im Umlauf und scheinen von den antiken Geographen nicht in Zweifel gezogen worden zu sein.[43] Jedenfalls haben weder Eratosthenes noch auch Diodorus Siculus und Plinius Anstoß an dem gewaltigen Umfang Britanniens genommen. Polybios konnte also sehr wohl die von Pytheas überlieferten Maße akzeptieren, doch scheint er bezweifelt zu haben, dass dieser in der Lage gewesen sei, eine so riesige Insel zu Lande oder auf dem Seeweg längs ihrer Küsten zu erkunden. Überhaupt hielt es Polybios nicht für glaubhaft, dass Pytheas so weite Räume wie die ganze Ozeanküste Europas von Gadeira bis zum Tanais durchmessen habe (ἐπέλθοι τὴν παρωκεανῖτιν τῆς Εὐρώπης ἀπὸ Γαδείρων ἕως Τανάιδος), und das schon gar nicht als unbemittelter Privatmann (ἄπιστον καὶ αὐτὸ τοῦτο, πῶς ἰδιώτῃ ἀνθρώπῳ καὶ πένητι τὰ τοσαῦτα διστήματα πλωτὰ καὶ πορευτὰ γένοιτο). Es ist allerdings nicht vollkommen klar, was Polybios mit dem ἕως Τανάιδος eigentlich meinte.

Der Fluss Tanais, der heutige Don, galt den antiken Geographen als die Grenze zwischen Europa und Asien. Strabon und Plinius z. B. erwähnen ihn mehrfach in diesem Sinne,[44] und Polybios stellt in einem geographischen Exkurs zu seinen *Historien* fest, dass die drei Weltteile Asien, Libyen (= Afrika) und Europa jeweils durch den Tanais, den Nil und die Säulen des Herakles begrenzt werden und bezeichnet anschließend den Tanais als

---

[42] Siehe Anm. 492.
[43] Siehe Kap. 5.2.2 Umfang nach Polybios.
[44] Strab. C 126, 2.5.26, C 129, 2.5.31; Plin. nat. 4.78, 5.47.

Europas östliche Grenze.⁴⁵ Die jenseits der Säulen des Herakles gelegene Handels- und Seestadt Gadeira (Gades, das heutige Cadiz) galt andererseits in der Antike im sprichwörtlichen Sinne als das Ende der Welt im Westen.⁴⁶ Vielleicht wollte Polybios deshalb mit dem ἀπὸ Γαδείρων ἕως Τανάιδος nur die in seinen Augen ganz und gar phantastische und unglaubwürdige räumliche Ausdehnung der Fahrt des Pytheas ad absurdum führen, wenn er diese in bewußter Übertreibung in dem im äußersten Westen gelegenen Gadeira beginnen und an der östlichen Grenze Europas enden ließ, und vielleicht fühlte er sich dabei an die Geschichte von der Heimkehr der Argonauten erinnert, die nach den Erzählungen des Timaios von Tauromenion den ganzen nördlichen Ozean von Ost nach West bis Gadeira befuhren, bevor sie ins Mittelmeer gelangten.⁴⁷ Im Übrigen glaubte er ohnehin nicht, dass der Norden bis zum Tanais bisher von irgendeinem Reisenden erkundet worden sei, und hielt anderslautende Berichte für Märchen. (siehe Kap. 3.4.1)

In der Forschung wird aber meist aus jener Bemerkung des Polybios gefolgert, dass Pytheas wirklich behauptet habe, auf seiner Fahrt bis zu einem bestimmten, weit im Osten gelegenen Punkt gelangt zu sein, wo er auf die Mündung eines Stromes getroffen sei, den er für den Tanais hielt. Nun sind allerdings mit der παρωκεανῖτιν τῆς Εὐρώπης mit Sicherheit die Ozeanküsten im Westen und Norden Europas gemeint und nicht dessen Mittelmeerküste; der Tanais aber mündet nicht in den nördlichen Ozean, sondern in die Palus Maeotis, das heutige Asowsche Meer, das über die Straße von Kertsch mit dem Schwarzen Meer in Verbindung steht. Eine Reihe von Forschern nimmt daher an, dass die antiken Geographen geglaubt hätten, der Tanais besitze

---

⁴⁵ Pol. 3.37. 2–8.
⁴⁶ Vgl. Schulten, Iberische Landeskunde, Baden-Baden2 1974, 23.
⁴⁷ Der Erzählung des Timaios liegt die Vorstellung zugrunde, dass über den Tanais eine Verbindung zwischen dem Schwarzen Meer und dem nördlichen Ozean bestünde. Diodor kommt in 4.56.4 seiner Bibliothek auf diese Geschichte zu sprechen: Nach dem Raub des Goldenen Vließes war den Argonauten die Rückkehr ins Mittelmeer auf dem direkten Wege verwehrt, weil Aietes die Meerengen blockierte. Sie segelten deshalb den Tanais stromaufwärts nach Norden bis zu seiner Quelle und transportierten dann ihr Schiff eine Strecke über Land bis zu einem anderen in nördlicher Richtung fließenden Strom, dessen Lauf sie dann bis zur Mündung in den nördlichen Ozean folgten. Von dort wandten sie sich nach Westen und erreichten schließlich, wobei sie stets die Ozeanküste zur linken Hand hatten (τὴν γῆν ἔχοντας ἐξ εὐωνύμων), Gadeira und fuhren dann in das Mittelmeer ein.

auch einen in den nördlichen Ozean mündenden Stromzweig. Ausgehend von dieser Hypothese schließen diese Gelehrten dann, dass Pytheas auf dem Rückweg von Thule in die Ostsee vorgedrungen sei und die Mündung eines sich in dieses Meer ergießenden Stromes für jene nördliche Mündung des Tanais gehalten habe. Der britische Archäologe C. F. C Hawkes glaubt z. B., dass Pytheas bis zur Odermündung gekommen sei und weist darauf hin, dass diese Mündung infolge der Haffbildung am Ausgang der Oder in die Ostsee eine gewisse topographische Ähnlichkeit, wenn auch in verkleinerter Dimension, mit der Straße von Kertsch aufweist, dem sogenannten Kimerischen Bosporus, durch den das Asowsche Meer, in das der Don mündet, mit dem Schwarzen Meer verbunden ist. Pytheas sei deshalb zu der Überzeugung gelangt, tatsächlich an diesem Ort das durch den Tanais gekennzeichnete Ende Europas erreicht zu haben.[48] P. Fabre lässt Pytheas noch weiter bis zur Bucht von Riga an die Mündung der Düna gelangen, die dieser für den nördlichen Tanais gehalten habe[49] (siehe Kap. 2.9), und G. Broche lässt ihn sogar bis in den Finnischen Meerbusen vorstoßen.[50] Im Gegensatz zu diesen Gelehrten, die Pytheas wieder auf dem Seeweg in den Westen zurückreisen lassen, hält es der Praehistoriker Joachim Herrmann aber für möglich, dass Pytheas auf einem alten, die Ostsee mit dem schwarzen Meer verbindendem Handelsweg den Kontinent bis zur Mündung des Tanais in den Pontos durchquert habe.[51] Tatsächlich bestand schon seit Jahrhunderten über alte Handelswege ein reger Güteraustausch zwischen den griechischen Pflanzstädten an der nördlichen Schwarzmeerküste und den nördlich davon beheimateten barbarischen Völkern. Einige dieser Handelswege führten über die Flusssysteme von Bug, Djnestr, Dnjepr, Weichsel und Memel zur baltischen Küste, von wo Bernstein bezogen wurde,[52] andere gingen zur Wolga und verliefen dann weiter über den Ural nach Westsibirien.[53] Dass Pytheas

---

[48] C. F. C. Hawkes, Pytheas: Europe and the Greek Explorers, The Eighth J. L. Myres Memorial Lecture 1975, Oxford 1977, 12.
[49] P. Fabre, Les Massaliotes, 47 und Karte S. 48.
[50] G. Broche, Pythéas le Massaliote, Paris 1937, 16 Carte du Périple.
[51] J. Herrmann, Griechische und Lateinische Quellen zur Frühgeschichte Mitteleuropas I, Berlin 1988, S. 11 Karte 1.
[52] M. Waldmann, Der Bernstein im Altertum. Eine historisch-philologische Skizze, Fellin 1883, 56/57.
[53] M. Ebert, Südrußland im Altertum, Aalen 1960, 188/189.

auf einem dieser Wege zum Schwarzen Meer gelangt sei, dafür lassen sich aber in den erhaltenen Fragmenten keinerlei Belege finden.

Neben dem Konzept eines nach Norden fließenden Tanais war unter den antiken Geographen auch die Vorstellung verbreitet, dass zwischen dem innersten Winkel der Palus Maeotis, also dem Mündungsbereich des eigentlichen Tanais, und dem nördlichen Ozean eine Landbrücke von nur geringer Ausdehnung bestünde. Poseidonios schätzte die Breite dieses Isthmus z. B. auf ungefähr nur 1.500 Stadien,[54] und nach Ptolemaios erstreckte sich dieser vom 54. bis zum 58. Breitengrad und damit über nicht mehr als 2.000 Stadien, da Ptolemaios 500 Stadien auf einen Breitengrad rechnete.[55] Der französische Geographiehistoriker R. Dion hat in diesem Zusammenhang die These aufgestellt, dass Pytheas im Auftrage Alexanders des Großen das am Ozean gelegene Ende dieses Isthmus' gesucht habe und geglaubt habe, es in der heutigen Danziger Bucht gefunden gehabt zu haben. Pytheas habe nämlich festgestellt, dass sich die Küste, deren Verlauf er in südlicher Richtung bis zu diesem Punkt gefolgt sei, von hier aus wieder nach Norden gewandt habe, und dadurch sei er zu der Überzeugung gelangt, die schmalste Stelle Europas erreicht zu haben.[56] Es ist allerdings fraglich, ob Pytheas von Alexander wirklich, wie Dion glaubt, als „Praemissus Explorator" zur Erkundung des nördlichen Ozeans ausgeschickt wurde. Zwar hatte Alexander Interesse gezeigt an der sogenannten Ozeanfrage und u. a. einen gewissen Herakleides, wie Arrian berichtet, mit der Klärung des Binnencharakters des Kaspischen Meeres beauftragt,[57] und in seinen letzten Plänen war auch eine Umsegelung Arabiens und ganz Afrikas[58] sowie ein Feldzug gegen Karthago vorgesehen,[59] aber für eine von Alexander beabsichtigte Erforschung der Ozeanküste West- und Nordeuropas gibt es in den Quellen keinerlei Belege.

Es ist aber auch möglich, dass Polybios, als er von der παρωκεανῖτιν τῆς Εὐρώπης ἀπό Γαδείρων ἕως Τανάιδος sprach, die Erdkarte des Eratosthenes (Abb. 2) vor Augen hatte, die er sehr gut kannte, denn er sagt ja selbst, sie genau

---

[54] Strab. C 491, 11.1.5.
[55] Ptol. geogr. 8.10.1–4 (Stückelberger II, 804. Europa Karte 8, 806, 807).
[56] Dion, Où Pythéas voulait aller?, Mélanges d'archéologie et d'histoire offerts à André Piganiol, Bd. 3, Paris 1966, 1332–1334.
[57] Arr. an. 7.16.1–4.
[58] Plut. Alex. 68.
[59] Diod. 18.4.4.

KAPITEL 3

geprüft zu haben (ἐξετάζειν Δικαίαρχόν τε καὶ Ἐρατοσθένη, τὸν τελευταῖον πραγματευσάμενον περὶ γεωγραφίας). Er konnte dieser Karte entnehmen, dass Eratosthenes Thule als das nördlichste Land der Oikumene einerseits auf den Polarkreis auf 66° nördlicher Breite und andererseits weit im Osten lokalisiert hatte, indem er jene Insel auf den durch den Borysthenes verlaufenden Hauptmeridian (siehe Kap. 3.4.2.1.1) der griechischen Geographie gelegt hatte. Der von Norden nach Süden verlaufende Borysthenes, der heutige Dnjepr, ist aber der am weitesten nach Osten vorgeschobene und in den Pontos mündende Nachbarstrom des heutigen Dons, des Tanais der antiken Geographen (Abb. 2), sodass der Meridian Thules nicht weit entfernt von der Grenze zwischen Europa und Asien verlief. Polybios hätte daher zu Recht sagen können, Pytheas habe behauptet, nach seiner Rückkehr von Thule, oder indem er von Thule zurückkehrte (ἐπανελθὼν ἐνθένδε), die ganze Ozeanküste Europas befahren zu haben.

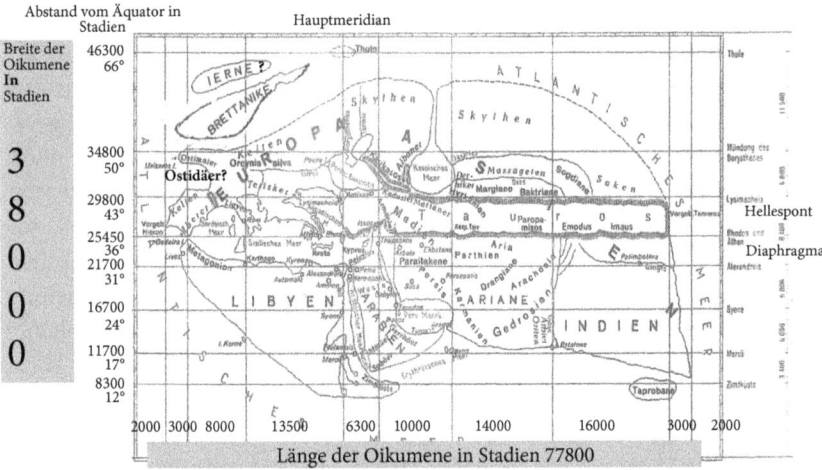

Abb. 2: Oikumene nach Eratosthenes.

Es kann aber auch sein, dass, wie z. B. Wolfgang Aly vermutet, mit dem ἐπέλθοι τὴν παρωκεανῖτιν τῆς Εὐρώπης ἀπο Γαδείρων ἕως Τανάιδος gar keine Reise und ein Befahren der Ozeanküste im wörtlichen Sinne gemeint war, sondern hier ein Mißverständnis von Seiten des Polybios oder Strabons vorliegt. Er weist nämlich darauf hin, dass Strabon das Verbum ἐπελθεῖν zwar auch im Sinne des räumlichen Betretens, aber fast ebenso oft für die Beschäftigung mit oder das Besprechen von etwas gebraucht. Aly führt hierfür eine Reihe von Beispielen aus der *Geographika* an und kommt zu dem Schluss, Pytheas habe nie behauptet, „dass er die ganze Ozeanküste betreten habe, von der er Erkundigungen einzog".[60]

Für wie unglaubwürdig Polybios den Bericht des Pytheas hielt, wird auch deutlich aus einem Fragment, das in den *Excerpta de Virtutibus et Vitiis* des Kaisers Konstantin VII bewahrt worden ist[61] und das dem 34. Buch der Historien des Polybios zugeordnet wird. Es gehört offenbar in den Zusammenhang mit der von Strabon C 104, 2.4.2 überlieferten Kritik des Polybios an den Behauptungen des Pytheas (siehe oben Kap. 3.1). Polybios spricht dort von einer ungenannten Person, die in ihrem törichten Geschwätz sogar den Bergäer Antiphanes übertroffen und auch alle nachfolgenden Schreiber darin zurückgelassen habe. Der hier erwähnte Antiphanes von Berge, benannt nach seiner Heimatstadt Βέργη am Strymon in Thrakien, war in der Antike als Verfasser von Lügengeschichten berüchtigt, und in Anlehnung an ihn bezeichnete man dann die Erzähler von Fabelgeschichten auch als Bergäer (Βεργαῖοι), ihre Geschichten als Βεργαῖα διηγήματα, und das Verbum βεργαΐζειν bedeutete unverschämtes Lügen. Ein Vergleich mit Antiphanes sprach natürlich der betreffenden Person jede Glaubwürdigkeit ab.

Auf Antiphanes wird weiter unten noch ausführlicher eingegangen werden;[62] im folgenden soll zunächst lediglich die Frage erörtert werden, wer jener Anonymus war, dessen Lügen Polybios in eine Reihe mit denen des Antiphanes setzte. Aus dem Zusammenhang mit C 104, 2.4.2 kommen nur Pytheas und Eratosthenes in Frage. Bei der unfreundlichen und mißgünstigen Tendenz, mit der Polybios nach Strabon C 104, 2.4.1–2 über die Reise des Pytheas berichtete, wird man zunächst Pytheas in diesem Anonymus sehen, doch könnte auch Eratosthenes gemeint sein. Was Eratosthenes betrifft, so zweifelte Polybios an dessen Urteilskraft, indem er ihm vorwarf, Euhemeros zwar einen Bergäer genannt, dem Pytheas aber vertraut zu haben.

---

[60] W. Aly, Strabonis Geographica IV, Strabon von Amaseia, Untersuchungen über Text, Aufbau und Quellen der Geographika, Bonn 1957, 465.
[61] Siehe oben Anm. 25.
[62] Siehe Kap. 3.6.3.2 Vergleich mit Antphanes. Der Thule-Roman des Diogenes Antonios.

KAPITEL 3

('Ερατοσθένη δὲ τὸν μὲν Εὐήμερον Βεργαῖον καλεῖν, Πυθέᾳ δε πιστεύειν). Euhemeros hatte in einer Schrift, die unter dem Titel Ἱερὰ Ἀναγραφή in der antiken Literatur überliefert ist, über eine Insel Panchaia berichtet, die er auf einer Fahrt in den südlichen Ozean entdeckt habe.[63] Polybios wollte mit jener Bemerkung allerdings nicht zum Ausdruck bringen, dass Eratosthenes zu Unrecht Euhemeros einen Bergäer nenne, denn er hatte sicherlich ebenso wie Strabon keinerlei Zweifel an der Fiktionalität der Erzählungen des Euhemeros, vielmehr warf er Eratosthenes vor, selbst wie ein Bergäer Unglaubwürdiges aus dem Reisebericht des Pytheas verbreitet zu haben. Einige Herausgeber, Übersetzer und Kommentatoren der Historien des Polybios sehen deshalb in Eratosthenes jenen Anonymus, der sogar den Antiphanes übertroffen habe.[64]

Wenn Eratosthenes wirklich die Ziescheibe der in den Excerpta überlieferten Kritik war, dann überrascht jedoch die Heftigkeit und scheinbare Maßlosigkeit, mit der ein so berühmter Gelehrter angegriffen wurde, aber die antiken Historiker und insbesondere Polybios (siehe weiter unten) waren nicht zimperlich und legten sich keine Zurückhaltung auf, wenn es darum ging, Fehler in den Schriften ihrer Vorgänger und Zeitgenossen aufzuzeigen. Selbst Poseidonios wurde einmal von Strabon C 102, 2.3.5 in eine Reihe mit Euhemeros, Antiphanes und Pytheas gestellt (siehe Kap. 3.6.2). Wenn aber Autoritäten wie Eratosthenes und Poseidonios einer so harschen Kritik unterzogen wurden, dann relativiert sich das ungünstige Urteil über Pytheas, denn derartige Angriffe gehörten offenbar zum Stil der wissenschaftlichen Auseinandersetzung unter den Gelehrten der Antike.

Wenn nun Polybios nach Strab. C 104, 2.4.2 mit ironischem Unterton feststellte, dass sogar Euhemeros vertrauenswürdiger als Pytheas sei, (πολὺ φησι βέλτιον τῷ Μεσσηνίῳ πιστεύειν ἢ τούτῳ), dann hielt er offensichtlich dessen Reisebericht für mindestens ebenso fiktiv wie die Rahmenerzählung der Ἱερὰ Ἀναγραφή, in der Euhemeros vorgibt, einen bisher unbekannten Archipel um die Hauptinsel Pancheia im südlichen Ozean entdeckt zu haben. Das Tertium Comparationis ist hier also eine erfundene Entdeckungsreise in unbekannte Fernen und nicht etwa utopische und phantastische Elemente, wie

---

[63] Diod. 6.1.4–11.
[64] F. Walbank, Commentary on Polybius III, Oxford 1979, 595; W. R. Paton, Polybius. The Histories VI, Cambridge (M)/London 1995, 311; H. Drexler, Polybios Geschichte II, Zürich/Stuttgart 1963, 1268.

sie für den hellenistischen Reiseroman charakteristisch sind. Dass Polybios an eine Fahrt des Pytheas in den Norden nicht glaubte, geht übrigens auch aus einer in den geographischen Exkurs im dritten Buch seiner Historien eingebetteten Bemerkung hinsichtlich der unbekannten nördlichen Breiten Europas hervor. Polybios schreibt 3, 38, 2:

τὸ μεταξὺ Τανάιδος καὶ Νάρβωνος εἰς ἄρκτους ἀνῆκον ἄγνωστον ἡμῖν ἕως τοῦ νῦν ἐστιν, ἐὰν μή τι μετὰ ταῦτα πολυπραγμονοῦντες ἱστορήσωμεν. τοὺς δὲ λέγοντάς τι περὶ τούτων ἄλλως ἢ γράφοντας ἀγνοεῖν καὶ μύθους διατιθέναι νομιστέον

das zwischen Tanais und Narbo sich nach Norden erstreckende Land ist uns bis heute unbekannt, es sei denn, dass wir es durch künftige Forschungsreisen erkunden. Wer aber etwas anderes sagt oder schreibt, der hat als einer zu gelten, der keinerlei Kenntnis besitzt, sondern Märchen erfindet. [Übersetzung H. Drexler]

Es ist Otto Cuntz zuzustimmen, wenn er vermutet, dass sich der polemische Schlusssatz gegen Pytheas richtet.[65]

Was nun die Feststellung anbetrifft, dass einem Privatmann so weite Reisen in unbekannte Fernen, wie Pytheas sie gemacht haben wollte, nicht möglich gewesen sein könnten (ἄπιστον καὶ αὐτὸ τοῦτο, πῶς ἰδιώτῃ ἀνθρώπῳ καὶ πένητι τὰ τοσαῦτα διαστήματα πλωτὰ καὶ πορευτὰ γένοιτο), so hatte Polybios in Hinblick auf seine eigenen Erfahrungen gute Gründe, ein solches Urteil zu fällen. Er hatte ja selbst Fahrten längs der nordafrikanischen und auch solche längs der iberischen und gallischen Atlantikküste unternommen und war vielleicht bis hoch in die Biskaya vorgestossen,[66] wobei er Gelegenheit hatte, sich ein Bild von den Gefahren und Beschwernissen zu machen, die mit derartigen Unternehmungen verbunden waren. Er war allerdings für seine Erkundungsfahrten optimal ausgerüstet, denn er fuhr mit Schiffen oder sogar einer ganzen Flotte, die ihm von Scipio Aemilianus zur Verfügung gestellt worden war und konnte sich deshalb die Reise des Pytheas, falls sie wirklich stattgefunden haben sollte, nicht anders als ein vom Rat der Stadt Massalia oder deren Kaufmannschaft finanziertes und durch Bereitstellung von Schiffen unterstütztes Unternehmen vorstellen. Diesbezügliche Erkundigungen, die er wahrscheinlich anläßlich seines Zusammentreffens mit Scipio und der Vorbereitung seiner Alpenexpedition (Pol. 3, 48, 12 siehe auch Kap. 4.5.3) auf

---

[65] O. Cuntz, Polybius und sein Werk, Leipzig 1902, 57.
[66] Siehe Kap. 4.5.3 Atlantikfahrt des Polybios.

den Spuren Hannibals in Massalia einzog, müssen jedoch ergeben haben, dass Pytheas als Privatmann unterwegs gewesen war. Einige Forscher sind aber der Auffassung, dass Pytheas tatsächlich in offiziellem Auftrag und ausgerüstet mit einem oder mehreren Schiffen zu seiner Entdeckungsfahrt aufgebrochen ist. Der britische Archäologe C. F. C. Hawkes z. B. lässt Pytheas mit einem speziell auch für die Gewässer des Atlantiks gebauten Fünfzigruderer in See stechen, der auch ein Beiboot für Anlandungen mit sich führte,[67] und G. Broche glaubt sogar, dass Pytheas eine Flotte von mindestes zwei Trieren befehligte.[68] Derartige Spekulationen entbehren aber jeder Grundlage. Bei dem großen Aufsehen, das die Reise des Pytheas während der ganzen Antike erregte, dürfte noch zur Zeit des Polybios die Erinnerung an eine derart spektakuläre Flottenaktion, wenn sie denn stattgefunden hätte, in Massalia lebendig geblieben sein, und es besteht deshalb kein Zweifel, dass die Informationen, die Polybios dort erhielt, den Tatsachen entsprachen und Pytheas wirklich seine Fahrt als Privatmann, und zwar aus wissenschaftlichen Interessen, unternommen hat. Etwas problematischer ist die Feststellung des Polybios, Pytheas sei ein ἄνθρωπος πένης gewesen. Vielleicht gehörte er nicht zu der kleinen Schar der οὐσίας ἔχοντες, aber gänzlich unvermögend kann er nicht gewesen sein, denn er muss die Mittel für eine gründliche Ausbildung in den mathematischen und astronomischen Wissenschaften aufgebracht haben können und verfügte über Zeit und Resourcen, um aufwendige astronomische Messungen vorzunehmen.[69] Es kann sogar sein, wie M. Clerc, der Verfasser eines gründlichen und umfangreichen Werkes über die Geschichte Massalias vermutet, dass Pytheas einer Familie entstammte, deren Mitgliedern vom Heiligtum zu Delphi das erbliche Ehrenamt eines Proxenos und Thearodokos übertragen worden war, der die Belange des Heiligtums in Massalia und diejenigen Massalias in Delphi zu vertreten hatte.[70]

Es ist in der Forschung verschiedentlich die Vermutung geäußert worden, Polybios habe Pytheas u. a. deswegen diskreditiert, weil er ihm den Ruhm neidete, als erster die den Griechen bis dahin weitgehend unbekannte Welt der atlantischen Regionen Europas durch seinen Reisebericht erschlossen

---

[67] C. F. C. Hawkes, Pytheas, 44.
[68] G. Broche, Pythéas, 53.
[69] Siehe Kap. 6.4.2.2 Bestimmung der Lage des Himmelspols und Kap. 6.4.2.3 Breitenbestimmung mit Hilfe des Gnomons.
[70] M. Clerc, Massalia. Histoire de Marseille dans l'Antiquité, I, Marseille 1999, 291, 402.

zu haben.⁷¹ Genau zu diesem Zweck hatte Polybios ja, wie er selbst 3,59,7-8 schreibt,⁷² die weiten und beschwerlichen Reisen in den Westen unternommen, doch war er vermutlich nur bis zu den keltischen Häfen an der Biskaya gelangt. Pytheas dagegen wollte schon mindestens hundertfünfzig Jahre früher nicht nur Britannien, dessen Existenz lange kontrovers diskutiert wurde, und darüber hinaus das noch viel weiter entfernte Thule besucht haben, sondern hatte überdies behauptet, sogar die ganze Ozeanküste von Gadeira bis zum Tanais bereist zu haben. Polybios könnte, so wird vermutet, in Pytheas einen Vorgänger gesehen haben, der im Urteil der Zeitgenossen erfogreicher als er selber gewesen war. Von ähnlich motivierter Mißgunst soll auch des Polybios Einstellung gegenüber den Werken des Timaios von Tauromenion geprägt gewesen sein. Wie beispielsweise F. Walbank glaubt, stieß sich Polybios daran, dass Timaios, dem er – Polybios – so viele Fehler nachweisen zu können glaubte, in hohem Ansehen als Historiker Roms stand, und dass er deshalb in ihm einen Konkurrenten sah, der seinen eigenen Ruhm verdunkelte. Walbank schreibt: „Timaus is a serious opponent; and the reason for Polybios' hostiliy is not, I believe, any of the ones he alleges, but quite simply jealousy of a western Greek who seemed to challenge his own position".⁷³ Es kann sein, so vermutet Walbank, dass Polybios' feindselige Einstellung gegen Pytheas aus ähnlichen Motiven resultierte.

Eine derartige Tendenz des Polybios, seine berühmten Vorgänger aus kleinlichen und ehrsüchtigen Motiven herabzusetzen, widerspricht jedoch den Prinzipien, denen er sich bei der Abfassung seiner Historien verpflichtet fühlte. Schon seine oben beschriebene maß- und verständnisvolle Einstellung gegenüber den „alten Geographen" und deren Irrtümern zeigt, dass er um ein abgewogenes Urteil bemüht war, und an verschiedenen Stellen seiner Historien betont er immer wieder seine Wahrheitsliebe, Objektivität und Unvoreingenommentheit.⁷⁴ Falls aber bewußt die Unwahrheit gesagt werde, so schreibt er einmal, dann ist das auf das schärfste zu verurteilen:⁷⁵

---

⁷¹ F. Walbank, Polybius, Berkeley 1972, 126/127.
⁷² Siehe oben Kap. 3.3 Polybios' Beurteilung der „alten Geographen".
⁷³ F. Walbank, Polemic in Polybius, The Journal of Roman Studies 52, 1962, 10.
⁷⁴ B. Dreyer, Polybios. Leben und Werk im Banne Roms, Hildesheim 2011, 69 Anm. 1.
⁷⁵ Pol. 12, 7, 6.

τοῖς μὲν γὰρ κατ' ἄγνοιαν ψευδογραφοῦσιν ἔφαμεν δεῖν διόρθωσιν εὐμενικὴν καὶ συγγνώμην ἐξακολουθεῖν, τοῖς δὲ κατὰ προαίρεσιν ἀπαραίτητον κατηγορίαν.

Denen, die aus Unkenntnis Falsches berichten, muss man, wie ich gesagt habe, wohlwollende Belehrung und Nachsicht zuteil werden lassen; nur wer es bewußt tut, verdient schonungslose Verurteilung. [Übersetzung H. Drexler]

Es muss daher in Zweifel stehen, ob die negative Beurteilung des Pytheas seitens Polybios' wirklich einer persönlichen Charakterschwäche des grossen Historikers geschuldet ist, und tatsächlich gab es, wie oben dargelegt, für Polybios objektive Gründe, den Reisebericht abzulehnen. Es ist vielleicht besser, sich dem Urteil anzuschließen, das T. S. Brown zwar in Bezug auf die Einstellung des Polybios gegenüber Timaios formuliert hat, das aber sinngemäß auch auf seine Haltung gegenüber Pytheas übertragen werden kann. Brown schreibt nämlich: „Polybios has set out deliberatly to smash his reputation, wether out of a zeal for historic truth or for some less creditable reason we cannot say."[76]

3.4.2 Strabon
3.4.2.1 Kritik an der Erdkarte des Eratosthenes
Pytheas scheint eine hohe Reputation als Forscher genossen zu haben und fand, abgesehen von Polybios, Strabon und Dikaiarchos Glauben bei seinen Lesern, was bereits in dem oben erwähnten Zitat (ὑφ' οὗ παρακρουσθῆναι πολλούς), wonach viele von Pytheas getäuscht worden seien, zum Ausdruck kommt. Er stand im Ruf eines ausgezeichneten Astronomen und Mathematikers, dessen Arbeiten von Eratosthenes und auch von Hipparchos anerkannt wurden, und bis zum Ende des Altertums haben antike Autoren Bezug auf seine Schriften genommen (siehe Abb. 1). Es war aber insbesondere Eratosthenes, der für seine Arbeiten den Bericht des Pytheas ausgiebig benutzte[77] und sich deshalb die Kritik Strabons zuzog. Eratosthenes hatte im zweiten Buch seiner Γεωγραφικά unter Berücksichtigung der Kugelgestalt der Erde eine Erdkarte

---

[76] T. S. Brown, Timaeus, 105.
[77] Vgl. C. McPhail, Reconstructing Eratosthenes' Map of the World, Thesis University of Otago 2011, 141–170.

entworfen,[78] und Strabon machte es ihm zum Vorwurf, die seiner Meinung nach irrigen Angaben des Pytheas über das nördliche und westliche Europa dieser Erdbeschreibung zugrunde gelegt zu haben, weshalb er zu verkehrten Vorstellungen hinsichtlich der Ausdehnung der Oikumene gelangt sei. Dieser Themenbereich und insbesondere die Fragen nach den Grenzen der bewohnten Welt waren aber für die griechischen Geographen der Antike von höchstem Interesse.

3.4.2.1.1 Die Lage der Insel Thule auf dem Polarkreis

Die Kritik, die Strabon an der Erdbeschreibung des Eratosthenes übte, entzündete sich an der exponierten Lage, die die Insel Thule auf dessen Erdkarte einnahm. Abb. 2 zeigt diese Karte in einer Rekonstruktion, der ein dem *Großen Historischen Weltatlas* von 1972 entnommener Entwurf zugrunde liegt.[79] Ihr zufolge plazierte Eratosthenes die Oikumene als ganz vom Ozean umgebene Insel auf die nördliche Hemisphäre und überzog das von dieser Erdinsel eingenommene Gebiet mit einem System von zum Äquator parallelen Breitenkreisen und einem System durch den Pol gehender Meridiankreise, die auf der Karte gemäß einer Art Zylinderprojektion als sich

---

[78] Seit der Zeit des Eudoxos von Knidos (F. Gisinger, Erdbeschreibung des Eudoxos, 14) sind in der Antike Erdkarten entworfen worden, die die Lage und Gestalt der Oikumene auf der Erdkugel wiedergeben sollten. In diesen Karten fand das sich insbesondere seit den Eroberungszügen Alexanders und seiner Nachfolger ständig erweiternde geographische Wissen der Griechen hinsichtlich des Ostens seinen Niederschlag, und für den bisher fast gänzlich unbekannten Westen brachten die Expeditionen des Pytheas dann erste Erkenntnisse, die zwar von Dikaiarchos, einem Schüler des Aristoteles, wie Polybios berichtet, nicht als richtig anerkannt, von Eratosthenes aber in seiner Erdbeschreibung verwertet wurden. Mit den im 3. Jahrhundert einsetzenden Fortschritten in Mathematik und Astronomie kamen zur kartographischen Erfassung dieser Datenmengen immer weiter verfeinerte Methoden der mathematischen Geographie zur Anwendung. Schon Eratosthenes verwendete bei seinem Kartenentwurf eine Art von Koordinatensystem, das dann von Hipparchos ausgebaut wurde. Einen abschließenden Höhepunkt erreichte diese Entwicklung in der Geographike Hyphegesis (Γεωγραφικὴ Ὑφήγησις) des im 2. nachchristlichen Jahrhundert wirkenden Astronomen und Geographen Ptolemaios, dessen Projektionsmethoden sich nicht wesentlich von denen der neuzeitlichen Kartographie unterschieden.

[79] H. Bengtson-V. Milojcic, Großer Historischer Weltatlas, Erster Teil Vorgeschichte und Altertum. 5. übererarbeitete und erweiterte Auflage, München 1972 S. 12. Teilkarte d.

rechtwinklig schneidende Geraden erscheinen. Unter diesen Kreisen nahmen der durch Rhodos verlaufende Breitenkreis, der bereits von Dikaiarchos als Hauptparallel eingeführt worden war und die Oikumene in eine nördliche und südliche Hälfte teilte,[80] und der ebenfalls durch Rhodos verlaufende Meridian, der den griechischen Geographen bei der Bestimmung des Erdumfangs als Referenzmeridian diente, eine besondere Stellung ein. Eratosthenes wählte nun nach Möglichkeit seine Parallelkreise derart, dass sie diesen Hauptmeridian in solchen Orten schnitten, für die gute astronomische Messungen vorlagen.[81] Insgesamt bestand das System aus acht Parallelkreisen, von denen Strabon bei seiner in C 63, 1.4.2–3 wiedergegebenen Beschreibung der Eratosthenischen Erdkarte die folgenden sechs erwähnt: Der dem Äquator am nächsten gelegene verlief durch das Zimtland (Κινναμωμοφόρος) in der Region des heutigen Somalilandes und weiter im Osten durch die mit dem heutigen Sri Lanka zu identifizierende Insel Ταπροβάνη[82] und stellte die südliche Grenze der bewohnten Welt dar, jenseits derer menschliches Leben aufgrund der übermäßigen Hitze als nicht mehr möglich angesehen wurde. Zimtland hieß diese Gegend deshalb, weil man in der Antike glaubte, dass dort der als Gewürz und Räucherwerk begehrte Zimt gewonnen wurde.[83] Strabon teilt hier nicht mit, in welcher Entfernung vom Äquator dieser die bewohnte Welt von der verbrannten Zone abgrenzende Parallelkreis verlief, aber vermutlich waren es 8.300 Stadien, einer Breite von ungefähr 12° entsprechend.[84] Es folgten (siehe Abb. 2) in jeweils längs des Hauptmeridians gemessenen Abständen

---

[80] Agathemeri Geographiae Informatio, GGM II, I 5, S. 472 = Wehrli fr. 110. Der Geograph Agathemerus lebte nach Poseidonios, den er als letzten seiner Gewährsleute erwähnt. Vgl. H. Gams, KlP 1, 1979, 116 s. v. Agathemeros.

[81] J. O. Thomson, History of Ancient Geography, Cambridge 1948, 164.

[82] S. Faller, Taprobane im Wandel der Zeit, Stuttgart 2000, 43.

[83] Nach einer in der Forschung weit verbreiteten Meinung kam der Zimt aber über arabische Zwischenhändler aus Indien und Südostasien und wurde in den Häfen der somalischen und arabischen Küste nur umgeladen und von einheimischen Seeleuten nach Ägypten gebracht. (H. Gärtner, KlP 5, 1979, 1535, s. v. Zimt). Neuere Studien kommen dagegen zu dem Ergebnis, dass der von den antiken Autoren erwähnte und in den Mittelmeerraum exportierte Zimt doch aus Ostafrika stammte. (S. G. Haw, Cinnamon, Cassia and the Ancient Trade, JAHA, 4. 1, 5–18 (2017).

[84] Vgl. H. E. Bunbury, History of Ancient Geography I, London 1876, 639. Siehe ausführliche Rechnung Anm. 94.

(διαστήματα) von 3.400, 10.000, 8.100 und 5.000 Stadien die Parallelkreise durch das nubische Meroë, durch Alexandreia, durch den Hellespont und durch das Mündungsgebiet des Borysthenes, des heutigen Dnjeprs. Der letzte und damit dem Pol am nächsten gelegene Parallelkreis war noch einmal 11.500 Stadien vom Borysthenes entfernt und verlief durch die Insel Thule, von der Pytheas behauptete, dass sie sechs Tagesreisen zu Schiff nach Norden von Britannien entfernt sei und nahe dem gefrorenen oder geronnenen Meere liege, wie Strabon hierzu erläuternd bemerkt (ἥν φησι Πυθέας ἀπο μὲν τῆς Βρεττανικῆς ἐξ ἡμερῶν πλοῦν ἀπέχειν πρὸς ἄρκτον, ἐγγὺς δ' εἶναι τῆς πεπεγυίας θαλάττης). Abb. 2 zeigt die nach diesen Angaben rekonstruierte Erdkarte des Eratosthenes, in der neben den oben beschriebenen sechs Parallelkreisen noch die beiden ebenfalls zur Karte gehörigen Parallelkreise durch Syene und Rhodos eingetragen sind, die Strabon in C 114, 2.5.7 bzw. in C 125, 2.5.24 erwähnt. Die den einzelnen Parallelkreisen zugeordneten Breiten wurden aus den von Strabon angegebenen Stadien in Grad umgerechnet,[85] gerundet auf ganze Zahlen. Ob Eratosthenes dieses Gradmaß bereits verwendet hat, ist allerdings nicht sicher. Der Astronomiehistoriker R. Dicks ist jedenfalls der Ansicht, dass es erst von Hipparchos in die Geographie eingeführt wurde.[86]

Die Breite der bewohnten Welt, d. h. ihre Erstreckung vom Zimtland bis Thule, ergab sich somit durch Addition der genannten διαστήματα zu 3.400+10.000+8.100+5.000+11.500 = 38.000 Stadien, und Thule lag dementsprechend 8.300 + 38.000 = 46.300 Stadien vom Äquator entfernt am nördlichen Rand der Oikumene auf ungefähr 66° nördlicher Breite. Diese 38.000 Stadien, über die sich nach Eratosthenes die bewohnte Welt von Süd nach Nord erstreckte, stellten aber, wie Strabon im folgenden auseinandersetzt, einen viel zu großen Wert dar und führten deshalb zu einem falschen geographischen Bild der Oikumene. Die Angaben des Eratosthenes bezüglich der ersten vier oben aufgeführten διαστήματα bis zu dem durch das Mündungsgebiet des Borysthenes verlaufenden Parallelkreis werden von Strabon als richtig akzeptiert, weil über sie hinreichende Übereinstimmung bestehe (ὡμολόγηται γὰρ ἱκανῶς). Stabon bezieht sich bei dieser Bemerkung wohl u. a. auf die Autorität des Hipparchos, denn im unmittelbar vorhergehenden Abschnitt

---

[85] Dabei wurden 700 Stadien auf 1° gerechnet.
[86] R. D. Dicks, The Geographical Fragments of Hipparchus, London 1960, 149.

hatte er erwähnt, dass Hipparchos von diesen Angaben des Eratosthenes Gebrauch gemacht habe. Die Aussage jedoch, wonach die Entfernung des Parallelkreises durch Thule von demjenigen durch den Borysthenes verlaufenden 11.500 Stadien betrage, lehnt Strabon aber als viel zu groß entschieden ab und schreibt:

> Τὰ μὲν οὖν ἄλλα διαστήματα δεδόσθω αὐτῷ· ὡμολόγεται γὰρ ἱκανῶς· τὸ δ' ἀπὸ τοῦ Βορυσθένους ἐπὶ τον διὰ Θούλης κύκλον τίς ἂν δοίη νοῦν ἔχων.
>
> Die übrigen Entfernungen seien ihm zugegeben, denn darüber besteht weitgehend Einigkeit, aber die Entfernung vom Borysthenes bis zum Kreis durch Thule, welcher Mann von Verstand könnte sie zugestehen?

Strabon begründet sein Urteil im folgenden damit, dass es bewohnbares Land so weit nördlich des Borysthenes nicht mehr geben könne. Pytheas, der Mann, der von Thule berichtet habe, so stellt er zunächst fest, habe sich als ein äußerst lügenhafter Mensch erwiesen (ὅ τε γὰρ ἱστορῶν τὴν Θούλην Πυθέας ἀνὴρ ψευδίστατος ἐξήτασται), ein Vorwurf, den Strabon noch des öfteren gegen den Massalioten erheben wird. Er erklärt dann, dass diejenigen, die Britannien und Ierne (Irland) gesehen hätten (οἱ τὴν Βρεττανικὴν καὶ Ἰέρνην ἰδόντες), nichts von Thule gesagt, wohl aber von einigen um Britannien verstreut herumliegenden kleineren Inseln berichtet hätten.

Um Pytheas' Glaubwürdigkeit zu erschüttern, führt er desweiteren noch an, dass dieser sogar über bereits bekannte Länder völlig falsche Angaben gemacht habe wie z. B. über die Länge und gegenseitige Lage der Küstenlinien Britanniens und der Keltike. Als fehlerhaft bezeichnet er ferner, ohne auf nähere Einzelheiten einzugehen, auch Berichte über das Volk der Ostidäer und die sich jenseits des Rheins bis zu den Skythen erstreckenden Gebiete, und stellt fest, einem Manne, der soviel Falsches über bekannte Gebiete berichtet habe, könne umso weniger Vertrauen bei Berichten über unbekannte Länder geschenkt werden.[87] Strabon schreibt C 63, 1.4.3:

---

[87] Strabon erhebt diesen Vorwurf C 201, 4.5.5 (siehe Kap. 3.5) ein weiteres Mal ebenfalls im Zusammenhang mit Pytheas' Bericht über Thule.

καὶ τὰ περὶ τοὺς Ὠστιδαίους δὲ καὶ τὰ πέραν τοῦ Ῥήνου τὰ μέχρι Σκυθῶν· πάντα κατέψευσται τῶν τόπων. ὅστις οὖν περὶ τῶν γνωριζομένων τόπων τοσαύτα ἔψευσται σχολῇ γ᾿ ἂν περὶ τῶν ἀγνοουμένων παρὰ πᾶσιν ἀληθεύειν δύναιτο.

Und auch hinsichtlich des Gebiets der Ostidäer und des jenseits des Rheins bis zu den Skythen gelegenen macht er ausnahmslos falsche Angaben über die Örtlichkeiten. Wer aber über bekannte Gegenden soviel Falsches sagt, der kann wohl schwerlich wahrheitsgetreu über Länder berichten, die allen unbekannt sind.

Was die hier erwähnten Ostidäer anbetrifft, so besteht in der Forschung keine Einigkeit darüber, ob es sich um ein an der Rheinmündung ansässiges Volk handelte, wie es der Text nahelegt, oder um die einstigen keltischen Bewohner der heutigen Finistère (siehe Anm. 115).

Im folgenden macht dann Strabon eine Rechnung auf, um den Nachweis zu erbringen, dass Thule nicht existiert und Eratosthenes deshalb die Breite der bewohnbaren Welt grob überschätzt habe. Ausgangspunkt seiner in C 63, 1.4.4 dargelegten Überlegung ist die auf Hipparchos zurückgehende Vermutung, dass der Borysthenes und Britannien auf demselben Parallelkreis lägen. Strabon erläutert dies und schreibt:

Τὸν δὲ διὰ τοῦ Βορυσθένης παραλλήλον τὸν αὐτὸν εἶναι τῷ διὰ τῆς Βρεττνικῆς εἰκάζουσιν Ἵππαρχός τε καὶ ἄλλοι ἐκ τοῦ τὸν αὐτὸν εἶναι τὸν διὰ Βυζαντίου τῷ διὰ Μασσαλίας· ὃν γὰρ λόγον εἴρηκε τοῦ ἐν Μασσαλίᾳ γνώμονος πρὸς τὴν σκιάν, τὸν αὐτὸν καὶ Ἵππαρχος κατὰ τὸν ὁμώνυμον καιρὸν εὑρεῖν ἐν τῷ Βυζαντίῳ φησίν.

Dass der Parallelkreis durch den Boryythenes derselbe ist wie der durch Britannien, vermuten Hipparchos und andere und schließen das daraus, dass auch der durch Byzantion mit dem durch Massalia übereinstimmt. Denn dasselbe Verhältnis des Gnomons zum Schatten, das jener [Pytheas] für Massalia angibt, behauptet Hipparchos zur selben Zeit auch für Byzantion gefunden zu haben.

Demnach hatte Hipparchos festgestellt, dass zu Byzantion während des Sommersolstitiums die Länge des Gnomons zur Länge des von diesem geworfenen Schatten in demselben Verhältnis stehe, wie es Pytheas zur gleichen Zeit für Massalia bestimmt hatte, woraus Hipparchos geschlossen habe, dass die beiden Städte auf demselben Parallelkeis liegen müssten.[88] Da nun – was Strabon voraussetzt, hier aber unerwähnt läßt, an anderer Stelle jedoch

---

[88] Zu dieser Messung siehe Kap. 6.4.2.3 Breitenmessung mit Hilfe des Gnomons.

mehrfach ohne eine Begründung ausführt (C 72, 2.1.12; C 115, 2.5.8) – Massalia von Britannien ebensoweit entfernt ist wie Byzantion vom Borysthenes, so liegen dieser und Britannien ebenfalls auf ein und demselben Parallelkreis.

Für das von Hipparchos angeblich zu Byzantion gefundene Schattenverhältnis gibt Strabon an anderer Stelle C 134, 2.5.41 den Quotienten 120/(42-1/5) an, woraus sich jedoch nicht die Breite von Byzantion, sondern der sehr genaue Wert von 43°11' für die Breite von Massalia ergibt, der nur wenige Minuten vom wahren abweicht.[89] Der o. g. mitgeteilte Wert des Schattenverhältnisses muss also das Ergebnis einer Messung sein, die Pytheas in seiner Heimatstadt vorgenommen hatte. Wie Hipparchos zu demselben Resultat für Byzantion gekommen sein mag, ist in der Forschung ungeklärt, denn tatsächlich liegt Massalia ungefähr um 2° nördlicher als jene Stadt.[90] Auch an anderer Stelle C 115, 2.5.8 geht Strabon davon aus, dass Hipparchos wirklich jenes Schattenverhältnis zu Byzantion ermittelt und in Kenntnis des für Massalia von Pytheas gefundenen Messwertes geschlossen habe, dass beide Städte auf ein und demselben Parallelkreis liegen müßten.[91]

---

[89] Dicks, Hipparchus, 174.

[90] Zu Erklärungsversuchen siehe: A. Szabo, Das geozentrische Weltbild, München 1992, 184/185; Goldstein, The Obliquity of the Ecliptic, Archives internationales d'histoire des sciences, No. 110, 1983, 10–12.

[91] Es überrascht allerdings, dass Strabon C 115, 2.5.8 diese Hypothese unmittelbar nach ihrer Erwähnung verwirft und Pytheas als deren Urheber tadelt. Gemäß Strabons anschließend durchgeführter Rechnung lag nämlich Byzantion keineswegs auf derselben Breite wie Massalia, aber auch nicht südlich von Massalia, wie es den tatsächlichen Verhältnissen entsprochen hätte, sondern sogar etwas mehr als 2.000 Stadien nördlich davon. K. Miller, ein Experte auf dem Gebiet der antiken Kartographie, glaubt, dass es sich dabei um eine der vielen nachweislich später von Strabon eingefügten Randbemerkungen handelt (K. Miller, Weltkarten VI, Stuttgart 1898, 134). Vielleicht wurde der Passus sogar bei der redaktionellen Überarbeitung des unfertigen Manuskriptes von unbekannter Hand eingefügt (siehe Anm. 152). Es ist jedenfalls auffällig, dass Strabon aus diesem Ergebnis keinerlei weiterführende Konsequenzen in Hinblick auf die Geographie der Oikumene zieht, denn tatsächlich beruhen sein ganzes System hinsichtlich der nördlichen Grenze der bewohnten Welt (C 63, 1.4.4) und der Breite der Oikumene (C 72, 2.1.13) sowie seine Ausführungen über Tageslängen und Sonnenständen auf einigen nördlich von Massalia verlaufenden Parallelkreisen (C 75, 2.1.18) auf eben dieser Annahme, dass Massalia und Byzantion auf demselben Parallelkreis lägen. In einigen neueren Rekonstruktionen der Erdkarte des Strabon (siehe z. B. Bianchettti, Pitea di Massalia, fig. 5; Roseman, Pytheas, 33 fig. 4) hat man diese beiden Städte deshalb auch auf denselben Parallelkreis gelegt.

Im weiteren Verlauf seines Beweises der Nichtexistenz Thules führt Strabon C 63, 1.4.4 dann aus, dass die Entfernung von Massalia bis zur Mitte Britanniens nicht mehr als 5.000 Stadien betrage. Nur noch einmal 4.000 Stadien weiter nördlich aber, so fährt er fort, in der Gegend von Ierne, könne kaum noch bewohnbares Land angetroffen werden, jenseits davon aber, wohin Eratosthenes Thule versetze, sei die Welt unbewohnbar. Strabon schreibt:

> ἀλλὰ μὴν ἐκ μέσης τῆς Βρεττανικῆς οὐ πλέον τῶν τετρακισχιλίων προσελθὼν εὕροις ἂν οἰκήσιμον ἄλλως πως (τοῦτο δ' ἂν εἴη τὸ περὶ τὴν Ἰέρνην) ὥστε τὰ ἐπέκεινα, εἰς ἃ ἐκτοπίζει τὴν Θούλην, οὐκέτ' οἰκήσιμα.

> Geht man aber von der Mitte Britanniens nicht mehr als viertausend Stadien vorwärts, so findet man kaum noch bewohnbares Gebiet vor (das dürfte die Gegend um Ierne sein), sodass darüber hinaus, wohin er (sc Eratosthenes) Thule legt, nichts mehr bewohnbar ist.

Tatsächlich lag Thule gemäß dieser Überlegung 7.500 Stadien weiter nördlich als Ierne[92] und fiel deshalb in völlig unbewohnte Gebiete.

Strabon beschließt seine Beweisführung zur Nichtexistenz Thules mit der Feststellung, nicht erkennen zu können, nach welcher Berechnung Eratosthenes den Abstand Thules vom Borysthenes zu 11.500 Stadien bemesse, und schreibt:

> τίνι δ' ἂν στοχασμῷ λέγοι τὸ ἀπὸ τοῦ διὰ Θούλης ἕως τοῦ διὰ Βορυσθένους μυρίων καὶ χιλίων πεντακοσίων, οὐχ ὁρῶ.

> Aber gemäß welcher Rechnung er sagen kann, der Abstand Thules von Borysthenes betrage elftausend fünfhundert Stadien, vermag ich nicht zu erkennen.

Diese Bemerkung ist aber vielleicht nur rhetorisch gemeint, denn Strabon gibt an anderer Stelle C 114, 2.5.8 selbst einen Hinweis, aufgrund welcher Überlegung Eratosthenes zu diesem Ergebnis gekommen sein muss. Er stellt dort fest, dass Pytheas Thule, die nördlichste der Britannischen Inseln, das

---

[92] Da Britannien auf derselben Breite wie der Borysthenes lag, lag das 4.000 Stadien von Britannien entfernte Ierne auch ebenso viele Stadien weiter nördlich als der Borysthenes, und sein Abstand von Thule, das seinerseits 11.500 Stadien vom Borysthenes entfernt war, ergab sich somit zu 11.500 − 4000 = 7.500 Stadien.

äußerste Land genannt habe, und dass dort der Sommerwendekreis mit dem arktischen Kreis zusammenfalle, betont aber im weiteren noch einmal wie schon C 63, 1.4.4, dass kein Reisender jemals bewohntes Land jenseits von Ierne angetroffen habe, Ierne deshalb das nördlichste noch bewohnbare Land sei und eine Insel Thule nicht existiere:

Ὁ μὲν οὖν Μασσαλιότης Πυθέας τὰ περὶ Θούλην τὴν βορειοτάτην τῶν Βρεττανίδων ὕστατα λέγει, παρ᾽ οἷς ὁ αὐτός ἐστι τῷ ἀρκτικῷ ὁ θερινὸς τροπικὸς κύκλος. παρὰ δὲ τῶν ἄλλων οὐδὲν ἱστορῶ, οὔθ᾽ ὅτι Θούλη νῆσός ἐστί τις οὔτ᾽ εἰ τὰ μέχρι δεῦρο οἰκήσιμά ἐστιν, ὅπου ὁ θερινὸς τροπικὸς ἀρτικὸς γίνεται. νομίζω δὲ πολὺ εἶναι νοτιώτερον τούτου τὸ τῆς οἰκουμένης πέρας τὸ προσάρκτιον· οἱ γὰρ νῦν ἱστοροῦντες περαιτέρω τῆς Ἰέρνης οὐδὲν ἔχουσι λέγειν, ἣ πρὸς ἄρκτον πρόκειται ·τῆς Βρεττανικῆς πλέσιον, ἀγρίων τελέως ἀνθρώπων καὶ κακῶς οἰκούντων διὰ ψῦχος· ὥστ᾽ ἐνταῦθα νομίζω τὸ πέρας εἶναι θετέον.

Nun nennt der Massaliote Pytheas Thule, jene nördlichste der Britannischen Inseln, das äusserste Land, und dass dort der Sommerwendekreis übereinstimmt mit dem arktischen Kreis. Bei allen anderen Autoren finde ich aber nichts darüber, weder dass eine Insel Thule existiert noch ob es bis dorthin bewohnbares Land gibt, wo der Sommerwendekreis zum arktischen Kreis wird. Ich glaube aber, dass sich das nördliche Ende der bewohnten Welt viel weiter südlich von diesem befindet. Denn die heutigen Berichterstatter wissen nichts zu vermelden über Gebiete, die noch weiter als Ierne hinausliegen, das im Norden nahe vor Britannien gelegen ist und von ganz und gar wilden Menschen bewohnt wird, die ein elendes Leben wegen der Kälte führen. Deshalb glaube ich, dass das Ende dorthin gelegt werden muss.

Wenn Strabon hier sagt, dass in Thule der Sommersonnenwendekreis mit dem arktischen Kreis zusammenfalle, dann bedeutete dies in der Terminologie der griechischen Geographen der Antike, dass Thule auf dem Polarkreis lag.[93] Es läßt sich dann zeigen, dass Eratosthenes unter Verwendung dieser Angabe den gegenseitigen Abstand der durch den Borysthenes und durch Thule verlaufenden Parallelkreise leicht zu 11.500 Stadien berechnen konnte.[94]

---

[93] Zur Definition der arktischen Kreise siehe Kap. 10 Anhang: Die Arktischen Kreise und der Polarkreis.

[94] Ptolemaios berichtet nämlich (Ptol. alm. I 12 (Manitius I, 44; Heiberg I, 68)) in seiner Syntaxis, Eratosthenes habe gefunden, dass der Abstand zwischen den beiden Wendekreisen 11/83 des gesamten Erdumfangs betrage; das sind bei einem Erdumfang von 252.000 Stadien in runden Zahlen ungefähr 33.400 Stadien. Der Äquator teilt dieses Meridiansegment, und der Wendekreis des Krebses und damit

Es sei dahingestellt, ob Pytheas in seinem Reisebericht tatsächlich selbst davon gesprochen hatte, dass Thule dort gelegen sei, wo der arktische Kreis mit dem sommerlichen Wendekreis zusammenfiel. Als ein mit der neuen Lehre von der Kugelgestalt der Erde vertrauter Astronom konnte er natürlich theoretisch ableiten, dass auf dieser Breite die Sonne während des Solstitiums den ganzen Tag über am Himmel stehen und weiter nördlich davon die Dauer des ununterbrochenen Sonnenlichts stetig zunehmen musste bis zum Pol, wo die Sonne schließlich ein halbes Jahr lang nicht mehr unterging. Es kann aber auch sein, dass es Eratosthenes war, der den Bericht des Pytheas in diesem Sinne interpretierte und Thule die exponierte Lage auf dem Polarkreis gab. Pytheas, der bis zu den Shetland Inseln gelangt war,[95] hatte vermutlich eine von diesen als seine Thule bezeichnet und berichtet, dass dort die Nächte von ganz kurzer Dauer waren und wirkliche Dunkelheit während des Sommersolstitiums

---

auch die Stadt Syene, die Eratosthenes sich exakt auf diesem liegend denkt, ist demnach 33.400/2 = 16.700 Stadien vom Äquator entfernt, was einer Breite von 23°51'20" entspricht. Nun hatte Eratosthenes bei seiner Erdmessung die Entfernung Syenes von Alexandreia zu 5.000 Stadien geschätzt (siehe Bunbury, History of Ancient Geography I, 621), und da er nach Strabon C 63, 1.4.2 die Entfernung Alexandreias vom Borysthenes zu 8.100 + 5.000 = 13.100 veranschlagte, ergibt sich der Abstand Syenes vom Borysthenes zu 13.100 + 5000 = 18.100 Stadien und somit liegt dieser 16.700 + 18.100 = 34.800 Stadien nördlich des Äquators. Zählt man dazu noch die 11.500 Stadien bis zum Parallelkreis durch Thule hinzu, so hat dieser eine Entfernung von 46.300 Stadien vom Äquator und ist mit 63.000 − 46.300 = 16.700 Stadien eben soweit vom Pol entfernt wie der Wendekreis vom Äquator und somit der Polarkreis. Daraus ergibt sich auch, dass nach Eratosthenes die Grenze zwischen dem Zimtland und der verbrannten Zone in einem Abstand von 46.300 − 38.000 = 8.300 Stadien verlief. Wenn der Rechnung der in der antiken Geographie häufig gebrauchte Näherungswert von 24°N für die Breite von Syene und damit auch der Breite des Wendekreises des Krebses zugrunde gelegt wird, dann ergibt sich der Abstand des durch Thule verlaufenden Parallelkreis vom Äquator zu 46.400 Stadien, und in einigen Rekonstruktionen der Erdkarte findet man Thule auch auf diesem Parallelkreis gelegen (siehe z. B. Forbiger, Handbuch der alten Geographie I, Abb. IV, 187; Kiepert, Atlas Antiquus Tab. I). Der Unterschied von 100 Stadien entsprechend ca. 20 Km erscheint gering, doch liegt Thule gemäß dieser Rekonstruktion nicht auf dem Polarkreis, sondern 200 Stadien nördlich davon, denn bei einer Breite von 24°N des terrestrischen Wendekreises verläuft der Polarkreis auf 66°N und ist damit 46.200 Stadien vom Äquator entfernt. Es heißt aber in C 114, 2.5.8 ausdrücklich, dass Thule dort gelegen war, wo der Sommerwendekreis mit dem arktischen Kreis zusammen fällt, und deshalb muss Eratosthenes die oben erläuterte Berechnung ausgeführt haben.

[95] Siehe Kap. 5.4 Die Länder oberhalb von Britannien.

nicht mehr angetroffen werden konnte.[96] Nun erstreckte sich aber das riesige Britannien bereits bis hoch hinaus in den Norden, Thule aber lag noch einmal sechs Tagesfahrten weiter nördlich davon,[97] und Eratosthenes stand vor der Aufgabe, dieser Insel einen Ort auf seiner Erdkarte zuzuweisen. Der einzige markante, auf der nördlichen Hemisphäre verlaufende Parallelkreis, der Eratosthenes mit den Angaben des Pytheas als vereinbar erschien, war aber derjenige, auf dem der sommerliche Wendekreis mit dem arktischen Kreis zusammenfiel. Er zeichnete sich außerdem durch die Symmetrieeigenschaft aus, dass er vom Pol ebensoweit entfernt war wie der durch Syene gehende terrestrische Wendekreis vom Äquator und war somit der Polarkreis der modernen Geographie. Eratosthenes musste aber die Insel Thule, um sie im richtigen Verhältnis zu Britannien auf diesen Parallelkreis plazieren zu können, weit nach Osten auf den durch den Borysthenes verlaufende Meridian verlegen[98] und ihr von der Mündung dieses Stromes, gemessen auf diesem Meridian, einen Abstand nach Norden von 11.500 Stadien geben.[99] Es ist deshalb denkbar,[100]

---

[96] Siehe Kap. 7 Mutmaßungen über Thule.
[97] Siehe Abb. 2 Oikumene nach Eratosthenes.
[98] Siehe Kap. 5.2.1 Küstenlänge bei Eratosthenes.
[99] Auf einigen Rekonstruktionen der Erdkarte des Eratosthenes wie z. B. derjenigen nach Bunbury, Ancient Geography I, map X, oder nach Forbiger, Handbuch der alten Geographie I, Abb. IV, 187, liegt Thule auf dem durch Karthago und nicht auf dem durch den Pontos verlaufenden Meridian. Derartige Rekonstruktionen sind bereits von Müllenhoff, Deutsche Altertumskunde I, 390, zu Recht verworfen worden.
[100] Eine derartige Vermutung, allerdings mit einer etwas anderen Begründung, hat bereits M. Fuhr, Pytheas aus Massilia, Darmstadt 1842, 33, ausgesprochen: „Aber bei der so geringen Anzahl von Bruchstücken des Pytheas ist es vielleicht gerathener und eines Kritikers würdiger, offen zu bekennen, dass man dessen Angaben nicht unter einander in Einklang zu bringen wisse. Doch wollen wir noch folgende Hypothese mitteilen. Strabon mag nämlich entweder aus Nachlässigkeit oder in böser Absicht die Thule des Eratosthenes mit der des Pytheas verwechselt haben, Eratosthenes aber Thule nördlicher verlegt haben als Pytheas und zwar so, dass der dadurch gehende Parallelkreis in eine Entfernung von 11.500 Stadien von dem Borysthenischen kam und der Sommersonnenwendekreis mit dem Polarkreis zusammenfiel. Bei dieser Erklärungsart würde fast nichts weiter hinderlich im Wege stehen und die Thule des Pytheas, sechs Tagesfahrten von Britannien nach Norden entfernt, wäre eine der oberhalb von Britannien gelegenen Inseln." Auch Müllenhoff, Deutsche Altertumskunde I, 400 äußert Zweifel und bemerkt: „dass der ausdruck ὁ κύκλος ὁ διὰ Θούλης für den polarkreis mit einiger freiheit und ungenauigkeit nur der kürze und bequemlichkeit halber, ähnlich wie die runden zahlen, gewählt ist und etwas mehr enthält als was Pytheas genau genommen für die lage der insel angegeben hatte".

dass die auf dem Polarkreis gelegene Thule des Eratosthenes nördlicher lag als die Thule, von der Pytheas gesprochen hatte,[101] und so ist es auch zu erklären, dass spätere antike Autoren wie Kleomedes, Plinius und Mela, denen der Bericht des Pytheas nicht mehr selbst vorlag, und die die Beschreibung Thules nur aus der *Geographika* des Eratosthenes oder aus einer auf diesen zurückgehenden Zwischenquelle kannten, mit Thule die nördlich des Polarkreises auftretenden Lichtphänomenen der Mitsommernacht assoziiert haben.

Kleomedes[102] z. B., der Verfasser eines elementaren astronomischen Lehrbuches mit dem Titel Κυκλικὴ θεωρία μετεώρων (Die Kreisbewegung der Gestirne – auch Meteora genannt), in dem u. a. die Abhängigkeit der Tageslängen von der geographischen Breite behandelt wird, kommt nach einer Schilderung der hellen Sommernächte im Norden auch auf Pytheas und Thule sowie auf die ungewöhnlichen Lichtverhältnisse in den Polarzonen zu sprechen und berichtet:[103]

> περὶ δὲ τὴν Θούλην καλουμένην νῆσον, ἐν ᾗ γεγονέναι φασὶ Πυθέαν τὸν Μασσαλιώτην φιλόσοφον, ὅλον τὸν θερινὸν ὑπὲρ γῆς εἶναι λόγος, αὐτὸν καὶ ἀρκτικὸν γινόμενον αὐτοῖς. παρὰ τούτοις, ὁπόταν ἐν Καρκίνῳ ὁ ἥλιος ᾖ, μηνιαία γενήσεται ἡ ἡμέρα, εἴ γε καὶ τὰ μέρη πάντα τοῦ Κακρίνου ἀειφανῆ ἐστι παρ᾽ αὐτοῖς· εἰ δὲ μή, ἐφ᾽ ὅσον ἐν τοῖς ἀειφανέσιν αὐτοῦ ὁ ἥλιός ἐστιν.

Man sagt weiter, dass für die Insel Thule, auf der der Philosoph Pytheas von Massilia gewesen sein soll, der Wendekreis in ganzer Ausdehnung oberhalb des Horizontes liege und mit dem arktischen Kreis zusammenfalle. Dort dauert, sobald die Sonne

---

[101] Die Versuche zur Rekonsruktion der Reiseroute des Pytheas, bei denen dessen Thule mit den Shetlands, den Färöern, der Gegend um Trondheim oder sogar mit dem am Kattegat gelegenen westschwedischen Küste gleichgesetzt worden ist, verlieren somit nicht schon deshalb ihre Berechtigung, weil alle diese Regionen auf Breitenkreisen gelegen sind, die deutlich südlicher als der Polarkreis verlaufen. Es ist in diesem Zusammenhang auch bemerkenswert, dass der Astronom Geminos, der die kurzen Nächte erwähnt, von denen Pytheas berichtet habe, (siehe Kap. 5.4.2.1 Bericht des Geminos) von einer auf dem Polarkreis gelegenen Insel Thule nichts weiß (siehe auch Kap. 6.3.4 und Kap. 7.2).

[102] Die Lebensdaten dieses Autors sind nicht genau bekannt, aber er kann nicht früher als im ersten vorchristlichen, wahrscheinlich aber auch nicht später als im frühen zweiten nachchristlichen Jahrhundert geschrieben haben, denn er nennt Poseidonios nach Eratosthenes und Hipparchos als letzte Autorität, während er Ptolemaios an keiner Stelle seiner Meteora erwähnt. Vgl. D. R. Dicks, Dictionary of Scientific Biography 3, ed. Ch. C. Gillispie, New York 1981, 318–320, s. v. Cleomedes.

[103] R. Todd, Cleomedis Caelestia, I 4. 208–213.

im Krebse steht, der Tag einen Monat, jedenfalls wenn wirklich alle Teile des Krebses dort immer sichtbar sind. Wenn es aber nicht der Fall ist, so dauert der Tag wenigstens solange, als sich die Sonne in den immer sichtbaren Teilen des Krebses befindet.

Es ist dies das einzige Mal, dass in den Fragmenten explizit von einem Aufenthalt des Pytheas auf Thule die Rede ist, allerdings lässt das φασὶ eher an eine unverbürgte Kunde denken, denn an eine gesicherte Tatsache. Was ferner die Feststellung anbetrifft, dass der Tag in Thule einen Monat dauere, wenn die Sonne das Zeichen (Sternbild) des Krebses durchläuft, so kann es sich hierbei nicht um das Ergebnis einer Beobachtung seitens Pytheas' gehandelt haben, wenn Pytheas' Thule gemäß der oben dargelegten Vermutung wirklich südlich des Polarkreises lag. Kleomedes muss deshalb hier von der Thule des Eratosthenes gesprochen haben, und er oder seine Gewährsleute konnten leicht berechnen oder der antiken astronomischen Literatur entnehmen,[104] dass sich dort, wenn die Sonne im Sternbild des Krebses stand, der einmonatige Tag (μηνιαία ἡ ἡμέρα) ereignen werde. Zur Erläuterung führte Kleomedes nämlich noch weiter aus, dass sich nördlich von Thule sogar Tage von einer Dauer von zwei, drei oder mehr Monaten einstellen würden:[105]

ἀπο ταύτης τῆς νήσου προϊοῦσιν ὡς ἐπὶ τὰ ἀρκτικὰ ἐκ τοῦ πρὸς λόγον καὶ ἕτερα μήρη πρὸς τῷ Καρκίνῳ γένοιτ' ἂν ἀειφανῆ τοῦ ζῳδιακοῦ. καὶ οὕτως, ἐφ' ὅσον τὰ παρ' ἑκάστοις φαινόμενα ὑπὲρ γῆς διέρχεται ὁ ἥλιος ἡμέρα γενήσεται. καὶ ἔστι κλίματα τῆς γῆς ἀναγκαίος, ἐν οἷς καὶ διμηνιαία καὶ τριμηνιαία γίνεται ἡ ἡμέρα καὶ τεσσάρων καὶ πέντε μηνῶν.

---

[104] Angaben, au welchen Breiten nördlich des Polarkreises die Sonne einen, zwei oder mehr Monate am Himmel verweilt, ohne unterzugehen, finden sich z. B. im Breitenverzeichnis des Ptolemaios (Ptol. alm. II 6. 34–39 (Manitius I, 79–80; Heiberg I, 115–117)). Dieses lag zwar Kleomedes wahrscheinlich noch nicht vor (Anm. 102), aber es basierte auf einem Verzeichnis des Hipparchos, das Kleomedes bekannt gewesen sein muss. Er bringt nämlich in seiner Meteora (R. Todd, Cleomedis Caelestia II 1. 440–445) einen Ausschnitt aus einem Breitenverzeichnis, das vermutlich auf Hipparchos zurückgeht. Der einmonatige Sommertag findet nach Ptolemaios auf einer Breite von 67° Nord und damit in der Gegend statt, in die Eratosthenes die Insel Thule plaziert hatte. Die von Ptolemaios angegebenen Werte stimmen übrigens unter Berücksichtigung der seit seiner Zeit eingetretenen geringfügigen Änderung der Schiefe der Ekliptik sehr gut mit den zur Zeit gültigen Werten überein.

[105] R. Todd, Cleomedis Caelestia I 4. 213–219.

Wenn aber ein Beobachter von dieser Insel nach Norden fährt, dann werden auch andere Teile des Tierkreises in der Nähe des Krebses immer sichtbar werden. Und solange, wie für jede Gegend die Sonne den immer sichtbaren Teil des Himmels durchläuft, wird der Tag dauern. So gibt es auch notwendigerweise auf der Erde Breiten, für die der Tag zwei oder drei oder vier oder fünf Monate dauert. [Übersetzung A. Czwalina]

Eine ganz ähnliche Aussage bezüglich der Lichtverhältnisse auf Thule findet sich auch bei Plinius NH 4.104. Es heißt dort, dass es auf Thule, während die Sonne das Zeichen des Krebses durchwandere, keine Nächte und zur winterlichen Sonnenwende keine Tage gebe (Tyle, in qua solstitio nullas esse noctes indicavimus, Cancri signum sole transeunte, nullosque contra per brumam dies). Mit dem indicavimus weist Plinius hier offenbar auf NH 2.184 hin. Er stellt dort fest, dass in den unter dem Pol gelegenen Ländern der Tag im Sommersolstitium sechs Monate und die Nacht im Wintersolstitium ebenso lange dauere und bemerkt abschließend, dies finde, wie Pytheas berichtet habe, auch auf der Insel Thule statt (quod fieri in insulam Thyle Pytheas Massaliensis scribit, sex dierum navigatione in septemtrionem a Britannia distante). Es ist klar, dass Pytheas dies nicht geschrieben haben kann, und ebenso wenig dürfte von ihm auch die oben von Plinius NH 4.104 erwähnte Kunde des einmonatigen Tages in Thule stammen.

3.4.2.1.2 Überlegungen zur Ausdehnung der Oikumene

Der Umstand, dass Eratosthenes die Grenze der bewohnten Erde jenseits von Ierne ansetzte und damit ihre Breite weit überschätzte, so fährt Strabon C 64, 1.4.5 im Anschluss an seinen C 64, 1.4.4 (siehe Kap. 3.4.2.1.1) geführten Beweis der Nichtexistenz Thules fort, hatte zur Folge, dass er auch hinsichtlich ihrer Länge,[106] d. h. ihrer Ausdehnung in ost-westlicher Richtung, zu falschen Resultaten gelangte. Er musste nämlich dem in der antiken Geographie allgemein anerkannten Grundsatz Genüge tun, wonach die Länge der Oikumene

---

[106] Die antiken Geographen nahmen an, dass sich die Oikumene in ihrer längsten west-östlichen Ausdehnung vom äußersten Westen Iberiens bis zum äußersten Ende Indiens im Osten längs des durch Athen/Rhodos verlaufenden Paralllkreises erstrecke. Vgl. Bunbury, Ancient Geography I, 628. Dieser bereits von Dikaiarchos eingeführte Hauptparallelkreis mit einem Umfang von ca. 200.000 Stadien teilte die bewohnte Erde in eine nördliche und südliche Hälfte und wurde deshalb auch als διάφραγμα bezeichnet (siehe oben).

deren Breite um mehr als das Doppelte zu übertreffen hatte, und war deshalb gezwungen, die ost-westliche Ausdehnung der Erdinsel über Gebühr zu vergrößern. Strabon schreibt (Jones, Geography of Strabo I, 237):

> Διαμαρτὼν δὲ τοῦ πλάτους ἠνάγκασται καὶ τοῦ μήκους ἀστοχεῖν. ὅτι μὲν γὰρ πλέον ἢ διπλάσιον τὸ γνώριμον μῆκόσ ἐστι τοῦ γνωρίμου πλάτους, ὁμολογοῦσι καὶ οἱ ὕστερον καὶ τῶν παλαιῶν οἱ χαριέστατοι· λέγω δὲ τὸ ἀπὸ τῶν ἄκρων τῆς Ἰνδικῆς ἐπὶ τὰ ἄκρα τῆς Ἰβερίας τοῦ ἀπ' Αἰθιόπων ἕως τοῦ κατὰ Ἰέρνην κύκλου. ὁρίσας δὲ τὸ λεχθὲν πλάτος, το ἀπὸ τῶν ἐσχάτων Αἰθιόπων μέχρι τοῦ διὰ Θούλης ἐκτείνει πλέον ἢ δεῖ τὸ μῆκος, ἵνα ποιήσῃ πλέον ἢ διπλάσιον τοῦ λεχθέντος πλάτους.

Nachdem er bezüglich der Breite irrte, musste er notwendig auch die Länge verfehlen. Dass nämlich die bekannte Länge mehr als das Doppelte der bekannten Breite beträgt, darüber sind sich die Späteren und auch die Kundigsten der alten Autoren einig. Ich spreche von der Entfernung von den Enden Indiens bis zu den Enden Iberiens verglichen mit der vom Kreise der Äthiopier bis zu dem bei Ierne. Er aber, indem er die erwähnte Breite festlegt, nämlich die von den äußersten Äthiopiern bis zum Kreise durch Thule, dehnt die Länge weiter aus, als es tunlich ist, damit er mehr als das Doppelte der besagten Breite erhält.

Strabon addiert nun C 64, 1.4.5 die gegenseitigen Abstände zweier benachbarter Meridiane, beginnend bei der südöstlichen Landspitze Indiens und endigend mit dem im Westen durch die Säulen des Herakles verlaufenden Meridian (Abb. 2), und kommt dabei auf 70.800 Stadien. Zu diesen 70.800 Stadien müssen nach Eratosthenes, so fährt Strabon fort, noch 3.000 Stadien für die sich weiter westlich der Säulen erstreckenden Regionen sowie für das von den „Ostidäern" bewohnte Vorgebirge namens Kabaion und die Insel Uxisame hinzugefügt werden, und schließlich noch einmal zusätzlich je 2.000 Stadien im Westen und im Osten – insgesamt also noch einmal 7.000 Stadien – damit das Verhältnis von Länge zu Breite stimmt. Strabon schreibt:[107]

---

[107] Einige ältere und neuere Herausgeber der Geographika Strabons, unter den letzteren W. Aly und G. Aujac, fügen in Zeile 6 nach ταῦτα γὰρ πάντα noch ein φησὶ ein und halten also das Folgende für eine Aussage des Eratosthenes. Wie aber bereits Forbiger, Strabo Geographika, 98 Anm. 13, feststellt, muss es sich aber dabei um Strabons eigene Worte handeln, mit denen er das οὐδὲν πρὸς τὸ μῆκος συντείνοντα begründet.

δεῖν ἔτι προσθῆναι τὸ ἐκτὸς Ἡρακλείων στηλῶν κύρτωμα τῆς Εὐρώπης, ἀντικείμενον μὲν τοῖς Ἴβηρσι, προπεπτωκὸς δὲ πρὸς τὴν ἑσπέραν οὐκ ἔλαττον σταδίων τρισχιλίων καὶ τὰ ἀκρωτήρια τά τε ἄλλα καὶ τὸ τῶν Ὀστιδαίων, ὃ καλεῖται Κάβαιον, καὶ τὰς κατὰ τοῦτο νήσους, ὧν τὴν ἐσχάτην Οὐξισάμην φησι Πυθέας ἀπέχειν ἡμερῶν τριῶν πλοῦν. ταῦτα δ' εἰπὼν τὰ τελευταῖα οὐδὲν πρὸς τὸ μῆκος συντείνοντα, τὰ περὶ τῶν ἀκρωτηρίων καὶ τῶν Ὀστιδαίων καὶ τῆς Οὐξισάμης καὶ ὧν φησι νήσων (ταῦτα γὰρ πάντα προσάρκτιά ἐστι καὶ Κελτικά, οὐκ Ἰβηρικά, μᾶλλον δὲ Πυθέου πλάσματα), προστίθησι τοῖς εἰρεμένοις τοῦ μήκους διαστήμασιν ἄλλους σταδίους δισχιλίους μὲν πρὸς τῇ δύσει, δισχιλίους πρὸς τῇ ἀνατολῇ, ἵνα σώσῃ τὸ πλέον ἢ διπλάσιον τὸ μῆκοσ τοῦ πλάτους εἶναι.

Hinzufügen müsse man noch die Wölbung Europas außerhalb der Säulen des Herakles, die den Iberern gegenüberliegt und nicht weniger als 3.000 Stadien nach Westen vorspringt, sowie die Vorgebirge, besonders das der Ostidäer, das Kabeion genannt wird, und die auf seiner Höhe liegenden Inseln, von denen die äußerste, Uxisame, nach Pytheas drei Tagesfahrten entfernt ist. Nach diesen letzten Bemerkungen, die gar nichts mit der Länge zu tun haben, d. h. den Bemerkungen über die Vorgebirge, die Ostidäer, Uxisame und die Inseln, von denen er spricht, (denn das alles liegt im Norden und ist keltisch, nicht iberisch, oder vielmehr von Pytheas erfunden), fügt er zu den genannten Längenmaßen noch einmal 2.000 Stadien im Westen und 2.000 Stadien im Osten hinzu, um so das Prinzip zu retten, dass die Länge mehr als das Doppelte der Breite beträgt. [Übersetzung S. Radt]

Eratosthenes gelang es also nur unter zusätzlichen Annahmen und unter Inkaufnahme eines verzerrten Kartenbildes der Erdinsel, die Länge der Oikumene auf 77.800[108] Stadien zu bringen und damit die Forderung, dass die Länge die Breite um mehr als das Doppelte zu übertreffen habe, bei der von ihm zu 38.000 Stadien veranschlagten Breite knapp zu erfüllen. Strabon selbst gibt C 116, 2.5.9 die Länge der bewohnten Erde – auch er mißt sie wie Eratosthenes von den Enden Iberiens im Westen bis zu den Enden Indiens im Osten – zu 70.000 Stadien bei einer vom Zimtland bis Ierne gemessenen Breite

---

[108] Dass Eratosthenes diesen Wert auf den durch die Säulen und durch Rhodos verlaufenden Parallelkreis bezog, geht aus C 65, 1.4.6 hervor: Strabon bemerkt dort, dass man, wenn die Größe des Atlantischen Ozeans dem nicht entgegenstünde, auf ein und demselben Parallelkreis von Iberien nach Indien segeln könne und damit denjenigen Teilkreis zurücklegen würde, der sich nach Abzug der genannten Strecke (77.800 Stadien) vom gesamten Kreis ergäbe, die ihrerseits mehr als ein Drittel des ganzen Kreises betrage. (Erläuterung: Der Umfang des auf 36° verlaufenden Breitenkreises beläuft sich auf ca. 200.000 Stadien).

von weniger als 30.000 Stadien an und trägt somit dem Kriterium Rechnung. An anderer Stelle berechnet er C 72, 2.1.13 die Breite zu 30.200 Stadien.[109]

3.4.2.1.3 Osismier und Ostidäer. Das Kyrtoma Europas. Die Insel Uxisame

Wie bereits (Kap. 2.3 Bretonische Halbinsel) festgestellt, muss es sich bei dem von Strabon C 64, 1.4.5 erwähnten Vorgebirge namens Κάβαιον um ein Kap an der bretonischen Westküste handeln – vielleicht die *Pointe du Raz* südlich oder die *Pointe St. Mathieu* westlich des heutigen Brest. In dieser Gegend verzeichnet nämlich Ptolemaios in seiner Γεωγραφικὴ Ὑφήγησις ein Γάβαιον ἀκρωτήριον,[110] und der antike Name dieses Vorgebirges, das übrigens auch Markianos von Herakleia in seinem *Periplus Maris Exteri* als Γάβαιον ἀκρωτήριον erwähnt,[111] scheint sich bis auf den heutigen Tag im Namen der westlich der Stadt Audierne gelegenen Bucht *Anse du Cabestan* erhalten zu haben.[112] In dieser Gegend befanden sich nach Ptolemaios auch die Wohnsitze der Ὀσίσμιοι,[113] eines keltischen Volkes, das in der heute als Finistère bekannten Westspitze der bretonischen Halbinsel beheimatet war und des öfteren bei Caesar und auch bei Plinius und Pomponius Mela unter dem Namen Osismii erwähnt wird.[114] Die oben von Strabon erwähnten, am Vorgebirge Κάβαιον wohnenden Ostidäer müssen deshalb identisch sein mit diesen Osismioi, denn Strabon sagt an anderer Stelle C 195, 4.4.1 bei der Beschreibung der an der keltischen Küste des Atlantiks ansässigen Volksstämme, dass die Ὀσίσμιοι, die Pytheas Ὀστιδαίοι genannt habe, ein in den Ozean vorspringendes Vorgebirge bewohnten, welches aber nicht so weit in die See hinaus reiche, wie es jener und die ihm Glauben Schenkenden erzählt hätten.[115] Strabon schreibt:

---

[109] Siehe Kap. 6.2.1 Erste Absurdität: Skythien viel weiter nördlich als Ierne gelegen.
[110] Ptol. geogr. 2.8.1 und 2.8.5 (Stückelberger I, 202 und 204).
[111] GGM I, 553.
[112] K. Müllenhoff, Deutsche Altertumskunde I, 372; P. Fabre, Les Massaliotes, 35.
[113] Ptol. geogr. 2.8.5 (Stückelberger I, 204).
[114] Caes. Gall. II 34, III 9, VII 75; Plin. nat. 4. 107; Mela, III, 48.
[115] Es allerdings ist in der Forschung nicht unumstritten, ob die Bewohner jenes oben C 64, 1.4.5 Kabeion (ὃ καλεῖται Κάβαιον) genannten Vorgebirges und jener C 195, 4.4.1 erwähnten Landspitze – es handelt sich offensichtlich bei beiden Ortsbestimmungen um dieselbe Gegend im Westen der heutigen Bretagne – wirklich bei Eratosthenes und Pytheas den Namen Ὠστιδαίοι entsprechend der Lesart S. Radts trugen und damit dasselbe Volk waren, über das Pytheas/Eratosthenes, wie Strabon C 63, 1.4.3 schreibt,

Ὀσίσμιοι δ' εἰσὶν οὓς Ὠστιδαίους ὀνομάζει Πυθέας, ἐπὶ τινος προπεπτωκυίας ἱκανῶς ἄκρας εἰς τὸν Ὠκεανὸν οἰκοῦντες, οὐκ ἐπὶ τοσοῦτον δὲ ἐφ' ὅσον ἐκεῖνός φησι καὶ οἱ πιστεύσαντες ἐκείνῳ.

Die Osismier sind die, die Pytheas Ostidäer nennt; sie wohnen auf einer Landspitze, die ziemlich weit in den Ozean hinausragt, aber nicht so weit wie er und die, die ihm Glauben geschenkt haben, behaupten. [Übersetzung S. Radt]

Zur Frage, welches außerhalb der Säulen liegende Gebiet mit dem κύρτωμα τῆς Εὐρώπης gemeint ist, sind in der Forschung unterschiedliche Antworten gegeben worden. κύρτωμα leitet sich ab vom Verbum κυρτάω und kann mit Krümmung, Biegung oder Wölbung übersetzt werden. Ausschlaggebend für die Bedeutung obiger Textstelle ist das ἀντικείμενον in Zeile 1. Ältere Autoren wie Bessel und Fuhr,[116] aber neuerdings auch B. Cunliffe[117] deuten ἀντικεῖσθαι im Sinne eines räumlich getrennt Gegenüberliegens, wie es Strabon z. B. in C 120, 2.5.15 verwendet, wenn er die Lage Britanniens gegenüber den Pyrenäen beschreibt. Das κύρτωμα ἀντικείμενον τοῖς Ἴβερσι bezieht sich folglich nach Auffassung dieser Autoren auf die der Biskayaküste Spaniens im Norden gegenüberliegende Halbinsel der Bretagne. Sie fassen das καί in explikativem Sinne auf und lesen in Zeile 2 der obigen Textstelle τρισχιλίων· καὶ τὰ ἀκρωτήρια, als ob das κύρτωμα aus den Vorgebirgen und Inseln bestünde. Im Gegensatz dazu hat bereits Müllenhoff[118] dieses καί in augmentativen Sinne aufgefaßt und die Ansicht vertreten, dass das κύρτωμα τῆς Εὐρώπης als etwas von den Vorgebirgen und Inseln Verschiedenes angesehen werden müsse.

---

falsche Angaben gemacht hätten (καὶ τὰ περὶ τοὺς Ὠστιδαίους δὲ καὶ τὰ πέραν τοῦ Ῥήνου τὰ μέχρι Σκυθῶν· πάντα κατέψευσται τῶν τόπων). F. Lasserre, der Herausgeber der Budé-Ausgabe der Geographika Strabons, ist nach sorgfältigen und umfangreichen paläographischen Studien der ihm verfügbaren Handschriften zu dem Schluss gekommen, dass die C 64, 1.4.5 und C 195, 4.4.1 erwähnten Bewohner der heutigen Finistère vielmehr von Pytheas „Ostimnier (Ὠστίμνιοι)" genannt wurden, und weist darauf hin, es sei schwer vorstellbar, dass Eratosthenes und Pytheas sowohl die am Rhein als auch die Bewohner der bretonischen Halbinsel unter demselben Namen als Ὠστιδαῖοι bezeichnet hätten (F. Lasserre, Ostiéens et Ostimniens chez Pythéas, Museum Helveticum 20, 1963, 107–113).

[116] Bessel, Über Pytheas von Massilien, 86; Fuhr, Pytheas von Massilia. Historisch-kritische Abhandlung, 60.
[117] B. Cunliffe, Extraordinary Voyage, 59.
[118] K. Müllenhoff, Deutsche Altertumskunde I, 371.

H. Berger[119] pflichtet dem bei und verwirft ebenso wie Müllenhoff die These, wonach das κύρτωμα mit der Bretagne gleichzusetzen sei. Er verweist darauf, dass zur Zeit des Eratosthenes die an den Ozean grenzende Regionen der Pyrenäenhalbinsel noch nicht Iberien hießen, sondern der Keltike zugerechnet wurden und stellt fest: „ἀντικεῖσθαι kann, wenn man sich die Meerenge mit ihrem wichtigen Meridiane als Scheidelinie denkt, recht gut im Sinne der Längenerstreckung gesagt sein. Der Ausdruck κύρτωμα passt auch nicht sowohl für eine einzelne, scharf markierte Halbinsel, wie die der Osismier,[120] als vielmehr auf die in verschiedenen Vorsprüngen abgebogene Westküste Spaniens, wie sie uns Pomponius Mela (I, 3; 2. III, 1; 3 f. Vgl. Plin. IV § 110.113) beschreibt. Dazu kommt, dass der Zusatz τῆς Εὐρώπης wohl begreiflich ist, wenn von dem äussersten Westlande Europas in unmittelbarem Anschlusse an den Hauptparallel und im Hinblick auf einen ziemlich spitzen, wenig vorspringenden Winkel des gegenüberliegenden Erdteils gesprochen wird (Strab. II C 130, XVII C 825) vielleicht mit Einschluss der ziemlich weit nach Norden entlegenen Halbinsel, keinesfalls aber, wenn der Ausdruck auf diese letztere Halbinsel allein beschränkt werden soll".[121] Auch Müllenhoff[122] erklärt, dass Eratosthenes ebenso wie später noch Polybios die Siedlungsgebiete der Iberer auf die Mittelmeerküste Spaniens einschränkte. Roseman weist in ihrem Kommentar ebenfalls darauf hin, dass Strabon die Wohnsitze der Iberer hauptsächlich an der spanischen Mittelmeerküste lokalisiert und ἀντικείμενον eher im Sinne eine Danebenliegens oder Darüberliegens aufgefaßt werden müsse als im Sinne eines räumlich getrennten Gegenüberliegens, und sie hält es für möglich, dass die Gebiete oberhalb des Tagus, des heutigen Tejo, gemeint sein könnten.[123] Das κύρτωμα muss sich deshalb auf den westlichen Teil der Pyrenäenhalbinsel beziehen.

Natürlich hatte Strabon völlig recht, wenn er mit der Bemerkung „ταῦτα γὰρ πάντα προσάρκτιά ἐστι καὶ Κελτικά, οὐκ Ἰβερικά, μᾶλλον δὲ Πυδέου πλάσματα" monierte, dass Eratosthenes das Vorgebirge der Ostidäer und die davor gelegenen Inseln bei der Berechnung der ost-westlichen Ausdehnung der Oikumene mit einbezog. Die antiken Geographen maßen ja, wie oben bereits

---

[119] H. Berger, Die geographischen Fragmente des Eratosthenes, 162.
[120] Berger meint die Bewohner der bretonischen Halbinsel.
[121] Siehe Abb. 2.
[122] K. Müllenhoff, Deutsche Altertumskunde I, 372.
[123] C. H. Roseman, Pytheas, 124.

festgestellt, die Länge der bewohnten Erde längs des Hauptparallelkreises, der durch die Säulen des Herakles im Süden Iberiens und weiter durch Rhodos und das Tauros Gebirge verlief (siehe Abb. 2). Die westlichen Ausläufer der Keltike, die ja auf einem viel weiter nördlich verlaufenden Parallelkreis gelegen waren, konnten somit keinen Beitrag zur Länge der bewohnten Erde liefern. In der Hauptsache liegt aber der Kritik an den Ausführungen des Erastosthenes bezüglich der Bretagne und der vorgelagerten Inseln das völlig falsche Bild zugrunde, das sich Strabon von der gegenseitigen Lage Galliens und Britanniens machte. Britannien hat demnach (C 199, 4.5.1) die Gestalt eines Dreiecks, dessen längste Seite sich von Nordost nach Südwest parallel zur gleichlangen keltischen Atlantikküste erstreckt. Die östlichste Region Britanniens liegt der Rheinmündung, die westlichste den Aquitanischen Pyrenäen gegenüber, und genauso beschreibt Strabon auch C 63, 1.4.3 in seiner Kritik der Erdkarte des Eratosthenes die einander gegenüberliegenden Küsten Britanniens und des Keltenlandes. An einer anderen Stelle C 128, 2.5.28 heißt es, die Keltike werde im Norden in ihrer ganzen Länge von der bretannische Meerenge (τὸ μὲν βόρειον πλευρὸν τῷ Βρεττανικῷ κλυζομένη πορθμῷ παντί) bespült, und ihr gegenüber und parallel zu ihr liege die Insel Britannien. In Strabons *Geographika* entspricht somit der Abstand Britanniens von der Keltike überall der Breite des Βρεττανικὸς πορθμὸς, die Strabon C 199, 4.5.2 auf höchstens 320 Stadien schätzte entsprechend der Entfernung, die Caesar anläßlich seines zweiten Feldzuges gegen die Britannier beim Übergang über den Kanal zurücklegte. Es ist klar, dass Strabon hier keinen Platz findet für das von Pytheas erwähnte weit in den Ozean vorspringende Vorgebirge der Ostidäer und für die davor gelegene Insel Uxisame.[124] Die auf dem Bericht des Pytheas beruhende Beschreibung der Atlantikküsten der Keltike durch Eratosthenes gibt also die tatsächlichen Verhältnisse viel besser wieder als Strabons diesbezügliche Ausführungen, und das deutet darauf hin, dass sich Pytheas wirklich in diesen Regionen aufgehalten hat.

Was die Insel Uxisame anbetrifft, so lässt schon der Umstand, dass sie als die äußerste (ἐσχάτην) von allen Inseln in der Gegend um das Vorgebirge Kabaion bezeichnet wird, darauf schließen, dass sie unter den vor der bretonischen

---

[124] Wie sich Strabon die Geographie der Keltike vorstellte, geht hervor aus Jones, Geography of Strabo II, Map IV, Nebenkarte, Sketch of Celtica according to Strabo; siehe auch Bunbury, Ancient Geography II, 232, Map III.

Küste gelegenen sogenannten Îles du Ponant gesucht werden muss, an denen die antiken Schiffsrouten vorbeiliefen, die von den an der Mündung der Loire und Garonne gelegenen Häfen längs der atlantischen Küste Galliens zum Kanal und dann weiter nach Britannien und zur Nordsee führten. Unter diesen Inseln musste aber die vor der Westspitze der Finistère gelegene heutige Île d'Ouessant für die in diesen Gewässern navigierenden Seefahrer eine besondere Rolle gespielt haben, denn hier wechselte die Fahrtrichtung von Nordwest nach Nordost bei der nicht ungefährlichen Umrundung (siehe unten) der bretonischen Halbinsel. Ouessant ist deshalb schon seit langem in der Forschung mit der Uxisame des Pytheas gleichgesetzt worden.[125] Auf sie trifft auch zu, dass sie die am weitesten vom Festland entfernte Insel der Îles du Ponant ist, wenn man einen der oben genannten Häfen als den in obigem Zitat allerdings nicht näher bezeichneten Ausgangspunkt der dreitägigen Schiffsreise annimmt. Der Name Uxisame selbst ist nach C. Corby keltischen Urprungs, und zwar bezeichnet *uxo* im Keltischen das Begriffsfeld „hoch" und das Suffix *samo-sama* ist eine Steigerungsform. Demnach bedeute der Name „quelque chose comme *l'île la plus haute*".[126] Eine ganz ähnliche Überlegung hat E. Norden dazu geführt, Uxisame als die „Hochragende" zu deuten,[127] und das passt ausgezeichnet zum Erscheinungsbild, welches die Insel mit ihren steilen Felsküsten von See aus bietet. In der Spätantike trug Ouessant aber offenbar nicht mehr den Namen Uxisame, sondern hieß Uxantis, wie aus den *Itineraria Provinciarum Antonini Augusti* hervorgeht, einem wahrscheinlich unter Kaiser Caracalla entstandenen Verzeichnis des das gesamte Reich überspannenden Straßennetzes. Es finden sich dort unter der Rubrik „*In mari Oceano quod Gallias et Britannias interluit*" neben verschiedenen Kanalinseln auch die Inseln Uxantis und Sina nebeneinander aufgeführt.[128] Wenn Sina für die kleine westlich von der Pointe du Raz gelegene Insel Sein steht, die Pomponius Mela unter dem Namen Sena erwähnt und auf der sich

---

[125] J. Lelewel, Pytheas und die Geographie seiner Zeit, Leipzig 1838, 25 Anm. 76.
[126] C. Corby, Le Nom d'Ouessant, in: Annales de Bretagne. Tome 59, numéro 2, 1952, 348.
[127] E. Norden, Germanische Urgeschichte in Tacitus' Germania, Leipzig5 1998, 471.
[128] Imperatoris Antonini Augusti Itinerarium Maritimum 509, 3. In: Itinerarium Antonini Augusti et Hierosolymitanum, ex libris manu scriptis ediderunt G. Parthey et M. Pinder 249, Berlin 1848.

nach seinem Bericht die Orakelstätte einer keltischen Gottheit befand,[129] dann kann Uxantis nur die ganz in der Nähe gelegene Île d'Ouessant gewesen sein.

Ob Uxisame wirklich ein Port of Trade und ein Umschlagplatz für Zinn war, wie z. B. Wenskus[130] und Hennig vermuten,[131] ist zweifelhaft. In jedem modernen Reise- und Segelführer über die Bretagne kann man lesen, dass die klippenreichen Gewässer um Ouessant für die Schifffahrt wegen häufiger Stürme, starker Strömungen und plötzlich aufziehender Nebel zu den gefährlichsten der Welt zählen, wovon zahllose Schiffsunglücke Zeugnis ablegen.[132] Auch in praehistorischer Zeit dürften diese Verhältnisse bestanden haben, und es ist deshalb schwer vorstellbar, dass eine Insel in dieser Lage sich zur Drehscheibe des antiken Zinnhandels hätte entwickeln können. Der Archäologe J. P. Le Bihan, ein Kenner der bretonischen Geschichte, hat seit 1988 auf Ouessant umfangreiche Ausgrabungen durchgeführt. Dabei wurden u. a. zahlreiche Fundstücke zutage gefördert, die ihren Ursprung nicht in Ouessant und der näheren Umgebung haben können, wie z. B. etruskische Keramiken, Gold-, Silber- und Bronzeschmuck oder Glasperlen aus ägyptischer Produktion und Bernsteinperlen aus dem Baltikum.[133] Le Bihan glaubt aber, dass es sich dabei nicht um Handelsware handelt, sondern dass diese Gaben – zum Teil Votivgaben für das bei den Ausgrabungen entdeckte Heiligtum – von fremden Seefahrern stammten, die Ouessant anliefen, um frisches Wasser sowie andere Vorräte aufzunehmen und um einheimische Lotsen für das Navigieren in den gefährlichen Gewässern rund um die Insel anzuheuern. Seiner Meinung nach erlauben es die bisher durchgeführten Forschungen nicht, Ouessant als vorgeschichtlichen Handelsplatz auszuweisen. Er schreibt:[134] „De la Protohistoire à l'Antiquité, des navires ont abordé à Ouessant, dans uns île qui ne fut jamais coupée du continent, des innovations technologiques ni

---

[129] Mela, III 48.
[130] R. Wenskus, Pytheas und der Bernsteinhandel, 94.
[131] R. Hennig, Terrae Incognitae I, Leiden 1944, 164; R. Hennig, Abhandlungen zur Geschichte der Schiffahrt, Jena 1928, II 21, 45.
[132] Michelin, Der grüne Reiseführer, Bretagne, München 2009, 278: „Wegen der Gefährlichkeit der umgebenden Gewässer ist die Île d'Ouessant in die Annalen der Seefahrt eingegangen. Häufiger Nebel, zahllose Klippen und starke Strömungen waren die Ursache unzähliger Schiffbrüche."
[133] J. P. Le Bihan et al., Ouessant, Escale Nécessaire, fig. 10, 283 ; Le Bihan, Ouessant au vent de l'Histoire, 21.
[134] Le Bihan et al., Ouessant, Escale Nécessaire, 290.

des evolutions culturelles, proches ou lointaines. Elle fut une escale nécessaire. Le dessin des côtes, l'impossibilité passer ailleurs, la nécessité de se faire aider par des pilotes, auxquels s'ajoute la découverte de nombreux objects d'origine lointaine, constituent de trés forts arguments. Toutefois, si l'intégration d'Ouessant dans une véritable réseau à longue distance, sur un rail ancien et permanent, parait assurée, c'est bien plus comme escale technique que comme comptoir commercial." Ouessant-Uxisame war demnach eine Etappe und Zwischenstation für die zwischen dem Kanal und der Biscaya verkehrenden Schiffe, und es ist deshalb gut möglich, dass auch Pytheas die Insel auf seinem Weg nach Britannien passierte. (Siehe auch Kap. 5.5 Wege nach Britannien).

3.5 Weitere Kritik am Bericht des Pytheas über Thule

Im vierten Buch seiner *Geographika* kommt Strabon C 201, 4.5.5 ein weiteres Mal auf Thule zu sprechen, nachdem er im Zusammenhang mit einer Beschreibung Britanniens auch Ἰέρνη (Irland) und die primitive Lebensweise seiner Bewohner erwähnt hat, worüber allerdings, wie er bemerkt, nur unverbürgte Erkenntnisse vorlägen. Noch unsicherer, so fährt er fort, sei aber die Kunde von Thule, weil es von allen mit Namen bezeichneten Ländern am weitesten im Norden gelegen sei,[135] und alles, was Pytheas über Thule und die Länder in dieser Weltgegend berichtet habe, sei von diesem erfunden worden:

> Περὶ δὲ τῆς Θούλης ἔτι μᾶλλον ἀσαφὴς ἡ ἱστορία διὰ τὸν ἐκτοπισμόν· ταύτην γὰρ τῶν ὀνομαζομένων ἀρκτικωτάτην τιθέασιν. ἃ δ᾽ εἴρηκε Πυθέας περί τε ταύτης καὶ τῶν ἄλλων τῶν ταύτῃ τόπων ὅτι μὲν πέπλασται, φανερὸν ἐκ τῶν γνωριζομένων χωρίων· κατέψευσται γὰρ αὐτῶν τὰ πλεῖστα, ὥσπερ καὶ πρότερον εἴρηται, ὥστε δῆλός ἐστιν ἐψευσμένος μᾶλλον περὶ τῶν ἐκτετοπισμένων.

Was Thule anbetrifft, so ist die Kunde von ihr noch ungewisser wegen ihrer Entlegenheit, denn von allen Ländern, die einen Namen tragen, wird es am weitesten nach Norden gesetzt. Dass aber das, was Pytheas darüber und die anderen dortigen Regionen berichtet hat, von ihm erdichtet ist, ergibt sich aus den bekannten Ländern, denn auch über diese hat er meistens falsche Angaben gemacht, wie schon früher festgestellt wurde. Es ist deshalb klar, dass er bei den entlegenen Ländern noch mehr Lügen aufgetischt hat.

---

[135] Es fällt auf, dass Strabon hier von Thule als einem wirklich existierenden geographischen Objekt zu sprechen scheint, während er an anderem Ort (C 63, 1.4.3) nicht an die Existenz Thules glaubt.

Hinsichtlich der Irrtümer des Pytheas verweist Strabon hier auf seine schon an anderer Stelle (ὥσπερ καὶ πρότερον εἴρηται) geäußerte Kritik (siehe Kap. 3.4.2.1.1), und wie dort, so stellt er auch hier fest, dass schwerlich über unbekannte Länder wahr berichten könne, wer sich schon über die bekannten im Irrtum befinde.[136]

Pytheas habe jedoch, so fährt Strabon fort, die Dinge gemäß den Himmelserscheinungen und den mathematischen Verhältnissen richtig behandelt, und schließt dann einige Bemerkungen über die Länder nahe der „gefrorenen Zone" (κατεψυγμένη ζώνη) an. Er erwähnt dabei die Kargheit von Fauna und Flora, macht Angaben über die Ernährung ihrer Bewohner und beschreibt die durch das kühle und regenreiche Klima bedingten ungewöhnlichen Erntemethoden ihrer Bewohner. Diese Ausführungen Strabons sind im Hinblick auf eine mögliche Lokalisierung Thules von Bedeutung,

---

[136] Eines ähnlichen Argumentationsmusters bedient sich Strabon übrigens auch in einer Polemik gegen Poseidonios, die hier erwähnt sei, um aufzuzeigen, dass Strabon auch einen berühmten Gelehrten wie Poseidonios ungeachtet dessen Ansehens einer harschen Kritik unterzog und dabei kein Blatt vor den Mund nahm. Wie auch weiter unten im Zusammenhang mit Strabons Beurteilung der Autoren antiker Reiseromane festgestellt wurde, scheint dies zum Stil der wissenschaftlichen Auseinandersetzung in der Antike gehört zu haben (siehe auch Kap. 3.4.1), und damit relativiert sich auch vielleicht die in der Forschung häufig als überzogen angesehene Kritik Strabons am Bericht des Pytheas. Poseidonios habe, so führt Strabon C 491, 11.1.5 bei der Beschreibung der zwischen dem Schwarzen und dem Kaspischen Meer gelegenen Länder aus, die Distanz zwischen den beiden Meeren, die sich in Wirklichkeit auf 3.000 Stadien belaufe, zu nur 1.500 Stadien angegeben, und er habe ferner geglaubt, dass die Entfernung von der Maeotis (Asowsches Meer) bis zum (nördlichen) Ozean sich nicht viel mehr davon unterscheide. Diese letztere Behauptung musste Strabon aber als ganz unglaubwürdig erscheinen, denn er stellt C 294, 7.2.4 fest, dass man über die Bastaner und Sauromaten und überhaupt über die nördlich des Pontos lebenden Völker nichts Genaues wisse, weder wie weit entfernt vom Ozean sie lebten, noch ob ihre Länder an diesen grenzten. Zu den oben erwähnten Fehleinschätzungen des Poseidonios bemerkt Strabon nun C 491, 11.1.6, er wisse nicht, wie man jenem, der hinsichtlich Unbekanntem nichts Wahrscheinliches zu sagen habe, vertrauen könne, wenn er derart Widersinniges über Bekanntes berichte (οὐκ οἶδα δέ, πῶς ἄν τις περὶ τῶν ἀδήλων αὐτῷ πιστεύσειε, μηδὲν εἰκὸς ἔχοντι εἰπεῖν περὶ αὐτῶν, ὅταν περὶ τῶν φανερῶν οὕτω παραλόγως λέγῃ). Strabon fährt dann sinngemäß fort, Poseidonios hätte es eigentlich besser wissen müssen, denn er habe über Pompeius und dessen militärische Aktionen gegen die zwischen dem Schwarzen und dem Kaspischen Meer siedelnden Iberer und Albaner geschrieben. Er hätte, so stellt Strabon fest, sich deshalb mehr der Wahrheit befleissigen müssen: διὰ δὲ ταῦτα ἐχρῆν φροντίσαι τἀληθοῦς πλέον τι.

allerdings bereitet die Interpretation des in den Codices überlieferten Textes Schwierigkeiten, da dieser eine Lücke zu enthalten scheint, die von den Herausgebern der *Geographika* in unterschiedlicher Weise behandelt oder auch übergangen worden ist. In der neuesten, von Stefan Radt besorgten Ausgabe wird die Strabonstelle in Anlehnung an August Meineke,[137] der diese Lücke als erster konstatiert hat, wie folgt zitiert:[138]

> πρὸς μέντοι τὰ οὐράνια καὶ τὴν μαθηματικὴν θεωρίαν ἱκανῶς <ἂν> δόξειε κεχρῆσθαι τοῖς πράγμασι +++ τοῖς τῇ κατεψυγμένῃ ζώνῃ πλησιάζουσι· τὸ τῶν καρπῶν εἶναι τῶν ἡμέρων καὶ ζῴων τῶν μὲν ἀφορίαν παντελῆ, τῶν δὲ σπάνιν, κέγχρῳ δὲ καὶ ἀγρίοις λαχάνοις καὶ καρποῖς καὶ ῥίζαις τρέφεσθαι· παρ' οἷς δὲ σῖτος καὶ μέλι γίγνεται, καὶ τὸ πόμα ἐντεῦθεν ἔχειν (τὸν δὲ σῖτον, ἐπειδὴ τοὺς ἡλίους οὐκ ἔχουσι καθαρούς, ἐν οἴκοις μεγάλοις κόπτουσι, συγκομισθέντων δεῦρο τῶν σταχύων· αἱ γὰρ ἅλως ἄχρηστοι γίνονται διὰ τὸ ἀνήλιον καὶ τοὺς ὄμβρους).

Radt begründet diese Lücke damit, dass sich πλησιάζουσι nicht auf τοῖς πράγμασι beziehen könne sondern die in der kalten Zone lebenden Menschen bezeichne, die Subjekt zu τρέφεσθαι seien,[139] und übersetzt:[140]

> Was indessen die Himmelserscheinungen und die mathematische Theorie betrifft, ist er offenbar ziemlich richtig mit den Dingen umgegangen +++ denen, die in der Nähe der gefrorenen Zone leben: dass die kultivierten Früchte und Tiere teils völlig fehlen, teils selten sind, und sie sich von Hirse, wildem Gemüse, wilden Früchten und Wurzeln ernähren, und die, bei denen es Getreide und Honig gibt, auch ihr Getränk daraus haben (das Getreide pflegen sie, da sie keinen ungetrübten Sonnenschein haben, in großen Häusern zu dreschen, nachdem die Ähren dort zusmmemgebracht worden sind; denn Dreschtennen sind wegen des Mangels an Sonnenschein und der Regenfälle nicht zu gebrauchen)

Forbiger hat diese Lücke ebenfalls bemerkt und den Versuch gemacht, sie zu schließen, indem er übersetzt:[141]

---

[137] Meineke, Strabonis Geographica I, 275. Vgl. S. Radt, Strabons Geographika V, 470.
[138] S. Radt, Strabons Geographika I, Göttingen 2002, 526.
[139] S. Radt, Strabons. Geographika V, Göttingen 2006, 470.
[140] Dem ungewöhnlichen Gebrauch der Interpunktion, den Radt in der Einleitung zu Bd. 1 seiner Strabonausgabe S. XX 3 erläutert und der das Lesen nicht selten erschwert, wird nicht gefolgt. Fehlende Kommata in der Übersetzung Radts werden deshalb eingefügt.
[141] A. Forbiger, Strabo Geographika, Wiesbaden 2005, 274.

Was jedoch die Himmelserscheinungen und mathematischen Beobachtungen betrifft, mag er die Gegenstände ziemlich gut behandelt zu haben scheinen. [Auch bemerkt er nicht unpassend][142], daß sich in den der kalten Zone benachbarten Gegenden an zarteren Früchten und Tieren teils völliger Mangel, teils Seltenheit zeige [...].

Eine Lücke im Text glaubt ferner auch Groskurd festgestellt zu haben, allerdings nicht wie bei Meineke, Radt und Forbiger schon vor, sondern nach den Worten τοῖς τῇ κατεψυγμένῃ ζώνῃ πλησιάζουσι. Er übersetzt demgemäß:[143]

> Jedoch hinsichtlich der Himmelserscheinungen und grössenlehrigen Beobachtungen scheint er die dem erfrorenen Erdgürtel nahen Gegenstände ziemlich gut behandelt zu haben. [Nicht unwahrscheinlich berichtet er auch,] dass an zahmen Früchten und Thieren theils gänzlicher Mangel, theils Seltenheit sich zeige [...].

Groskurd bemerkt zu seiner Übersetzung: „Der gänzliche Mangel grammatischer und logischer Verbindung im Texte lässt vermuten, dass hier eine blinde Lücke sei, welche etwa durch die Worte Οὐκ ἀπίστως δὲ λέγει καὶ vor τὸ τῶν καρπῶν auszufüllen sein dürfte. So erhalten wir zugleich einen notwendigen Uebergang zum Folgenden, welches keine Erläuterung des Vorhergehenden sein kann, sondern einige für sich bestehende Ausführungen aus Pytheas enthält".[144] Diese Feststellungen Groskurds werden in Hinblick auf eine mögliche Lokalisierung Thules weiter unten noch näher betrachtet.

Auch W. Aly scheint den Widerspruch zwischen den beiden Textteilen von C 201, 4.5.5 empfunden zu haben, denn er fügt λέγει δέ in die vermutete Lücke zwischen den Worten τοῖς πράγμασι und τοῖς τῇ κατεψυγμένῃ ζώνῃ ein und erhält damit die Lesart:[145]

πρὸς μέντοι τὰ οὐράνια καὶ τὴν μαθηματικὴν θεωρίαν ἱκανῶς δόξειε<ν ἂν·> κεχρῆσθαι τοῖς πράγμασι· **<λέγει δὲ>** τοῖς τῇ κατεψυγμένῃ ζώνῃ πλησιάζουσι <ταὐ>τὸ τῶν καρπῶν εἶναι τῶν ἡμέρων καὶ ζῴων τῶν μὲν ἀφορία<ν> παντελῆ, τῶν δὲ σπάνι<ν>

---

[142] Forbiger schlägt hier vor: Οὐκ ἀτόπως oder οὐκ ἀπίστως δὲ λέγει καὶ.
[143] C. G. Groskurd, Strabo Erdbeschreibung, Teil 1, Berlin/Stettin 1831, 347.
[144] Groskurd, Strabo Erdbeschreibung, Teil 1, 347, Anm. 1.
[145] W. Aly, Strabonis Geographica, Vol. 2, Libri III–IV, Bonn 1972, 258.

> Zwar, was die Himmelserscheinungen und die mathematische Theorie betrifft, so scheint er ziemlich richtig mit den Dingen umgegangen zu sein, er sagt aber, dass bei denen, die in der Nähe der gefrorenen Zone leben, beides, die kultivierten Früchte und Tiere teils völlig fehlen, teils selten sind [...].

Nach dieser Lesart stellt Strabon den richtigen, auf der Kenntnis der Himmelserscheinungen beruhenden Schlussfolgerungen des Pytheas dessen Ausführungen bezüglich der „gefrorenen Zone" gegenüber und bringt damit zum Ausdruck, dass er diese ablehnt.[146] Seiner Meinung nach waren ja diese Gebiete nicht bewohnbar.

Einen ganz anderen Sinn erhält jedoch die Strabonstelle, wenn von der Existenz einer Lücke abgesehen oder diese durch Konjektur geschlossen wird, und die Besonderheiten der „gefrorenen Zone" als eine Folge der richtig interpretierten Himmelserscheinungen gedeutet werden. Jones übergeht die Lücke einfach und übersetzt:[147]

> And yet, if judged by the science of the celestical phenomena and by mathematical theory, he might possibly seem to have made adequate use of the facts as regards the people who live near the frozen zone, when he says that, of the animals and domesticated fruits, there is an utter dearth of some and a scarcity of the others [...].

F. Lasserre[148] und S. Bianchetti[149] haben in Zeile 2 im obigen Zitat die Lesart λέγων καρπῶν εἶναι an Stelle von τὸ τῶν καρπῶν εἶναι[150] und übersetzen

> On peut admettre cependant qu'il a correctement accordé les faits qu'il décrit aux données de l'astronomie et à la theorie des mathématiques quand il dit des peuples voisins de la zone glaciale que les plantes vivrières de culture leur font totalement défaut [...].

bzw.

---

[146] Vgl. C. H. Roseman, Pytheas 135.
[147] H. L. Jones, Geography of Strabo II, 261.
[148] F. Lasserre, Strabon Géographie II, 168.
[149] S. Bianchetti, Pitea di Massalia, 94.
[150] Sie folgen dabei Meineke, der ursprünglich diese Konjektur vorgeschlagen hatte, um die Lücke zu schließen. Vgl. Meineke, Vindiciarum Strabonianarum Liber, Berlin 1852, 46.

In confronto alle sue osservazioni astronomiche e mathematiche, egli sembrerebbe invece attenersi abbastanza ai fatti dicendo che i popoli che vivono vicino alla zona glaciale hanno una assoluta mancanza di frutti coltivati [...].

Diese zweite Lesart legt die Auffassung nahe, dass die Ausführungen Strabons über die in der Nähe der kalten Zone gelegenen Gegenden die Lebensverhältnisse auf Thule beschreiben würden, und deshalb ist diese Stelle in der Forschung verschiedentlich zur Lokalisierung der Insel herangezogen worden. Läßt man jedoch die oben zitierte Vermutung Groskurds gelten, dann kann man auch zu der genau entgegengesetzten Beurteilung des Textes kommen, dass nämlich Strabons Ausführungen vermutlich gar nichts mit Thule zu tun haben. Es ist in der Tat wenig einleuchtend, warum die richtige Anwendung der οὐράνια, die üblicherweise mit „Himmelserscheinungen" wiedergegeben werden, und der μαθηματικὴ θεωρία zu Erkenntnissen über die in der kalten Zone herrschenden Verhältnisse führen sollen, die wie Flora und Fauna und die Lebensweise der Bewohner klimatischen und witterungsbedingten Einflüssen unterliegen, denn überall da, wo Strabon von den οὐράνια spricht – und dies geschieht an zahlreichen über das gesamte Werk verstreuten Stellen – verwendet er diesen Begriff aussschließlich im Sinne der Astronomie und nicht im Sinne der Meteorologie. Als ein typisches Beispiel hierfür sollen die Ausführungen Strabons herangezogen werden, mit denen er die Worte des Odysseus kommentiert, die dieser an seine Gefährten richtete, als er sich mit ihnen nach langer Irrfahrt auf der entlegenen Insel der Kirke wiederfand und nicht in der Lage war, seine Position zu bestimmen. Strabon zitiert C 455, 10.2.12 die Verse Od. 10, 190–192:

ὦ φίλοι, οὐ γὰρ ἴδμεν ὅπῃ ζόφος οὐδ' ὅπῃ ἠώς,
οὐδ' ὅπῃ ἠέλιος φαεσίμβροτος εἶς ὑπὸ γαῖαν
οὐδ' ὅπῃ ἀννεῖται

Freunde, wir wissen es nicht, wo Abend liegt und wo Morgen,
Nicht, wo die Sonne, die Sterblichen leuchtet, sich unter die Erde
Senkt und nicht, wo sie aufsteigt. [Übersetzung A. Weiher]

und stellt fest, dass die Orientierungslosigkeit des Odysseus nicht etwa durch witterungsbedingte Umstände verursacht worden sei, sondern weil sich die Morgen – und Abendweiten der Sonne während ihrer Fahrt durch unbekannte

KAPITEL 3

Gewässer verschoben hatten. Strabon schreibt (Text und Übersetzung S. Radt):

ἔστι μὲν γὰρ δέξασθαι τὰ τέτταρα κλίματα (τὴν ἠῶ δεχομένους τὸ νότιον μέρος) ἔχει τέ τινα τούτου ἔμφασιν, ἀλλὰ βέλτιον τὸ κατὰ τὴν πάροδον τοῦ ἡλίου νοεῖν ἀντιτιθέμενον τῷ ἀρκτικῷ μέρει. ἐξάλλαξιν γὰρ τινα τῶν οὐρανίων πολλὴν βούλεται σημαίνειν ὁ λόγος, οὐχὶ ψιλὴν ἐπίκρυψιν τῶν κλιμάτων· δεῖ γὰρ κατὰ πάντα συννεφῆ καιρόν, ἄν θ' ἡμέρας, ἄν τε νύκτωρ συμβῇ, παρακολουθεῖν, **τὰ δ' οὐράνια** ἐξαλλάτει ἐπὶ πλέον τῷ πρὸς μεσημβρίαν μᾶλλον ἢ ἧττον παραχωρεῖν ἡμᾶς ἢ εἰς τοὐναντίον. τοῦτο δὲ οὐ δύσεως καὶ ἀνατολῆς ἐγκαλύψεις ποιεῖ – καὶ γὰρ αἰθρίας οὔσης συμβαίνει,- ἀλλὰ μεσημβρίας καὶ ἄρκτου· μάλιστα γὰρ ἀρκτικός ἐστιν ὁ πόλος, τούτου δὲ κινουμένου καὶ ποτὲ μὲν κατὰ κορυφὴν ἡμῖν γινομένου, ποτὲ δὲ ὑπὸ γῆς ὄντος καὶ οἱ ἀρκτικοὶ συμμεταβάλλουσι, ποτὲ δὲ συνεκλείπουσι κατὰ τὰς τοιαύτας παραχωρήσεις, ὥστ' οὐκ ἂν εἰδείης ὅπου ἐστὶ τὸ ἀρκτικὸν κλίμα, οὐδ' εἰ ἀρχὴν ἔστιν· εἰ δὲ τοῦτο, οὐδὲ τοὐναντίον ἂν γνοίης.

Man kann dies nämlich auf die vier Himmelsrichtungen beziehen (indem man den „Morgen" als die Südseite auffasst), und es hat auch einen gewissen Anschein davon; aber es ist besser, hier die Richtung des Vorbeiziehens der Sonne zu verstehen, die der nördlichen Richtung entgegengesetzt wird. Denn die Worte wollen eine große Veränderung der Himmelserscheinungen bezeichnen, nicht bloß eine Verbergung der Himmelsrichtungen: letztere muss sich ja bei jeder bewölkten Witterung, ob sie tagsüber oder in der Nacht eintritt, ergeben; die Himmelserscheinungen aber ändern sich dadurch stärker, dass sie in mehr oder weniger südlicher – oder entgegengesetzter – Richtung an uns vorüberziehen. Das bewirkt keine Verbergung von Sonnenuntergang- oder aufgang – es tritt ja auch bei klarer Witterung ein – sondern von Norden und Süden: denn das Allernördlichste ist der Himmelspol; wenn dieser sich bewegt und bald über unseren Scheitel zu stehen kommt, bald sich unter der Erde befindet, ändern sich damit auch die arktischen Kreise und manchmal verschwinden sie überhaupt bei solchem Vorüberziehen, sodass man nicht wissen kann, wo die nördliche Himmelsrichtung ist, ja nicht einmal, ob sie überhaupt existiert; wenn das aber der Fall ist, kann man auch die entgegengesetzte Richtung nicht erkennen.

Odysseus und seine Gefährten waren also, so folgert Strabon, in Gegenden gelangt, in denen der gestirnte Himmel einen anderen Anblick bot als der, den sie aus ihrer Heimat kannten, und wo sich ferner auch die gewohnten Auf- und Untergangspunkte der Sonne deutlich verändert hatten.[151]

---

[151] In der Homerforschung sind die Verse Od. 10, 190–192 deshalb von Vertretern des s. g. Exokeanismus als Beweis dafür angesehen worden, dass die Insel der Kirke nicht im Mittelmeerraum, sondern außerhalb der Säulen des Herakles im nördlichen Atlantik zu suchen sei.

Das von Groskurd festgestellte Fehlen einer grammatischen und logischen Verbindung zwischen den durch die vermutete Lücke getrennten Abschnitten in obiger Textstelle C 201, 4.5.5 könnte darauf hinweisen, dass der zweite, die Verhältnisse nahe der gefrorenen Zone beschreibende Abschnitt durch eine Versetzung an diese Stelle gelangt ist. Derartige Versetzungen sind in nicht geringer Zahl in Strabons Werk entdeckt worden, und es wird deshalb in der Forschung vermutet, dass Strabon seine *Geographika* nicht selbst veröffentlichte, sondern ein unfertiges Manuskript mit zahlreichen Zusätzen und Marginalien hinterließ, die dann bei einer redaktionellen Überarbeitung von unbekannter Hand nicht immer in den richtigen Textzusammenhang eingesetzt worden sind.[152] Es ist deshalb denkbar, dass Strabons Ausführungen über die Kargheit des Nordens und die dort praktizierten Erntemethoden und Gewohnheiten der Ernährung auch ihren Platz an anderer Stelle in den vorhergehenden Abschnitten des vierten Buches der *Geographika* hätten finden können, in denen Strabon über Gallien, Britannien und Irland berichtet. So hat übrigens schon F. Kähler die Vermutung ausgesprochen, dass sich die in obigem Zitat Thule zugeordneten Lebensbedingungen und klimatischen Verhältnisse in Wirklichkeit auf weiter südlich gelegene Regionen bezögen.[153] Es ist deshalb zweifelhaft, ob dieser Passus, wie in der Forschung häufig geschehen, für oder gegen die Lokalisierung Thules herangezogen werden kann. So ist einerseits z. B. Island, obwohl gerade auf diese Insel die astronomischen Angaben des Eratosthenes hinsichtlich der geographischen Lage Thules am besten zuzutreffen scheinen, u. a. deshalb nicht in Betracht gezogen worden, weil auf dieser Insel Bienen nicht vorkommen.[154] Andererseits kann dann aber auch nicht für Norwegen plädiert werden, nur weil dort neben Getreideanbau auch Imkerei betrieben werden kann.[155]

Im Zusammenhang mit den obigen Überlegungen zu einer möglichen Versetzung in Strabons Ausführungen zu Thule ist es nun bemerkenswert, dass Diodor im fünften Buch seiner *Bibliotheke* zu ganz ähnlichen Feststellungen bei der Beschreibung von Britannien und Gallien kommt. Was

---

[152] A. Diller, Textual Tradition of Strabo's Geography 5–6; Meyer, Straboniana, 14–33, mit zahlreichen Beispielen.
[153] F. Kähler, Forschungen zu Pytheas' Nordlandreisen, 125.
[154] R. Hennig, Terrae Incognitae I, 169.
[155] F. Nansen, Nebelheim I, Leipzig 1911, 66; G. Hergt, Die Nordlandfahrt des Pytheas, Halle 1893, 68.

KAPITEL 3

die von Diodor geschilderten, von den Einwohnern Britanniens praktizierten Methoden der Getreideernte anbetrifft, so gleichen diese in auffallender Weise denjenigen, wie sie nach Strabon vermeintlich in Thule zur Anwendung kamen. Diodor stellt nämlich 5.21.5 fest:

> τὴν τε συναγωγὴν τῶν σιτικῶν καρπῶν ποιοῦνται τοὺς στάχυς αὐτοὺς ἀποτέμνοντες καὶ θησαυρίζοντες εἰς τὰς καταστέγους οἰκήσεις· ἐκ δὲ τούτων τοὺς παλαιοὺς στάχυς καθ' ἡμέραν τίλλειν, καὶ κατεργαζομένους ἔχειν τὴν τροφήν.

Die Methode, die sie bei der Getreideernte anwenden, besteht darin, nur die Ähren abzuschneiden und sie in überdachten Scheunen aufzubewahren. Sie suchen dann täglich die reifen Ähren heraus und zermahlen sie und gewinnnen auf diese Weise ihre Nahrung.

Diodor geht auch auf das auf der Insel herrschende unwirtliche Klima ein und schreibt 5.21.6:

> εἶναι δὲ καὶ πολυάνθρωπον τὴν νῆσον, καὶ τὴν τοῦ ἀέρος ἔχειν διάθεσιν παντελῶς κατεψυγμένην, ὡς ἂν ὑπ' αὐτὴν τὴν ἄρκτον κειμένην.

Die Insel ist dicht bevölkert und das Klima zeichnet sich durch extreme Kälte aus, da sie direkt unter dem Bären liegt.

Auch Strabons Bemerkung bezüglich der in Thule vermeintlich praktizierten Herstellung von Bier und Met findet eine Entsprechung in Diodors *Bibliotheke*, und zwar in seinem Bericht über Gallien und die Lebensgewohnheiten seiner Bewohner. Diodor hebt 5.25.2 zunächst die dort herrschende extreme Winterkälte mit den Worten κειμένη δὲ κατὰ τὸ πλεῖστον ὑπὸ τὰς ἄρκτους χειμέριός ἐστι καὶ ψυχρὰ διαφερόντως (Das Land liegt zum größten Teil unter dem Bären und ist äußerst winterlich und kalt) hervor und kommt dann 5.26.2 auf den durch das ungünstige Klima bedingten Mangel an Öl und an Wein und den Ersatz des letzteren durch Bier und eine Art Met zu sprechen:

> διὰ δὲ τὴν ὑπερβολὴν τοῦ ψύχους διαφθειρομένης τῆς κατὰ τὸν ἀέρα κράσεως οὔτ' οἶνον οὔτ' ἔλαιον φέρει· διόπερ τῶν Γαλατῶν οἱ τούτων τῶν καρπῶν στερισκόμενοι πόμα κατακευσκευάζουσιν ἐκ τῆς κριθῆς τὸ προσαγορευόμενον ζῦθος, καὶ τὰ κηρία πλύνοντες τῷ τούτων ἀποπλύματι χρῶνται.

Da wegen der übermäßigen Kälte das Klima äußerst unzuträglich ist, wachsen weder Wein noch Ölbäume. Deshalb bereiten diejenigen der Gallier, denen es an diesen Erzeugnissen ermangelt, aus Gerste ein Getränk, das sogenannte Bier und benutzen auch das Wasser, mit dem sie die Honigwaben auswaschen.

Es kann sein, dass auch hier Diodors Quelle, wie so häufig, Poseidonios ist. Dieser hatte im 23. Buch der Historien einen Bericht über die Ess- und Trinkgewohnheiten der Gallier erstattet, den Athenaios in seinen *Deipnosophisten* wörtlich wiedergegeben hat.[156] Poseidonios erwähnt dabei u. a. die Knappheit des Öls:

> ἐλαίῳ δ'οὐ χρῶνται διὰ σπάνιν, καὶ διὰ τὸ ἀσύνηθες ἀηδὲς αὐτοῖς φαίνεται.

> Öl haben sie nicht in Gebrauch, weil es knapp ist, und da sie es nicht gewöhnt sind, erscheint es ihnen widerlich.

und stellt fest, dass Bier das Getränk der ärmeren Volksschichten ist:

> τὸ δὲ πινόμενόν ἐστι παρὰ μὲν τοῖς πλουτοῦσιν οἶνος ἐξ Ἰταλίας καὶ τῆς Μασσαλιητῶν χώρας παρακομιζόμενος, ἄκρατος δ' οὗτος· ἐνίοτε δὲ καὶ ὀλίγον ὕδωρ παραμίγνυται· παρὰ δὲ τοῖς ὑποδεεστέροις ζύθος πύρινον μετὰ μέλιτος ἐσκευασμένον, παρὰ δὲ τοῖς πολλοῖς καθ' αὑτό· καλεῖται δὲ κόρμα.

> Das Getränk der Reichen ist Wein, der aus Italien oder aus dem Gebiet von Massalia kommt. Dieser wird ungemischt getrunken, manchmal wird ein wenig Wasser beigemischt. Bei den weniger Reichen trinkt man Weizenbier, das mit Honig zubereitet ist; beim Volk wird das Bier pur getrunken und wird Korma genannt.

Es ist also möglich, dass auch Strabon die Beschreibung der Kargheit der nördlichen Regionen und der elenden Lebensverhältnisse ihrer Bewohner, auf die er auch an anderer Stelle C 64, 1.4.4 hinweist, den Schriften des Poseidonios, die er sehr genau kannte, entnommen hat, und dass einige dieser Passagen versehentlich in Zusammenhang mit Thule gebracht worden sind. Wenn nun Strabon C 201, 4.5.5 feststellt, Pytheas habe bei seinen Erzählungen von Thule und den angrenzenden Gebieten richtigen Gebrauch von den τὰ οὐράνια καὶ τὴν μαθηματικὴν θεωρίαν gemacht, und damit Anwendungen aus den Gebieten der Astronomie und Geometrie meint,

---

[156] Athen. IV, 151e–152f.

dann bedeutet dies, dass Pytheas über Dinge und Erscheinungen berichtet haben muss, die im Rahmen der antiken Wissenschaften deutbar und erklärbar waren und deshalb grundsätzlich auch für möglich gehalten werden konnten. Strabon war entgegen einer in der Forschung des öfteren geäußerten Meinung durchaus in der Lage, ein derartiges Urteil fällen zu können, denn er verfügte sehr wohl über die einem gebildeten Griechen geläufigen astronomischen Kenntnisse. Er war zwar kein Astronom vom Fach, zeigte sich aber an verschiedenen Stellen seiner *Geographika* wie beispielsweise C 95, 2.1.2 und C 110, 2.5.2 sowie C 133, 2.5.36 und insbesondere C 135/136, 2.4.43 als wohlvertraut mit dem geozentrischen Weltbild, den Himmelskreisen sowie mit der Lehre von der Kugelgestalt der Erde. Der in der Forschung häufig und zuletzt von S. Heilen[157] gegen Strabon erhobene Vorwurf der „mathematisch-astronomischen Ignoranz", auf Grund deren dieser das Werk des Pytheas angeblich nicht habe richtig würdigen können und deshalb abgelehnt habe, besteht also durchaus zu Unrecht.

3.6 Pytheas und der hellenistische Reiseroman
3.6.1 Fabel- und Wundergeschichten in der antiken Literatur

Noch ein zweites Mal stellt Strabon fest, dass Pytheas seine astronomischen und geometrischen Kenntnisse in seine Berichte habe einfließen lassen. Allerdings unterstellt er dabei, dass Pytheas seine Reputation als Gelehrter dazu benutzt habe, um seinen Schriften den Schein der Wissenschaftlichkeit zu geben, denn er habe unter dem Deckmantel astronomischer und mathematischer Gelehrsamkeit falsche Angaben über die an den nördlichen Ozean grenzenden Regionen gemacht. Diese in Hinblick auf den Charakter des Werkes des Pytheas aufschlussreiche Textstelle soll im folgenden näher erörtert und dahingehend untersucht werden, ob Bezüge zur utopischen Literatur seiner Zeit bestehen.

Strabon kommt C 295, 7.3.1 auf die südlich und östlich jenseits der Elbe gelegenen Länder und Völker zu sprechen und stellt fest, dass nur sehr wenig darüber zu erfahren sei, und dass wegen dieser Unkenntnis denjenigen Glauben geschenkt worden sei, die von den Hyperboräern und den Rhipäischen Bergen Fabelgeschichten erzählt hätten. Er fügt hinzu, dass

---

[157] S. Heilen, Eudoxos von Knidos und Pytheas von Massalia, 65.

auch die falschen Angaben ernst genommen worden seien, die Pytheas hinsichtlich der an den nördlichen Ozean grenzenden Regionen gemacht habe. Strabon schreibt:

διὰ δὲ τὴν ἄγνοιαν τῶν τόπων τούτων οἱ τὰ Ῥιπαῖα ὄρη καὶ τοὺς Ὑπερβορείους μυθοποιοῦντες λόγου ἠξίωνται, καὶ ἃ Πυθέας ὁ Μασσαλιώτης κατεψεύσατο ταῦτα τῆς παρωκεανίδος, προσχήματι χρώμενος τῇ περὶ τὰ οὐράνια καὶ τὰ μαθηματικὰ ἱστορίᾳ.

Wegen der Unbekanntheit dieser Gegenden hielt man diejenigen für glaubwürdig, die über die Hyperboräer und die Rhipäischen Berge fabulierten und glaubte auch das, was der Massaliote Pytheas über die Küste des Ozeans an Lügen verbreitet hatte, sich seiner Kenntnisse der Himmelskunde und der Mathematik zur Bemäntelung bedienend.

Wenn Strabon hier von Autoren spricht, die über das sagenhafte Volk der Hyperboräer und das mythische Gebirge der Rhipäen fabuliert hätten (μυθοποιοῦντες) – er denkt dabei vielleicht an Hekataios von Abdera, der eine Schrift Περὶ Ὑπερβορέων verfasst hat – dann rechnete er die Werke dieser Autoren, die von Fahrten in imaginäre Länder handelten, einer antiken Literaturgattung zu, die in der modernen Forschung durch den Begriff „utopischer Reiseroman" oder „utopischer Reisebericht" gekennzeichnet wird.[158] Die Schrift des Pytheas zählte er aber wohl nicht zu dieser Kategorie, denn er wirft Pytheas vor, falsche und lügenhafte Angaben über die von ihm bereisten Länder gemacht zu haben (κατεψεύσατο) und scheint damit Pytheas in eine Reihe mit Megasthenes und anderen Reisenden der hellenistischen Zeit – er nennt sie bezeichnenderweise ψευδολόγοι – zu stellen, deren Reiseberichte neben vielen richtigen Beobachtungen auch allerhand Fabulöses enthalten haben müssen. Jedenfalls hat Karl Müllenhoff in seiner grundlegenden Arbeit über Pytheas die Vermutung geäussert, dass Strabon mit dem Satz „καὶ ἃ Πυθέας ὁ Μασσαλιώτης κατεψεύσατο ταῦτα τῆς παρωκεανίδος" u. a. auf phantastische Geschichten anspielt, die Pytheas über jene Gegenden erzählt habe.[159] Die Fragmente enthalten zwar keine direkten Hinweise darauf, worum es sich dabei im Einzelnen handelte, aber Müllenhoff glaubt,

---

[158] Vgl. R. Bichler, An den Grenzen zur Phantastik, 242; N. Holzberg, Der griechische Roman, 20; K. Geus, Utopie und Geographie, 55–90.
[159] K. Müllenhoff, Deutsche Altertumskunde I, 491, 492.

dass Pomponios Mela und Plinius, die in ihren Schriften Erzählungen über Pferdefüßler (Hippopoden), Ganzohrige (Panotier) und dergleichen am nördlichen Ozean beheimatete Fabelwesen erwähnen, ihre Informationen Quellen entnommen hätten, denen letztlich der Reisebericht des Pytheas zugrunde lag. Tatsächlich erwähnen beide Autoren jene Fabelwesen in engen textlichen Zusammehang mit Pytheas (Plinius) oder dem mit Pytheas untrennbar verbundenen Thule (Pomponios Mela).

Plinius wendet sich NH 4.94 nach der Besprechung der um den Pontos gelegenen Regionen der Beschreibung der im äußersten Norden Europas an den Ozean grenzenden Länder zu. Er wandert dazu auf einer imaginären Karte vom Pontos ausgehend nach Norden, überschreitet die Rhipäischen Berge und erreicht die Küste des Ozeans an einem nicht näher bestimmten, aber jedenfalls weit im Osten gelegenen Punkt. Von diesem Ausgangspunkt aus folgt er dann der linker Hand liegenden Küste nach Westen, bis Gades erreicht ist. Diese Wegbeschreibung vom Pontos nach Norden über die Rhipäen zum Ozean und von dort weiter längs dessen Küste bis nach Gades erinnert übrigens deutlich an die Heimfahrt der Argonauten (siehe Anm. 47). Plinius schreibt:

> Exeundum deinde est, ut extera Europae dicantur, transgressisque Ripaeos montes litus Oceani septentrionalis in laeva, donec perveniatur Gadis, legendum.
>
> Wir müssen jetzt, um über das Äussere Europas berichten zu können, diese Gegend verlassen und nach Überquerung der Rhipäischen Berge die Küste des nördlichen Ozeans zur Linken entlang fahren, bis man nach Gades gelangt.

Er spricht dann von einigen namenlosen Inseln und erwähnt die eine Tagesreise vor der Küste des Skythenlandes gelegene Insel Baunonia, auf der im Frühjahr Bernstein angeschwemmt werde. Über die übrigen Küsten des Nördlichen Ozeans, so fährt Plinius vorsichtig fort, gebe es aber nur unverbürgte Gerüchte (Reliqua litora incerta signata fama septrionalis Oceani). So berichte Xenophon von Lampsakos von einer unermesslich großen Insel namens Baltia, die aber Pytheas Basilia genannt habe. Unmittelbar im Anschluss an diese Bemerkung kommt Plinius nun auf die Erzählungen über jene Gegenden zu sprechen, deren Bewohner sich von Vogeleiern ernährten, erwähnt dort ferner Gegenden, in denen Menschen mit Pferdefüßen (Hippopoden) geboren würden, und berichtet schließlich von den Inseln der Panotier (Ganzohren), deren Bewohner ihre nackten Körper mit ihren überlangen Ohren einhüllten. Plinius schreibt:

> Feruntur et Oeonae, in quibus ovis avium et avenis incolae vivant, aliae, in quibus equinis pedibus homines nascantur, Hippopodes appelati, Panotiorum aliae, in quibus nuda alioqui corpora praegrandes ipsorum aures tota contegant.

Man berichtet auch von den Oionen, auf denen angeblich die Bewohner von Vogeleiern und Hafer leben, von anderen, auf denen Menschen mit Pferdefüßen geboren werden sollen, Hippopoden genannt, und von anderen Inseln der Panotier, auf denen die Bewohner ihre sonst nackten Körper durch ihre übergrossen Ohren völlig bedecken sollen.

Wie oben bereits angedeutet, scheint sich Plinius allerdings nicht ganz sicher zu sein, ob diese Nachrichten wirklich zuverlässig sind, denn er leitet mit den Worten „Incipit deinde clarior aperiri fama ab gente Inguaeonum, quae est prima in Germania" die nun folgende weitere Beschreibung der Ozeanküsten ein, in der auf die Völker Germaniens eingegangen wird.

Vermutlich hat Plinius die Erzählungen von jenen Fabelwesen der *Chorographia* des Pomponius Mela entnommen, den er im Index zum vierten Buch der *Naturalis Historia* als einen der von ihm benutzten Autoren nennt, oder beide schöpften aus einer gemeinsamen Quelle. Mela kommt nämlich unmittelbar, bevor er in seiner *Chorographia* III 57 über Thule berichtet, auf Inseln vor der Küste der Sarmaten zu sprechen, auf denen die Öonen leben, die sich von Vogeleiern ernähren, und ferner hausen dort auch Hippopoden und Panotier. Es ist nicht vollständig klar, ob sich Mela diese Inseln in der Nord- oder Ostsee gelegen dachte. Die von verschiedenen Forschern rekonstruierten Karten, die das aus Melas Aufzeichnung rekonstruierte Weltbild wiederzugeben versuchen,[160] legen jedenfalls die Wohngebiete der Sarmaten an die Küste des Sinus Codanus, der von Mela III 31 und Plinius NH 4.96 als eine gewaltige, von zahlreichen Inseln erfüllte Bucht des nördlichen Ozeans beschrieben wird und in dem die Forschung das westliche Becken der heutigen Ostsee zu sehen glaubt. Ebenso wie Plinius scheint sich aber auch Mela seiner Sache nicht ganz sicher gewesen zu sein, denn er beschließt seine Ausführungen III 56 über die seltsamen Bewohner jener Inseln mit der etwas

---

[160] E. H. Bunbury, Ancient Geography II, 360, map IV; K. Brodersen, Pomponios Mela, Abb. 7.

dunklen Bemerkung, er finde diese Nachrichten, abgesehen von fabulösen Darstellungen, auch bei Autoren, denen zu folgen keine Schande sei (praeterquam quod fabulis traditur, auctores etiam, quos sequi non pigeat, invenio). Für die sich in diesen Worten ausdrückende Skepsis Melas und auch für die oben erwähnte zurückhaltende Berichterstattung Plinius' gab es gute Gründe, denn es hatte sich, insbesondere im Zeitalter des Hellenismus, nachdem sich infolge der Eroberungen Alexanders des Großen der geographische Horizont des antiken Menschen gewaltig ausgeweitet hatte, im antiken Schrifttum ein besonderer Literaturzweig ausgebildet, in dem von märchenhaften Wundern in entlegenen Ländern im Norden und Osten der Oikumene gehandelt wurde. Dabei lassen sich zwei Gattungen unterscheiden: zum einen utopische Reise- und Staatsromane wie z. B. die Ἱερὰ Ἀναγραφή des Euhemeros, deren fiktionaler Charakter dem aufgeklärten Leser nicht verborgen geblieben sein dürfte, und zum anderen Reiseberichte, die neben Fakten und verifizierbaren Informationen über die besuchten Länder auch eine Menge phantastischer Elemente enthielten. Als Beispiele für diese letztgenannte Kategorie führt Strabon C 70, 2.1.9 alle jene Berichte an, die im Gefolge von Alexanders Zügen in den Osten über das ferne Wunderland Indien entstanden. Er nennt als Verfasser derartiger Berichte an erster Stelle Deïmachos und Megasthenes, die sich als Gesandte des Antiochos I bzw. des Seleukos Nikator (siehe auch Kap. 6 Pytheas und die Breitentafel des Hipparchos) in Indien aufgehalten hatten,[161] ferner Onesikritos und Nearchos, die beide Alexander auf seinen Zügen in Asien begleitet hatten. Sehr wahrscheinlich haben Strabon diese Berichte vorgelegen – er konnte sie z. B. in den Bibliotheken von Alexandreia oder auch in Rom eingesehen haben – denn er bemerkt, dass er Gelegenheit hatte, sie zu studieren, als er damit beschäftigt war, über die Taten Alexanders zu berichten.[162] Strabon schreibt:

> Ἅπαντες μὲν τοίνυν οἱ περὶ τῆς Ἰνδικῆς γράψαντες ὡς ἐπὶ τὸ πολὺ ψευδολόγοι γεγόνασι, καθ' ὑπερβολὴν δὲ Δηίμαχος· τὰ δεύτερα φέρει Μεγασθένης· Ὀνησίκριτος δὲ καὶ Νέαρχος καὶ ἄλλοι τοιοῦτοι παραψελλίζονται ἤδη. καὶ ἡμῖν δ' ὑπῆρξεν ἐπὶ πλέον κατιδεῖν ταῦτα, ὑπομνηματιζομένοις τὰς Ἀλεξάνδρου πράξεις.

---

[161] Vgl. K. Meister, Griechische Geschichtsschreibung, 141–142.
[162] Diese Beschreibung der Taten Alexanders war ein Teil von Strabons verloren gegangenen historischen Schriften.

Allerdings sind nun alle, die über Indien geschrieben haben, in hohem Maße Lügner, vor allem aber Deïmachos. Die zweite Stelle nimmt Megasthenes ein, und auch Onesikritos und Nearchos und andere dergleichen erzählen Ungereimtes. Auch ich hatte Gelegenheit, mich zur Genüge davon zu überzeugen, als ich die Taten Alexanders beschrieb.

Strabon fährt fort, dass insbesondere Deïmachos und Megasthenes zu mißtrauen sei (ἀπιστεῖν ἄξιον), denn sie seien es, die von Ohrenliegern (Ἐνωτοκοίτας), von Mund − und Nasenlosen (Ἀστόμους καὶ Ἄρρινας), von Einäugigen (Μονοφθάλμους), Langbeinern (Μακροσκελεῖς) und Zurückgefingerten (Ὀπισθοδακτύλους) erzählten. Außerdem hätten sie die Geschichten Homers vom Kampf der Pygmäen mit den Kranichen wieder aufgefrischt (ἀνεκαίνισαν) und hätten ferner von goldgrabenden Ameisen (χρυσωρύχους μύρμηκας), keilköpfigen Panen (Πᾶνας σφηνοκεφάλους) und Schlangen berichtet, die Rinder und Hirsche samt ihres Gehörns (σὺν κέρασι) verschlängen. Strabon kommt bei seiner Beschreibung Indiens im 15. Buch der *Geographika* noch einmal auf diese Liste der von Megasthenes erwähnten Fabelwesen Indiens zurück und ergänzt sie C 711, 15.1.57 noch durch Schnelläufer, die Pferde im Lauf überträfen (Ὠκύποδας ἵππων μᾶλλον ἀπιόντας) und durch Wesen mit Hundeohren und einem einzigen Auge in der Stirn (Μονομμάτους ὦτα μὲν ἔχοντας κυνός, ἐν μέσῳ δὲ τῷ μετώπῳ τὸν ὀφθαλμόν).

Strabon räumt aber ein, dass diese Berichte auch wichtige Informationen über jene fernen Länder vermittelten. So sagt er zwar C 698, 15.1.28 in einer witzigen Bemerkung, man könne Onesikritos[163] eher als den Obersteuermann von Wundergeschichten denn als den Steuermann des Alexander bezeichnen (Ὀνεσίκριτος ὃν οὐκ Ἀλεξάνδρου μᾶλλον ἢ τῶν παραδόξων ἀρχικυβερνήτην προσείποι τις ἄν), weil er alle diejenigen in der Umgebung Alexanders, die ohnehin eher dem Wunderbaren als der Wahrheit zuneigten, an der Verfertigung von Fabeleien übertroffen habe (ὑπερβάλλεσθαι τῇ τερατολογίᾳ). Gleichwohl, so fügt Strabon an, erzähle Onesikritos aber auch Dinge, die plausibel und erwähnenswert seien, sodass selbst ein Mißtrauischer sie nicht übergehen dürfe. Auch vieles von dem, was Megasthenes über seinen Aufenthalt in Indien berichtete, wie z. B. die Klassenordnung (C 703, 15.1.39),

---

[163] Onesikritos war Steuermann des Schiffes Alexanders bei der Fahrt auf dem Indus und Verfasser einer Geschichte über dessen Feldzüge.

in die die Bevölkerung eingeteilt war oder die Beschreibung der Hauptstadt Palibothra[164] des Sandrakottos (C 702, 15.1.36), scheint Strabon für zuverlässig gehalten zu haben.

Wundergeschichten waren offenbar bei den Lesern antiker Reiseliteratur beliebt und wurden von deren Autoren, wie Strabon C 43, 1.2.35 sagt, bewußt in den Stoff eingeflochten, um das Interesse des Publiums zu erhöhen und um dessen Freude am Wunderbaren zu genügen. Auch die Dichter, bemerkt Strabon, seien so verfahren: Hesiod z. B. spreche von Halbhunden (Ἡμίκυνας), Langköpfen (Μακροκεφάλους) und Pygmäen (Πυγμαίους), Alkman von Deckfüsslern (Στεγανόποδας) und Aischylos von Hundsköpfigen (Κυνοκεφάλους), Brustäugigen (Στερνοφθάλμους) und Einäugigen (Μονομμάτους). Deshalb könne man es den in Prosa schreibenden Historikern nachsehen, wenn sie ähnliche Geschichten erzählten, auch wenn sie dies nicht direkt zugäben. Denn es sei offensichtlich, dass sie Fabeln in ihre Erzählungen einfließen ließen, aber nicht aus Unkenntnis des Wirklichen, sondern indem sie um des Wunderlichen willen und zur Unterhaltung Unmögliches erfänden. (φαίνεται γὰρ εὐθὺς, ὅτι μύθους παραπλέκουσιν ἑκόντες, οὐκ ἀγνοίᾳ τῶν ὄντων, ἀλλὰ πλάσει τῶν ἀδυνάτων τερατείας καὶ τέρψεως χάριν). Eine Ausnahme bilde jedoch Theopomp, so hebt Strabon hervor, der ausdrücklich eingestehe, auch Fabeln in seinem Geschichtswerk zu bringen, und damit besser handele als Herodot, Ktesias und Hellanikos sowie diejenigen, die über Indien geschrieben hätten, und an anderer Stelle C 508, 11.6.3 stellt er fest, es sei leichter, Hesiod, Homer und den Tragikern zu glauben als Herodot, Ktesias und Hellanikos.

Wenn Strabon hier diese Verfasser von als seriös geltenden Geschichtswerken wegen ihrer Fabeleien kritisiert und die Indienhistoriker wie oben C 70, 2.1.9 gar als ψευδολόγοι bezeichnet, dann verliert das Urteil Strabons über Pytheas als eines ἀνὴρ ψευδίστατος deutlich an Schärfe. Man darf wohl derartigen Urteilen kein zu großes Gewicht beilegen, denn sie gehörten in der Antike offenbar zum Stil der wissenschaftlichen Auseinandersetzung, wie z. B. die oben erwähnte Kritik des Polybios an Eratosthenes sowie an Timaios

---

[164] Palibothra (Pataliputra) war seit dem 4. Jhdt die Hauptstadt der Maurya-Dynastie. Die Überreste dieser großen antiken indischen Stadt liegen in der Nähe des heutigen Patna. (B. Jacobs, Megasthenes' Beschreibung von Pataliputra, in: Megasthenes und seine Zeit 63–84, Hrsg. J. Wiesehöfer).

erkennen läßt, der übrigens seinerseits nicht an Kritik sparte und aus diesem Grund sogar den Spitznamen Ἐπιτίμαιος erhielt (Diod. 5.1.3).

Was nun die Schriften des Pytheas anbetrifft, so ist es natürlich nicht ausgeschlossen, dass sie wie diejenigen der oben genannten Autoren neben geographischen, ethnologischen und naturkundlichen Informationen auch manches Fabulöses enthielten. Sehr wahrscheinlich ist dies aber nicht, denn die Quelltexte liefern keinerlei Hinweise auf Wundergeschichten, die zu erwähnen Strabon gewiss nicht versäumt hätte, um Pytheas zu diskreditieren. Vielmehr sind alle von ihm kritisierten Ausführungen des Pytheas durchaus sachbezogen, und Strabon führt deshalb auch – auf der Grundlage des Wissens seiner Zeit – ausschließlich Sachargumente gegen sie ins Feld. Insbesondere spricht aber auch die Feststellung Strabons, Pytheas habe unter Berufung auf seine Autorität als Astronom und Geometer seinem Bericht Glaubwürdigkeit verleihen wollen, für den wissenschaftlichen und objektiven Charakter seines Werkes. Es ist in der Tat schlecht vorstellbar, dass ein Autor wie Pytheas, der gemäß Strabons Worten Anspruch auf Wissenschaftlichkeit erhob, den aufgeklärten Lesern seiner Schriften Fabelgeschichten von der oben beschriebenen Art unter Hinweis auf seine Reputation als Gelehrter hätte zumuten können – im Gegenteil, er hätte befürchten müssen, mit solchen Phantastereien diesen Ruf zu verlieren. Jedenfalls muss es sich bei dem, was Pytheas προσχήματι χρώμενος τῇ περὶ τὰ οὐράνια καὶ τὰ μαθηματικὰ ἱστορίᾳ berichtet hatte, um Fakten gehandelt haben, die von den Gelehrten der Antike zumindest einer Überprüfung und Diskussion auf der Basis des damaligen Wissensstandes für zugänglich gehalten wurden. Aufschlussreich sind in dieser Hinsicht die Ausführungen, mit denen Strabon einen Bericht des Poseidonios über die Entdeckungsfahrten des Eudoxos von Kyzikos kommentierte und in Beziehung zum Reisebericht des Pytheas setzte.

3.6.2 Strabons Kritik an der Erzählung des Poseidonios über die Fahrten des Eudoxos von Kyzikos

Poseidonios war im Gegensatz zu Hipparchos ein Vertreter der These vom Zusammenhang des Atlantischen mit dem Indischen Ozean[165] und führte,

---

[165] Strabon erläutert C 5, 1.1.8 diese These und stellt fest, deren Ablehnung von Seiten Hipparchs sei nicht überzeugend: „Ἵππαρχος δ' οὐ πιθανός ἐστιν ἀντιλέγων τῇ δόξῃ ταύτῃ". Auch Ptolemaios war übrigens der Ansicht, dass der Indische Ozean ein Binnenmeer sei. Vgl. Stückelberger, Ptolemaios Geographie III, 263/264.

vermutlich in seiner Schrift Περὶ τοῦ Ὠκεανοῦ, als Beweis für die Richtigkeit dieser Auffassung u. a. die Fahrt des Eudoxos von Kyzikos an, von der er wohl während seines Studienaufenthaltes in Gades erfahren hatte und aus deren Verlauf er schloss, dass es möglich sein müsse, den afrikanischen Kontinent von West nach Ost zu umsegeln und auf diese Weise vom Atlantik in den Indischen Ozean zu gelangen. Der von Strabon C 98, 2.3.4–C 100, 2.3.5 ausführlich wiedergegebene Bericht des Poseidonios[166] hatte kurz

---

[166] Zum besseren Verständnis der Kritik Strabons sei eine Nacherzählung beigefügt: Ein gewisser Eudoxos, Bürger von Kyzikos, befand sich als Festgesandter seiner Heimatstadt am Hofe des Ptolemaios VIII Euergetes II, als ein Inder, der an der Küste des Roten Meeres Schiffbruch erlitten und seine gesamte Mannschaft dabei verloren hatte, nach Alexandria gebracht wurde. Hier erlernte dieser das Griechische und erbot sich, seinen Rettern den Seeweg nach Indien zu zeigen, woraufhin ein Schiff ausgerüstet, mit Geschenken beladen und unter der Leitung jenes Eudoxos auf den Weg nach Indien geschickt wurde. Dort nahm es wertvolle Güter wie Gewürze und Edelsteine auf und gelangte wohlbehalten wieder nach Ägypten, wo aber zur Enttäuschung des Eudoxos die gesamte Ladung vom König konfisziert wurde. Nachdem Euergetes gestorben war, übernahm seine Witwe Kleopatra III die Regierung, und Eudoxos wurde ein zweites Mal auf eine Expedition nach Indien geschickt, die noch reicher mit Handelswaren als die erste ausgestattet war. Auf der Rückfahrt wurde sein Schiff aber von widrigen Winden abgetrieben und gelangte erst jenseits von Äthiopien an eine sichere Küste, wo die dort lebenden Eingeborenen die verirrten Seefahrer im Austausch mit den von diesen mitgeführten Lebensmitteln wie Getreide, Wein und Früchtebrot mit Wasser versorgten und ihnen Geleit für die Rückfahrt nach Ägypten gaben. Eudoxos notierte sich während dieses Aufenthaltes eine Reihe von Wörtern der unbekannten Sprache der freundlichen Bewohner jenes Landes. Er fand dort auch eine hölzerne Bugspitze, auf der ein Pferd eingeschnitzt war, und als er erfuhr, dass es von einem aus Westen gekommenen Schiffe stammte, das Schiffbruch erlitten hatte, nahm er dieses Teil mit auf die Rückreise nach Ägypten. Dort war inzwischen Kleopatra in der Herrschaft von ihrem Sohn Ptolemaios IX Soter II abgelöst worden, und der neue König konfiszierte wieder wie sein Vorgänger die gesamte Ladung, denn man hatte Eudoxos nachgewiesen, dass er Teile derselben unterschlagen hatte. Als er nun Nachforschungen über die Herkunft der von ihm mitgebrachten Bugspitze anstellte, erfuhr er von in Ägypten tätigen Handelsleuten, dass dieses Teil von einem Schiff aus Gades stammen müsse. Seine Gewährsleute berichteten nämlich, dass die Reichen unter den Schiffsherren von Gades große Schiffe ausrüsteten, die Ärmeren aber kleinere, die nach ihren Bugfiguren „Pferde" genannt würden und mit denen sie an der Küste Marusiens bis zum Flusse Lixos auf Fischfang gingen. Einige der befragten Handelsleute glaubten sogar, dass die Bugspitze zu einem Schiff gehört habe, dass über den Lixos hinaus gefahren und nicht wieder zurückgekehrt sei. Aufgrund dieser Auskünfte gelangte Eudoxos zu der Überzeugung, dass Libyen umschifft werden könne und fasste den Plan, eine derartige

zusammengefasst folgenden Inhalt: Eudoxos, ein unternehmungslustiger Bürger von Kyzikos am Marmarameer, hatte im Auftrag der ägyptischen Herrscher Ptolemaios VIII, Kleopatra III und Ptolemaios IX (letztes Drittel des 2. Jahrhunderts) Handelsfahrten von Ägypten nach Indien unternommen, nachdem ein indischer Seefahrer, der an der Küste des Roten Meeres Schiffbruch erlitten hatte, den Seeweg nach Indien bekannt gemacht hatte. Auf seiner zweiten Fahrt wurde Eudoxos an eine Küste jenseits von

---

Fahrt zu unternehmen. Er kehrte deshalb nach Kyzikos zurück, lud sein gesamtes Hab und Gut auf ein Schiff und fuhr damit nach Gades, wobei er verschiedene Häfen wie Dikaiarchia und Massalia berührte und überall laut sein Vorhaben verkündete und Geschäfte machte. In Gades angekommen, rüstete er dann eine Flottille bestehend aus einem großen Schiff und zwei Räuberbarken (λέμβοις ληστρικοῖς) ähnelnden Beibooten aus und stach mit Musikantinnen, Ärzten und Technikern an Bord in See. Er segelte dann unter stetigem Westwind in Richtung Indien, doch als seine Mitreisenden der Fahrt müde wurden, sah er sich gegen seinen Willen gezwungen, sich an die Küste treiben zu lassen, wo er mit Gefahren infolge der Gezeiten rechnen musste, und tatsächlich lief sein Schiff auch auf Grund. Es zerbrach aber nicht sofort, sodass die Ladung und auch das meiste Holz an Land gebracht werden konnte. Aus diesem ließ er eine einem Fünfzigruderer ähnelnde Barke bauen und setzte damit seine Fahrt fort, bis er auf Leute traf, die in ihrer Sprache dieselben Worte benutzten, die er sich früher notiert hatte, und hieraus erkannte er, dass dieses Volk zum selben Stamme gehören müsse wie jene Äthiopier, zu denen er damals verschlagen worden war, und dass ferner seine Wohnsitze an das Königreich des Bogos angrenzten. Daraufhin setzte er seine Fahrt nach Indien nicht weiter fort und kehrte um. Auf der Rückfahrt entdeckte er eine unbewohnte Insel, auf der es reichlich Wasser und viele Bäume gab, und er merkte sich deren Position, denn sie schien ihm geeignet zu sein als Zwischenstation für eine erneute Indienfahrt. Nachdem er wohlbehalten wieder nach Marusien gelangt war, verkaufte er seine Schiffe und begab sich zu Lande zum Hof des Bogos, den er dafür zu gewinnen suchte, die von ihm geplante Schiffsexpedition nach Indien durchzuführen. Die Berater des Königs lehnten dieses Vorhaben aber ab, denn sie befürchteten, dass feindlichen Invasoren der Angriff auf das Reich leichtgemacht werden könne, falls der Zugang zu diesem bekannt würde. Als er dann gerüchteweise erfuhr, dass man ihn vorgeblich nach Indien senden, in Wirklichkeit aber auf einer einsamen Insel aussetzen wolle, floh er in das von den Römern beherrschte Gebiet und setzte von dort nach Iberien über. Hier nahm er erneut Planungen für eine Indienfahrt auf und ließ ein Transportschiff und einen Fünfzigruderer bauen, um mit dem einen über die offene See zu fahren und mit dem anderen das Küstenland zu erkunden. Er traf auch Maßnahmen für den Fall, dass sich die Fahrt in die Länge ziehen würde, und nahm Geräte für den Ackerbau und Saatgut sowie Handwerker mit an Bord, um wenn nötig auf der früher entdeckten Insel zu überwintern und dann nach Aussaat und Ernte die Fahrt zu Ende zu bringen. An dieser Stelle, so berichtet Strabon, habe Poseidonios seine Erzählung abgebrochen.

Äthiopien verschlagen und fand dort das Wrack eines Schiffes vor, das seinen Erkundigungen zufolge aus Gades stammte. Er schloss daraus, dass eine Umsegelung Libyens (= Afrika) und anschließende Weiterfahrt nach Indien möglich sein müsse. Nach seiner Rückkehr nach Alexandria wurde, wie bereits auch nach der ersten Reise, seine gesamte Ladung vom König konfisziert, da man ihm nachwies, einen Teil derselben unterschlagen zu haben. Er beschloss daraufhin, auf eigene Faust den Seeweg nach Indien rund um Libyen auszukundschaften. Zu diesem Zweck segelte er nach Gades und stach von dort mit einer von ihm ausgerüsteten Flotte in See, die jedoch irgendwo an der westafrikanischen Küste scheiterte. Er versuchte es aber ein zweites Mal, doch konnte Poseidonios über den Ausgang dieser Expedition nichts Näheres in Erfahrung bringen, vermutlich weil diese Unternehmung zur Zeit seines Aufenthaltes in Gades noch nicht abgeschlossen war. Strabon beendet nämlich seinen Bericht mit einem wörtlichen Zitat aus der Schrift des Poseidonios:

„ἐγὼ μὲν οὖν" φησί „μέχρι τῆς τὸν Εὔδοξον ἱστορίας ἥκω· τί δ' ὕστερον συνέβη τοὺς ἐκ Γαδείρων καὶ τῆς Ἰβηρίας εἰκὸς εἰδέναι".

„Bis hierher" sagt er „komme ich mit der Geschichte des Eudoxos. Wie es weiterging, wissen wahrscheinlich die Leute aus Gadeira und Iberien."

und stellt anschließend fest:

ἐκ πάντων δὴ τούτων φησὶ δείκνυσθαι, διότι ἡ οἰκουμένη κύκλῳ περιρρεῖται τῷ ὠκεανῷ.

Das alles beweise, sagt er, dass die bewohnte Welt rings vom Ozean umflossen werde.

Strabon aber hielt die ganze Geschichte für nicht glaubwürdig und wunderte sich, dass Poseidonios zwar die Berichte des Herakleides und des Herodot über eine Umsegelung Libyens für unverbürgt erachtete, diese „Bergäische Geschichte" (Βεργαῖον διήγημα) aber als wahr anerkannte, und er geht sogar so weit, Poseidonios zu verdächtigen, sie selbst erfunden zu haben. Er schreibt:

Θαυμαστὸς δὴ κατὰ πάντα ἐστὶν ὁ Ποσειδώνιος, τὸν μὲν τοῦ μάγου περίπλουν, ὃν Ἡρακλείδης εἶπεν, ἀμάρτυρον νομίσας, καὶ αὐτῶν τῶν ὑπὸ Δαρείου πεμφθέντων, ὃν Ἡρόδοτος ἱστορεῖ, τὸ δὲ Βεργαῖον διήγημα τοῦτο ἐν πίστεως μέρει τιθείς, εἴθ' ὑπ' αὐτοῦ πεπλασμένον, εἴτ' ἄλλων πλασάντων πιστευθέν.

Zum Staunen ist Poseidonios da in allem. Die Umschiffung des Magiers, von der Herakleides[167] spricht, und sogar die der von Dareios[168] Ausgesandten, die Herodot berichtet, hält er für unverbürgt und gibt stattdessen diese Bergäische Geschichte als Wahrheit aus, sei es, dass er sie selbst erfunden hat, sei es, dass er einer Erfindung Anderer Glauben schenkt. [Übersetzung S. Radt]

Zur Rechtfertigung seines Urteils geht Strabon anschließend den Bericht des Poseidonios Satz für Satz kritisch durch und stellt dabei fest, dass sich die einzelnen Aussagen nicht logisch zu einer kohärenten Erzählung zusammenfügten. So bezweifelt er z. B., dass die Ägypter eines schiffbrüchigen Inders bedurft hätten, um den Weg nach Indien zu finden, und er fragt, wie es möglich war, dass sich Eudoxos, nachdem er der Unterschlagung königlicher Güter überführt worden war, in Alexandreia frei bewegen und sogar die Stadt verlassen konnte. Nachdem er noch eine Reihe weiterer Vorbehalte gegen die Schlüssigkeit der Erzählung des Poseidonios zur Sprache gebracht hat, gesteht er aber zu, dass jedes der geschilderten Details zwar an und für sich nicht unmöglich, aber schwierig und nur selten mit viel Glück ausführbar gewesen sei. Strabon schreibt:

> ἕκαστον γὰρ τῶν τοιούτων οὐκ ἀδύνατον μέν, ἀλλὰ χαλεπὸν καὶ σπανίως γινόμενον μετὰ τύχης τινός· τῷ δ' εὐτυχεῖν ἀεὶ συνέβαινεν, εἰς κινδύνους καθισταμένῳ συνεχεῖς.
>
> Zwar ist jedes einzelne dieser Dinge nicht unmöglich, aber schwierig, und gelingt nur selten mit einigem Glück, er aber, der ständig in gefährliche Situationen geriet, hat immer Glück gehabt. [Übersetzung S. Radt]

Abschließend stellt er fest, dass sich des Poseidonios Bericht über die Fahrten des Eudoxos nicht allzusehr von den Erzählungen des Pytheas, des Euhemeros und des Antiphanes unterscheide, dass diesen Autoren aber im Gegensatz zu Poseidonios ihre Lügengeschichten verziehen werden könne, da sie gar nicht die Absicht gehabt hätten, wahrheitsgemäß zu berichten. Strabon schreibt C 102, 2.3.5:

---

[167] Zu Eingang seiner Erzählung von der Fahrt des Eudoxos hatte Poseidonios festgestellt, die Berichte des Herakleides Pontikos und Herodots über eine Umschiffung Libyens seien unverbürgt (ἀμάρτυρα δὲ ταῦτ' εἶναι).
[168] Strabon verwechselt hier Dareios mit dem Pharao Necho, der laut Herodot IV 42 phönizische Seeleute zur Umsegelung Afrikas aussandte.

Οὐ πολὺ οὖν ἀπολείπεται ταῦτα τῶν Πυθέου καὶ Εὐημέρου καὶ Ἀντιφάνους ψευσμάτων. ἀλλ' ἐκείνοις μὲν συγγνώμη τοῦτ' αὐτὸ ἐπιτηδεύουσιν, ὥσπερ τοῖς θαυματοποιοῖς· τῷ δ' ἀποδεικτικῷ καὶ φιλοσόφῳ, σχεδὸν δὲ τι καὶ περὶ πρωτείων ἀγωνιζομένῳ, τίς ἂν συγγνοίη;

Das bleibt also nicht weit zurück hinter den Schwindeleien des Pytheas, des Euhemeros und Antiphanes. Nur kann man jenen, ebenso wie den Gauklern, verzeihen, da ja eben dies ihre Absicht ist; aber einem, der Beweise geben will und Philosoph ist, ja sozusagen sogar um den ersten Platz kämpft – wer könnte dem verzeihen? [Übersetzung S. Radt]

Obwohl Strabon also keines der einzelnen Details der von Poseidonios überlieferten Geschichte als unmöglich erachtete, hielt er aber die Erzählung insgesamt für nicht glaubwürdig, und wenn er den Bericht des Pytheas fast auf eine Stufe mit der Erzählung des Poseidonios über die Fahrten des Eudoxos stellt, dann scheint Pytheas ebenso wie Poseidonios im Einzelnen nichts berichtet zu haben, was der Leser von vornherein für unwahrscheinlich oder gar für unmöglich halten musste, sondern erst bei genauer Prüfung als falsch erkennen oder wegen seiner Unkenntnis διὰ δὲ τὴν ἄγνοιαν nicht richtig beurteilen konnte. Selbst die rätselhafte „Meerlunge", jenes Gemisch aus Wasser, Luft und Erde, das jedes Fortkommen unmöglich machte, musste nicht sofort Anstoß beim Leser finden, denn schon frühere Entdeckungsreisende wie der Karthager Himilko[169] oder der Perser Sataspes[170] waren irgendwann auf Phänomene gestoßen, die ihren Fahrten Hindernisse bereiteten oder sogar ein Ende setzten. Wenn aber Polybios, der über die „Meerlunge" berichtete (siehe Kap. 3.1), ausdrücklich vermerkt, Pytheas habe sie mit eigenen Augen gesehen, dann scheint er dies für eine Beglaubigungsfiktion gehalten zu haben, und es ist nicht ausgeschlossen, dass Pytheas hier wirklich eine Fabelgeschichte erfunden hat, wie der Historiker Klaus von See, ein Kenner der skandinavischen Geschichte, vermutet.[171] Tatsächlich ist es der Forschung bis heute nicht gelungen, eine natürlich Erklärung ausgerechnet für dieses seltsame Phänomen zu finden, das Pytheas mit eigenen Augen gesehen

---

[169] Der karthagische Seefahrer Himilko befuhr um 500 v. Chr. die atlantischen Gewässer Westeuropas. Vgl. H. Treidler, KlP 2, 1979, 1151–1152, s. v. Himilkon 6.
[170] Hdt. IV 45.
[171] K. v. See, Ultima Thule, 68.

haben will. Nach den einen soll es sich dabei um eine undurchdringliche Ansammlung von Quallen oder um eine mit Eisbrei und Eisschollen bedeckte Wasseroberfläche gehandelt haben, die sich wie eine atmende Brust im Takt der Wellen auf und nieder bewegte und über der ein undurchdringlicher Nebel lag, in dessen diffusem Licht jede Orientierung verloren ging.[172] Andere Forscher sahen in der „Meerlunge" die Wattengebiete mit ihren im Rythmus der Gezeiten in ständiger Bewegung begriffenen Schlick- und Sandmassen,[173] und sogar das Nordlicht wurde ernsthaft in Betracht gezogen.[174]

3.6.3 Pytheas von Strabon auf eine Stufe mit Euhemeros und Antiphanes gestellt
3.6.3.1 Vergleich mit Euhemeros

Was den Vergleich mit Euhemeros anbetrifft, so hatte Strabon dabei ebenso wie Polybios (siehe Kap. 3.4.1) sicherlich nicht in erster Linie den zentralen Teil der Ἱερὰ Ἀναγραφή mit der Auffindung der goldenen Stele im Tempel des Zeus Triphylios auf Panchaia und die damit verbundene rationale Mythendeutung im Auge, sondern er zog zum Vergleich die zugehörige Rahmenerzählung heran. In dieser berichtete Euhemeros, im Auftrag des makedonischen Königs Kassandros (reg. 305–297) von Arabia Felix aus in den südlichen Ozean gefahren zu sein und nach mehrtägiger Seefahrt einen bisher unbekannten Archipel mit der Hauptinsel Panchaia entdeckt zu haben. Die Angaben zur Lage Panchaias ganz in der Nähe Indiens und die Beschreibung der Fauna und Flora der Insel sowie der dort herrschenden politischen, gesellschaftlichen und wirtschaftlichen Verhältnisse zeigen ein durchaus realistisches Gepräge. Panchaia ist kein Wunderland, dessen Bewohner über fabelhafte Eigenschaften verfügen wie z. B. die Einwohner von Theopomps Meropis oder die Eingeborenen auf der Sonneninsel des Jamblichos, und auch sonst enthält sich Euhemeros in dieser Rahmenerzählung jeglicher märchenhaften Einlagen. Er wollte, wie Felix Jacoby einmal treffend bemerkt hat, Glauben finden,[175] und er fand ihn auch, denn z. B. Diodor, der den Bericht in seiner *Bibliotheke* überliefert hat, nahm ihn jedenfalls für bare

---

[172] F. Nansen, Nebelheim I, 69.
[173] F. Kähler, Forschungen zu Pytheas' Nordlandreisen, 137, 148.
[174] G. Gerland, Zu Pytheas' Nordlandfahrt, 185–196.
[175] F. Jacoby, RE VI, 1907, 961, s. v. Euemeros. Vgl. K. Geus, Geographie und Utopie, 77.

Münze und hat ihn in die Beschreibung der Inseln des südlichen Ozeans mit aufgenommen.[176] Strabon dagegen ließ sich von Euhemeros' realistischer Beschreibung nicht täuschen und hielt die Rahmenerzählung der Ἱερὰ Ἀναγραφή für ebenso erfunden wie den Reisebericht des Pytheas. Auf Fabel- und Wundergeschichten wollte er jedoch bei seinem Vergleich nicht anspielen.

3.6.3.2 Vergleich mit Antiphanes. Der Thule-Roman des Antonios Diogenes

Als etwas problematischer stellt sich allerdings der Vergleich mit Antiphanes dar, der in der Antike, wie bereits weiter oben festgestellt wurde (Kap. 3.4.1), im Rufe eines notorischen Lügners stand. Im *Ethnika*-Lexikon des im 6. Jahrhundert schreibenden Stephanos von Byzanz wird er z. B. unter dem Stichwort Βέργη als Verfasser von unglaubwürdigen Geschichten aufgeführt und mit dem berühmten Komödiendichter gleichen Namens identifiziert. Es heißt dort:

> Βέργη, πόλις Θρᾴκης πρὸς τῇ Χερρονήσῳ. τὸ ἐθνικὸν Βεργαῖος. Στράβων δὲ κώμην αὐτὴν λέγει, ἐξ ἧς ὁ Βεργαῖος Ἀντιφάνης ὁ κωμικὸς. ἄπιστα δὲ οὗτος συνέγραψεν, ὥς φασιν· ἀφ' οὗ καὶ παροιμία βεργαΐζειν ἀντὶ τοῦ μηδὲν ἀληθὲς λέγειν.[177]

> Berge, Stadt in Thrakien bei der Cherronesos (Halbinsel Chakidike oder Chersoneses am Hellespont?). Vom Volk Bergäer. Strabon erwähnt diesen Flecken, aus dem der Bergäer Antiphanes, der Komödiendichter, stammt. Dieser hat, wie man sagt, über unglaubliche Dinge geschrieben. Von daher kommt es auch, dass βεργαΐζειν im sprichwörtlichen Sinne „nicht die Wahrheit sprechen" bedeutet.

Weitere Hinweise auf Antiphanes und seine Lügenhaftigkeit finden sich noch vereinzelt bei einigen anderen antiken Autoren. So wird in der Περιήγησις des Pseudo-Skymnos[178] bei der Beschreibung Makedoniens u. a. auch der Fluss Strymon erwähnt, an dem die Stadt Berge liege, die die Heimat des für seine Lügen bekannten Antiphanes sei. Es heißt dort:

> ἐφ' οὗ κατὰ μεσόγειον Ἀντιφάνου πατρὶς κεῖται λεγομένη Βέργα τοῦ δὴ γεγραφότος ἄπιστον ἱστρίας τε μυθικῆς γέλων.

---

[176] Diod. 5.41–46, 6.1.
[177] St. v. Byzanz, Ethnika, 163.
[178] GGM I, 221.

An diesem [Strymon] liegt im Binnenland die Berge genannte Vaterstadt des Antiphanes, der unglaubwürdige und lächerliche Geschichten und Fabeln verfasst hat.

Ebenfalls als Lügner wird Antiphanes im Proömium der Epitome bezeichnet, die Markianos von Herakleia[179] (um 400 n. Chr.) zu einem Periplus des Geographen Menippos von Pergamon[180] (1. vorchr. Jhdt) verfasst hat (Περίπλους τῆς ἐντὸς θαλάττης). Markianos spricht dort von Geographen, die mit ihren falschen Beschreibungen unbekannter Länder sogar Antiphanes im Lügen übertroffen hätten. Er schreibt:[181]

οἱ δὲ τοὺς περίπλους προχείρως γράψαντες, καὶ τοὺς ἐντυγχάνοντας πείθειν ἐθέλοντες, τόπων τε προσηγορίας καὶ σταδίων ἀριθμὸν διεξίοντες, καὶ ταῦτα ἐπὶ χωρίων ἢ ἐθνῶν βαρβάρων, ὧν οὐδὲ τὰς προσηγορίας εἰπεῖν δύναιτο ἄν τις, αὐτόν μοι δοκοῦσι τὸν Βεργαῖον Ἀντιφάνη νενικηκέναι τῷ ψεύδει.

Diejenigen, die leichtfertig Periploi verfassen und ihre Leser überzeugen wollen, indem sie Namen von Orten und Anzahl der Stadien angeben und das auch für die barbarischen Länder und Völker, deren Namen man nicht einmal benennen kann, diese scheinen mir den Bergäer Antiphanes an Lügenhaftigkeit zu übertreffen.

Einen gewissen Antiphanes erwähnt ferner Plutarch in seiner Abhandlung „Πῶς ἄν τις αἴσθοιτο ἑαυτοῦ προκόπτοντος ἐπ' ἀρετῇ – *Quomodo quis suos in virtute sentiat profectus*".[182] Einer der Schüler des Platon sinnt dort darüber nach, dass diese die Lehren des Meisters in ihrer Jugend nicht verstünden, sondern erst im Greisenalter deren Sinn erfassten, und verdeutlicht das witzigerweise mit einer Geschichte, die Antiphanes erzählt habe:

ὁ γὰρ Ἀντιφάνης ἔλεγε παίζων ἔν τινι πόλει τὰς φωνὰς εὐθὺς λεγομένας πήγνυσθαι διὰ ψῦχος, εἶθ' ὕστερον ἀνιεμένων ἀκούειν θέρους ἃ τοῦ χειμῶνος διελέχθησαν.

Antiphanes sagte einmal im Scherz, in einer bestimmten Stadt gefrören die Worte, kaum dass sie gesprochen worden wären, wegen der Kälte, und wenn sie später freigelassen würden, könnten die Leute im Sommer das hören, was sie im Winter untereinander beredet hätten.

---

[179] H. A. Gärtner, DNP 7, 1999, 916, s. v. Markianos.
[180] H. A. Gärtner, DNP 7, 1999, 1244, s. v. Menippos von Pergamon.
[181] GGM I, 565.
[182] Plut. mor. 79A.

In ähnlicher Weise, fährt der Platonschüler fort, verhalte es sich auch mit dem, was Platon seinen Hörern in ihrer Jugend gesagt habe.

Was nun jenen in der Antike als Autor von Lügengeschichten berüchtigten und als Βεργαῖος bezeichneten Antiphanes anbetrifft, so hat man in ihm in Übereinstimmung mit Stephanos von Byzanz den berühmten Komödiendichter gleichen Namens sehen wollen. Schon A. Meineke und Th. Kock z. B. haben die oben zitierte Münchhausengeschichte diesem bedeutenden und höchst erfolgreichen Vertreter der mittleren Komödie in ihren *Comicorum Atticorum Fragmenta* zugewiesen,[183] und auch in der neueren Forschung findet sich die Meinung, dass es sich um den Komödiendichter handelt.[184] Demgegenüber hat aber U. Wilamowitz-Moellendorff[185] darauf hingewiesen, dass nicht dieser gemeint sei, sondern jener Antiphanes, auf den der byzantinische Gelehrte Photios (Patriarch von Konstantinopel, 9. Jhdt.) Bezug nahm, als er in seiner *Bibliotheke*[186] auszugsweise über den von Antonios Diogenes[187] wahrscheinlich im 2. Jhdt n. Chr. verfassten Roman mit dem Titel Τὰ ὑπὲρ Θούλην ἄπιστα berichtete. In diesem Roman erzählt ein gewisser Deinias die von mehreren Rahmenhandlungen eingeschlossene Geschichte seiner Fahrten, die ihn vom Pontos aus rund um die bewohnte Welt bis nach Thule gelangen ließen. Er traf dort auf die aus Tyros stammenden Geschwister Derkyllis und Mantinias, die auf der Flucht vor dem sie verfolgenden bösen Zauberer Paapis nach langen Irrfahrten und vielen Abenteuern, von denen sie Deinias berichteten, hier Schutz gefunden zu haben glaubten. Aber Paapis kam schließlich doch noch auf die Insel und verhexte die Geschwister, wurde aber von einem Thuliten getötet, der ebenso wie Deinias der Liebhaber der Derkyllis geworden war. Es gelang dann, den Zauber zu lösen, und die Geschwister kehrten in ihre Heimatstadt zurück. Deinias aber brach mit einigen Gefährten zu seiner letzten Fahrt auf, die ihn in die Länder jenseits von Thule führte, und erst den in diesem letzten Kapitel von Deinias erzählten Erlebnissen verdankt der Roman seinen Titel Τὰ ὑπὲρ Θούλην ἄπιστα, wie bereits Photios in seinem

---

[183] Th. Kock, CAF II 130.
[184] K. Geus, Utopie und Geographie, 75.
[185] U. v. Wilamowitz-Möllendorff, Hermes 40, 149/150.
[186] Photius, Codex 166, 140–149. Photios stellte in seiner Bibliotheke Auszüge und Inhaltsangaben von 279 Büchern antiker Autoren zusammen. Vgl. K. Ziegler, KlP 4, 1979, 813–817, s. v. Photios.
[187] M. Fusillo, Heinze T., DNP 1, 1996, 806–807, s. v. Antonios Diogenes.

Kommentar feststellte, denn von Thule war vorher nur als Zwischenstation die Rede gewesen. Die Reisenden kamen nun in Gegenden, in denen Nächte und Tage monatelang, ja sogar ein ganzes Jahr lang dauerten, und wo das Sternbild des Bären direkt im Pol stand. Immer weiter nach Norden vordringend, gelangten sie schließlich in die Nähe des Mondes, der ihnen wie eine glänzende Erde erschien, und dort angekommen, sollten sie Zeuge der wunderlichsten Dinge geworden sein, über die Antonios aber nichts Näheres berichtet.

Ganz am Schluss seines Auszugs bringt Photios noch die wichtige Mitteilung – und kommt damit auf Antiphanes zu sprechen – Antonios habe selbst gesagt, schon ein gewisser Antiphanes habe Wundergeschichten derselben Art verfasst. Photios schreibt:

> Μνημονεύει δ' οὗτος ἀρχαιοτέρου τινὸς Ἀντιφάνους, ὅν φησι περὶ τοιαῦτά τινα τερατολογήματα κατεσχολακέναι.
>
> Er [Antonios Diogenes] erwähnt auch einen gewissen älteren Antiphanes, von dem er sagt, dass er sich eifrig mit derartigen Wundergeschichten befasst habe.

In der Forschung wird heute meist angenommen, dass es sich bei dem von Photios erwähnten Antiphanes um niemand anderen als um den in der Antike als Lügenautor verrufenen Antiphanes von Berge handelt.[188] Über sein Werk ist im Detail nichts bekannt, aber nach den obigen Zitaten zu urteilen, könnte er eine Art Reiseroman geschrieben haben, der von einer mit vielen wundersamen Abenteuern erfüllten Fahrt – vieleicht einem Periplus – gehandelt hat, die bis weit in den Norden geführt hatte, wozu auch die Geschichte mit den gefrorenen Worten passen würde. Eine derartige Struktur zeichnet sich ja auch in den Τὰ ὑπὲρ Θούλην ἄπιστα ab, wo die Fahrt des Deinias mit den phantastischen Erlebnissen der Derkyllis und des Mantinias verknüpft wird. Es ist also denkbar, dass es der geographische Teil der Schrift des Antiphanes war, an dem Geographen wie Menippos und Strabon oder auch Historiker wie Polybios Anstoß nahmen. Menippos jedenfalls rechnete Antiphanes unter die Verfasser von Periploi und spricht in diesem Zusammenhang ganz konkret von falschen Entfernungsangaben in Stadien. Und wenn Polybios sogar Eratosthenes auf eine Stufe mit Antiphanes stellte, dann richtete sich seine Kritik darauf, dass Eratosthenes geographische Angaben und nicht

---

[188] O. Weinreich, Antiphanes und Münchhausen, 3, Anm. 2.

etwa Wundergeschichten der Schrift des Pytheas entnommen und für seine Erdbeschreibung verwendet hatte, sodass sich der Vergleich mit Antiphanes wohl auf dessen Geographie bezieht. Es sind auch bezeichnenderweise die Fachgeographen der hellenistischen Zeit, die Antiphanes vielleicht noch aus eigener Lektüre kannten und sich mit ihm auseinandersetzten, bei denen er die schärfste Kritik erfuhr,[189] und insofern kann auch noch Strabon bei seinem Vergleich in erster Linie die Geographie des Antiphanes im Auge gehabt haben. Bei den späteren Autoren mag es zur Gewohnheit geworden sein, Verfasser unglaubwürdiger Texte jeglichen Inhalts mit Antiphanes gleichzusetzen, und (O. Weinreich) „das Schimpfen auf ihn schon ein traditioneller Ton geworden sein, der eigene Kenntnis nicht mehr voraussetzt." In späterer Zeit waren vielleicht nur noch ein paar aus dem Zusammenhang gerissene Zitate phantastischen Inhaltes im Umlauf, von denen niemand mehr wissen konnte, ob sie tatsächlich ernst gemeint waren. Was z. B. die Geschichte von den gefrorenen Worten anbetrifft, so sprach Platons Schüler jedenfalls ausdrücklich davon, dass Antiphanes sie im Scherz (παίζων) erzählt habe.

Wenn Antiphanes über die Welt im Norden und ihre Wunder geschrieben hat, dann ist die Vermutung nicht von der Hand zu weisen, dass ein Zusammenhang zwischen seinen Erzählungen und dem Reisebericht des Pytheas besteht. Georg Knaack ist jedenfalls der Ansicht, dass Antiphanes mit seinen Erzählungen den Reisebericht parodiert habe.[190] Das setzt aber voraus, dass Antiphanes Zeitgenosse des Pytheas war oder nach ihm lebte. O. Weinreich hat jedoch gezeigt, dass das Wirken des Antiphanes sehr wahrscheinlich in die erste Hälfte des 4. Jahrhunderts gesetzt werden muss und damit in eine Zeit fällt, die deutlich vor dem von der Forschung angenommenen Zeitpunkt der Reise des Pytheas liegt. (Letztes Drittel des 4. Jhdt oder später (siehe Kap. 3.2)). Weinreich bezieht sich dabei auf eine in Epidauros gefundende Inschrift, aus der hervorgeht, dass Antiphanes in seiner Heimatstadt Berge das ihm von Epidauros übertragene Ehrenamt eines Thearodokos versah, dessen Aufgabe es war, zum einen Gesandschaften (Thearoi) aus Epidauros bei sich aufzunehmen, und zum anderen selbst als Gesandter nach Epidauros zu gehen,

---

[189] Vgl. O. Weinreich, Antiphanes und Münchhausen, 41.
[190] G. Knaack, Antiphanes von Berge, 137.

wenn es die Umstände erforderten. Weinreich kommt zu dem Ergebnis, dass Antiphanes dieses Amt von 365 bis 356 innehatte.[191]

3.6.4 Der Hyperboräerroman des Hekataios von Abdera

Was den Zusammenhang des Reiseberichts des Pytheas mit den ἄπιστα des Antonios Diogenes anbetrifft, so ist natürlich ein Einfluss von seiten des Pytheas naheliegend in Hinblick auf die Rolle, die Thule und die jenseits davon im hohen Norden befindlichen Regionen mit ihren astronomischen Wundern in diesem Roman spielen. Daneben muss Antonios aber auch Anleihen bei dem Hyperboräerroman des Hekataios von Abdera[192] genommen und nach dessen Vorbild die Fahrt des Deinias konzipiert haben. Wie Photios berichtet, durchfahren Deinias und sein Sohn den Pontos, gelangen in das Kaspische Meer, passieren das Gebirge der Rhipäen und erreichen die Quellen des Tanais. Aufgrund der dort herrschenden großen Kälte weichen sie nun von ihrem Weg nach Norden ab und fahren auf dem Skythischen Ozean nach Osten und gelangen in die Länder, wo die Sonne aufgeht. Von hier aus segeln sie dann im Kreis durch das Äußere Meer (κύκλῳ τὴν ἐκτὸς περιελθόντες θάλασσαν) und erreichen Thule, wo sie Station machen und auf Derkyllis und Mantinias treffen. Der Bezug zur Reise des Hekataios zum Land der Hyperboräer ergibt sich nun daraus, dass Hekataios bis zum Eintritt in den nördlichen Ozean, auf dem er dann weiter in westlicher Richtung zur Insel Helixoia der Hyperboräer segelt, einer ganz ähnlichen Reiseroute wie Deinias folgt. F. Jacoby[193] hat diese Route aus den Fragmenten zusammengestellt und K. Geus hat sie in einer Karte der Oikumene eingetragen.[194]

Eine weitere auffällige Übereinstimmung zwischen den Romanen des Hekataios und des Antonios Diogenes besteht ferner hinsichtlich der in beiden Werken aufgeführten Erzählung von der übernatürlichen Größe des Mondes, in dessen Nähe die Reisenden gelangen. Deinias und seine Gefährten erleben

---

[191] O. Weinreich, Antiphanes und Münchhausen, 14.
[192] Hekataios verfasste einen Roman Περὶ Ὑπερβορέων, in dem eine Reise zu der im nördlichen Ozean gelegenen Insel Ἐλίξοια der Hyperboräer beschrieben wird. Hinsichtlich seiner Lebensdaten lässt sich nur sagen, dass sein Wirken ungefähr in die Zeit Alexanders des Großen und Ptolemaios' I gefallen sein muss (Winiarzcyk, Hekataios von Abdera, 45).
[193] F. Jacoby, RE VII 2, 1912, 2756, s. v. Hekataios von Abdera.
[194] K. Geus, Utopie und Geographie, Abb. 4.

dieses Schauspiel, wie oben erwähnt, in den Regionen jenseits von Thule, und Hekataios berichtet von der Insel der Hyperboräer, dass, von ihr aus gesehen, der Mond ganz nah erscheine und Erhebungen wie auf der Erde dem Auge aufweise.[195]

Die Frage, ob der Hyperboräerroman des Hekataios seinerseits durch den Reisebericht des Pytheas beeinflusst worden ist, wird in der Forschung unterschiedlich beantwortet. K. Müllenhoff,[196] und F. Jacoby[197] haben in Abrede gestellt, dass Hekataios den Reisebericht benutzt hat, während beispielsweise S. Bianchetti, D. Roller, S. Magnani und andere der Ansicht sind, dass Hekataios ihn vor Augen hatte, als er seinen Roman verfasste.[198] Auch der Geographiehistoriker K. Geus betrachtet Hekataios als abhängig von Pytheas und glaubt, dass die von Hekataios beschriebene Ostroute „nur eine Spiegelung der Westroute des Pytheas" sei.[199] Allerdings zeigt die nach den Fragmenten vorgenommene Rekonstruktion des Reiseweges, dass Hekataios sich an der alten ionischen scheibenförmigen Rundkarte[200] mit der vom Okeanos umgebenen Oikumene orientierte, während der Reisebericht des Pytheas ganz klar auf dem Konzept einer kugelförmigen Erde beruhte und sich somit hinsichtlich der geographischen Grundlagen grundsätzlich vom Hyperboräerroman des Heakataios unterschied.

Angesichts der bei beiden Reisebeschreibungen sehr dürftigen Quellenlage ist abschließend M. Winiarczyk zuzustimmen, wenn er feststellt, „dass sich kein Nachweis für die Abhängigkeit des Hekataios von Pytheas erbringen lässt, weil viel zu wenig Fragmente der beiden Schriften erhalten sind".[201] Immerhin lassen die Fragmente aber erkennen, dass Pytheas ein Unternehmen beschrieb, das vornehmlich wissenschaftlichen Zwecken dienen sollte,

---

[195] Diod. 2.47.5.
[196] K. Müllenhoff, Deutsche Altertumskunde I, 424.
[197] F. Jacoby RE VII 2, 1912, Sp. 2756.
[198] Vgl. Winiarczyk, Hekataios, 62 Anm. 89.
[199] K. Geus, Utopie und Geographie, 71 Anm. 73.
[200] F. Jacoby, Die Fragmente der Griechischen Historiker (FGrHist) IIIa, Kommentar zu Nr. 262–296, Leiden 1943, 55, 59.
[201] M. Winiarczyk, Hekataios, 63.

während Hekataios, wie sich z. B. aus den Bemerkungen Diodors[202] und Aelians[203] zu Hekataios' Hyperboräern erkennen lässt, zur Unterhaltung seiner Leser allerlei Mythologisches, Märchenhaftes und Exotisches seinem Roman eingeflochten hatte. Offenbar hat das auch Strabon so gesehen, denn er macht C 295, 7.3.1 (siehe Kap. 3.6.1) ausdrücklich einen Unterschied zwischen Pytheas und dessen falschen Angaben hinsichtlich der Parokeanitis einerseits (ἃ Πυθέας ὁ Μασσαλιώτης κατεψεύσατο ταῦτα τῆς παρωκεανίδος) und jenen Autoren andererseits, die Fabelgeschichten über die Rhipäischen Berge

---

[202] Diodor erzählt 2.47.1–6 unter Berufung auf Hekataios, auf der im Ozean gelegenen Hyperboräerinsel könne wegen des milden Klimas zweimal im Jahr geerntet werden. Sie sei der Geburtsort der Leto, der Mutter Apollons, dem deshalb besondere Verehrung auf der Insel zuteil werde. Dort befinde sich auch sein Heiligtum, ein Tempel von kugelförmiger Gestalt (σφαιροειδῆ τῷ σχήματι), in dem Katharaspieler unaufhörlich seine Taten besängen und ihm Lobpreis spenden würden. Alle 19 Jahre komme der Gott selbst auf die Insel und halte sich dort von der Frühlingsgleiche bis zum Aufgang der Pleijaden unter beständigem Gesang und Tanz auf.

[203] Der in der 2. Hälfte des 2. Jh. n. Chr. wirkende römische, aber griechisch schreibende Buntschriftsteller Ailianos (Claudius Aelianus) verfasste u. a. Περὶ ζῴων ἰδιότητος (De Natura Animalium), ein Werk in 17 Bänden, das unterhaltsame Tiergeschichten teils in märchenhaftem und mythologischem, teils in naturalistischem Gewande enthielt. Aelian berichtet NA 11. 1, Hekataios – aus Abdera, nicht aus Milet, wie Aelian ausdrücklich betont – sei einer unter den Dichtern und berühmten Historikern gewesen, die über die Hyperboräer geschrieben hätten: Die Priester des Gottes seien die Söhne des Boreas und der Chione, und wenn diese Brüder die für die Verehrung des Gottes erforderlichen Rituale ausübten, flögen Schwäne in unzählbarer Menge von den Rhipäischen Bergen herbei, umkreisten den Tempel und ließen sich dann im Tempelhof nieder, einem Areal von immenser Größe und überwältigender Schönheit. Dort würden sie in vollkommenen Gleichklang in die Hymnen mit einstimmen, die die Sänger und die sie begleitenden Kitharaspieler zum Lobe des Gottes darbrächten. Hekataios sparte auch nicht mit Beglaubigungsfiktionen. So seien die Hyperboräer freundlich gegenüber den Griechen eingestellt, insbesondere aber gegenüber den Athenern und Deliern, und einige Griechen hätten das Hyperboräerland besucht und dort Weihegaben gestiftet, die Inschriften mit griechischen Buchstaben trügen. Zu den Beglaubigungsfiktionen zählt auch die Kunde von der regelmäßigen Wiederkehr Apollons in Abständen von 19 Jahren. Hekataios spielt hier auf den Meton-Zyklus (19 Sonnenjahre = 235 Mondmonate) an, benannt nach dem Astronomen Meton von Athen, der in der zweiten Hälfte des 4. Jahrhunderts mit Arbeiten zur Reform des attischen lunisolaren Kalenders befasst war (Vgl. W. Hübner, DNP 8, 2000, 107/108, s. v. Meton 2). Vielleicht wollte Hekataios mit dieser Anspielung einen Wiedererkennungseffekt bei den Gebildeten seiner Leser hervorrufen.

und die Hyperboräer erzählt hätten (τὰ Ῥιπαῖα ὄρη καὶ τοὺς Ὑπερβορείους μυθοποιοῦντες) und zu denen er sicherlich auch Hekataios zählte.

3.7 Zusammenfassung

Polybios tolerierte die Fehler und Übertreibungen in den Schriften früherer Reisender mit Nachsicht und Verständnis, legte aber dieselben Maßstäbe nicht an den Bericht des Pytheas an. Er konnte sich nicht vorstellen, dass ein Privatmann (ἰδιώτης ἄνθρωπος) wie Pytheas so weite Entfernungen hätte zurückzulegen können, wie dieser es behauptet hatte, und lehnte deshalb den Reisebericht nicht aus Neid und Mißgunst ab, sondern weil er ihn für erfunden hielt. Eratosthenes hatte sich Strabons Kritik zugezogen, weil er die Insel Thule auf den Polarkreis gelegt und damit die Grenze der Oikumene weiter nach Norden verschoben hatte, als es den Ansichten der antiken Geographen entsprach. Diese Lage Thules hatte Eratosthenes aus gewissen Angaben errechnet, die Pytheas hinsichtlich im Norden zu beobachtender Lichtphänomene gemacht hatte. Es kann aber sein, dass hier ein Mißverständnis vorliegt, und dass die Thule des Pytheas tatsächlich südlicher lag als die des Eratosthenes. Auch die auf Thule anzutreffenden Lebensbedingungen können anderen und südlicher gelegenen Regionen zugeordnet werden. Die Insel Uxisame, an deren Existenz Strabon nicht glaubte, ist die heutige Ile d'Ouessant und war eine Etappe auf der Seeroute nach Britannien. Obwohl Pytheas von Strabon mit Euhemeros von Messene und Antiphanes von Berge verglichen wird, enthielt der Reisebericht vermutlich keine Wundergeschichten und auch nichts Unmögliches, wenn man einmal von der rätselhaften „Meerlunge" absieht, für die die Forschung noch keine Erklärung gefunden hat. Die Rahmenerzählung der Ἱερὰ Ἀναγραφή des Euhemeros, die Strabon in eine Reihe mit Poseidonios' Erzählung von der Fahrt des Eudoxos von Kyzikos stellte, besaß in der Tat ebenso wie diese ein durchaus realistisches Gepräge, und Strabons Kritik an Antiphanes bezog sich vielleicht auf geographische Angaben in dessen verloren gegangener Schrift. Ein Zusammenhang zwischen dem Reisebericht des Pytheas und dem Hyperboräerroman des Hekataios von Abdera besteht nicht. Erster setzt die Kugelgestalt der Erde, letzterer eine kreisförmige Erdscheibe voraus.

4. Pytheas und die Frage nach der Herkunft des Zinns in der Antike

4.1 Mutmaßungen über die Zinninseln

Die Herkunft und Gewinnung des Zinns waren im Altertum lange Zeit in ein Geheimnis gehüllt. Herodot z. B. hatte zwar von den Zinninsel (κασσιτερίδες) gehört, wußte aber keine genauere Auskunft zu geben, als dass das Zinn zusammen mit dem Bernstein vom äußersten am nördlichen Meere gelegenen Weltende komme,[204] und Plinius erwähnt einmal einen gewissen Midakritus, der als erster Zinn von der Insel Kassiteris geholt habe (plumbum album ex Cassiteride insula primus adportavit Midacritus).[205] Reich an Zinn und Blei (metallo divites stanni atque plumbi) waren auch die *insulae Oestrymnides*, die der spätrömische Dichter Rufus Festus Avienus (2. Hälfte 4. Jhdt. n. Chr) in seinem Lehrgedicht *Ora Maritima* erwähnt,[206] wobei er sich auf Quellen bezieht, die bis ins 6. Jahrhundert v. Chr. zurückreichten.[207] Vielleicht war Κασσιτερίδες ursprünglich überhaupt nicht der Name für eine im geographischen Sinne wohlbestimmte Gegend, sondern bezeichnete einfach, wie M. Cary treffend bemerkt hat, das den Griechen unbekannte Herkunftsland des Zinns im fernen Westen in gleicher Funktion, wie etwa auch die

---

[204] Hdt. III 115.
[205] Plin. nat. VII, 197.
[206] Rufus Festus Avienus, Ora Maritima, vv 95–98.
[207] Schulten, Avieni Ora Maritima, 1–10. In der Forschung hat man die Oestrymnides in den vor der bretonischen Küste gelegenen Inseln gesucht. Vgl. Schulten, Avieni Ora Maritima, 80; H. F. Tozer, A History of Ancient Geography, 36; J. O. Thomson, History of Ancient Geography, 54.

sogenannten Gewürzinseln den Europäern des Zeitalters der Entdeckungen als Herkunftsland exotischer Gewürze galten.[208]

Die wichtigsten Herkunftsländer des für die Herstellung von Bronze unverzichtbaren Zinns waren im Altertum das im Nordwesten der Iberischen Halbinsel gelegene Galicien und das an der südwestlichen Landspitze Britanniens gelegene Cornwall,[209] und die ersten aus der Antike überlieferten konkreten Berichte über das Zinn dieser Regionen stammen von Poseidonios und Polybios, wobei letzterer allerdings wohl nur Kenntnisse vom Zinn Galiciens gehabt zu haben scheint. Ausführlich hat dann Diodorus Siculus über den in Cornwall praktizierten Bergbau des Zinns, die Verschiffung des Metalls über den Kanal und den anschließenden Überlandtransport nach Massalia im fünften Buch seiner *Bibliotheke* berichtet.[210] Zwar nennt Diodor seine Quellen nicht, aber zahlreiche Forscher sind der Meinung, dass sein Bericht, möglicherweise durch Vermittlung des Historikers Timaios von Tauromenion, letztlich auf Pytheas zurückgeht,[211] der ja behauptet hatte, ganz Britannien bereist zu haben. Aber auch der Universalgelehrte Poseidonios von Apameia und sogar P. Cornelius Crassus, der Legat Caesars, sind als Diodors Quellen in Betracht gezogen worden.

Im Folgenden soll zunächst dargelegt werden, dass Polybios wohl keine nennenswerten Kenntnisse über den in Britannien praktizierten Zinnbergbau besessen zu haben scheint. Da er aber den Reisebericht des Pytheas nachweislich sehr genau kannte, lässt dies in Hinblick auf das ergebnislose Gespräch, das Scipio und Polybios mit im Zinnhandel tätigen Kaufleuten führten (Kap. 4.5), die Vermutung zu, dass er im Werk des Pytheas offenbar keine näheren Informationen über das britannische Zinn vorgefunden hat. Es erscheint daher fraglich, ob der Reisebericht des Pytheas wirklich eine Beschreibung des Bergbaus in Cornwall enthielt.

---

[208] M. Cary, The Greeks and Ancient Trade with the Atlantic, 166.
[209] A. Hauptmann, RGA 34, 2007, 566 Abb. 109, s. v. Zinn. Neuerdings sind auch antike Zinnbergwerke in Zentralasien entdeckt worden. Siehe Kap. 4.6.2.1.
[210] Diod. 5.22.1–4.
[211] D. Timpe, Griechischer Handel, 205; R. D. Penhallurick. Tin in Antiquity 141–142; D. Roller, Through the Pillars 72; H. Berger, Wissenschaftliche Erdkunde 361; R. Hennig, Terrae Incognitae I 155; K. Müllenhoff, Deutsche Altertumskunde I, 375; T. Rice Holmes, Ancient Britain, 499; F. Nansen, Nebelheim I, 55.

Diodors Dokumentation über die Gewinnung und den Transport des Zinns wird anschließend eingehend erörtert und dabei die Frage nach seinen Quellen behandelt und untersucht, ob die Vorlagen Diodors wirklich auf Pytheas zurückgeführt werden können. Diese Frage ist deshalb von Bedeutung, weil ihre Beantwortung nicht nur Aufschluss über die Reiseroute des Pytheas geben kann, sondern auch darüber, ob dieser auf seiner Fahrt neben wissenschaftlichen Interessen auch, wie vielfach in der Forschung angenommen wird, handelspolitische Interessen seiner im Geschäft mit britannischem Zinn tätigen Heimatstadt Massalia wahrgenommen hat.

4.2 Kenntnisse des Polybios über spanisches und britannisches Zinn

Im dritten Buch seiner Historien beschreibt Polybios den Zug Hannibals über die Alpen bis zum Abstieg seines Heeres in die Poebene, wo auch der römische Feldherr Publius Cornelius Scipio inzwischen Stellung bezogen hatte.[212] Er unterbricht dann die Erzählung mit der Feststellung, er habe zwar schon ausführlich über Iberien und Libyen berichtet, aber über die Meeresenge bei den Säulen des Herakles, über das äussere Meer, über die Britannischen Inseln, über den Zinnabbau sowie über den Abbau von Silber und Gold in Iberien selbst, worüber die Gelehrten heftige Diskussionen führten, noch kein Wort verloren. Polybios schreibt 3, 57, 1–3:

> Ἡμεῖς δ' ἐπειδὴ καὶ τὴν διήγεσιν καὶ τοὺς ἡγεμόνας ἀμφοτέρων καὶ τὸν πόλεμον εἰς Ἰταλίαν ἠγάγομεν, πρὸ τοῦ τῶν ἀγώνων ἄρξασθαι βραχέα βουλόμεθα περὶ τῶν ἁρμοζόντων τῇ πραγματείᾳ διελθεῖν. ἴσως γὰρ δή τινες ἐπιζητήσουσι πῶς πεποιημένοι τὸν πλεῖστον λόγον ὑπὲρ τῶν κατὰ Λιβύην καὶ κατ' Ἰβηρίαν τόπων οὔτε περὶ τοῦ καθ' Ἡρακλέους στήλας στόματος οὐδὲν ἐπὶ πλεῖον εἰρήκαμεν οὔτε περὶ τῆς ἔξω θαλάττης καὶ τῶν ἐν ταύτῃ συμβαινόντων ἰδιωμάτων, οὐδὲ μὴν περὶ **τῶν Βρεττανικῶν νήσων** καὶ τῆς τοῦ καττιτέρου κατασκευῆς, ἔτι δὲ τῶν ἀργυρείων καὶ χρυσείων τῶν κατ' αὐτὴν Ἰβηρίαν, ὑπὲρ ὧν οἱ συγγραφεῖς ἀμφισβητοῦντες πρὸς ἀλλήλους τὸν πλεῖστον διατίθενται λόγον

---

[212] Pol. 3, 49, 5–56, 6.

KAPITEL 4

> Nachdem wir nun aber mit unserer Erzählung die beiderseitigen Heerführer[213] und den Krieg bis nach Italien verfolgt haben, wollen wir, ehe wir mit der Darstellung der Kämpfe beginnen, einige kurze Bemerkungen darüber machen, was einem Geschichtswerk angemessen ist. Denn vielleicht werden manche fragen, warum wir so weitläufig über die geographischen Verhältnisse Libyens und Iberiens gehandelt, jedoch weder über die Meerenge an den Säulen des Herakles ausführlicher gesprochen haben, noch über das Äußere Meer und die Eigentümlichkeiten, die es aufweist, noch auch über die Britannischen Inseln und die Gewinnung des Zinns, auch nicht über die Silber- und Goldbergwerke in Iberien selbst, über die die Historiker, nicht ohne heftige Polemik gegeneinander, des langen und breiten reden. [Übersetzung H. Drexler]

Sich gleichsam entschuldigend fährt er dann fort, er wolle aber den Gang der Ereignisse nicht immer wieder unterbrechen und deshalb geographische Details im grösseren Zusammenhang an gegebener Stelle erörtern.[214] Dies müsse mit besonderer Sorgfalt geschehen, gerade weil die alten Geographen – hier folgen dann die oben erwähnten Bemerkungen zu deren unzureichenden Berichten – wegen der Ungunst der Verhältnisse vieles nicht richtig hätten erkennen können.[215]

Bei der Erwähnung Britanniens in obigem Zitat Pol. 3, 57, 1–3 fällt zunächst auf, dass Polybios, in dessen kritischer Stellungnahme zu den Erzählungen des Pytheas nur von einer Insel die Rede ist,[216] hier im Plural von den Βρεττανικαὶ νῆσοι spricht. Es ist nicht ganz klar, was Polybios unter diesen Inseln verstanden wissen wollte, ob er hier z. B. neben dem eigentlichen Britannien auch an Irland und vieleicht auch an die übrigen Britannien umgebenden kleineren Inseln dachte. Ganz ausgeschlossen ist das nicht, denn schon Aristoteles hatte – falls die Schrift ΠΕΡΙ ΤΟΥ ΚΟΣΜΟΥ (*De Mundo*), die als kaiserzeitliche Fälschung gilt,[217] wirklich doch von ihm stammt, wie einige Forscher neuerdings wieder glauben,[218] – von den beiden sehr großen, im Ozean oberhalb

---

[213] Hannibal nach seinem Abstieg in die Poebene; Publius Cornelius Scipio, der Konsul des Jahres 218 und Vater des Siegers von Zama, nach seiner Landung in Pisa und seinem Marsch ebenfalls in die Poebene.
[214] Dies erfolgte dann wohl im 34. Buch, das der Geographie vorbehalten war.
[215] Siehe Kap. 3.3 Polybios' Beurteilung der „alten Geographen".
[216] Siehe Kap. 3.1 Urteil des Polybios über den Reisebericht des Pytheas.
[217] U. Wilamowitz-Möllendorff, Griechisches Lesebuch I, 2. Halbbd., 186.
[218] G. Reale, Aristotele Trattato del Mondo sul Cosmo per Alessandro, Napoli 1974; E. O. Onnasch, Die Ätherlehre in De Mundo und ihre Aristotelizität, Hermes 124, 1996, 171–191.

von Gallien gelegenen Inseln Albion und Ierne (Ἰέρνη = Irland) gesprochen, die man die *Bretannischen Inseln* nenne. Es heißt dort:[219]

ἐν τούτῳ (Ὠκεανῷ) γε μὴν νῆσοι μέγισται τυγχάνουσιν οὖσαι δύο, Βρεταννικαὶ λεγόμεναι, Ἀλβίων καὶ Ἰέρνη, τῶν προιστορημένων μείζους, ὑπὲρ τοὺς Κελτοὺς κείμεναι

In ihm liegen noch zwei sehr große Inseln, die sogenannten Bretannischen, nämlich Albion und Ierne, größer als die schon aufgezählten, oberhalb der keltischen Länder.

Wenn Polybios dann am Schluss des obigen Zitats hervorhebt, dass die dort angeschnittenen Themen – die Britannischen Inseln, das Zinn und die Bergwerke in Spanien – von den Gelehrten ausgiebig diskutiert würden, dann will er damit vielleicht zum Ausdruck bringen, dass er selbst nunmehr in der Lage sei, in den von ihm in Aussicht gestellten diesbezüglichen Berichten besser gesicherte Auskünfte zu geben. Was das Bergwerkswesen in Iberien anbetrifft, so verfügte er sicherlich über genaue Kenntnisse hinsichtlich dessen Umfang, über die Lage der Abbaugebiete und über die Gewinnung der Erze. Strabon teilt z. B. C 148, 3.2.10 hierzu mit, Polybios habe die Silberminen von Nova Karthago (heute Cartagena) eingehend inspiziert und die dort praktizierten Abbaumethoden so ausführlich beschrieben, dass er – Strabon – diesen Teil des Berichtes des Polybios wegen seiner Länge nicht wiedergeben könne (τὴν δὲ κατεργασίαν τὴν μὲν ἄλλην ἐῶ (μακρὰ γάρ ἐστι)). Polybios habe ferner, so fährt Strabon fort, auch über die Bleiminen von Castalo[220] und die in der Nähe dieses Ortes gelegenen Silberminen berichtet, die sich in einem Gebirge befänden, das deshalb als Silberberg bezeichnet werde, und dort entspringe auch der silberführende Baetis, der heutige Guadalquivir, (τὸ ὄρος, ἐξ οὗ ῥεῖν φασι τὸν Βαῖτιν, ὃ καλοῦσιν Ἀργυροῦν διὰ τὰ ἀργυρεῖα τὰ ἐν αὐτῷ.). Polybios erwähnt übrigens in den erhaltenen Teilen seiner Historien selbst einmal die Silberminen von Nova Karthago bei der Beschreibung dieser Stadt.[221]

Während er also nachweislich über detaillierte Informationen über Iberien und den dort praktizierten Bergbaus verfügte, läßt sich im Gegensatz dazu über seine Kenntnisse bezüglich des britannischen Zinns weder aus seinem

---

[219] Aristot. mund. 393 b10.
[220] Nordöstlich von Corduba.
[221] Pol. 10, 10, 11.

Werk noch aus anderen antiken Quellen, die auf Polybios Bezug nehmen, etwas Genaueres erfahren. In Hinblick auf das ergebnislose Gespräch, das Scipio Aemilianus vermutlich im Beisein von Polybios mit im britannischen Handel tätigen Kaufleuten führte,[222] ist es sogar fraglich, ob er überhaupt nennenswerte Kenntnisse über die Insel besass.

Die Erwähnung des Zinns durch Polybios in Zusammenhang mit den Βρετaννικaὶ νῆσοι scheint allerdings auf den ersten Blick daraufhin zu deuten, dass er mit dem τοῦ καττιτέρου κατασκευῆς den in Britannien praktizierten antiken Bergbau auf Zinn im Auge hatte. F. Walbank, der bedeutende britische Polybiosforscher, ist jedenfalls der Ansicht, dass in obiger Textstelle Pol. 3, 57, 1–3 zum ersten Mal die britannischen Minen in der antiken Literatur erwähnt werden.[223] Auch Cara E. Sheldrake ist – vorsichtiger allerdings und unter Vorbehalt – dieser Meinung, wenn sie zu dieser Stelle bemerkt:[224] „As long as we accept the grammatical link as implying British tin, this reference is the first surviving literary linkage we have of Britain and the tin trade and it allows us to offer a date no later than 116 BCE for an open discussion on the topic. However, it is worth noting that thematically this section is also linked to Iberia which we know also had tin resources which were later extensively used by the Romans." Sheldrake geht aber diesem Vorbehalt nicht weiter nach. Tatsächlich lassen sich aber Zweifel nicht von der Hand weisen, ob hier wirklich von britannischem Zinn die Rede ist, denn schon zur Zeit des Polybios – auf jeden Fall aber zur Zeit des Poseidonios, der nur wenige Jahrzehnte nach Polybios Iberien bereiste und auf diesen Bezug nahm – wurde Zinn nicht nur in Britannien, sondern auch in dem im Nordwesten der iberischen Halbinsel gelegenen Galicien in bedeutendem Umfange abgebaut.[225] Es kann also gut sein, dass Polybios in obigem Zitat gar nicht das britannische Zinn meinte, sondern dass er den Zinnbergbau in den erst kürzlich erschlossenen Regionen des spanischen Nordwestens[226] von dem unmittelbar danach erwähnten Erzabbau in den im Osten Spaniens

---

[222] Siehe Kap. 4.5 Scipios Zusammenkunft mit den Kaufleuten aus Corbilo, Narbo und Massalia.
[223] F. Walbank, Commentary on Polybius I, 394.
[224] C. E. Sheldrake, The History of Belerion, 91.
[225] Siehe Kap. 4.3 Exkurs: Bericht des Poseidonios über den antiken Zinnabbau in Spanien.
[226] Diese Regionen wurden nach dem Bericht Appians (App. Ib. 71) erst 138 v. Chr. durch Brutus Junius Callaicus befriedet.

gelegenen Gold- und Silberminen abheben wollte. Diese Minen lokalisierte er nämlich im eigentlichen Iberien (ἔτι δὲ τῶν ἀργυρείων καὶ χρυσείων τῶν κατ' αὐτὴν Ἰβηρίαν), unter Iberien aber verstand er den im Osten an das Mittelmeer grenzenden Teil Spaniens, nicht jedoch die im Westen an den Atlantik grenzenden Regionen. Polybios bemerkt nämlich an anderer Stelle 3, 37, 10–11 im Zusammenhang mit einer kurzen Beschreibung Europas:

> τὸ δὲ λοιπὸν μέρος τῆς Εὐρώπης ἀπὸ τῶν προειρημένων ὀρῶν τὸ συνάπτον πρός τε τὰς δύσεις καὶ πρὸς Ἡρακλείους στήλας περιέχεται μὲν ὑπό τε τῆς καθ' ἡμᾶς καὶ τῆς ἔξω θαλάττης, καλεῖται δὲ τὸ μὲν παρὰ τὴν καθ' ἡμᾶς παρῆκον ἕως Ἡρακλείων στηλῶν Ἰβερία, τὸ δὲ παρὰ τὴν ἔξω καὶ μεγάλην προσαγορευομένην κοινὴν μὲν ὀνομασίαν οὐκ ἔχει διὰ τὸ προσφάτως κατωπτεῦεσθαι, κατοικεῖται δὲ πᾶν ὑπὸ βαρβάρων ἐθνῶν καὶ πολυανθρώπων, ὑπὲρ ὧν ἡμεῖς μετὰ ταῦτα τὸν κατὰ μέρος λόγον ἀποδώσομεν.

> Der übrige Teil Europas von dem vorgenannten Gebirge [Pyrenäen] an gegen Sonnenuntergang und bis zu den Säulen des Herakles wird von unserem und dem äußeren Meer umschlossen, und zwar heißt der Teil, der sich längs unseres Meeres bis zu den Säulen des Herakles hinzieht, Iberien, der am äußeren, großen Meer dagegen führt keinen gemeinsamen Namen, weil er erst neuerdings entdeckt worden ist, und wird ganz von barbarischen, volkreichen Stämmen bewohnt, über die wir später im einzelnen berichten werden. [Übersetzung H. Drexler]

Übrigens findet sich auch schon bei Eratosthenes die Unterscheidung in einen östlichen, Iberien genannten Teil, und einen westlichen Teil Spaniens. Wenn Eratosthenes nämlich im Zusammenhang mit seiner Karte der Oikumene von der κύρτωμα τῆς Εὐρώπης, ἀντικείμενον μὲν τοῖς Ἴβερσι, der gegenüber den Iberern liegendenen „Auswölbung Europas" sprach, dann meinte er damit nicht die nördlich der spanischen Biskayaküste gelegene bretonische Halbinsel, wie in der Forschung des öfteren angenommen worden ist, sondern die an den Atlantik grenzenden Regionen der Pyrenäenhalbinsel im Gegensatz zu den im Osten an das Mittelmeer grenzenden Gegenden.[227]

Über diese Regionen im Nordwesten Spaniens hatte Polybios, wie aus seiner oben zitierten Ankündigung 3, 37, 11, er werde später in seinem Werk näher auf sie eingehen, hervorgeht, offenbar detaillierte Erkundungen eingezogen,

---

[227] Siehe Kap. 3.4.2.1.3 Osismier und Ostidäer. Das Kyrtoma von Europa. Die Insel Uxisame.

und dabei wird er sich auch über die dortigen Zinnlagerstätten unterrichtet haben. Gelegenheit dazu bot sich ihm auf jener Flottenexpedition, die er nach dem Fall Numantias unternahm und die ihn längs der atlantischen Küste der iberischen Halbinsel vermutlich bis in die Biscaya führte.[228]

Bereits die ersten in der Renaissance entstandenen Übersetzungen der Historien des Polybios in das Lateinische gehen übrigens davon aus, dass Polybios das galicische und nicht das britannische Zinn meinte. So wird z. B. in der 1472 von Niccolo Perotti verfassten Übersetzung die κατασκευή im Sinne von Vorrat oder Reichtum sowohl auf das Zinn als auch auf das Gold und Silber Spaniens bezogen. Dieser Interpretation haben sich spätere Ausgaben und ferner Übersetzungen in das Italienische, Französische und Deutsche angeschlossen. Perotti übersetzt:[229]

> Erunt enim fortasse, qui a nobis quaerant, quomodo, cum Lybicas, Hispanicasque res pluribus superius uerbis attigerimus, nihil tamen dictum a nobis sit, neque de columnis Herculis, & quod inter Africam Europamque interiacet paruo freto, neque de exteriori Oceano, rebusque ad eum pertinentibus, neque de Britannicis insulis, neque de stanni, aurique, & argenti copia, quorum metallorum Hispaniae feracissimae sint, his enim de rebus multa, uarique inter se dissidentes, historici ueteres commemorant.

Der Gedanke, dass Polybios 3, 57, 1–3 vom galicischem und nicht vom britannischen Zinn sprach, ist in neuerer Zeit auch von Paul Pedech, dem bedeutenden französischen Polybiosforscher, in Erwägung gezogen worden. Pedech setzt das Fragment Pol. 34, 10, 6 = Strab. C 190, 4.2.1, in dem von der ergebnislosen Unterredung Scipios mit den im britannischen Handel tätigen Kaufleuten berichtet wird (siehe Kap. 4.4–5), in Beziehung zu Pol. 3, 57, 3 und stellt fest „Le fragment XXXIV 10.6, rapproché de III. 57.3, laisse supposer qu'il niait l'existence de la Bretagne en tant que grande île telle que avait décrit Pythéas, mais qu'il admettait un groupe d'îles Britanniques situées dans la mer Extérieure ; il les identifiait avec les îles Cassitérides de la tradition et les plaçait au large de la Galice ; cette localisation est encore

---

[228] Siehe Kap. 4.5.3 Atlantikfahrt des Polybios.
[229] N. Perottus, Polybiu Megapolitu. Digitalisat: https://mdz-nbn-resolving.de/details:bsb11054232, Scan 103.

celle de Posidonius".[230] Im Einklang hiermit unterstreicht er auch in einer Abhandlung über die Geographie des Polybios die ablehnende Haltung, die dieser gegenüber Pytheas und dessen angeblichen Berichten über Britannien und den dortigen Zinnabbau eingenommen hatte, mit den folgenden Worten: „il niait l'existence des iles de l'étain, il soutenait la présence de sables stannifères en Espagne".[231] Später hat er dieses Urteil modifiziert und schreibt: „Polybe ne niait pas l'existence des iles de l'étain, il les déplacait au voisinage de l'Espagne",[232] und denkt dabei offensichtlich nicht an Britannien, sondern an die vor der galicischen Küste gelegenen Inseln, die von Poseidonios als die Kassiteriden bezeichnet wurden.[233]

Was die abschließende Bemerkung in Pol. 3, 57, 1–3 anbetrifft (ὑπὲρ ὧν οἱ συγγραφεῖς ἀμφισβητοῦντες πρὸς ἀλλήλους τὸν πλεῖστον διατίθενται λόγον), wo von den Diskussionen unter den Gelehrten die Rede ist, so werden sich die Kontroversen, die Polybios im Auge hatte, zum einen auf Fragen hinsichtlich der Existenz, Größe und Inselnatur Britanniens bezogen haben, die lange umstritten waren.[234] Zum anderen kann es bei den Auseinandersetzungen unter den Gelehrten um die aus den Randregionen im Westen der antiken Welt stammenden Metalle gegangen sein. Wahrscheinlich waren aber nicht so sehr die von Polybios erwähnten Gold- und Silberminen Spaniens Gegenstand der Diskussion gewesen, denn Spanien war schon seit vielen Jahrhunderten als einer der bedeutendsten Lieferanten von Gold und Silber bekannt,[235] sondern die Diskussionen werden sich in der Hauptsache um die Frage gedreht haben, woher die antike Welt das für die Herstellung von Bronze unentbehrliche Zinn bezog.

---

[230] P. Pedech, La Méthode Historique de Polybe, 587.
[231] P. Pédech, Géographie de Polybe, Les Études Classiques XXIV 1956, 17.
[232] P. Pédech, Méthode Historique, 587 Anm. 419.
[233] Siehe Kap. 4.3 Exkurs: Poseidonios über den antiken Zinnbergbau in Spanien und die Kassiteriden.
[234] Siehe Kap. 5.1 Mutmaßungen über Existenz, Größe und Inselnatur.
[235] A. Schulten, Iberische Landeskunde, 469–491.

4.3 Exkurs: Poseidonios über den antiken Zinnbergbau in Spanien und die Kassiteriden

Konkrete Mitteilungen über die reichen Zinnvorkommen im nordwestlichen Spanien und die dort vermuteten Zinninseln sind von Strabon und Diodorus Siculus überliefert worden, wobei sich diese Autoren auf Berichte aus den verlorengegangenen Schriften des Poseidonios beziehen. Poseidonios hatte auf seinen ausgedehnten Reisen, die ihn um die Wende vom 2. zum 1. Jahrhundert in die westlichen Regionen Europas führten, auch Spanien besucht, von dessen Reichtum an Metallen er, wie Strabon C 147, 3.2.9 mitteilt, außerordentlich beeindruckt gewesen war. Strabon berichtet dabei auch über die Erkundungen, die Poseidonios hinsichtlich des dort gewonnenen Zinns eingezogen hatte und schreibt:

> τὸν δὲ καττίτερον οὐκ ἐπιπολῆς εὑρίσκεσθαι φησιν, ὡς τοὺς ἱστορικοὺς θρυλεῖν, ἀλλ' ὀρύττεσθαι· γεννᾶσθαι δ' ἔν τε τοῖς ὑπὲρ τοὺς Λυσιτανοὺς βαρβάροις καὶ ἐν ταῖς Καττιτερίσι νήσοις, καὶ ἐκ τῶν Βρεττανικῶν δὲ εἰς τὴν Μασσαλίαν κομίζεσθαι.

> Zinn, sagt er [Poseidonios], werde nicht an der Oberfläche gefunden, wie die Geschichtsschreiber ständig geschwätzig vortrügen, sondern ausgegraben. Es werde bei den Barbaren sowohl oberhalb von Lusitanien als auch auf den Zinninseln gefördert, und es werde auch von den Bretannischen Inseln nach Massalia gebracht.

Genau dasselbe berichtet auch Diodorus Siculus, der in seiner *Bibliotheke* 5.35–38 eingehend von den Minen Spaniens gehandelt hat. Seine Ausführungen hinsichtlich des Zinns gehen mit Sicherheit auf Poseidonios zurück,[236] denn sie stimmen teilweise wörtlich mit Strabons oben wiedergegebenen Text überein. Diodor schreibt 5.38.4:

> Γίνεται δὲ καὶ καττίτερος ἐν πολλοῖς τόποις τῆς Ἰβηρίας, οὐκ ἐξ ἐπιπολῆς εὑρισκόμενος, ὡς ἐν ταῖς ἱστορίαις τινὲς τεθρυλήκασιν, ἀλλ' ὀρυττόμενος καὶ χωνευόμενος ὁμοίως ἀργύρῳ τε καὶ χρυσῷ. ὑπεράνω γὰρ τῆς τῶν Λυσιτανῶν χώρας ἐστὶ μέταλλα πολλὰ τοῦ κασσιτέρου, καὶ κατὰ τὰς προκειμένας τῆς Ἰβηρίας ἐν τῷ ὠκεανῷ νησῖδας τὰς ἀπὸ τοῦ συμβεβηκότος Καττιτερίδας ὠνομασμένας. πολὺς δὲ καὶ ἐκ τῆς Βρεττανικῆς νήσου διακομίζεται πρὸς τὴν κατ' ἀντικρὺ κειμένην Γαλατίαν, καὶ διὰ τῆς μεσογείου Κελτικῆς ἐφ' ἵππων ὑπὸ τῶν ἐμπόρων ἄγεται παρά τε τοὺς Μασσαλιώτας καὶ εἰς τὴν ὀνομαζομένην πόλιν Ναρβῶνα.

---

[236] Vgl. J. Malitz, Die Historien des Poseidonios, 109–111.

Zinn kommt an vielen Orten Spaniens vor; es wird nicht an der Oberfläche gefunden, wie einige in ihren Geschichtswerken ständig vortragen, sondern es wird ausgegraben und wie Silber und Gold erschmolzen. Es gibt nämlich viele Zinnminen im Lande oberhalb von Lusitanien und auch auf den im Ozean vor Iberien gelegenen kleineren Inseln, die wegen dieses Umstandes die Kassiteriden genannt werden. Viel Zinn wird aber auch von der Bretannischen Insel zum gegenüberliegenden Gallien gebracht und von den Kaufleuten auf Pferden durch das Innere des Keltenlandes zu den Massalioten und zu der Narbon genannten Stadt transportiert.

Es fällt auf, dass Poseidonios hier ganz klar unterscheidet zwischen dem oberhalb Lusitaniens und auf den Kassiteriden gewonnen Zinn einerseits und dem von den Britannischen Inseln nach Massalia exportierten Zinn andererseits. Er scheint nämlich im Gegensatz zu Polybios, wie weiter unten noch ausführlich dargelegt werden wird, auch über detaillierte Informationen über das in Cornwall abgebaute Zinn verfügt zu haben. Was die Bemerkung über die Geschichtsschreiber und ihre angeblich falschen Ausführungen hinsichtlich der Zinngewinnung in Spanien anbetrifft, so kann Poseidonios eigentlich nur Ephoros von Kyme, Timaios von Tauromenion, Artemidoros von Ephesos oder Polybios selbst gemeint haben, die alle über die iberische Halbinsel geschrieben haben. Von diesen Autoren kannten aber nur Artemidoros und Polybios die Verhältnisse in Spanien aus eigener Anschauung, doch wird Strabon Artemidoros, den Verfasser von *Geographoumena*, nicht als Geschichtsschreiber bezeichnet haben, sodass es wahrscheinlich Polybios war, auf den Poseidonios in erster Linie mit seiner Bemerkung anspielte. Auf den zum Schluss erwähnten Zinntransport von Britannien zum Mittelmeer wird weiter unten noch ausführlicher eingegangen werden.[237]

Strabon fährt C 147, 3.2.9 dann weiter fort mit den Ausführungen des Poseidonios über die im äußersten Nordwesten gelegenen Zinnvorkommen und berichtet hier im Widerspruch zum Vorhergehenden über die Ausbeutung zinnhaltiger bodennaher Erdschichten mittels spezieller Waschverfahren (H. L. Jones, The Geography of Strabo II, 45):

ἐν δὲ τοῖς Ἀρτάβροις, οἳ τῆς Λυσιτανίας ὕστατοι πρὸς ἄρκτον καὶ δύσιν εἰσίν, ἐξανθεῖν φησιν τὴν γῆν ἀργυρίῳ, καττιτέρῳ, χρυσίῳ λευκῷ (ἀργυρομιγὲς γάρ ἐστι), τὴν δὲ γῆν ταύτην φέρειν τοὺς ποταμούς· τὴν δὲ σκαλίσι τὰς γυναῖκας διαμώσας πλύνειν ἐν ἠθητηρίοις πλεκτοῖς εἰς κίστην. οὗτος μὲν περὶ τῶν μετάλλων τοιαῦτ' εἴρηκε.

---

[237] Siehe Kap. 4.6.3 Der Weg des britannischen Zinns von Iktis zum Mittelmeer.

> Bei den Artabrern, die am weitesten im Nordwesten von Lusitanien leben, erblühe der Boden, so sagt er [Poseidonios], von Silber, Zinn und weißem Gold (weil es mit Silber gemischt ist). Dieses Erdreich führten die Flüsse mit sich, und die Frauen würden es mit Schaufeln aufscharren und in geflochtenen Sieben über einem Kasten aufschlämmen. Solches hat dieser [Poseidonios] über die Bergwerke berichtet.

Die von Poseidonios hier erwähnten Artabrer waren ein keltiberischer Volksstamm, der im nordwestlichen Spanien an der atlantischen Küste in der heutigen autonomen Region Galicien seine Sitze hatte. Strabon präzisiert deren Lage an anderer Stelle C 153, 3.3.5 bei der Beschreibung Lusitaniens noch durch eine weitere Information und schreibt:

> Ὕστατοι δ' οἰκοῦσιν Ἄρταβροι περὶ τὴν ἄκραν, ἣ καλεῖται Νέριον, ἣ καὶ τῆς ἑσπερίου πλευρᾶς καὶ τῆς βορείου πέρας ἐστι.

> Als die äußersten bewohnen die Artabrer die Gegend um das Vorgebirge, das Nerium [Cap Finisterre] genannt wird und das das Ende der westlichen und der nördlichen Seite ist.

Diese Landschaft zeichnete sich im Altertum durch reiche Zinnvorkommen aus, die zeitweise auch noch in der Neuzeit bis ins 20. Jahrhundert bei Bedarf ausgebeutet wurden.[238] Übrigens erwähnt auch Plinius ein von den Bewohnern Lusitaniens und Galiciens zur Gewinnung des Zinnerzes praktiziertes Waschverfahren, das dem von Poseidonios beschriebenen Verfahren entspricht.[239] Er schreibt:

> Nunc certum est in Lusitania gigni et Gallaecia summa tellure, harenosa et coloris nigri [...]. lavant eas harenas metallici et, quid subsedit, coquunt in fornacibus.

> Nun ist aber gewiss, dass es in Lusitanien und Galicien an der Erdoberfläche vorkommt, wo diese sandig und von schwarzer Farbe ist. [...]. Die Metallarbeiter waschen diesen Sand aus und erschmelzen den Bodensatz in den Öfen.

Der spanische Archäologe L Monteagudo, der sich mit dem frühgeschichtlichen Metallabbau auf der iberischen Halbinsel befasst hat, berichtet, dass diese einfache Methode zum Abbau des in bodennahen Schichten auftretenden Zinnes noch wenige Jahrzehnte vor seiner Zeit in Gebrauch war.[240] Die

---

[238] L. Monteagudo, Die Beile auf der Iberischen Halbinsel, 16 ff., siehe auch Tafel 130 B.
[239] Plin. nat. 34, 157.
[240] L. Monteagudo, Beile, 16.

von Poseidonios oben kritisierte Ansicht der „Historiker", wonach das Zinn auf der Oberfläche zu finden sei, bestand also hinsichtlich der Vorkommen in diesen Regionen zu Recht und könnte von Polybios herrühren, der jene Gegend auf seiner Reise in den Atlantik selbst gesehen haben muss.[241]

Genauere Angaben zu den oben erwähnten Kassiteriden, zu ihrer Anzahl und Lage sowie zu ihren Bewohnern und deren Tätigkeiten und Gewohnheiten teilt Stabon C 175, 3.5.11 mit:

> Αἱ δὲ Καττιτερίδες δέκα μὲν εἰσι, κεῖνται δ'ἐγγὺς ἀλλήλων, πρὸς ἄρκτον ἀπὸ τοῦ τῶν Ἀρτάβρων λιμένος πελάγιαι. μία δ'αὐτῶν ἔρεμός ἐστι, τὰς ἄλλας οἰκοῦσιν ἄνθρωποι μελάγχλαινοι, ποδήρεις ἐνδεδυκότες τοὺς χιτῶνας, ἐζωσμένοι περὶ τὰ στέρνα, μετὰ ῥάβδων περιπατοῦντες, ὅμοιοι ταῖς τραγικαῖς Ποιναῖς· ζῶσι δ' ἀπὸ βοσκημάτων νομαδικῶς τὸ πλέον. μέταλλα δὲ ἔχοντες καττιτέρου καὶ μολύβδου κέραμον ἀντὶ τούτων καὶ τῶν δερμάτων διαλλάτονται καὶ ἅλας καὶ χαλκώματα πρὸς ἐμπόρους.

> Von den Kassiteriden gibt es zehn an der Zahl, und sie liegen nahe beieinander im offenen Meer, nördlich vom Hafen der Artabrer aus gerechnet. Eine von ihnen ist verlassen, die anderen aber bewohnen Leute in schwarzen Mänteln, bekleidet mit bis auf die Füße reichenden Röcken. Sie haben die Brust umgürtet und gehen mit Stöcken einher, ähnlich wie die Rachegöttinnen in der Tragödie. Sie leben nach Hirtenweise hauptsächlich von ihren Herden. Da sie aber auch Bergwerke auf Zinn und Blei betreiben, tauschen sie diese Metalle und die Häute gegen Töpferwaren, Salz und bronzene Gerätschaften bei den Kaufleuten ein.

Strabon gibt hier sein Quelle nicht an, doch es ist sehr wahrscheinlich, dass diese Ausführungen ebenfalls von Poseidonios stammen, denn Strabon schließt sie unmittelbar an einen längeren Bericht über den Aufenthalt des Poseidonios in Gadeira an. Den Hafen der Artabrer, nördlich dessen die Zinninseln gelegen sind, erwähnt Strabon noch einmal C 154, 3.3.5 und beschreibt ihn als eine Bucht mit vielen Küstenstädten:

> ἔχουσι δὲ οἱ Ἄρταβροι πόλεις συχνὰς ἐν κόλπῳ συνοικουμένας, ὃν οἱ πλέοντες καὶ χρώμενοι τοῖς τόποις Ἀρτάβρων λιμένα προσαγορεύουσιν.

> Die Artabrer haben mehrere dichtbesiedelte Städte an einer Meeresbucht, die von den Seeleuten, die diese Orte aufsuchen, „Hafen der Artabrer" genannt wird.

---

[241] Siehe Kap. 4.5.3 Atlantikfahrt des Polybios.

Mit diesem Hafen der Artabrer könnte eine der sich fjordartig weit ins Landesinnere Nordwest-Spaniens hineinziehenden Rias gemeint sein, und die Kassiteriden des Poseidonios sind dann unter den vor diesen Rias an der Westküste Galiciens gelegenen Inseln zu suchen.[242] Dafür spricht auch die oben mitgeteilte Feststellung Strabons, dass sich die Bewohner der Kassiteriden schwarz zu kleiden pflegten. Diese Gewohnheit war offenbar nicht nur auf die Zinninseln beschränkt, sondern im ganzen Norden Iberiens verbreitet. Strabon erwähnt nämlich C 155, 3.3.7 bei der Beschreibung der Sitten und Gebräuche der im Norden Iberiens ansässigen Gebirgsstämme der Galicier, Asturier und Kantabrier, dass diese alle schwarz gekleidet seien, meistens mit Mänteln, in denen sie auch auf Strohlagern zu schlafen pflegten (μελανείμονες ἅπαντες, τὸ πλέον ἐν σάγοις, ἐν οἷσπερ καὶ στιβαδοκοιτοῦσι).

4.4 Polybios und das galicische Zinn

Aus den oben angeführten Texten wird deutlich, dass Poseidonios über recht genaue Informationen bezüglich der im Nordwesten Spaniens gelegenen Zinnregionen verfügte, doch ist es fraglich, ob der Vielgereiste diese Landstriche wirklich besucht hat. Nur soviel ist sicher, dass er bis Gades gekommen ist, wo er während eines längeren Aufenthaltes wissenschaftliche Untersuchungen u. a. zur Entstehung und Ursache der Gezeiten durchführte,[243] und hier in dieser „internationalen" See- und Handelsstadt hatte er sicher Gelegenheit, Erkundungen über die oberhalb Lusitaniens gelegenen Zinnlande einzuziehen. Polybios dagegen muss diese Regionen selbst gesehen haben und war nicht auf diesbezügliche Auskünfte anderer angewiesen. Er fuhr nämlich, wie er selbst 3, 59, 7 sagt,[244] auf das von außen an Libyen, Iberien und Gallien stossende Meer hinaus (κατὰ Λιβύην καὶ κατ' Ἰβηρίαν, ἔτι δὲ Γαλατίαν καὶ τὴν ἔξωθεν ταύταις χώραις συγκυροῦσαν θάλατταν) und segelte also auf dem Atlantik längs der West- und Nordküste Iberiens und gelangte vielleicht bis hinauf zu den gallischen Hafenplätzen an der Biskaya.[245] Auf dieser Fahrt musste er die Kassiteriden des Poseidonios und

---

[242] Vgl. C. F. Unger, Kassiteriden und Albion, 169/170.
[243] Strab. C 172–175, 3.5.6–8.
[244] Siehe Kap. 3.3 Polybios' Beurteilung der „alten Geographen."
[245] Vgl. O. Cuntz, Polybius und sein Werk, 57.

die Zinngebiete der Artabrer berührt haben, und dort konnte er sich dann über die Zinnvorkommen unterrichtet und sich vor Ort auch ein Bild von dem dort praktizierten Sandwaschverfahren zur Zinngewinnung gemacht haben. Und ebenso, wie er nach seinem eigenen Zeugnis und nach dem Zeugnis Strabons ausführlich über die Gold- und Silberminen geschrieben hat, so wird er auch vom galicische Zinn und dessen Gewinnung Kunde gegeben haben, doch ist dieser Bericht wie auch jener über die iberischen Bergwerke verloren gegangen. Die in obigem Zitat Pol. 3, 57, 1–3 erwähnte τοῦ καττιτέρου κατασκευή[246] muss sich also, wie bereits oben Kap. 4.2 dargelegt, nicht auf das britannische Zinn beziehen, sondern Polybios kann auch das Abbauverfahren des Zinns in Galicien gemeint haben.

Was nun die Gründe für diese Unternehmung des Polybios anbetrifft, so scheint seine Expedition vielleicht nicht einmal in erster Linie geographische und ethnographische Forschungen zum Ziel gehabt zu haben, obgleich Polybios 3, 59, 7–8 schreibt, er habe seine Reisen in den Westen durch Libyen, Iberien und Gallien sowie auf dem an die „Außenseite" dieser Länder angrenzenden Meere in der Absicht unternommen, die Unwissenheit der früheren Reisenden zu korrigieren und auch jene Bereiche der Welt den Griechen zur Kenntnis zu bringen.(ἵνα διορθωσάμενοι τὴν τῶν προγεγονότων ἄγνοιαν ἐν τούτοις γνώριμα ποιήσωμεν τοῖς Ἕλλησι καὶ ταῦτα τὰ μέρη τῆς οἰκουμένης). Vielmehr hatte er dabei wohl auch das wirtschaftliche Potential dieser neu entdeckten Länder insbesondere in Hinblick auf den Reichtum und die Ergiebigkeit von Bodenschätzen im Auge, sodass seine Unternehmungen auch den Charaker einer Explorationsreise hatte. Polybios hat diese Fahrt sehr wahrscheinlich nach dem Fall der Festung Numantia angetreten, an deren Belagerung er unter Scipio Aemilianus als Ingenieur und Militärexperte teilgenommen hatte,[247] und sicherlich war es Scipio, der ihm eine Flotte für seine Expedition zur Verfügung stellte und ihn beauftragte, die wirtschaftlichen Ressourcen jener Regionen zu erkunden.

Übringens wird schon die ebenfalls von Scipio während der Belagerung Karthagos ermöglichte Flottenexpedition des Polybios längs der marokkanischen Atlantikküste, von der Plinius NH 5.9 berichtet, und auf die Polybios offenbar in obigen Zitat (κατὰ Λιβύην καὶ κατ' Ἰβηρίαν, ἔτι δὲ Γαλατίαν καὶ τὴν

---

[246] Siehe Kap. 4.2 Kenntnisse des Polybios über spanisches und britannisches Zinn.
[247] Siehe Kap. 4.5.2.2 Scipio und Polybios 132 vor Numantia.

ἔξωθεν ταύταις χώραις συγκυροῦσαν θάλατταν) anspielt, dem Zweck gedient haben, die dortigen Minen der Karthager zu erkunden. Plinius schreibt:

> Scipione Aemiliano res in Africa gerente Polybius annalium conditor ab eo accepta classe scrutandi illius orbis circumvectus, prodidit a monte eo ad occasum uersus saltus plenos feris, quas generunt Africa ad flumen Anium CCCCLXXXXVI. ab eo Lixus CCV. Agrippa Lixum a Gaditano freto CXII abesse.

Als Scipio Aemilianus den Oberbefehl in Afrika innehatte, fuhr Polybius, der Verfasser von Annalen mit einer von jenem zur Verfügung gestellten Flotte aus, um jenen Bereich zu erforschen; er berichtete, dass sich von diesem Berg gegen Westen hin bis zum Fluss Anatis über 496 Meilen Wälder hinziehen voll von wilden Tieren, die Afrika hervorbringt. Agrippa meint, von diesem bis Lixos seien es 205 Meilen, der Lixos sei von der Meerenge von Gades 112 Meilen entfernt.

Polybios passierte also auf dieser Fahrt die Gegend des im Zitat erwähnten Flusses Lixus, an dessen Ufer die gleichnamige Stadt Λίγξ lag, deren Ruinen an der Küste in der Nähe des heutigen Larache (El Araish) im nordwestlichen Marokko gefunden wurden,[248] und das bereits um die Wende vom 2. zum 1. Jahrtausend als phönizische Kolonie zur Abwicklung des Handels mit den im Hinterland abgebauten reichen Metallvorkommen gegründet worden war[249] und später zum karthagischen Machtbereich gehörte.[250] O. Cuntz glaubt, dass diese Expedition des Polybios im Jahre 148 stattfand, als es zu einer Stockung in der Belagerung Karthagos kam und Scipio mit der Nachfolgeregelung im Numidischen Reich beschäftigt war und darum zeitweilig auf die Dienste des Polybios als militärischer Berater und Ingenieur verzichten konnte.[251] Walbank und Pedech dagegen setzen diese Fahrt unmittelbar nach der Eroberung Karthagos an.[252]

Während Polybios also sich auf seinen Flottenexpeditionen an Ort und Stelle ein Bild von den reichen Metallvorkommen der atlantischen Regionen Spaniens und Marokkos machen konnte, scheint er über den Zinnabbau in Britannien nur ganz ungenau unterrichtet gewesen zu sein. Das geht aus einem von Strabon C 190, 4.2.1 = Pol. 34, 10, 6 überlieferten Bericht des

---

[248] H. Treidler, KlP 3, 1979, 698 s. v. Lix.
[249] S. Moscati, The Phoenicians, Milan, 1988, 168 (Palazzo Grassi 1988, Venezia).
[250] W. Huss, Geschichte der Karthager, München 1985, 70.
[251] O. Cuntz, Polybius, 54.
[252] F. Walbank, Geography of Polybius, 160; P. Pedech, Méthode Historique, 560/561.

Polybios hervor, in dem dieser auf eine von Scipio – höchstwahrscheinlich war es Scipio Aemilianus – veranstaltete Befragung einiger im Handel mit Britannien tätiger Kaufleute zu sprechen kam, bei der Polybios vermutlich selbst zugegen war. Bei den damals geführten Unterredungen ging es um Britannien und ganz sicher auch um das von dort importierte Zinn, doch wußten Scipios Gesprächspartner nichts Nennenswertes dazu zu sagen, sodass Polybios zumindest zum Zeitpunkt dieser Unterredung keine berichtenswerten und fundierten Informationen zur Verfügung standen. Auf diese Besprechung wird im folgenden ausführlicher eingegangen werden.

4.5 Scipios Zusammenkunft mit den Kaufleuten aus Corbilo, Narbo und Massalia

Strabon kommt bei der im 4. Buch seiner *Geographika* gegebenen Beschreibung der Völker und Landschaften Galliens auch auf die zwischen den Stammesgebieten der Pictonen und Namneten gelegene Mündung des Ligerstromes (Loire) zu sprechen, und bemerkt dazu C 190, 4.2.1, dass an diesem Fluss früher ein Handelsplatz namens Corbilo (Κορβιλῶν)[253] bestanden habe, den Polybios im Zusammenhang mit den Fabeleien des Pytheas erwähnt habe. Polybios, so fährt Strabon fort, habe ferner berichtet, dass Scipio mit Leuten aus Massalia zusammengetroffen sei und bei dieser Gelegenheit versucht habe, in Hinblick auf die Erzählungen des Pytheas Näheres über Britannien in Erfahrung zu bringen. Die Auskünfte, die er erhielt, seien jedoch unbefriedigend und ohne wirkliche Substanz gewesen, und desgleichen habe er auch von Leuten aus Narbo (Ναρβῶν) und Corbilo, welche die beiden wichtigsten Städte in dieser Region zwischen Garonne und Loire seien, nichts Nennenswertes erfahren können, Pytheas aber habe die Dreistigkeit besessen, soviele Lügen zu verbreiten. Strabon schreibt:[254]

ὁ δὲ Λείγηρ μεταξὺ Πικτόνων τε καὶ Ναμνιτῶν ἐκβάλει. πρότερον δὲ Κορβίλων ὑπῆρχεν ἐμπόριον ἐπὶ τούτῳ τῷ ποταμῷ, περὶ ἧς εἴρηκε Πολύβιος, μνησθεὶς τῶν ὑπὸ Πυθέου μυθολογηθέντων, ὅτι Μασσαλιωτῶν μὲν τῶν συμμιξάντων Σκιπίωνι οὐδεὶς

---

[253] Statt Κορβίλων und Νάρβων werden in den folgenden Ausführungen die in der Fachliteratur gebräuchlichen lateinischen Bezeichnungen Corbilo und Narbo verwendet.
[254] Strab. C 190, 4.2.1 = Pol. 34, 10, 6.

KAPITEL 4

εἶχε λέγειν οὐδὲν μνήμης ἄξιον, ἐρωτηθεὶς ὑπὸ τοῦ Σκιπίωνος περὶ τῆς Βρεττανικῆς, οὐδὲ τῶν εκ Νάρβωνος οὐδὲ τῶν εκ Κορβίλωνος, αἵπερ ἦσαν ἄρισται πόλεις τῶν ταύτῃ, Πυθέας δ'ἐθάρρησε τοσαῦτα ψεύσασθαι.

Der Liger hat seine Mündung zwischen den Piktonen und den Namneten. Früher gab es an diesem Fluss den Handelsplatz Corbilo, von dem Polybios anlässlich des von Pytheas Gefabelten spricht: von den Massalioten, die mit Scipio zusammentrafen, habe keiner etwas Nennenswertes berichten können, als er von Scipio über Britannien befragt wurde, und auch keiner von den Leuten aus Narbo und keiner aus Corbilo – was die hervorragendsten Städte dort gewesen seien – Pytheas dagegen habe die Stirn gehabt, eine solche Menge Lügen aufzutischen. [Übersetzung S. Radt]

Offenbar waren die Gesprächspartner Scipios im Handel mit britannischem Zinn tätige Kaufleute, denn die Orte, in denen sie ihren Geschäften nachgingen, spielten eine besondere Rolle beim Zinnexport von Britannien in den Mittelmeerraum. Corbilo nämlich war ein im Bereich der Loiremündung gelegener Stapel- und Umschlagplatz für das aus Britannien ausgeführte Zinn,[255] und in Massalia und in Narbo, dem heutigen Narbonne, endeten die Überlandwege, auf denen es durch Gallien zum Mittelmeer transportiert wurde.[256]

Strabon teilt nicht mit, welches Mitglied der Familie der Scipionen damals mit den Leuten aus Corbilo, Narbo und Massalia zusammentraf, und auch nicht, an welchen Orten diese Zusammenkunft stattfand. Es ist jedoch sehr wahrscheinlich, dass dies im südlichen Gallien – vielleicht sogar in Massalia selbst – oder irgendwo im Norden auf der Iberischen Halbinsel geschah. Als mögliche Gesprächspartner kommen deshalb nur Publius Cornelius Scipio, der Konsul des Jahres 218, dessen Sohn Publius Cornelius Africanus Maior, der Sieger von Zama sowie dessen Adoptivenkel Scipio Aemilianus, der Zerstörer Karthagos, in Frage, die sich alle zeitweilig in den oben genannten Regionen aufgehalten haben. Da es sich bezüglich der Interpretation der Strabonstelle C 190, 4.2.1 als nicht unerheblich erweisen wird, um welchen der Scipionen es sich handelte, zu welchem Zeitpunkt die Zusammenkunft stattfand, und ob Polybios selbst dabei anwesend war, sollen im folgenden diese Fragen näher erörtert werden.

---

[255] M. J. Ramin, Le problème de Corbilo, 119–123.
[256] Siehe Kap. 4.3 Exkurs: Bericht des Poseidonios über den Zinnbergbau in Spanien und die Kassiteriden sowie Kap. 4.6.3 Der Weg des britannischen Zinns von Iktis zum Mittelmeer.

4.5.1 Die Scipionen als Gesprächsführer
4.5.1.1 Pb. Cornelius Scipio

Pb. Cornelius Scipio hatte sich 218 mit einer Flotte in Pisa eingeschifft und landete mit ihr in der Nähe von Massalia, um dort den Marsch Hannibals nach Italien aufzuhalten.[257] J. Lelewel glaubt, dass es dieser der Scipionen war, der die Befragung der Leute aus Corbilo, Narbo und Massalia veranstaltete.[258] Es ist allerdings fraglich, ob dieser angesichts der kritischen Situation, die er bei seiner Ankunft vorfand, Interesse und Zeit hatte, um Erkundigungen über Britannien einzuziehen, denn er erfuhr, dass die karthagischen Truppen unter Hannibal bereits die Rhone überquert und sich auf den Weg über die Alpen nach Italien gemacht hatten. Er kehrte deshalb mit Heer und Flotte zurück, um Hannibal am Fusse der Alpenpässe in der Poebene entgegenzutreten, seinen Bruder Gn. Cornelius Scipio aber schickte er mit einem Truppenkontingent nach Spanien und beauftragte ihn, dort die Operationen gegen die Karthager fortzuführen.[259] Später erschien er wieder auf dem spanischen Kriegsschauplatz, fand aber 211 zusammen mit seinem Bruder Gnaeus im Kampf gegen die Karthager den Tod.

4.5.1.2 Pb. Cornelius Scipio Maior

Sein Sohn Publius Cornelius Scipio Africanus wurde 210, versehen mit einem konsularischen Imperium, nach Spanien geschickt. Livius berichtet, dass er mit einer Flotte von der Tibermündung aufbrach, längs der etrurischen Küste und an den Alpen vorbeifuhr, dann an der Küste des *Sinus Gallicum* (Golfe du Lion) entlangsegelte, das Vorgebirge der Pyrenäen umrundete und schließlich in Emporium an Land ging, dem griechischen Handelsplatz, dessen Überreste am heutigen Golf de Roses im nordöstlichen Katalonien ausgegraben worden sind. Er marschierte dann weiter nach Tarraco, dem heutigen Tarragona, wo er eine Versammlung der Bundesgenossen abhielt und Gesandschaften empfing.[260] Es ist denkbar, dass sich ihm während dieser Reise oder auch auf dem Konvent von Tarraco eine Gelegenheit zu jener Befragung der Leute aus Massalia, Narbo und Corbilo bot, und wohl aus diesem Grunde

---
[257] Pol. 3, 41, 5.
[258] J. Lelewel, Pytheas und die Geographie seiner Zeit, 46.
[259] Pol. 3, 49, 3–4.
[260] Liv. XXVI, 19. 10–14.

glaubte Camille Jullian, der Verfasser der bedeutenden *Histoire de la Gaule*, Scipio Africanus in jenem Scipio sehen zu können, der damals Erkundungen über Britannien einziehen wollte. Jullian schreibt:[261] „Scipion, le premier Africain, a conversé à Marseille, à Port-Vendres[262] ou à Tarragone, avec des indigènes de Narbonne et de Corbilo", und an anderer Stelle bemerkt er bei der Erwähnung Scipios im Zusammenhang mit jenem Gespräch: „Il s'agit, je crois, du premier Africain".[263] Auch H. L. Jones gibt der Annahme, dass Scipio Maior jene Unterredung veranlasste, den Vorzug. Er schreibt: „It is not known to which member of the Cornelian gens Strabo refers; probably Africanus Maior"[264], und schon Friedrich August Ukert glaubte, dass es sich um Scipio den Älteren gehandelt habe.[265]

4.5.1.3 Scipio Aemilianus

Am plausibelsten aber ist die Annahme, Scipio Aemilianus habe damals jene Befragung durchgeführt. Dafür spricht bereits ein rein formaler Gesichtspunkt, auf den A. Schmitt hingewiesen hat.[266] Da in der obigen Textstelle lediglich von Σκίπιων ohne weitere Zusätze die Rede ist, hat Schmitt untersucht, unter welchen Namen die in Frage kommenden Scipionen im Werk des Polybios auftreten. Er hat dabei festgestellt, dass der Konsul des Jahres 218 in der Regel mit Πόβλιος, dessen Bruder Gnaeus mit Γνάιος, und P. Cornelius Scipio Africanus Maior meist wieder wie sein Vater mit Πόβλιος bezeichnet wird. Wenn aber Scipio Aemilianus gemeint ist, dann wird regelmäßig der Name Σκιπίων verwendet. Auch die Tatsache, dass es Polybios ist, der Protegé, Lehrer und enge Vertraute des Aemilianus, auf den der Bericht Strabons in C 190, 4.2.1 über die Zusammenkunft mit den Kaufleuten zurückgeht, legt die Vermutung nahe, dass es Scipio Aemilianus war, der damals jene Befragung abhielt. Dieser hielt sich nämlich bei militärischen Einsätzen gegen die keltiberischen Volksstämme, die sich der römischen Herrschaft nicht unterwerfen wollten, zuerst in den Jahren 151/150 als Militärtibun und

---

[261] C. Jullian, Histoire de la Gaule II, 237.
[262] Das unmittelbar an der spanischen Grenze gelegene Städtchen Port-Vendres ist der antike Hafenplatz Portus Veneris.
[263] C. Jullian, Histoire de la Gaule 1, 523, Anm. 2.
[264] H. L. Jones, Geography of Strabo II, 215, Anm. 1.
[265] F. A. Ukert, Geographie der Griechen und Römer I 1, 150/151.
[266] A. Schmitt, Pytheas von Massilia, 23.

später 134/133 als Feldherr am spanischen Kriegsschauplatz auf, und es ist gut möglich, dass er bei einer dieser beiden Gelegenheiten mit den Leuten aus Massalia, Narbo und Corbilo zusammentraf, und dass Polybios dabei zugegen war. Beide Datierungen sind in der Forschung vertreten worden und sollen im Folgenden genauer untersucht werden, denn es ist in Hinblick auf die in der Unterredung behandelte Thematik nicht unerheblich, ob jene Befragung – möglicherweise angeregt durch das geographische Interesse seines Lehrers Polybios – von dem jungen Militärtribun veranlasst wurde, oder ob sie von dem ruhmreichen Feldherrn und führenden Staatsmann Roms durchgeführt wurde, der politische und vor allem wirtschaftliche Interessen des Imperiums bei dieser Besprechung im Auge hatte.[267]

4.5.2 Zeitpunkt der Zusammenkunft
4.5.2.1 Scipio und Polybios 150/151 in Spanien und Afrika

Was den ersten Einsatz anbetrifft, so war Scipio im Jahre 151 als junger Militärtribun nach Spanien gegangen, um unter dem Konsul Lucius Licinius Lucullus am Feldzug gegen die Keltiberer teilzunehmen,[268] und Heinrich Nissen hat die Annahme vertreten, dass sich Polybios dabei in seinem Gefolge befand.[269] Nissen zieht als Beleg für diese Annahme die Stelle Pol. 9, 25 heran, in der Polybios im Zusammenhang mit Betrachtungen über den Charakter Hannibals berichtet, anläßlich eines Treffens mit dem Numidierkönig Massinissa habe er (Polybios) aus dessen Munde Bemerkungen über die ungewöhnliche Geldgier des karthagischen Feldherrn vernommen (φιλάργυρός γε μὴν δοκεῖ γεγονέναι διαφερόντως). Diese Begegnung, so argumentiert Nissen weiter, muss aber während des von Appian in seiner *Libyca* erwähnten Besuches stattgefunden haben, den Scipio im Auftrage des Konsuls dem Numidierkönig abstattete, um Elefanten für den spanischen Krieg zu requirieren.[270] Nissen weist ferner nach, dass diesem Treffen ein früheres nicht vorhergegangen sein kann. Da aber Massinissa 149/148 starb, Scipio bereits 150 nach Rom zurückkehrte und Polybios 149 nachweislich in Griechenland weilte, so kann, falls die Überlegungen Nissens zutreffen, die Befragung der

---

[267] Siehe Kap. 4.5.4 Britannisches Zinn als mögliches Gesprächsthema.
[268] App. Ib. 53.
[269] H. Nissen, Die Ökonomie der Geschichte des Polybios, 271.
[270] App. Lib. 71.

Leute aus Corbilo und den anderen beiden oben genannten Städten durch Scipio nur im Zeitraum von 151 bis 150 stattgefunden haben. P. Pedech glaubt daher unter Bezugnahme auf Nissens Überlegungen, dass sich Scipio, der sich als Freiwilliger zum Einsatz in Spanien gemeldet hatte, zusammen mit Polybios und Lucullus im Frühjahr 151 eingeschifft hätte, um zu Marcellus, dem Konsul des Jahres 152 zu stossen, der sein Quartier in Corduba hatte. Sie hätten den Seeweg längs der Küsten Italiens, Galliens und Spaniens benutzt, und in Massalia und danach in Narbo vergeblich versucht, Erkundigungen über Britannien einzuziehen.[271] Auch F. W. Walbank setzt die Zusammenkunft Scipios mit den Leuten aus Massalia, Narbo und Corbilo in diesen Zeitraum an, allerdings auf das Jahr 150, als Scipio auf dem Rückweg von Spanien nach Rom war, und er hält es für wahrscheinlich, dass Polybios an der Besprechung teilgenommen und diese sogar angeregt hat.[272]

4.5.2.2 Scipio und Polybios vor Numantia

Im Gegensatz hierzu hat O. Cuntz die Befragung auf das Jahr 133/132 datiert, als Scipio nach dem Fall Numantias nach Rom zurückkehrte. Cuntz bestreitet, dass Polybios mit Scipio in den Jahren 151/150 in Spanien war, weil die Internierung der achaiischen Geiseln erst im Jahre 150 aufgehoben wurde. Zwar war Polybios dank seiner Kontakte zur Familie der Scipionen eine größere Bewegungsfreiheit gewährt worden als seinen in verschiedene etruskische Landstädte verbannten Mitbürgern, aber es ist Cuntz zufolge nicht denkbar, dass der Senat, der hinsichtlich der Haftbedingungen der Internierten äußerste Strenge walten ließ – unbefugtes Entfernen vom Ort des Exils wurde hart bestraft – Polybios eine Reise außerhalb Italiens erlaubt und damit einen spektakulären Präzedenzfall geschaffen hätte. Es kommt hinzu, dass der Einfluss Scipios auf den Senat zu dieser Zeit noch nicht so bedeutend war wie in späteren Jahren.

Dass Polybios das von ihm selbst bezeugte Gespräch mit Massinissa auch noch nach der im Jahre 150 erfolgten Aufhebung seiner Internierung geführt haben könnte, hat O. Cuntz durch folgenden Gedankengang plausibel gemacht:[273] Die in Italien festgehaltenen Achaier – von den ursprünglich

---

[271] P. Pédech, La Méthode Historique du Polybe, 558.
[272] F. Walbank, Geography of Polybios, 161.
[273] O. Cuntz, Polybios, 51/52.

1.000 waren nur noch 300 am Leben – wurden im Herbst 150 freigelassen,[274] und Polybios begab sich umgehend in seine Heimat, aber schon 149, als sich der Ausbruch des letzten Punischen Krieges abzeichnete, erging an ihn der Ruf des Konsuls Manilius, sicherlich auf Betreiben Scipios, der später als Tribun am Feldzug teilnahm, sich als militärischer Berater und Ingenieur auf dem nordafrikanischen Kriegsschauplatz einzufinden. Zwar wurde diese Aufforderung kurzfristig wieder zurückgenommen, da Karthago die Erfüllung sämtlicher von den Römern gestellten Bedingungen zugesagt hatte, als aber der Krieg dann doch noch ausbrach, dürfte Polybios, wie Cuntz vermutet, einem erneuten Ruf gefolgt sein und sich nach Nordafrika begeben haben. Er hätte also auch noch bei dieser Gelegenheit jenes oben erwähnte Gespräch mit Massinissa geführt haben können, der erst im Winter 149/148 verstarb.

Wenn eine Reise des Polybios vor 150 in den Westen auszuschließen ist, dann kann eine solche, so Cuntz, nur in den Jahren 134/133 stattgefunden haben. Der Senat entsandte damals Scipio, den fähigsten Feldherrn Roms, nach Spanien mit dem Auftrag, die Stadt Numantia zu unterwerfen, die als letzte keltiberische Bastion der römischen Kriegsmacht trotz jahrelanger Belagerung hartnäckig Widerstand leistete. Offensichtlich war wegen der Situation vor Ort Eile geboten. Wie Appian berichtet, fuhr Scipio der ihm zur Verstärkung zugeordneten Heeresabteilung nur von einem kleinen Gefolge begleitet voraus, um den Mißständen und der Disziplinlosigkeit Einhalt zu gebieten, die sich bei den Truppen im Lager vor Numantia unter dem Kommando unfähiger und verantwortungsloser Befehlshaber eingestellt hatten.[275] Er dürfte deshalb den direkten Seeweg nach Spanien gewählt haben und keine Zeit erübrigt haben können, um mit den Leuten aus Massalia, Narbo und Corbilo zusammen zu kommen.

O. Cuntz hält es für so gut wie sicher, dass Polybios die Belagerung Numantias mitgemacht hat und verweist hierfür auf eine Bemerkung Ciceros in einem seiner Briefe an L. Lucceius, wonach Polybios ein von seinem eigentlichen Geschichtswerk abgetrenntes Buch über den Numantinischen Krieg geschrieben habe.[276] Der Historiker Lucceius arbeitete an der Abfassung

---

[274] H. Nissen, Ökonomie, 272.
[275] App. Ib. 84.
[276] Vgl. O. Cuntz, Polybios, 56; P. Pédech, Méthode Historique, 524.

einer Geschichte Roms, hatte aber noch nicht die Beschreibung der in das Konsulatsjahr Ciceros fallenden Ereignisse in Angriff genommen. In seiner Ungeduld, schon jetzt seine Taten im Zusammenhang mit der Verschwörung des Catilina verherrlicht zu sehen, wandte sich Cicero an den befreundeten Lucceius mit der Bitte, die Ereignisse jenes Jahres aus der zusammenhängenden Darstellung des geschichtlichen Ablaufes herauszunehmen und in einem besonderen Buch zu beschreiben. Er verwies dabei auf das Beispiel griechischer Historiker, die bestimmte Epochen abgesondert vom allgemeinen Verlauf der Geschichte behandelt hätten und erwähnt dabei auch Polybios, der ein besonderes Buch über den Numantinischen Krieg geschrieben habe.[277] Auch P. Pédech hält es für wahrscheinlich, dass Polybios bei der Belagerung dabei war,[278] glaubt aber, wie oben bereits erwähnt, dass die Zusammenkunft Scipios mit den Leuten aus Massalia, Narbo und Corbilo schon früher (151) stattgefunden hat. Zusätzlich unterstützt wird die These vom militärischen Einsatz Polybios' vor Numantia durch die Ergebnisse einer von A. Schulten, dem Experten für die antike Geschichte Spaniens, durchgeführten umfangreichen und gründlichen topographisch-historischen Studie über den Numantinischen Krieg. In dieser hat Schulten dargelegt, dass die Kapitel 84–98 der Ἰβηρική des Appian, in denen die Belagerung und der Fall Numantias geschildert werden, höchstwahrscheinlich jenes von Cicero erwähnte Supplement des Polybios zur Vorlage hatte.[279] Appians Bericht enthält in der Tat zahlreiche, von Schulten vor Ort nachgeprüfte topographische Angaben, die nur von einem Augenzeugen stammen können. Darüber hinaus werden die von Scipio ergriffenen strategischen Maßnahmen so detailliert und anschaulich beschrieben, dass Appians Vorlage auf einen Beobachter mit hohem militärischen Sachverstand zurück gehen muss. Man wird deshalb mit A. Schulten nicht fehlgehen in der Annahme, dass jener Beobachter Polybios selbst war und dieser sich als Ingenieur und militärischer Berater Scipios vor Numantia im Einsatz befand, in derselben Funktion also,

---

[277] Cic. fam. 5.13.2: quin te admonerem, ut cogitares, coniunctene malles cum reliquis rebus nostra contexere an, ut multi Greci fecerunt, Callisthenes Phocium bellum, Timaeus Pyrrhi, Polybius Numantinum, qui omnes a perpetuis suis historiis ea, quae dixi, bella separaverunt, ut quoque item civilem coniurationem ab hostibus externis bellis seiungeres.

[278] P. Pedech, Méthode Historique, 524 Anm. 53.

[279] A. Schulten, Numantia, eine topographisch-historische Untersuchung, 83.

die er bereits bei der Belagerung und Einnahme Karthagos an der Seite des römischen Feldherrn ausgeübt hatte.

4.5.3 Die Atlantikfahrt des Polybios

Während die Fahrt des Polybios κατὰ Λιβύην [...] καὶ τὴν ἔξωθεν ταύταις χώραις συγκυροῦσαν θάλατταν längs der marokkanischen Küste nachweislich in die Zeit der Belagerung Karthagos oder unmittelbar nach dem Fall der Stadt erfolgte und wenigstens bis zum Flusse Lixus ging, dem heutigen Oued Loukkos, gehen die Meinungen der Gelehrten hinsichtlich des Zeitpunktes und der räumlichen Erstreckung seiner Reise κατ' Ἰβηρίαν, ἔτι δὲ Γαλατίαν καὶ τὴν ἔξωθεν ταύταις χώραις συγκυροῦσαν θάλατταν längs der atlantischen Küsten Spaniens und Galliens deutlich auseinander. F. Walbank glaubt z. B., dass Polybios im Jahre 146 auf seiner an die afrikanische Küste führenden Fahrt lediglich einen Abstecher an die portugiesische Küste gemacht hat[280] und P. Pédech hält es für unwahrscheinlich, dass Polybios seine Reisen in Spanien und Gallien nach 150 gemacht hat.[281] Mit Recht hat aber O. Cuntz darauf hingewiesen, dass diese Reisen nicht schon in den Jahren 151/150 hätten stattfinden können, als überall der Krieg mit den Keltiberern noch in vollem Gange war.[282] Erst nachdem Numantia nach langer Belagerung schließlich Anfang August 133 gefallen und Scipio mit der Ordnung der spanischen Verhältnisse beschäftigt war, habe Polybios Gelegenheit gehabt, die in 3,59,7–8 erwähnten Reisen κατ' Ἰβηρίαν, ἔτι δὲ Γαλατίαν καὶ τὴν ἔξωθεν ταύταις χώραις συγκυροῦσαν θάλατταν zu unternehmen. An eine Erkundungsfahrt längs der Atlantikküste Spaniens konnte im übrigen auch erst dann gedacht werden, nachdem die dort ansässigen Stämme unterworfen worden waren. Dies geschah aber erst in den auf 138 folgenden Jahren durch den Konsul und Feldherrn Sextus Junius Brutus,[283] dem auf Grund seines Sieges über das Volk der Callaici, das seinen Sitz in der heutigen spanischen Provinz Galicia im Nordwesten der Pyrenäenhalbinsel hatte, der Ehrenname Callaicus verliehen wurde.[284] Sicherlich spielt Polybios in der oben Kap. 4.2 zitierten Stelle 3,37,10–11 auf diese Feldzüge an, wenn er davon spricht,

---

[280] F. Walbank Geography of Polybius, 160.
[281] P. Pedech, Méthode Historique, 556.
[282] O. Cuntz, Polybios, 58.
[283] App. Ib. 71.
[284] Vell. II 5. 1 (hier: Decimus Brutus); Strab. C 152, 3.3.1.

dass der Westen Spaniens erst kürzlich entdeckt worden sei und ganz von barbarischen, volkreichen Stämmen bewohnt werde (κατοικεῖται δὲ πᾶν ὑπὸ βαρβάρων ἐθνῶν καὶ πολυανθρώπων). Seine sich an diese Worte anschließende, offensichtlich mit Verweis auf das 34. Buch gemachte Ankündigung, er wolle darüber später im einzenen Auskunft erteilen, machen es sehr wahrscheinlich, dass seinen diesbezüglichen, aber verlorengegangenen Berichten Erkundungen zugrunde lagen, die er selber auf seiner Fahrt auf dem Ozean eingezogen hatte. Wie weit sich jedoch seine Fahrten erstreckten, ob es sich um eine einzige zusammenhängende Reise handelte, oder ob er zusätzlich eine separate Fahrt längs der Atlantikküste Galliens unternommen hat, läßt sich mit Bestimmtheit nicht mehr feststellen. K. E. Petzold hält z. B. auf Grund der Wortwahl ἔτι δὲ Γαλατίαν eine derartige gallische Sonderreise für denkbar,[285] und D. Roller läßt Polybios – allerdings schon im Jahre 150 – sogar auf dem Landwege durch Gallien bis zum Hafenort Corbilo an der Mündung der Loire ziehen und dann nach Süden per Schiff der gallischen Küste entlang fahren.[286] Für eine derartige Fahrt finden sich jedoch keinerlei Hinweise in den Quellen.

Wenn nun Polybios nach dem Fall Numantias noch im Spätsommer des Jahres 133 zu seiner Reise aufgebrochen ist, dann hätte er bis zum Herbst oder Winterbeginn zwar zu den an der Biskayaküste gelegenen gallischen Häfen gelangen können, für zwei separate Reisen aber dürfte die Zeit nicht ausgereicht haben, denn im Frühjahr 132 muss er wieder im südlichen Gallien gewesen und vermutlich zu dem sich auf dem Heimweg nach Italien befindlichen Scipio gestoßen sein, um sich u. a. dessen Unterstützung bei seiner geplanten Alpenexpedition (Pol. 3, 48, 12) zu versichern, auf der er die Wege erkunden wollte, die Hannibal bei seiner Alpenüberquerung genommen hatte (τοὺς τόπους κατωπτευκέναι καὶ τῇ διὰ τῶν Ἄλπεων αὐτοὶ κεχρῆσθαι πορείᾳ γνώσεως ἕνεκα καὶ θέας). Gegen eine Datierung dieser Unternehmung in die Jahre 151/150 spricht das damals noch bestehende Reiseverbot für die achaiischen Geiseln, und im Jahre 134, als Polybios sich mit Scipio nach Numantia begab, wo er als Ingenieur und militärischer Sachverständige dringend gebraucht wurde, war keine Gelegenheit für derartige Untersuchungen gegeben. Im Jahre 132 entfielen aber alle hinderlichen Umstände, und Scipio

---

[285] Petzold, Geschichtsdenken und Geschichtsschreibung, 133.
[286] D. Roller, Through the Pillars, 100.

konnte Polybios' Vorhaben z. B. durch Bereitstellung eines Expeditionscorps ermöglichen. In der Zeit nun, während der sich Polybios im Quartier des Scipio aufhielt, könnte dann auch die Zusammenkunft mit den Leuten aus Massalia, Narbo und Corbilo stattgefunden haben, und es erscheint nur natürlich, dass Polybios als Berater Scipios zu den Besprechungen mit herangezogen wurde. Beweisen lässt sich das wegen der unzureichenden Quellenlage natürlich nicht, aber immerhin hält es O. Cuntz für möglich,[287] F. Walbank für wahrscheinlich,[288] G. Broche für ein Faktum,[289] und es findet sich in der Literatur auch keine Stimme, die dieser Annahme widerspricht. Im folgenden wird also davon ausgegangen, dass Polybios bei der Unterredung mit den Kaufleuten zugegen war.

Scipio selbst kehrte im Frühjahr 132 nach Italien zurück, um in Rom seinen Triumph als Numantinus zu feiern, sodass die Unterredungen in den Monaten um die Jahreswende 133/132 erfolgt sein müssen. Gegen die Annahme, dass Polybios bei der Belagerung Numantias anwesend war, und damit indirekt auch gegen die späte Datierung sowohl der Reisen des Polybios in den Westen als auch seiner Erkundung des von Hannibal benutzten Weges über die Alpen ist eingewandt worden, dass Polybios damals – seine Geburt wird um das Jahr 200 angesetzt – bereits im fortgeschrittenen Alter von fast 70 Jahren stand und es deshalb zweifelhaft sei, ob er den mit derartigen Unternehmungen verbundenen Anstrengungen gewachsen gewesen war.[290] Sicher waren der Militärdienst vor Numantia und die sich nach dessen Fall anschließenden weiten Reisen zu Wasser und zu Lande für einen Mann seines Alters beschwerlich, und er spricht ja auch selbst von den Gefahren und Mühen, denen er sich dabei ausgesetzt bzw. deren er sich dabei unterzogen habe,[291] aber offenbar muss sich Polybios bis ins hohe Alter einer erstaunlich guten Kondition erfreut haben, die ihm derartige Strapazen überwinden ließen. So war er z. B. – worauf schon sein erstes Amt als das eines Hipparchen des Achaiischen Bundes sowie seine Jagdausflüge mit den Scipionen wärend

---

[287] O. Cuntz, Polybios, 57–58.
[288] Walbank, Geography of Polybius, 161. Walbank setzt für die Begegnung allerdings das Jahr 150 an.
[289] Broche, Pythéas, 138.
[290] F. Walbank, Geography of Polybius, 160.
[291] Pol. 3, 59, 7–8; Pol 12, 28a 4–5.

des Exils hinweisen – ein ausgezeichneter Reiter, und es war bezeichnender Weise ein Reitunfall, der dem Leben des 82-Jährigen ein Ende setzte.[292]

4.5.4 Britannisches Zinn als mögliches Gesprächsthema

Strabon teilt nicht mit, wo Scipio mit seinen Gesprächspartnern zusammen gekommen ist und um wen genau es sich bei diesen gehandelt hat. Es kann sein, dass er auf dem Rückweg nach Italien die Städte Narbo und Massalia berührte und dort auch die Leute aus Corbilo getroffen hat. Auch über die Inhalte des Gesprächs wird, abgesehen davon, dass dabei auch von Britannien und Pytheas die Rede war, von Strabon im einzelnen nichts weiter mitgeteilt. Die Tatsache allerdings, dass es Scipio Aemilianus war, auf dessen Veranlassung jene Besprechung stattfand, und dass es ferner Leute aus Massalia, Narbo und insbesondere auch aus Corbilo waren, die mit ihm zusammenkamen, kann einen Hinweis darauf geben, worum es damals in jener Besprechung ging. Wie bereits oben dargelegt wurde und weiter unten noch im einzelnen ausgeführt werden wird, werden nämlich Massalia und Narbo von Poseidonios und Diodor als Endpunkte von Handelsrouten bezeichnet, auf denen britannisches Zinn nach seiner Verschiffung über den Kanal auf Überlandwegen zum Mittelmeer transportiert wurde, und Corbilo war ein in der Nähe der Mündung der Loire in den Atlantik gelegener Hafenplatz, von wo Schiffsverbindungen nach Britannien bestanden.[293] Zinn aber war ein unentbehrliches Legierungselement für die Herstellung von Bronze, die auch noch in der Zeit der Eisenverarbeitung ihren Platz als der wichtigste im römischen Reich und der antiken Welt verarbeitete Werkstoff behauptete. Neben der Herstellung von Gebrauchsgegenständen aller Art fand Bronze insbesondere Verwendung bei der Ausrüstung der Heere mit Kriegsmaterial wie Panzer, Schilde und Helme, und sehr bedeutend war nicht zuletzt auch ihre Rolle im römischen Münzwesen als Rohmaterial bei der Prägung von Münzen der für den täglichen Zahlungsverkehr benötigten kleineren Nominale.[294] Scipio Aemilianus musste deshalb als Feldherr und führender Politiker des Imperiums höchstes Interesse an einer ausreichenden

---

[292] Lukian, macr. 22.
[293] Siehe Kap. 4.5 Scipios Zusammenkunft mit den Kaufleuten aus Corbilo, Narbo und Massalia.
[294] J. Riederer, DNP 2, 1997, 791, s. v. Bronze(n).

und gesicherten Versorgung des Staates mit dem Werkstoff Bronze haben, die wiederum abhängig war vom gesicherten Zugang zu den Quellen des für die Bronzeproduktion erforderlichen Zinns. Es ist daher auch viel wahrscheinlicher, dass Scipios Zusammenkunft mit den Kaufleuten erst nach Numantia stattfand[295] und nicht schon in den Jahren 151/150, als dieser sich als junger Militärtribun zum freiwilligen Einsatz in Spanien gemeldet und damit ein Beipiel für die römische Jugend gegeben hatte.[296] Das Gesamtinteresse des römischen Staates stand damals für ihn noch nicht im Vordergrund. Jetzt aber befand sich Scipio als zweimaliger Konsul auf dem Höhepunkt seiner Macht und seines Einflusses und war verantwortlich für die Belange des gesamten Reiches, und es dürfte deshalb bei der Unterredung mit den Leuten aus Massalia, Narbo und Corbilo – es waren offenbar im Zinngeschäft tätige Kaufleute – in erster Linie darum gegangen sein, Informationen über den Handel mit britannischem Zinn und dessen Transport zur Küste des Mittelmeeres einzuziehen.[297] Es ist gut möglich, dass Scipio von Polybios, als dieser nach Beendigung seiner Reisen längs der atlantischen Küsten Spaniens und Galliens mit jenem im südlichen Gallien zusammentraf, auf die Bedeutung Britanniens als eines neben Spanien zusätzlichen Zinnlieferanten aufmerksam gemacht wurde. Wenn Polybios z. B. auf seinen Fahrten bis zu den an der gallischen Biskayaküste gelegenen Häfen gekommen ist, dann musste er dort auf die Schifffahrtsrouten aufmerksam geworden sein, über die sich der Handel mit Britannien vollzog, und dort konnte er auch von Corbilo und der Rolle gehört haben, die dieses Emporium für den Zinntransport über See von Britannien nach Gallien spielte. Weitergehende Kenntnisse über die cornische Zinnproduktion scheint er aber nicht besessen zu haben, denn sonst hätte die Unterredung mit den Kaufleuten möglichgerweise eine andere Wendung genommen.

Die Befragung der Leute aus Massalia, Narbo und Corbilo blieb nämlich für die beiden Vertreter Roms ohne befriedigendes Ergebnis: Scipio und Polybios wurden offenbar mit nichtssagenden Auskünften abgespeist, und man kann vermuten, dass sich Scipios Gesprächspartner absichtlich unwissend stellten, um ihre Geschäfte nicht zu gefährden und um ihre Kenntnisse nicht mit

---

[295] Siehe Kap. 4.5.2.2 Scipio und Polybios vor Numantia.
[296] Liv. XXVI, 18. 7–10.
[297] Vgl. C. F. C. Hawkes, Pytheas 40.

römischer Konkurrenz teilen zu müssen, mit deren Auftreten in Hinblick auf die aktuelle politische Lage demnächst zu rechnen war.[298] Man kann sich aber fragen, ob Scipio und Polybios ein derartiges Täuschungsmanöver von Seiten der Kaufleute nicht hätten durchschauen und der Unterredung unter Hinweis auf Pytheas einen anderen Verlauf hätten geben können, wenn dieser wirklich über den Abbau und Vertrieb des Cornischen Zinns berichtet hätte. Die Erzählungen des Pytheas über dessen Reisen und speziell über dessen Aufenthalt in Britannien waren ja Polybios nachweislich bekannt,[299] und er hatte dessen Schriften vielleicht sogar selbst zur Hand gehabt. Er konnte sie z. B. während seines privilegierten Exils als Lehrer des Scipio Aemilianus in den Bibliotheken Roms studiert haben, sie konnten ihm aber auch vor Ort während eines Zwischenaufenthaltes in Massalia vorgelegen haben, und auf jeden Fall kannte er die Werke des Eratosthenes sehr genau. Es wäre also zu erwarten gewesen, dass Polybios, der selbst ein Experte auf dem Gebiet des Erzbergbaus war,[300] sich ein realistisches Bild über den Zinnabbau in Cornwall und dessen Export hätte machen können und die so gewonnenen Informationen bei der Besprechung mit den Kaufleuten heranziehen und einbringen können. Offenbar geschah dies aber nicht, und dies gibt Anlass zu der Vermutung, dass der Bericht des Pytheas, jedenfalls in der Form, in der er Polybios bekannt war, gar keine Angaben über den Bergbau in Cornwall und den Zinnhandel nach Massalia enthielt.

Abgesehen davon wäre es im übrigen auch verwunderlich, wenn Pytheas in einer für die Öffentlichkeit bestimmten Schrift gerade über solche Dinge ausführlich berichtet hätte, die von der Kaufmannschaft seiner Vaterstadt vermutlich als eine Art Betriebsgeheimnis betrachtet wurden. Es bliebe überdies auch unverständlich, dass er, hätte er wirklich im Auftrag Massalias die Zinnminen Cornwalls inspizieren sollen, vor oder nach Erledigung dieses Auftrages noch weite und sicher nicht ganz risikolose Expeditionen in den unbekannten Norden angetreten hat. Und schließlich: warum sollte er eine weite und beschwerliche Reise nach Cornwall unternommen haben, nur um dort festzustellen, dass das britannische Zinn nach Massalia exportiert wurde, was er schon vorher hätte wissen können. Seine Reise sollte ja nicht

---

[298] Vgl. A. Schmitt, Zu Pytheas von Massilia, 20.
[299] Siehe Kap. 3.1 Urteil des Polybios über den Reisebericht des Pytheas.
[300] Siehe Kap. 4.2 Kenntnisse des Polybios über spanisches und britannisches Zinn.

den Handelsinteressen Massalisas, sondern wissenschaftlichen Zwecken dienen, weshalb er ohne Verzögerungen so schnell wie möglich in den Norden Britanniens vorstoßen wollte.

4.5.5 Zusammenhang mit dem Bericht des Diodorus Siculus

Wie bereits oben erwähnt, stammt der einzige aus der Antike überlieferte ausführlichere Bericht über das britannische Zinn von dem im 1. vorchristlichen Jahrhundert wirkenden Historiker Diodorus Siculus. Er beschreibt im 5. Buch seiner *Bibliotheke* den in Cornwall praktizierten Abbau des Zinns, dessen Verschiffung über den Kanal und anschließenden Weitertransport durch Gallien zum Mittelmeer. Auf diesen Bericht wird im folgenden Kapitel 4.6 ausführlich eingegangen, und dabei wird es sich zeigen, dass Diodor trotz der stark verkürzten Form, in der die technischen, geologischen und geographischen Details dargestellt werden, eine Vorlage gehabt haben musste, die letztlich von einem mit dem örtlichen Bergbau vertrauten Fachmann, vielleicht einem Augenzeugen stammten. In der Forschung ist nun die Meinung weit verbreitet, dass Pytheas entweder dieser Augenzeuge gewesen ist oder Informationen über das Zinn aus erster Hand in Britannien eingezogen und darüber berichtet hat.[301]

In Hinblick auf den ergebnislosen Verlauf der Besprechung, die Scipio und Polybios mit den Kaufleuten aus Massalia, Narbo und Corbilo führten, erscheint es aber zweifelhaft, ob Diodors Ausführungen wirklich in irgendeiner Form auf Pytheas oder über Zwischenquellen auf ihn zurückgehen. Wenn nämlich Polybios, der über den Reisebericht sehr gut im Bilde gewesen sein muss, anscheinend nichts von einem Aufenthalt des Pytheas in Cornwall und dessen Erkundungen bezüglich des dortigen Zinnabbaus wußte, dann ist es auch wenig wahrscheinlich, dass Diodor seine Informationen ein Jahrhundert später aus dem Reisebericht oder den Schriften des Eratosthenes und Timaios beziehen konnte. Dieser Gedanke wird im Folgenden weiter entwickelt und die Frage behandelt werden, welcher Quellen sich Diodor bei seinen Ausführungen über die Gewinnung des britannische Zinns und dessen Weg zum Mittelmeer bediente.

---

[301] D. Timpe, Griechischer Handel, 205; R. D. Penhallurick. Tin in Antiquity 141/142; D. Roller, Through the Pillars 72; H. Berger, Wissenschaftliche Erdkunde 361; R. Hennig, Terrae Incognitae I 155; K. Müllenhoff, Deutsche Altertumskunde I, 375.; T. Rice Holmes, Ancient Britain, 499; F. Nansen, Nebelheim I, 55.

4.6 Bericht des Diodorus Siculus über das britannische Zinn

Diodor befasst sich in Buch 5. 21–22 seiner *Bibliotheke* mit Britannien und macht zunächst einige geographischen Angaben zur Gestalt und zum Umfang der Insel (siehe Kap. 5.2.3) sowie zu den dort herrschenden klimatischen und politischen Verhältnissen und preist die bescheidene Lebensweise der Einwohner. Er fährt dann fort, er wolle über deren Sitten und Gebräuche aber erst später im Zusammenhang mit den Kriegszügen Cäesars nach Britannien ausführlicher Kunde geben[302] und zunächst nur über das in Britannien gewonnene Zinn berichten. Sein diesbezüglicher Bericht gliedert sich in vier Abschnitte, in denen der Reihe nach Angaben gemacht werden

1. über die Bewohner des Vorgebirges Belerion, des heutigen Cornwalls, und über den dort praktizierten Abbau des Zinnerzes,
2. über dessen Verarbeitung und Transport zur einer Insel namens Iktis,
3. über Gezeiteninseln im Kanal und abschließend
4. über den Transport des Zinns von Iktis zum Mittelmeer.

Im Zusammenhang lautet dieser Bericht:

(1) **5.22.1:** νῦν δὲ περὶ τοῦ κατ' αὐτὴν φυομένου καττιτέρου διέξιμεν. τῆς γὰρ Βρεττανικῆς κατὰ τὸ ἀκρωτήριον τὸ καλούμενον Βελέριον οἱ κατοικοῦντες φιλόξενοί τε διαφερόντως εἰσὶ καὶ διὰ τὴν τῶν ξένων ἐμπόρων ἐπιμιξίαν ἐξημερωμένοι τὰς ἀγωγάς. οὗτοι τὸν καττίτερον κατακευάζουσι φιλοτέχνως ἐργαζόμενοι τὴν φέρουσαν αὐτὸν γῆν. αὕτη δὲ πετρώδης οὖσα διαφυὰς ἔχει γεώδεις, ἐν αἷς τὸν πῶρον κατεργαζόμενοι καὶ τήξαντες καθαίρουσιν.

(2) **5.22.2:** ἀποτυποῦντες δ' εἰς ἀστραγάλων ῥυθμοὺς κομίζουσιν εἴς τινα νῆσον προκειμένην μὲν τῆς Βρεττανικῆς, ὀνομαζομένην δὲ Ἴκτιν· κατὰ γὰρ τὰς ἀμπώτεις ἀναξηραινομένου τοῦ μεταξὺ τόπου ταῖς ἁμάξαις εἰς ταύτην κομίζουσι δαψιλῆ τὸν καττίτερον.

(3) **5.22.3:** ἴδιον δὲ συμβαίνει περὶ τὰς πλησίον νήσους τὰς μεταξὺ κειμένας τῆς τε Εὐρώπης καὶ τῆς Βρεττανικῆς· κατὰ μὲν γὰρ τὰς πλημυρίδας τοῦ μεταξὺ πόρου πληρουμένου νῆσοι φαίνονται, κατὰ δὲ τὰς ἀμπώτεις ἀπορρεούσης τῆς θαλάττης καὶ πολὺν τόπον ἀναξηραινούσης θεωροῦνται χερρόνησοι.

---

[302] Anscheinend hat Diodor dieses Vorhaben nicht verwirklichen können. Vgl. C. H. Oldfather, Diodorus of Sicily III, Cambridge MA, London 1939, 152 Anm. 1.

(4) 5.22.4: ἐντεῦθεν [Ἴκτιν] δ' οἱ ἔμποροι παρὰ τῶν ἐγχωρίων ὠνοῦνται καὶ διακομίζουσιν εἰς τὴν Γαλατίαν· τὸ δὲ τελευταῖον πεζῇ διὰ τῆς Γαλατίας πορευθέντες ἡμέρας ὡς τριάκοντα κατάγουσιν ἐπὶ τῶν ἵππων τὰ φορτία πρὸς τὴν ἐκβολὴν τοῦ Ῥοδανοῦ ποταμοῦ

Im folgenden werden diese vier Abschnitte unter Berücksichtigung verschiedener Möglichkeiten der Übertragung im Einzelnen besprochen.

4.6.1 Der Zinnabbau in Belerion

Diodor leitet seinen Bericht mit der Feststellung ein, dass die Bewohner des Belerion genannten Vorgebirges (Die Region um Cap Land's End im äußersten Westen von Cornwall) aufgrund ihres Umgangs mit fremden Kaufleuten ein zivilisiertes Verhalten an den Tag legen und erläutert anschließend, wie die Einheimischen das Zinn gewinnen. Diodor schreibt (1):

> An dieser Stelle wollen wir nur vom Zinn sprechen. Die Bewohner Britanniens, die bei dem Belerion genannten Vorgebirge ihre Sitze haben, sind besonders freundlich gegenüber Fremden und haben wegen des Umgangs mit fremden Kaufleuten zivilisierte Lebensgewohnheiten angenommen. Diese sind es, welche das Zinn gewinnen, indem sie geschickt die zinnhaltige Erdschicht bearbeiten. Dieser Flöz, einem Felsen ähnlich, enthält Erdspalten, in denen die Arbeiter das Erz brechen und dann ausschmelzen und (von Schlacken) reinigen. [Übersetzung O. Veh][303]

Aus dieser nur aus einem Satz bestehenden Beschreibung des Zinnabbaus ist allerdings nicht genau ersichtlich, wie die Arbeiter in Belerion tatsächlich bei der Gewinnung des Zinnes vorgingen, doch lässt sich unter Berücksichtigung der geologischen Verhältnisse bezüglich der Lagerstätten Cornwalls und Devons und durch Heranziehung historischer und archäologischer Zeugnisse ein recht klares Bild von dem im Südwesten Britanniens praktizierten antiken Bergbau auf Zinn gewinnen.

---

[303] Diodoros. Griechische Weltgeschichte Buch I–X, zweiter Teil. Übersetzt von G. Wirth (Buch I–III) und O. Veh (Buch IV–X). Bibliothek der Griechischen Literatur, Bd. 35, Stuttgart 1993, 452.

Drei unterschiedliche Methoden zum Abbau der Zinnerze sind in vorgeschichtlicher und historischer Zeit in Cornwall praktiziert worden, und zwar das „Shaftmining", das „Cliffmining" und das „Tin Streaming".[304] Von diesen ist das „Shaftmining", der Schachtbergbau also, aber erst seit dem Mittelalter bezeugt und kann deshalb hier außer Betracht bleiben.

Beim Cliffmining bohrten die Bergleute auf der Suche nach Zinn Höhlungen in die Steilwände der Kliffs und gelangten so zu den erzführenden Gängen. Cliffmining ließe sich also mit Diodors Beschreibung vereinbaren, wenn man in den διαφυὰς γεώδεις jene Erzgänge sieht, doch sind Spuren dieser Technik nur aus dem Mittelalter erhalten, frühere diesbezügliche Zeugnisse sind längst verschwunden aufgrund des steten Wandels, den die Küsten Südenglands durch Erosion und Angriff des Meeres unterliegen.

Die Technik des Tin Streaming schließlich kam überall dort zur Anwendung, wo aus höher gelegenen Lagerstätten, den „parent lodes", Zinnerze infolge von Verwitterungsvorgängen herausgelöst wurden und als Geröll zu Tal gingen, wo die so enstandenen Geröllfelder schließlich im Laufe der Zeit von Erd- und Sedimentschichten bedeckt wurden. Die Zinnarbeiter gruben das unter dieser Decke gelegene, aus Erde, Sand und Zinngeröll bestehende Geschiebe aus, wodurch die flussbettartigen Tin Streams entstanden, die noch in großer Zahl in Cornwall und Devon zu finden sind. Das ausgehobene Gemisch wurde in aus Holz errichtete, leicht abfallende Kanäle gegeben und in langsam strömenden Wasser aufgeschwemmt, und so konnte das Zinn dann im Rückstand nach Entfernen des Schlammes gewonnen werden.

Dass dieses Tin Streaming nicht nur im Mittelalter, einer Blütezeit der Cornischen Zinnindustrie, sondern bereits in der späten Bronze- und frühen Eisenzeit zur Anwendung kam, wird durch eine Reihe von vor Ort durchgeführter archäologischer Untersuchungen belegt, die aus jener Zeit stammende Werkzeuge, Gebrauchsgegenstände und Schlackenreste von Schmelzplätzen in der Umgebung der Tin Streams zutage gefördert haben.[305] Es ist deshalb die Vermutung naheliegend, dass Diodors Text eine Beschreibung dieses Verfahrens zur Zinngewinnung zugrunde liegt, und die διαφυαὶ γεώδεις

---

[304] Vgl. H. O'Neill Hencken, The Archaeology of Cornwall and Scilly, 158–162.
[305] derselbe, 160.

mit den Tin Streams zu identifizieren sind.[306] Vielleicht ist jene Beschreibung des antiken Bergbaus nur in verstümmelter Form auf Diodor gekommen. Es kann auch sein, dass er sie als Nichtfachmann nicht richtig verstanden hat, obwohl er an anderer Stelle durchaus sachkundig über bergbauliche Dinge berichtet wie beispielsweise 5. 36 über die Silberminen in Spanien.

4.6.2 Verarbeitung des Zinns auf Belerion und Transport auf die Insel Iktis

Im nächsten Satz teilt Diodor 5.22.2 mit, dass die Bewohner von Belerion das Zinn in die Form von „Astragaloi" bringen und auf Fuhrwerken zu einer vor der Küste Britanniens gelegenen Insel namens Iktis transportieren, die während der Ebbe von Land aus zugänglich ist. Diodor schreibt (2):

> Sie formen dann das Zinn in die Gestalt von „Astragaloi" und bringen es zu einer vor Britannien gelegenen Insel namens Iktis. Wenn nämlich Ebbe herrscht, fällt der Zwischenraum trocken und sie bringen das Zinn auf Wagen in großer Menge zu dieser Insel.

4.6.2.1 Verarbeitung des Zinns

Die Übersetzung und Interpretation der einleitenden Worten ἀποτυποῦντες δ'εἰς ἀστραγάλων ῥυθμοὺς bereitet Schwierigkeiten, weil nicht völlig klar ist, was Diodor hier mit ἀστραγάλων gemeint hat. Liddell-Scott gibt sieben unterschiedliche Bedeutungen an, deren Gebrauch für diesen Begriff in der antiken Literatur bezeugt ist,[307] wirklich in Frage jedoch kommen in Hinblick auf Diodors obige Aussage nur zwei von ihnen, und zwar bezeichnete man erstens in der Antike den Sprunggelenkknöchel bei Schafen und Ziegen mit Astragalos, und daraus leitete sich zweitens der Name Astragaloi für eine bestimmte Art von Spielwürfeln ab, die diesen Knöcheln nachgebildet wurden und aus verschiedenen Materialien wie z. B. Marmor oder Bronze bestehen konnten.[308] Bei diesen zu Spielzwecken benutzten Astragaloi handelte es sich also um kleinteilige Objekte, und an dieser Feststellung haben

---

[306] Hencken, 17: "The fact that the inhabitants extracted tin from 'earthy veins' certainly describes the process of streaming."
[307] A Greek English Lexicon, compiled by H. G. Liddell and R. Scott, Oxford 1879, 243.
[308] R. Hurschmann, DNP 2, 1997, 120, s. v. Astragal 2.

sich offenbar fast alle Übersetzer bei ihren Übertragungen orientiert, wobei sie allerdings die Zinnarbeiter von Belerion recht unterschiedliche Tätigkeiten ausüben lassen. Es existieren von Diodors Text zahlreiche zum Teil stark von einander abweichende Übersetzungen, und I. S. Maxwell hat allein für den angelsächsischen Sprachgebrauch nicht weniger als 12 Varianten angegeben[309] und diese Übersicht dann in folgendem Kommentar zusammengefasst: „It will be seen that the workers variously made, cast, smelted, melted, forged, beat, hammered or worked the metal or tin into slabs, regular blocks, square pieces, ingots, masses or pieces, which had the shape or form of cubes, dies, dice, knuckle-bones or *astragali*, or the size of knuckle-bones". Auch deutsche Übertragungen dieser Textstelle Diodors unterscheiden sich beträchtlich voneinander. So übersetzt beispielsweise J. F. Wurm „Sie bilden daraus regelmäßig gewürfelte Stücke",[310] und R. Hennig schreibt, offenbar in Anlehnung an diese Übertragung: „Sie bringen es in würfelförmige Barren",[311] während O. Veh übersetzt: „Hierauf zerschlagen sie das Zinn in Knöchelgröße".[312] Es wird also deutlich, dass Diodors Bericht keine gesicherten Aussagen darüber liefert, wie die Leute von Belerion tatsächlich mit dem Zinn verfuhren, nachdem sie es erschmolzen und gereinigt hatten, und wie dann ihr „Fertigprodukt" schließlich aussah. Allerdings sind in Cornwall und Devon zwei bedeutende Funde von möglicherweise aus dem Altertum stammenden Zinnbarren gemacht worden, die ein Licht auf Diodors Bericht werfen können. Es handelt sich zum einen um den Fund von Bigbury Bay und zum anderen um den berühmten Zinnbarren von Falmouth.

Der Fund von Bigbury Bay umfasst mehr als vierzig aus Zinn bestehende Gußteile, die in den Jahren 1991/1992 aus der östlich von Plymouth vor der Südküste Devons gelegenen Bigbury Bay aus einer Tiefe von ca. 10 Metern zu Tage gefördert wurden. Die große Zahl der Fundstücke sowie ihre von Tauchern dokumentierte Anordnung unter Wasser lassen darauf schließen, dass sie bei einem Schiffsuntergang auf den Meeresgrund gelangten. Überreste des Wracks wurden nicht gefunden, und eine genaue Datierung des

---

[309] I. S. Maxwell, The location of Ictis, Journal of the Royal Institution of Cornwall, 6 (4), 1972, 300 n. 29.
[310] Diodor's von Sicilien Historische Bibliothek, übersetzt von Christian Friedrich Wurm, Viertes Bändchen, Stuttgart 1829, 518.
[311] R. Hennig, Terra Incognita I, 155.
[312] Wie Anm. 303.

Fundes hat sich bisher als noch nicht durchführbar erwiesen, die Schätzungen umfassen vorerst den Zeitraum vom 5. Jhdt. v. Chr bis zum 6. Jhdt. n. Chr. Die gesamte Ladung, soweit sie sichergestellt werden konnte, wog fast 85 kg und bestand meist aus scheibenförmigen Barren unterschiedlicher Größe und ovaler oder runder Gestalt. Das größte Stück hatte ein Gewicht von fast 13 kg und bei ovaler Form einen größten Durchmesser von 41 cm, die kleinsten wogen nur etwa 250 g. Alle Fundstücke sind Gußteile, die offenbar in speziell ihrer Größe und Gestalt angepassten Schmelzformen hergestellt wurden, und sind nicht etwa durch Zerschlagen eines größeren Stückes entstanden. Zwei der besonders kleinen Gußteile unterscheiden sich aber in ihrer Gestalt auffällig von den übrigen. Sie sind H-förmig und haben eine allerdings nur entfernte Ähnlichkeit mit den im antiken Spiel benutzten Astragaloi, sind jedoch etwas größer als diese. Sie waren vielleicht einst, so wird vermutet, zu Bündeln zusammen gebunden und dienten zur Bereitstellung kleinerer Zinnmengen bei der Herstellung von Bronzen.[313] Diese „Astragaloi" zeigen hinsichtlich ihrer Gestalt eine auffallende Ähnlichkeit mit dem gewaltigen Zinnbarren, der gegen 1812 beim Ausbaggern von Sand im Fahrwasser vor St. Mawes gegenüber von Falmouth an der Südküste Cornwalls gefunden wurde.[314] Er wiegt 72.5 kg, ist fast 90 cm lang, 28 cm breit und fast 8 cm dick und wird heute im Royal Cornwall Museum in Truro aufbewahrt (Abb. 3). Es ist zuerst von dem britschen Geodäten Henry James vermutet worden, dass die besondere Ausgestaltung dieses Gußteiles in H-Form dem Zweck diente, den Transport über Land mit Hilfe von Packtieren zu ermöglichen, indem diese zu beiden Seiten je einen Barren trugen, der mit Gurten an den auskragenden Stegen befestigt wurde.[315] Auf diese Weise hätten die Tiere das Zinn in Gestalt derartiger „Astragaloi" quer durch Gallien transportiert, so wie Diodor es in seinem weiter unten wiedergegebenen Bericht schildert. Diese Hypothese ist allerdings in der Forschung nicht uneingeschränkt akzeptiert worden. Es wurde eingewandt, dass so große Gußteile erst seit

---

[313] A. Fox, Tin Ingots from Bigbury Bay, South Devon. Devon Archaeological Society, Proc. No. 53, 1995, 11–23. Siehe auch A. Fox, Tin Ingots from Bigbury Bay, South Devon. The Bulletin of the Peak District Mines Historical Society Vol. 13, No. 2, Winter 1996, 150–151; B. Cunliffe, Facing the Ocean, 305 fig. 7.32.

[314] John Evans, The Ancient Bronze Implements, 426.

[315] H. James, The Block of Tin dredged up in Falmouth Harbour, and now in the Truro Museum. Archaeological Journal, Vol 28, 1871, 196–202.

KAPITEL 4

dem Mittelalter bezeugt sind, und auf die technischen Schwierigkeiten hingewiesen, die mit ihrer Produktion verbunden sind. Auch wurden Zweifel geäußert, ob so schwere Lasten von fast 150 kg von Packtieren über weite Strecken hätten tranportiert werden können. N. Beagrie kommt auf Grund dieser Bedenken zu folgendem Urteil: „It remains a moot point therefore whether the St. Mawes ingot was ever intended for the type of long distance pack transport described by Diodor."[316] Was das von Saumtieren transportierbare Gewicht anbetrifft, so hat jedoch D. Ellmers anhand eines Beispiels aus dem chilenischen Kupferbergbau des 18. Jahrhunderts aufgezeigt, dass 150 kg keineswegs eine Obergrenze darstellen.[317]

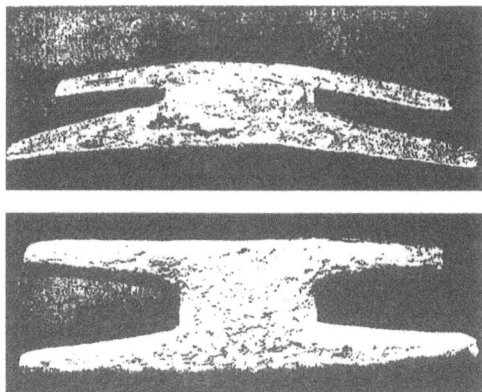

Abb. 3: Ober- und Unterseite des Zinnbarren von Falmouth. Kopie im Bergbau-Museum Bochum.

Eine Stütze hat die Hypothese eines Transportes gegossener Metallbarren, der sich mit Hilfe von Saumtieren über lange Wegstrecken vollzog, auch durch die in den letzten Jahrzehnten im gesamten Mittelmeerraum gemachten Funde sogenannter „Ochsenhautbarren" erfahren, die zum Teil eine verblüffende Ähnlichkeit mit dem Zinnbarren von Falmouth aufweisen. In Form dieser Ochsenhautbarren wurden seit der späten Bronzezeit die Metalle Kupfer und Zinn in den frühen Kulturen Vorderasiens vergossen und dann

---

[316] N. Beagrie, The St. Mawes Ingot, 107–111.
[317] D. Ellmers, Der Krater von Vix und Reisebericht des Pytheas von Massalia, 367.

in dieser Gestalt auf den alten Handelsrouten des Mittelmeerraumes zu ihren Bestimmungsorten transportiert. Wichtige Einblicke in diesen Metallhandel wurden insbesondere durch die 1982 erfolgte Entdeckung des Wracks eines bronzezeitlichen Schiffes, des sogenannten „Schiffs von Uluburun", gewonnen, das im 14. Jhdt im östlichen Mittelmeer unterwegs war und mit seiner gesamten Ladung vor der türkischen Südwestküste bei Kap Uluburun sank.[318] Die Schiffsfracht bestand neben Glasbarren sowie Objekten aus Gold, Elfenbein, Bronze und Keramik in der Hauptsache aus zehn Tonnen Kupferbarren und einer Tonne Zinnbarren,[319] die zu großen Teilen die Form von sogenannten Ochsenhautbarren aufwiesen. Abb. 4 zeigt einen der aus 50 Metern Wassertiefe geborgenen Zinnbaren in Ochsenhautform mit einem Gewicht von 22 kg, einer Länge von 62 cm, einer Breite von 31 cm und einer Dicke von 4 cm. Die Ähnlichkeit dieses Gußteils mit dem Barren von Falmouth fällt sofort ins Auge, und sehr wahrscheinlich dienten die Verlängerungen an den Ecken denselben Zwecken, wie sie auch für den Falmouthbarren vermutet worden sind, nämlich zum Tragen und Heben sowie zur Befestigung des Barrens an ein Packtier.[320] Das Zinn von Uluburun stammte sehr wahrscheinlich aus Lagerstättten, die in Zentralasien gelegen waren. Diese Feststellung ist insofern interessant, als aus ihr hervorgeht, dass Zinn nicht nur, wie Herodot berichtete, aus dem fernen Nordwesten in den Mittelmeerraum importiert wurde, sondern auch aus anderen Weltgegenden. So hat z. B. eine internationale Arbeitsgruppe von Montanarchäologen in Usbekistan ein antikes Zinnbergwerk untersucht, das als einziges der bisher im Osten gefundenen seit der Mitte des 2. Jahrtausend in Betrieb war.

---

[318] C. Pulak, Das Schiffswrack von Uluburun, 55–131.
[319] Das entspricht dem Verhältnis 10:1, in dem die Elemente Kupfer und Zinn die Legierung Bronze konstituieren.
[320] G. F. Bass, Die Schiffswracks der Bronzezeit im östlichen Mittelmeer, 305.

Abb. 4: Zinn-Ochsenhautbarren vom Schiffswrack von Uluburun.

Diese Forscher glauben, dass die Zinnladung des Schiffes von Uluburun aus dieser Quelle stammen könnte.[321] Wo das Erz dann verhüttet wurde, scheint bisher nicht bekannt zu sein. Es wurde vielleicht mit Maultierkarawanen an die Mittelmeerküste gebracht und dort in Ochsenhautbarren vergossen. Entsprechende Gießformen, allerdings für Kupferbarren, sind in Syrien gefunden worden.[322]

Was die „Astragaloi" Diodors anbetrifft, so hat der britische Altphilologe William Ridgeway eine interessante Vermutung geäußert:[323] Ihm ist nämlich aufgefallen, dass eine gewisse Ähnlichkeit zwischen der Gestalt des Zinnbarrens von Falmouth und einem Pferdesattel besteht (siehe Abb. 3), und er hat deshalb die Frage aufgeworfen, ob in der Zeile ἀποτυποῦντες δ'εἰς ἀστραγάλων ῥυθμοὺς statt ἀστραγάλων vielleicht ἀστραβῶν (ἡ ἀστράβη – Saumsattel)[324] zu lesen ist.

---

[321] G. Weisgerber, J. Cierny, Ist das Zinnrätsel gelöst?, 44–47.
[322] R. D. Penhallurick, Tin in Antiquity, 105.
[323] W. Ridgeway, Greek Trade-Routes to Britain, 82 Anm. 1.
[324] H. Menge, Großwörterbuch Griechisch-Deutsch22, 1973, 114.

4.6.2.2 Die Insel Iktis

Diodors Insel Iktis war offensichtlich ein Port of Trade, wo die ausländischen Kaufleute das Zinn von den Einheimischen in Empfang nahmen, und zwar muss sie eine vor der englischen Kanalküste gelegene, jetzt noch vorhandene oder nach Verlandung zum Festland gewordene frühere Gezeiteninsel gewesen sein. Es wird daher heute in der Forschung überwiegend die Auffassung vertreten, dass es sich bei dieser Insel nicht, wie in der Forschung früher vielfach angenommen worden ist,[325] um die Insel Wight handelt, die in historischer Zeit niemals bei Niedrigwasser vom Festland aus zu Fuß erreichbar gewesen ist, sondern um St. Michaels Mount, einer ganz im Westen vor der Südküste Cornwalls in der Bucht von Penzance gelegenen Gezeiteninsel.[326] Unter allen Kanalinseln ist sie in der Tat diejenige, auf die die Angaben Diodors am genauesten zutreffen: Sie liegt in der Nähe der Zinnabbaugebiete und ist – zumindest was den heutigen Zustand betrifft – vom Festland nur durch einen schmalen Sund getrennt, durch den ein bei Niedrigwasser begehbarer Damm führt. Obwohl die englische Südküste im Laufe der Jahrtausende durch den Angriff des Meeres erheblichen Veränderungen unterworfen war, gibt es im Falle von St. Michaels Mount keine geomorphologischen Erkenntnisse, dass dieser Zustand nicht schon zur Zeit des Pytheas und Diodors vorhanden war. Allerdings sind auf der Insel selbst bisher noch keine archäologischen Zeugnisse zu Tage gefördert worden, die darauf hinweisen, dass sich dort ein Handelsplatz für Zinn befand. Deshalb ist neuerdings auch der vor Plymouth gelegene Mount Batten in Erwägung gezogen worden, der zwar heute mit dem Festland verbunden ist, früher aber wie St. Michaels Mount eine Gezeiteninsel gewesen ist und auf dem im Gegensatz zu diesem Objekte wie Münzen, Keramik und dergleichen gefunden wurden, die auf einen antiken Port of Trade schließen lassen.[327] Für die weiteren Überlegungen ist es aber unerheblich, welcher der beiden Inseln man den Vorzug als Kandidatin für Diodors Iktis gibt. Beide sind in der Nähe der antiken Zinnvorkommen gelegen, und von beiden wird auf dem

---

[325] R. Dion, Une Erreur traditionelle à redresser, 246–256.
[326] I. S. Maxwell, The Location of Ictis, 316.
[327] B. Cunliffe, Ictis: is it here?, 123–126.

KAPITEL 4

kürzesten Seeweg jener keltische Hafenplatz erreicht, von dem vermutlich der von Diodor beschriebene durch Gallien verlaufende Überlandweg ausging.[328]

Auf die in der Forschung vielfach vertretene Meinung, dass Diodors Insel Iktis identisch sei mit der Insel Mictis, die Plinius NH 4.102 als Ausfuhrplatz des britannischen Zinns erwähnt, wird im folgenden Exkurs näher eingegangen. Die Frage, ob es sich hier um ein und dieselbe Insel handelt, ist nämlich von erheblicher Bedeutung in Hinblick auf die Quellen, die Diodors Bericht über Britannien zugrunde liegen.

4.6.2.3 Exkurs: Die Insel Mictis des Timaios

Plinius gibt in NH 4.94–101 einen Überblick über die Kunde, die ihm von den an der Küste des nördlichen Ozeans wohnenden germanischen Völkern bekannt geworden war und schließt dann NH 4.102 mit den Worten „Ex adverso huius situs Britannia insula, clara Graecis nostrisque monimentis, inter septrentionem et occidentem iacet" einen kurzen Bericht über Britannien und Irland sowie die umliegenden Inseln an. Unter diesen erwähnt er NH 4.104 auch eine Insel namens Mictis, über die der Geschichtsschreiber Timaios berichtet habe. Plinius schreibt:[329]

> Timaeus historicus a Britannia introrsus sex dierum navigatione abesse dicit insulam Mictim, in qua candidum plumbum proveniat; ad eam Britannos vitilibus navigiis corio circumsitis navigare.

> Der Geschichtsschreiber Timaeus sagt, sechs Schiffstagesreisen von Britannien entfernt liege einwärts (introrsus) eine Insel namens Mictis, auf der Zinn vorkomme. Zu dieser führen die Britannier auf mit Weiden geflochtenen und mit Leder vernähten Booten.

Diese Übersetzung orientiert sich an der englischen Übersetzung von H. Rackham (Anm. 329).

Offenbar spricht Plinius hier von Mictis als einem Port of Trade für die Ausfuhr britannischen Zinns, doch ist es in der Forschung umstritten, welche Insel Timaios gemeint hatte: Einige der modernen Herausgeber und Kommentatoren haben sich statt *insulam Mictim* für die Lesart *insulam Ictim* entschieden und identifizeren damit Mictis mit Diodors Insel, andere halten

---

[328] Siehe Kap. 4.6.3 Der Weg des britannischen Zinns von Iktis an das Mittelmeer.
[329] H. Rackham, Pliny II, Cambridge (Mass) 1969, 199.

Mictis für die Isle of Wight, die die römischen Geographen und Historiker unter dem Namem *Vectis* in ihren Schriften erwähnen[330] und die Ptolemaios unter dem Namen Οὐηκτις in seinem geographischen Werk verzeichnet hat.[331] Wiederum andere bezweifeln, ob Mictis überhaupt mit einer bekannten Insel identifiziert werden kann.[332]

Die Frage, ob die Mictis des Timaeus dieselbe Insel war wie die Iktis des Diodor oder ob es sich um zwei verschiedene Insel handelte, ist aber nicht nur hinsichtlich der Geographie der antiken Transportwege des britannischen Zinns und der antiken Schifffahrt über den Kanal von Bedeutung, sondern auch für die von zahlreichen Gelehrten geäußerte Annahme, dass Diodors Bericht letztlich auf Pytheas zurückgehe. Diese Forscher glauben nämlich, dass Mictis und Iktis tatsächlich die Namen ein und derselben Insel waren, und folgern daraus, dass Diodor die Beschreibung von Iktis bei Timaios vorgefunden haben müsse, dessen Werk er nachweislich gekannt und benutzt hat. Von Timaios wiederum wird aber in der Forschung überwiegend angenommen, dass er das Werk des Pytheas zur Verfügung hatte und für seine eigenen Schriften ausgewertet und daraus auch Informationen des Pytheas über den Abbau des Zinns und dessen Verschiffung nach Gallien entnommen habe.[333] So äußert sich, um nur ein Beispiel unter vielen zu nennen, der britische Historiker T. Rice Holmes in seinem bekannten Buch „Ancient Britain" zum Thema Iktis wie folgt:[334]

> "Diodorus Siculus states, on the authority of Timaeus, who derived his informations on this matter from Pytheas, that tin was conveyed by the people of Belerion on wagons at low tide from the British mainland to an island called Ictis".

Felix Jacoby hat sogar die diesbezüglichen Texte Diodors in seine Sammlung der Fragmente des Timaios aufgenommen.[335] In welchem Umfang Timaios aber wirklich die Schriften des Pytheas zur Hand hatte, darüber liegen

---

[330] K. Christ, Römische Kaiserzeit, 220; Suet. Ves. 4.1.
[331] Ptol. geogr. 2.3.33 und 8.3.11 (Stückelberger I, 158 und II, 774. Europa Karte 8, 776/777)
[332] J. Bostock, H. T. Riley, The Natural History of Pliny, Vol. 1, p. 352 n. 3: „It is not improbable however that the island of Mictis has only an imaginary existence".
[333] K. Müllenhoff, Deutsche Altertumskunde, 375; T. Rice Holmes, Ancient Britain 499; F. Nansen, Nebelheim I 55; siehe auch Anm. 301.
[334] T. Rice Holmes, Ancient Britain, 499.
[335] FGrHist 566 (F164). Jacoby wählte allerdings hierbei das Schriftmaß petit.

allerdings keine gesicherten Kenntnisse vor. Tatsächlich lässt sich in der gesamten überlieferten antiken Literatur nur eine einzige Textstelle finden, aus der explicit hervorzugehen scheint, dass Timaios Bezug auf Pytheas genommen hat. Sie stammt aus der *Naturalis Historia* des Plinius und handelt von einer im nördlichen Ozean gelegenen Insel, auf der im Frühjahr Bernstein angeschwemmt werde. Pytheas, so schreibt Plinius NH 37.35, habe diese Insel Abalus, Timaios dagegen Basilia genannt. Noch eine weitere Stelle bei Plinius, die sich auf eine Bernsteininsel bezieht, lässt die Vermutung zu, dass eine Verbindung zwischen den Schriften des Pytheas und des Timaios bestand, und zwar erwähnt Plinius NH 4.94 eine Insel namens *Baunonia*, von der Timaios berichtet habe, dass dort im Frühjahr Bernstein angespült werde.[336]

Schon Maximilian Fuhr hat übrigens in seiner „*Historisch-Kritischen Abhandlung*" von 1842 festgestellt, dass Timaios nur in eingeschränktem Maß von Pytheas' Reisebericht Gebrauch gemacht habe. Fuhr schreibt in Hinblick auf Plinius' Angaben über die Insel Mictis: „Von den *Kassiteriden* endlich und unter ihnen von der Insel *Miktis* scheint nach dem uns Erhaltenen Pytheas nicht gesprochen zu haben; denn wenn Timäos auch von Pytheas eine oder die andere Angabe aufnahm, so ist es doch, wie wir schon anderwärts bemerkt haben, allzu kühn, jeden Bericht des Timäos über diese Gegenden als aus Pytheas entlehnt anzusehen".[337]

Was nun die Problematik *Insulam Mictim* versus *Insulam Ictim* anbetrifft, so ist zunächst festzustellen, dass keine der erhaltenen Handschriften und frühen Drucke der *Naturalis Historia* und überhaupt auch keine Edition bis weit in die Neuzeit hinein den Namen *Ictis* für die Zinninsel des Timaios kennt, sondern stattdessen erscheinen Namen wie *mictin*, *Mictim* oder *Micthim*, daneben finden sich insbesondere in frühen Drucken auch Namensvarianten wie *miterin* oder *Mitterim*, und es kann sein, dass diese deshalb in den Text hineingekommen sind, weil die alten Drucker die Schriftzeichen des Manusskriptes nicht richtig entziffern konnten und sich vielleicht an den nur wenige Abschnitte später in NH 4.119 erwähnten *Cassiterides* orientierten. Jedenfalls finden sich in einigen dieser Drucke am Rande der Zeile, welche den Inselnamen *mitterim* etc. enthält, Erklärungen wie *vel cattiteri* oder *cattiterin*, die nicht von alter Hand stammen, sondern direkt in Druck gegeben wurden.

---

[336] Siehe Kap. 8 Pytheas und die Bernsteininsel Abalus.
[337] M. Fuhr, Pytheas aus Massalia. Historisch-Kritische Abhandlung, 29.

In Hinblick auf die auffallende Ähnlichkeit der Inselnamen Iktis, Mictis und Vectis liegt die in der Forschung schon oft geäußerte Vermutung nahe, dass zwischen diesen Namen eine Beziehung bestehen müsse, und schon der französische Philologe Salmasius (Claude Saumaise, 1588–1653) bemerkte in seinem Kommentar zu den *Collectanea rerum Mirabilium* des Solinus, die sich zu großen Teilen auf Plinius stützen, bei der Besprechung des Abschnittes über Britannien und die umliegenden Inseln: *Sane Ικτις & Ουικτις eadem, fortasse & Μίκτις.*[338]

Eine naheliegende und von zahlreichen Forschern herangezogene Vermutung zur Erklärung des Gleichklangs der Inselnamen Mictis und Iktis besagt, dass *insulam Mictim* einfach durch Doppelschreibung des m aus *insulam Ictim* entstanden sei,[339] und eine Reihe von neueren Herausgebern der *Naturalis Historia* haben deshalb auch im Timaioszitat des Plinius *Mictim* gestrichen und statt dessen *Ictim* eingesetzt.[340] Dieser Gleichklang der Inselnamen und der Umstand, dass Zinn zu beiden Inseln gebracht wurde, sind zweifellos gute Argumente für Richtigkeit der Annahme, dass Diodor und Timaios dieselbe Insel meinten und deshalb Diodor seinen Bericht dem Werk des Timaios entnommen hat. Dennoch stehen dieser These gewichtige Einwände entgegen, denn sowohl in Hinsicht auf die geographische Lage als auch auf die Topographie beider Inseln lässt sich in den Beschreibungen Diodors und des Timaios keine Übereinstimmung feststellen. Diodor spricht von einer νῆσον προκειμένην μὲν τῆς Βρεττανικῆς, von einer Insel also, die offenbar in nicht weiter Entfernung vor der Küste Britanniens gelegen ist und bei Niedrigwasser zu Fuß erreichbar ist, von der Insel des Timaios heißt es aber, dass sie nach sechstägiger Schiffsreise von Britannien aus erreichbar sei (a Britannia sex dierum navigatione abesse). Die Einwohner von Belerion transportierten das Zinn auf Wagen (ταῖς ἁμάξαις) bei Ebbe über den Sund nach Iktis, sodass

---

[338] Cl. Salmasii Plinianae Exercitationes in Caii Iulii Solini Polyhistora, 247, Paris 1629. Digitalisat: https://mdz-nbn-resolving.de/details:bsb10210459, Scan 396.
[339] W. Christ, Avien und die ältesten Nachrichten über Iberien und die Westküste Europas, 183; K. Müllenhoff, Deutsche Altertumskunde I, 473; F. Matthias, Über Pytheas, 11; Maxwell, The Location of Ictis, 309.
[340] D. Detlefsen, Die geographischen Bücher der Naturalis Historia des Cajus Plinius Secundus, Quellen und Forschungen zur alten Geschichte und Geographie, Heft 9, Berlin 1904; C. Plinius Secundus d. Ä. Naturkunde Lateinisch–Deutsch, Bücher III/IV. Herausgegeben und übersetzt von Gerhard Winkler, München und Zürich 1988.

KAPITEL 4

diese Insel nicht weit von den Abbaugebieten des Zinns entfernt sein konnte, während die Britannier auf Schiffen nach Mictis fuhren (vitilibus navigiis corio circumsitis navigare). Schon dies allein läßt es zweifelhaft erscheinen, dass Iktis und Mictis dieselbe Insel bezeichnen. K. Müllenhoff hat diesen Widerspruch aber damit zu erklären versucht, dass die Bemerkung von der sechstägigen Schiffsreise von Plinius versehentlich mit Mictis in Zusammenhang gebracht worden sei, in Wirklichkeit sich aber auf Thule beziehe. Tatsächlich spricht Plinius unmittelbar vor dem Timaiozitat von Thule als der äußersten von allen Inseln (ultima omnium quae memorantur, Tyle, in qua solstitio nullas esse noctes indicavimus, Cancri signum sole transeunte, nullosque contra per brumam dies) wo es während der Sommersonnenwende keine Nächte und während der Wintersonnenwende keine Tage gebe, und an anderer Stelle, nämlich NH 2.187 sagt er – und darauf zielt Müllenhoffs Einwand – Thule sei in der Entfernung von einer sechstägigen Schiffsreise nördlich von Britannien gelegen (sex dierum navigatione in septentrionem a Britannia distante).[341] Dasselbe sagt übrigens auch Strabon C 63, 1.4.2 in Bezug auf die Lage und Entfernung Thules.[342] Müllenhoffs Einwand kann man eine gewisse Berechtigung nicht absprechen, doch lassen sich für die sechstägige Schiffsreise nach Mictis auch andere Deutungen finden (siehe weiter unten). Die Unsicherheit hinsichtlich der geographischen Lage von Mictis beruht nämlich hauptsächlich auf Verständnisschwierigkeiten, die das Adverb *introrsus* bereitet, das das Bedeutungsfeld „einwärts, hinein, nach innen" abdeckt. Was damit im Zusammenhang mit der Lage bezüglich Britanniens gemeint ist, ist offen für ganz unterschiedliche Interpretationen.

Der britische Archäologe C. F. C Hawkes z. B. ist der Ansicht, *introrsus* bedeute, dass Mictis von Belerion aus gesehen kanalaufwärts nach Nordosten gelegen haben müsse und glaubt, bei der Übertragung in das Lateinische sei *Mictin* aus Οὐέκτιν durch einen Kopierfehler entstanden, bei dem das anlautende Οὐ in M verschrieben worden sei.[343] Οὔηκτις aber ist der griechische Name für die Insel Wight, wie er z. B. in der *Geographie* des Ptolemaios aufgeführt wird.[344] Die Isle of Wight, so stellt Hawkes fest, die allerdings

---

[341] K. Müllenhoff, Deutsche Altertumskunde I, 472.
[342] Siehe Kap. 3.4.2.1.1 Die Lage der Insel Thule auf dem Polarkreis.
[343] C. F. C. Hawkes, Ictis Disentangled, and the British Tin Trade, Oxford Journal of Archaeology, Vol. 3, 1984, 214.
[344] Wie Anm. 331.

keinerlei archäologische Zeugnisse einer Zinnproduktion aufweist, sei eine für den Zwischenhandel günstig gelegene Station gewesen, zu der das Zinn auf dem Seewege von Belerion gebracht worden sei, um dann weiter nach den östlich gelegenen Regionen Britanniens und an die diesen gegenüberliegende Küste verhandelt zu werden,[345] während Iktis eine Gezeiteninsel gewesen sein muss, was Wight in geologisch überschaubaren Zeiträumen nie war. Die These, dass Mictis die Isle of Wight war, wird sogar gerade durch die von Timaios erwähnte, in Tagesreisen ausgedrückte Entfernung gestützt, wenn damit die Dauer des Zinntransports von Bellerion zu einem der eisenzeitlichen Hafenplätze in der Nähe von Wight gemeint war. Ein derartiger Port of Trade befand sich z. B. an der östlich von Bournemouth gelegenen Landspitze von Hengistbury Head,[346] wie durch umfangreiche Ausgrabungen nachgewiesen werden konnte. Der britische Schiffsarchäologe Sean McGrail hält es jedenfalls aufgrund seiner Untersuchungen zu den Wind- und Strömungsverhältnissen im Kanal für möglich, dass sich die einheimischen britannischen Transportschiffe mit einer Geschwindigkeit von 2½ Knoten (1 Knoten = 1 Nautische Meile/h = 1,852 Km/h) längs der englischen Südküste fortbewegen konnten, und berechnet damit für die 180 Nautische Meilen betragende Entfernung zwischen Land's End und Wight eine Reisedauer von sechs Tagen, wenn nur bei Tage gesegelt wurde.[347] Von Wight oder den in der Nähe gelegenen Hafenplätzen, so vermutet McGrail, muss auch jene von Strabon C 189, 4.1.14 erwähnte über den Kanal führende Schifffahrtsroute ausgegangen sein, die Britannien in weniger als einer Tagesreise auf direktem Seeweg (ἐλάττων ἢ ἡμερήσιος δρόμος) mit der Seinemündung verband.[348]

Auch der Historiker Reinhard Wenskus identifiziert Timaios' Insel Mictis mit der Isle of Wight, glaubt aber, „dass die über Timaeus von Pytheas stammende, etwas rätselhafte Angabe, die Insel liege diesseits von Britannia sechs Tagesfahrten entfernt (*a Britannia introrsus sex dierum navigatione abesse*), so zu verstehen ist, dass sie sechs Tagesreisen von Corbilo entfernt war, was nur auf Wight zutrifft".[349] Für Wenskus' Vermutung, dass Timaios mit den

---

[345] C. F. C. Hawkes, Pytheas, 30.
[346] B. Cunliffe, Britain Begins, 328.
[347] S. McGrail, Cross-Channel Seamanship, 325.
[348] Ibid. 325/326.
[349] R. Wenskus, Pytheas und der Bernsteinhandel, 95.

sechs Tagesfahrten die Entfernung von Wight zu dem an der Loiremündung gelegenen Hafenort Corbilo gemeint habe, gibt es aber keine Grundlage. Viel plausibler ist die oben erörterte Annahme von Hawkes und McGrail, dass Mictis sechs Tagesreisen von den Zinnlagerstätten Cornwalls entfernt war.

Im Gegensatz zu Hawkes deutet der britische Archäologe und Keltologe B. Cunliffe das *a Britannia introrsus sex dierum nauvigatione abesse* des Timaioszitates in dem Sinne, dass Mictis sechs Tagesreisen südlich von Britannien an einer zur Loiremündung oder zur Gironde führenden Schifffahrtslinie gelegen habe, und eine vor der Küste der Bretagne[350] oder sogar zwischen der Loire und Garonne gelegene Insel gemeint war.[351] Welche dieser Inseln aber als Port of Trade in Frage kommen könnte, darauf geht Cunliffe allerdings nicht näher ein.

Allein die Möglichkeit, zwei so unterschiedliche mit dem Pliniustext vereinbare Ansichten bezüglich der Lage von Mictis in Erwägung zu ziehen, wobei der Auffassung von Hawkes – Mictis = Vectis = Isle of Wight – derjenigen von Cunliffe der Vorzug zu geben ist, lässt es wenig wahrscheinlich erscheinen, dass Iktis, die nach Diodors Beschreibung eine in der näheren Umgebung der Zinnabbaugebiete Cornwalls gelegene Gezeiteninsel gewesen sein muss, identisch ist mit Mictis, die keine dieser Eigenschaften aufweist. Daraus folgt aber, dass Timaios nicht Diodors Quelle bezüglich des cornischen Zinns gewesen sein kann,[352] und damit entfällt auch das auf dieser Annahme beruhende Argument, dass Diodors Bericht über das cornische Zinn auf Pytheas zurückgehe. Diodor muss also eine andere Quelle benutzt haben, und in der Forschung ist auch vereinzelt die Meinung vertreten worden, dass Diodor eine der Schriften des Poseidonios bei der Abfassung seines Berichts verwendet habe.[353] Dieser Gedanke wird unten weiter entwickelt und ausführlich ausgearbeitet werden.[354] Neben Poseidonios ist aber auch Licinius Crassus, der Legat Caesars, als Diodors Quelle in Erwägung gezogen worden.[355]

---

[350] B. Cunliffe, Iron Age Community in Britain, 472.
[351] B. Cunliffe, Facing the Ocean, 305.
[352] Vgl. Mette, Pytheas von Massalia, 41 Anm. 1; Dudzinski, Diodorus' Use of Timaeus', 58.
[353] C. F. C. Hawkes, Ictis disentangled, 220/226.
[354] Siehe Kap. 4.6.4 Poseidonios als Quelle Diodors.
[355] Siehe Kap. 4.6.5 Publius Licinius Crassus als Quelle Diodors.

4.6.2.4 Gezeiteninseln im Kanal

An die Beschreibung des Zinntransportes auf die Insel Iktis schließt Diodor 5.22.3 eine kurze Bemerkung an, in der er die für den Mittelmeer-Anrainer ganz ungewöhnliche Erscheinung, dass der eine Insel vom Festland trennende Sund trocken fallen kann, durch weitere Beispiele von zwischen Britannien und Europa gelegenen Inseln veranschaulicht, die ebenfalls wie Iktis bei ablaufendem Wasser zu Halbinseln werden. Diodor schreibt (3):

> Ein eigenartiger Vorgang spielt sich um die Nachbarinseln ab, die zwischen Europa und Britannien liegen; denn bei Flut füllen sich die Verbindungswege (zum Festland) und sie bieten den Eindruck von Inseln, fließt aber dann bei Ebbe das Meerwasser ab und lässt eine große Fläche austrocknen, erscheinen sie wie Halbinseln. [Übersetzung O. Veh]

Was Diodor hier beschreibt, kann auch heute noch an der Kanalküste beobachtet werden. Tatsächlich existieren außer dem mit Iktis vermutlich zu identifizierenden St. Michaels Mount im Kanal noch weitere Gezeiteninseln wie z. B. Burgh Island in der Bigbury Bay an der Südküste von Devon, le Clos du Valle im Nordosten von Guernsey und an der bretonischen Küste insbesondere Mont Saint Michel, das Pendant zu St. Michael's Mount. Zur Zeit Diodors war diese Erscheinung vermutlich noch deutlicher ausgeprägt, weil der Meeresspiegel damals noch etwas tiefer als heute lag. Es ist somit sehr wahrscheinlich, dass Diodor hier von Kanalinseln spricht; jedenfalls passt das wesentlich besser in den ganzen Zusammenhang als die verschiedentlich in der Forschung vorgetragene Auffassung, dass er die im Wattenmeer vor der Nordseeküste gelegenen Inseln meinte.[356]

4.6.3 Der Weg des britannischen Zinns von Iktis an das Mittelmeer

Diodor beendet seinen Bericht 5.22.4 mit der Beschreibung des Weges, auf dem das Zinn von Iktis über den Kanal und anschließend durch Gallien zum Mittelmeer trannsportiert wird. Diodor schreibt (4):

> Dort erwerben die Kaufleute das Zinn von den Eingeborenen und bringen es nach Gallien herüber. Schließlich nehmen sie ihren Weg zu Fuß durch Gallien und schaffen in etwa dreißig Tagen ihre Lasten auf den Rücken von Pferden an die Mündung der Rhone. [Übersetzung O. Veh]

---

[356] F. Matthias, Über Pytheas 12; E. Seebold, Pomponius Mela und Plinius über die Nordseeküste, 741; K. Müllenhoff, Deutsche Altertumskunde I, 491.

KAPITEL 4

Diese Beschreibung des Zinntransportes von Iktis an die Mittelmeerküste muss Diodor von Poseidonios übernommen haben, denn sie stimmt inhaltlich mit dem überein, was Diodor 5.38.4–5 über den Weg des Zinns von Britannien nach Massalia und Narbo ausführt. Dieser Bericht ist bereits oben besprochen worden,[357] und dort wurde auch festgestellt, dass er mit Sicherheit auf Poseidonios zurückgeht. Diodor erwähnt dort im Anschluss an seine Ausführungen bezüglich der Gold- und Silberminen Spaniens auch die Zinnvorkommen Lusitaniens und der Kassiteriden und kommt dann auch auf das britannische Zinn zu sprechen. Diese Stelle sei hier zum Vergleich mit 5.22.4 noch einmal wiedergegeben. Diodor schreibt 5.38.5:

> Zinn kommt an vielen Orten Spaniens vor; es wird nicht an der Oberfläche gefunden, wie einige in ihren Geschichtswerken ständig vortragen, sondern es wird ausgegraben und wie Silber und Gold erschmolzen. Es gibt nämlich viele Zinnminen im Lande oberhalb von Lusitanien und auch auf den im Ozean vor Iberien gelegenen kleineren Inseln, die wegen dieses Umstandes die Kassiteriden genannt werden. **Viel Zinn wird aber auch von der Bretannischen Insel zum gegenüberliegenden Gallien gebracht und von den Kaufleuten auf Pferden durch das Innere des Keltenlandes zu den Massalioten und zu der Narbon genannten Stadt transportiert.**

Bei dem hier in beiden Textstellen von Diodor nach Poseidonios beschriebenen Überlandweg, auf dem das britannische Zinn zum Mittelmeer transportiert wurde, muss es sich um einen der drei von Strabon C 189, 4.1.14 beschriebenen durch Gallien verlaufenden Transitwege gehandelt haben, die von den Häfen an den Mündungen der grossen sich in den Atlantik ergießenden Strömen ausgingen. Schon zu Beginn des 4. Buch seiner *Geographika* erwähnt Strabon C 177, 4.1.2 bei seiner Beschreibung Galliens die das Land durchströmenden schiffbaren Flüsse, deren Läufe so günstig zueinander gelegen seien, dass ein Warentransport auf ihnen, eventuell unter Einschluss eines kurzen Weges über Land, von dem einen Meer zu dem anderen ermöglicht werde. Strabon schreibt:

Ἅπασα μὲν οὖν ἐστιν αὕτη ποταμοῖς κατάρρυτος ἡ χώρα, τοῖς μὲν ἐκ τῶν Ἄλπεων καταφερομένοις, τοῖς δ' ἐκ τοῦ Κεμμένου καὶ τῆς Πυρήνης, καὶ τοῖς μὲν εἰς τὸν Ὠκεανὸν ἐκβάλλουσι, τοῖς δὲ εἰς τὴν ἡμετέραν θάλατταν· δι' ὧν δὲ φέρονται

---

[357] Siehe Kap. 4.3 Exkurs: Bericht des Poseidonios über den Zinnbergbau in Spanien und die Kassiteriden.

χωρίων πεδία ἐστὶ τὰ πλεῖστα καὶ γεωλοφίαι διάρρους ἔχουσαι πλωτούς, οὕτως δ' εὐφυῶς ἴσχει τὰ ῥεῖθρα πρὸς ἄλληλα ὥστ' ἐξ ἑκατέρας τῆς θαλλάτης εἰς ἑκατέραν καζακομίζεσθαι πορευομένων τῶν φορτίων ἐπ' ὀλίγον καὶ διὰ πεδίων εὐμαρῶς, τὸ δὲ πλέον τοῖς ποταμοῖς, τοις μὲν ἀναγομένων, τοῖς δὲ καταγομένων.

Dieses ganze Land ist von Flüssen durchströmt, die teils von den Alpen, teils von dem Kemmenon (Cevennen) und den Pyrenäen herabkommen und sich teils in den Ozean, teils in unser Meer ergießen. Die Gegenden, durch die sie fließen, werden hauptsächlich von Ebenen und Hügeln gebildet, zwischen denen die Flüsse schiffbar sind, und ihre Läufe liegen so günstig zueinander, dass der Transport von dem einen Meer zum anderen möglich ist, wobei Waren auch einmal eine kurze Strecke leicht über ebenes Land, größtenteils aber über die Flüsse reisen, teils stromauf –, teils stromabwärts. [Übersetzung S. Radt]

Auf diese Verkehrswege zwischen den beiden Meeren geht er C 189, 4.1.14 noch einmal ausführlicher ein und preist die „Zusammenstimmung" des Landes mit den Flüssen und dem inneren und dem äusseren Meer (τὴν ὁμολογίαν τῆς χώρας πρός τε τοὺς ποταμοὺς καὶ τὴν θάλλαταν τὴν τ' ἐκτὸς ὁμοίως καὶ τὴν ἐντὸς). Einer dieser Wege führte das Rhonetal stromaufwärts und folgte dann der Saone bis zur Einmündung des Doubs. Hier zweigte eine Überlandstrecke zur Seine ab, auf der stromabwärts der Ozean bei den beiderseits der Mündung ansässigen Lexoviern und Caletern erreicht wurde. Von hier aus war es dann noch einmal weniger als eine Tagesfahrt bis nach Britannien (ἐκ δὲ τούτων εἰς τὴν Βρεττανικὴν ἐλάττων ἢ ἡμερήσιος δρόμοσ ἐστίν). Eine andere Route folgte auch zunächst der Rhone, führte dann über Land zur Loire und folgte dieser bis zum Ozean. Ein dritter Weg ging von Narbo aus zunächst durch das Tal der Aude, dann weiter zur Garonne und endete in der Gironde. Im Einklang mit dieser Beschreibung der durch Gallien verlaufenden Handelsrouten stellt Strabo C 199, 4.5.2 fest, dass vier Seeverbindungen zwischen dem Kontinent und Britannien bestünden, und zwar die von den oben bereits erwähnten Mündungen der Seine, der Loire und der Garonne ausgehenden, zu denen als vierte noch die von der Küste der Morini unterhalb der Rheinmündung ausgehende Seeroute hinzukomme, wo auch der Hafenplatz Itium (Boulogne) liege, von dem aus Caesar seine Fahrt nach Britannien angetreten habe.

Auf welchem der drei von Strabon erwähnten Wege der Transport des britannischen Zinns durch Gallien tatsächlich erfolgte, darüber gehen in der Forschung aber die Meinungen auseinander. Der Schiffsarchaeologe

D. Ellmers vertritt z. B. die Auffassung, dass Diodor den Loire-Rhone Weg meinte, und dass die Zinnbarren zunächst auf der Loire zu Schiff stromaufwärts, dann eine nur kurze Wegstrecke über Land bis zur Rhone transportiert worden seien, und anschließend auf dieser wieder zu Schiff ihren Weg stromabwärts bis zur Mündung genommen hätten.[358] Diodor sagt aber 5.22.4 ausdrücklich, dass der Transport zur Gänze zu Fuß – πεζῇ – erfolgte und dass die Saumtiere volle dreißig Tage unterwegs waren. In Anbetracht dieser Reisedauer erscheint eine an der Loiremündung oder Seinemündung beginnende Landroute jedoch als viel zu lang, sodass nur der bedeutend kürzere Landweg in Frage kommen kann, der die Gironde mit dem Mittelmeer verband, worauf übrigens bereits der amerikanische Prähistoriker H. O. Hencken hingewiesen hat.[359] Der Beweis, dass Diodor wirklich diese Route gemeint haben muss, ergibt sich unmittelbar aus 5.38.5 (siehe Kap. 4.6.3) in Verbindung mit einer weiteren Textstelle 5.32.1. aus Diodors *Bibliotheke*.[360] In 5.38.5 unterscheidet Diodor nämlich zwischen der Britannien gegenüberliegenden Γαλατία, wohin das Zinn zu Schiff transportiert wurde, und der Κελτικὴ, durch die sich später der Transport über Land vollzog. Was aber Diodor unter Γαλατία und **Κελτικὴ** verstanden wissen wollte, das geht eindeutig aus 5.32.1 hervor.[361] Er unterbricht dort seine Beschreibung Galliens, um auf einen Umstand aufmerksam zu machen, der vielen unbekannt sei: Die Völker nämlich, so berichtet er, die im Landesinneren oberhalb Massalias, an den Hängen der Alpen und diesseits der Pyrenäen wohnten, würden Kelten genannt, dagegen würden als Gallier diejenigen Völker bezeichnet, die oberhalb dieses Keltenlandes ein Gebiet bewohnten, das sich nach Norden sowohl längs des Ozeans als auch des Herzynischen Gebirges bis zu den Skythen erstrecke. Er fügt noch an, dass die Römer alle diese Völker als Gallier bezeichnen. Diodor schreibt:

> Χρήσιμον δ' ἐστὶ διορίσαι τὸ παρὰ πολλοῖς ἀγνοούμενον. τοὺς γὰρ ὑπὲρ Μασσαλίας κατοικοῦντας ἐν τῷ μεσογείῳ καὶ τοὺς παρὰ τὰς Ἄλπεις, ἔτι δὲ τοὺς ἐπὶ τάδε τῶν Πυρηναίων ὀρῶν Κελτοὺς ὀνομάζουσι, τοὺς δ' ὑπὲρ ταύτης τῆς Κελτικῆς εἰς τὰ πρὸς ἄρκτον νεύοντα μέρη παρά τε τὸν ὠκεανὸν καὶ τὸ Ἑρκύνιον ὄρος καθιδρυμένους καὶ

---

[358] D. Ellmers, Der Krater von Vix und die Reise des Pytheas, 371/372.
[359] N. Hencken, Cornwall and Scilly, 174.
[360] Vgl. R. Dion. Transport de l'étain, 436.
[361] Vgl. P. Moeller, RGA 5, 480, Berlin, New York 1984, s. v. Diodoros § 2.

πάντας τοὺς ἑξῆς μέχρι τῆς Σκυθίας Γαλάτας προσαγορεύουσιν. οἱ δὲ Ῥωμαῖοι πάλιν πάντα ταῦτα τὰ ἔθνη συλλήβδην μιᾷ προσηγορίᾳ περιλαμβάνουσιν, ὀνομάζοντες Γαλάτας ἅπαντας.

Es ist angebracht, einen Unterschied festzustellen, den viele nicht kennen. Diejenigen, die im Inneren oberhalb von Massalia und an den Hängen der Alpen sowie an dieser Seite des Pyrenäengebirges wohnen, werden Kelten genannt, während man die, die in den oberhalb der Keltike sich nach Norden sowohl längs des Ozeans als auch längs der Herzynischen Berge erstreckenden Teilen ihren Wohnsitz haben, und weiter auch alle, die bis hin nach Skythien wohnen, als Gallier bezeichnet. Die Römer jedoch fassen alle diese Völker unter einem einzigen Namen zusammen und nennen sie Gallier.

Damit unterliegt es kaum einem Zweifel, dass der von Diodor geschilderte Überlandtransport seinen Ausgang von der an der atlantischen Küste der Γαλατία gelegenen Gironde nahm und dann durch das Pyrenäenvorland, das Diodor als Teil der Κελτική ansah, zur Mittelmeerküste erfolgte. Scheinbar im Widerspruch dazu steht allerdings Diodors Aussage in 5.22.4 (siehe Kap. 4.6), wenn er schreibt:

καὶ διακομίζουσιν εἰς τὴν Γαλατίαν· τὸ δὲ τελευταῖον πεζῇ διὰ τῆς Γαλατίας πορευθέντες κτλ

R. Dion weist aber mit Recht darauf hin, dass das hier an zweiter Stelle auftretende Γαλατίας als Κελτικῆς zu lesen ist, weil sonst das τὸ δὲ τελευταῖον sinnlos oder zumindest überflüssig wäre.[362]

Wie sich der Transport des Zinns von Cornwall über See vollzog, lässt sich im einzelnen nicht mehr rekonstruieren. Es ist aber sicher, dass der an der Mündung der Loire gelegene Hafenort Corbilo, den Strabon C 190, 4.2.1 im Zusammenhang mit dem Besuch des Scipio Aemilianus in Narbo oder Massalia erwähnt,[363] eine wichtige Rolle als Umschlagplatz für die über den Kanal zu transportierenden Handelsgüter gespielt hat. Corbilo lag in unmittelbarer Nähe zu dem am Golf von Morbihan in der südlichen Bretagne ansässigen keltischen Volksstamm der Veneti, in deren Händen der

---

[362] R. Dion, Transport de l'étain, 437.
[363] Siehe Kap. 4.5 Scipios Zusammenkunft mit den Kaufleuten aus Corbilo, Narbo und Massalia.

Seeverkehr mit Britannien lag.[364] Sie verfügten nämlich, wie Caesar berichtet, über die geeigneten Schiffe und über das erforderliche nautische Wissen für die Seefahrt in den gefährlichen und stürmischen Gewässern des Kanals, und sie waren es sehr wahrscheinlich auch, die das Zinn von Iktis zunächst nach Corbilo an die Küste der Γαλατία brachten. Strabon spricht übrigens von Corbilo als einem zu seiner Zeit nicht mehr existierenden Handelsplatz. Wo genau er an der Loire gelegen hat, ist nicht bekannt, denn seine Überreste sind bis heute noch nicht gefunden worden, und es es auch nicht genau bekannt, was zu seinem Untergang geführt hat.[365] Es kann sein, dass der von den Venetern mit dem britischen Zinn betriebene Zwischenhandel zum Erliegen kam, nachdem diese sich gegen die römischen Besatzer erhoben hatten und 56 v. Chr. von der Flotte Caesars in einer Seeschlacht bei Quiberon vor der bretonischen Küste vernichtend geschlagen worden waren. Möglich ist auch, dass das Interesse an britischem Zinn nachließ, nachdem die reichen Vorkommen in Iberien von den Römern ausgebeutet werden konnten. Strabon verzeichnet jedenfalls C 200, 4.5.2 Zinn nicht mehr unter den von Britannien gelieferten Gütern.

In Corbilo wurde die Fracht dann an Kaufleute aus Narbo und Massalia oder deren Agenten übergeben und weiter über See zur Gironde verschifft, von wo aus dann der Überlandtransport durch die Κελτική zum Mittelmeer erfolgte.[366] Es mag auf den ersten Blick verwunderlich erscheinen, dass die Zinnkonvois die gesamte Strecke von der Gironde bis zur Rhonemündung zu Lande zurücklegten, obwohl ihnen zunächst der scheinbar günstigere Weg zu Schiff auf der Garonne bis weit hinter Tolosa (Toulouse) offen gestanden hätte. Die Wahl des Überlandtransports erklärt sich aber daraus, dass die Schifffahrt auf der Garonne durch häufig wechselnde Wasserstände so stark beinträchtigt war, dass eine sichere Beförderung bei Hochwasser und eine schnelle Beförderung ohne Unterbrechungen bei niedrigem Wasserstand nicht gewährleistet war. Auch Pomponius Mela stellte dies fest, wenn er schreibt:[367]

---

[364] Caes. Gall. III 8.
[365] M. J. Ramin, Le Probleme de Corbilo, 122/123.
[366] N. Hencken, Cornwall and Scilly, 174, fig. 46.
[367] Mela III 21.

Garunna ex Pyrenaeo monte delapsus, nisi cum hiberno imbre aut solutis nivibus intumuit, diu vadosus et vix navigabilis fertur.

Die Garunna fließt vom Pyrenäengebirge herab; wenn sie nicht bei winterlichem Regen oder Schneeschmelze angeschwollen ist, strömt sie seicht und kaum schiffbar dahin.

Genau diese die Flussschifffahrt auf der Garonne behindernden Umstände führten übrigens dann in der Mitte des 19. Jahrhunderts zum Bau des *Canal Latéral à la Garonne*, der die Umgehung des schwierig beschiffbaren Stromes ermöglichte.

4.6.4 Poseidonios als Quelle Diodors

Im Vorhergehenden ist aufgezeigt worden, dass Diodor seinen Bericht 5.22.4 über den Transport des Zinns von Iktis nach Massalia und Narbo dem Werk des Poseidonios von Apameia entnommen hat, und es ist sehr wahrscheinlich, dass Poseidonios die Informationen, die Diodor in diesen Bericht verarbeitet hat, selbst vor Ort eingezogen hat. Gelegenheit dazu bot sich ihm auf einer seiner ausgedehnten Reisen, die ihn um die Wende vom 2. zum 1. Jahrhundert in den Westen und Norden Europas führten und auf denen er u. a. Material sammelte für die geographischen, ethnographischen, klimatologischen und naturkundlichen Exkurse, die er in seine Werke, insbesondere in seine Ἱστορίαι und sein Ozeanbuch Περὶ Ὠκεανοῦ einfügte. Die Schriften des Poseidonios sind zwar verloren gegangen, da sie jedoch in der Antike von nicht wenigen Autoren benutzt wurden, lassen sich in deren erhaltenen Werken zahlreiche Fragmente und Testimonien finden, die Poseidonios zugeordnet werden können.[368] Strabon z. B. hat Poseidonios in seiner *Geographika* ausgiebig benutzt und u. a. eine Reihe von Eindrücken überliefert, die Poseidonios im südlichen Gallien gewonnen hatte. Darunter finden sich auch Feststellungen,

---

[368] Die wichtigsten dieser Autoren sind Diodor, Strabon und Athenaios. Die beiden letztgenannten erwähnen Poseidonios namentlich in zahlreichen Stellen ihrer erhaltenen Schriften, dagegen nennt ihn Diodor nirgendwo in den erhaltenen Büchern seiner Bibliotheke, doch ist es sicher, dass auch er Poseidonios ausgiebig benutzt hat (I. Edelstein and I. G. Kidd, Posidonius I, XX, n. 3: „it is virtually certain that Diodorus used Posidonius, and there is a good deal of agreement that books 5 and 34–35 especially owe much to Posidonius").

aus denen gefolgert werden kann, dass Poseidonios den Handelsweg von der Gironde zur Rhonemündung aus eigener Anschauung gekannt hat.

4.6.4.1 Tolosa, Tectosagen und der Garonneweg

Strabon kommt nämlich im vierten Buch seiner *Geographika* bei der Beschreibung Galliens auch auf die an der Garunna (Garonne) siedelnden Tectosagen und ihren berühmten Schatz, das *aurum tolosanum*, zu sprechen, den der römische Feldherr Q. Servilius Caepio im Jahre 106 im Namen des römischen Staates bei der Einnahme ihrer Hauptstadt Tolosa, dem heutigen Toulouse, beschlagnahmt und später veruntreut hatte.[369] Von diesen Tectosagen, so schreibt Strabon, gehe die Kunde, dass auch sie am Kriegszug ihrer keltischen, später nach Phrygien ausgewanderten Stammesgenossen gegen Delphi teilgenommen hätten (Καὶ τοὺς Τεκτόσαγας δὲ φασι μετασχεῖν τῆς ἐπὶ Δελφοὺς στρατείας) und dass ihr Schatz ein Teil der Reichtümer (τῶν ἐκεῖθεν χρημάτων μέρος εἶναι φασι) gewesen sei, die von dort weggeführt worden seien. Strabon bezweifelt dies jedoch und meint, dass die Erklärung, die Poseidonios für das Vorhandensein des Schatzes von Tolosa gegeben habe, viel plausibler sei (πιθανώτερος δ' ἐστὶν ὁ Ποσειδωνίου λόγος). Der Wert des Schatzes habe sich nach Aussage des Poseidonios auf ungefähr fünfzehntausend Talente belaufen und er habe aus unbearbeitetem, rohem Gold und Silber bestanden und sei in Tempelgemächern und heiligen Seen aufbewahrt worden. Das Heiligtum von Delphi sei aber schon längst vor dem Raubzug der Kelten seiner Reichtümer verlustig gegangen, da es im Heiligen Kriege von den Phokern geplündert worden sei. Und selbst wenn damals noch etwas übrig geblieben wäre, so sei es unter viele aufgeteilt worden, und es sei ferner unwahrscheinlich, dass die Tectosagen unbeschadet hätten in die Heimat zurückkehren können, da die Invasoren nach dem Rückzug von Delphi nur elendig entkommen waren und sich wegen ihrer Uneinigkeit überall hin zerstreut hätten. Der Reichtum der Tectosagen erkläre sich vielmehr dadurch, dass ihr Land über grosse Goldvorkommen verfüge und sie selbst gottesfürchtig gewesen seien und sich einer nicht verschwenderischen Lebensweise befleißigten. Deshalb enthielt das Land viele Schätze an Gold und Silber, das zur Sicherheit in Teiche versenkt wurde. So hätten die Römer, nachdem sie die Herrschaft über die Tectosagen angetreten hatten, jene Teiche verkauft

---

[369] Strab. C 188, 4.1.13.

und ihre Käufer hätten darin Mühlsteine aus gehämmerten Silber gefunden. In Tolosa aber stehe der ehrwüdige Tempel des Zeus, den auch die Bewohner der umliegenden Landschaften verehrt hätten, und die Reichtümer hätten sich dadurch angehäuft, dass viele Weihegaben gespendet worden seien und niemand sie anzurühren gewagt habe. Übrigens erwähnt auch Diodor den Goldreichtum des Keltenlandes und die gewaltigen Goldschätze, die seine Bewohner in den Tempeln den Göttern geweiht hätten und die niemand anzutasten wage, obwohl die Kelten überaus habgierig seien.[370] Diodor wird diese Informationen sehr wahrscheinlich den Historien des Poseidonios entnommen haben.[371]

Diese konkreten Ausführungen des Poseidonios zum Reichtum der Tectosagen zeigen, dass er mit den Tolosanischen Verhältnissen gut vertraut war, und dass seine Angaben auf Informationen beruhten, die er bei persönlicher Anwesentheit in Tolosa gewonnen hatte. Bei dieser Gelegenheit wird er sich auch ein Bild von dem Fernhandelsverkehr haben machen können, der sich zwischen den Häfen der Gironde und der Rhonemündung entwickelt hatte und auch Tolosa als eine wichtige Zwischenstation berührt haben musste. Dass Poseidonios sich vermutlich selbst in Tolosa aufgehalten hat, kann auch aus der sich unmittelbar an C 188, 4.1.14 anschießene Bemerkung Stabons geschlossen werden, wonach Tolosa an der schmalsten Stelle der den Ozean vom Meer bei Narbo trennenden Landenge gelegen sei, für die Poseidonios eine Länge von weniger als 3.000 Stadien veranschlage (ὅν φησι Ποσειδώνιος ἐλάττω τῶν τρισχιλίων σταδίων).

---

[370] Diod. 5.27.1–4. Gold werde, schreibt Diodor sicher im Anschluss an Poseidonios, in großer Menge gewonnen, ohne dass mühevoller Bergbau betrieben werden müsse. Da die das Land durchfließenden Flüsse in scharfen Biegungen verliefen, pralle die Strömung gegen die Steilufer und risse große den Goldsand enthaltende Brocken aus ihnen heraus. Diese würden gesammelt und zermahlen oder zerstampft, und nach Auswaschen der erdigen Teile mit Wasser würden die Arbeiter den Rest in die Öfen zum Schmelzen geben (διὰ δὲ τῶν ὑδάτων τῆς φύσεως τὸ γεῶδες πλύναντες παραδιδόασιν ἐν ταῖς καμίνοις εἰς τὴν χωνείαν). Es fällt in dieser fachmännischen Beschreibung die Verwendung des Wortes γεῶδες auf, das Diodor auch 5.22.1 (siehe Kap. 4.6) in seinem sehr wahrscheinlich auf Poseidonios zurückgehenden Bericht über den Bergbau in Belerion (Cornwall) benutzt, und es ist gut möglich, dass Diodor hier Poseidonios' eigene Worte wiedergegeben hat.

[371] Vgl. J. Malitz, Die Historien des Poseidonios, 220–221.

R. Dion hatte die Idee, die 3.000 Stadien des Poseidonios mit den 30 Tagen in Verbindung zu bringen, die nach Diodor 5.22.4 die Lasttierkarawanen benötigten, um das Zinn über Land durch die Κελτική zur Rhonemündung zu transportieren.[372] Da Poseidonios sich im südlichen Gallien für Entfernungsangaben wahrscheinlich keiner genauen Karten bedienen konnte, wie sie für die schon länger zum Imperium gehörigen Provinzen zur Verfügung standen[373] – mit dem Bau der von Burdigala nach Narbo führenden Via Aquitania war erst 118 kurz vor seinem Besuch begonnen worden – war er auf Auskünfte reisender Kaufleute angewiesen. Dabei wird er in Erfahrung gebracht haben, dass die durchschnittliche Tagesleistung eines Zinnkonvois 100 Stadien = 18.5 Km betrug und daraus konnte er die von diesem in 30 Tagen zurückgelegte Wegstrecke zu 3.000 Stadien = 555 Km berechnen. Anfangs und Endpunkt dieser Route lassen sich natürlich nicht mehr genau bestimmen. Sie begann irgendwo an der Gironde und endete vieleicht an der Rhone bei Arelate und setzte sich zusammen aus einer Teilstrecke, die die Gironde mit Narbo verband und deren Länge ungefähr 400 Km entsprechend 2.162 Stadien betrug, und einer zweiten Teilstrecke, die Narbo mit der Rhonemündung verband und deren Länge ungefähr 150 Km entsprechend 811 Stadien betrug. Die Angabe des Poseidonios, dass die Breite des Isthmus zwischen dem Ozean und dem Mittelmeer bei Narbo weniger als 3.000 Stadien betrage, wird also durch diese Rechnung bestätigt. Eine fast gleichlautende Angabe hinsichtlich der Breite dieser Landenge macht Strabon übrigens noch einmal an anderer Stelle. Er kommt nämlich bei seiner Weltbeschreibung auf die das Mittelmeer umgebenden Länder und hier speziell C 128, 2.5.28 auch auf die Keltike zu sprechen, unter der er offensichtlich ganz Gallien versteht. Deren nördliche Seite werde vom britischen Kanal bespült, die östliche vom Rhein umfasst, und die südliche Seite zum einen von den Alpen, zum anderen vom Galatischen Golf (Golfe du Lion), an dem die berühmten Städte Massalia und Narbo gelegen seien.[374] Gegenüber diesem Golf aber liege eine andere Bucht, die nach Norden in Richtung Britannien blicke und ebenfalls Galatischer Golf genannt werde. Zwischen

---

[372] R. Dion, Transport de l'étain, 435.
[373] Via Egnatia auf dem Balkan, Via Aemilia in Oberitalien
[374] Wie sich Strabon die Geographie der Keltike vorstellte, geht hervor aus H. L. Jones, Geography of Strabo II, Map 4, Nebenkarte, Sketch of Celtica according to Strabo.

diesen beiden Meeresbuchten nehme die Keltike ihre geringste Breite ein und schnüre sich zu einem Isthmus zusammen, dessen Breite weniger als 3.000, aber mehr als 2.000 Stadien betrage. Strabon schreibt:

ἀντίκειται δὲ τῷ κόλπῳ ταὐτῷ κατ' ἀποστροφὴν ἕτερος κόλπος ὁμωνύμως αὐτῷ καλούμενος Γαλατικός, βλέπων πρὸς τὰς ἄρκτους καὶ τὴν Βριττανικήν· ἐνταῦθα δὲ καὶ στενότατον λαμβάνει τὸ πλάτος ἡ Κελτική· συνάγεται γὰρ εἰς ἰσθμὸν ἐλαττόνων μὲν ἢ τρισχιλίων σταδίων, πλειόνων δ' ἢ δισχιλίων.

Diesem Golf liegt auf der entgegengestzten Seite ein anderer gegenüber, der gleichnamig als „Galatischer" bezeichnet wird und gegen Norden nach Britannien schaut. Dort nimmt die Keltike ihre geringste Breite an und verengt sich zu einem Isthmus von weniger als dreitausend und mehr als zweitausend Stadien.

Strabon gibt nicht an, wem er diese Angaben verdankt, aber es ist in Hinblick auf oben erwähnte Stelle C 188, 4.1.14 sehr wahrscheinlich, dass auch sie auf Poseidonios zurückgehen.

Die Korrespondenz zwischen der von Diodor angegebenen Reisedauer der Zinnkonvois von 30 Tagen und der von Poseidonios daraus errechneten Länge von 3.000 Stadien des zurückgelegten Weges kann wie die Geschichte der Tectosagen als Indiz dafür angesehen werden, dass Poseidonios Diodors Primärquelle gewesen ist, zumindest soweit es die Berichte des Zinntransportes von Britannien zum Mittelmeer betrifft, denn er konnte, wie oben erläutert, die diesbezüglichen Informationen vor Ort in Tolosa selbst einziehen. Die Annahme, dass Poseidonios seinerseits auf ältere Autoren wie Pytheas oder Timaios zurückgegriffen habe, scheint also nicht nötig zu sein. Überhaupt scheint sich der Bericht des Diodor auf eine spätere Zeit zu beziehen. C. F. C. Hawkes hat z. B. darauf hingewiesen, dass ein ungestörter Handelsverkehr über die Garonneroute nach Narbo und Massalia erst möglich war, nachdem die Macht des Arvernerreiches, dass zeitweise das westliche Gallien von der Loire im Norden bis zu den Pyrenäen im Süden umfasste, im Jahre 121 von den Römern gebrochen worden war.[375] Zuvor wird sich der Überlandtransport hauptsächlich auf der Seine-Rhone Route durch das Gebiet der mit Massalia befreundeten Häduer vollzogen haben. Die kürzeste über den Kanal verlaufende Seeverbindung zwischen Britannien und der Mündung der Seine ging aber von der Isle of Wight aus, und das

---

[375] C. F. C. Hawkes, Ictis disentangled, 228.

in Cornwall gewonnene Zinn musste deshalb von den Einheimischen auf ihren Lederbooten zu den bei Wight gelegenen Häfen gebracht werden, wo es dann an die vom Kontinent kommenden Händler übergeben wurde. Einen derartigen küstennahen Frachtverkehr zu Schiff könnte Timaios im Auge gehabt haben, als er den Zinntransport zur Insel Mictis beschrieb (Kap. 4.6.2.3). Übrigens ist auch der britische Historiker L. Pearson der Meinung, dass Diodors Bericht über Britannien und den dort praktizierten Zinnabbau Verhältnisse beschreibt, wie sie erst in der Zeit nach Timaios bestanden. Pearson schreibt: „Diodorus' chapters on Britain are certainly not derived from Timaeus, whose description he would have discarded as hopeless out of date".[376]

Mit der Beschreibung des Weges, den die Zinnkonvois duch die Keltike nahmen, sind nun die ersten beiden Abschnitte (1) und (2) des Berichtes Diodors, die sich mit dem Abbau des Zinns in Belerion und dessen Weiterverarbeitung zu Astragali und mit dem Transport nach Iktis befassen, inhaltlich so eng verbunden, dass die Annahme, Diodor sei auch hier dem Poseidonios gefolgt, nicht von der Hand zu weisen ist. Was die Astragali anbetrifft, so kann Poseidonios sie, falls es sich bei ihnen, wie oben erläutert, um Barren in der für den Transport zu Pferde geeigneten Ochsenhautform gehandelt hat, selbst während seines Aufenthaltes in Südgallien beim Durchzug der Zinnkonvois gesehen haben. Dagegen lässt sich nicht mehr sicher feststellen, aus welchen Quellen Poseidonios seine Informationen hinsichtlich des Zinnabbaues und der Insel Iktis bezogen haben könnte, doch kann er sie in Hinblick darauf, dass Diodors Bericht wahrscheinlich die Verhältnisse zur Zeit nach der Abwehr der Kimbern und Teutonen beschreibt, aus erster Hand von zeitgenössischen Augenzeugen entweder in Südgallien oder in einem der Häfen an der Atlantikküste erhalten haben. Auch Hawkes (Ictis disentangled, 220) vermutet, dass Poseidonios, möglicherweise in Massalia, in Kontakt mit Zinnhändlern gekommen sein könnte. Vielleicht ist er auf seinen Reisen durch Gallien sogar bis nach Corbilo an der Loiremündung gelangt, denn Strabon erwähnt C 198, 4.4.6 eine im Ozean vor der Loiremündung gelegene Insel, von der Poseidonios berichtet habe, dass keltische Frauen dort dionysische Riten vollzögen. Hier an der Küste könnte auch Kunde von den im Kanal gelegenen Gezeiteninseln zu ihm gelangt sein und es ist

---

[376] L. Pearson, The Greek Historians of the West. Timaeus and his Predecessors, 70.

deshalb wahrscheinlich, dass der Exkurs (3), den Diodor in 5.22.3 seines Berichts einschaltet (siehe oben Kap. 4.6.2.4 Gezeiteninseln im Kanal), auf Poseidonios zurückgeht. Diodor veranschaulicht dort die für den Mittelmeer-Anrainer ganz ungewöhnliche Erscheinung, dass eine Insel bei Ebbe trocken fallen kann, durch weitere Beispiele von Kanalinseln, die ebenfalls wie Iktis bei ablaufenden Wasser zu Halbinseln werden. Dieses Phänomen musste natürlich bei Poseidonios, der sich ja in Gades ausführlich dem Studien der Gezeiten gewidmet hatte, auf ein besonderes Interesse stossen.

4.6.4.2 Kenntnisse über Britannien, Bericht des Priskianos Lydos

Einige britische Gelehrte haben sogar die Meinung vertreten, dass Poseidonios Britannien selbst besucht und bei dieser Gelegenheit auch die Zinnminen von Cornwall inspiziert habe,[377] doch liefern sie dafür keine auf antiken Quellen beruhende Begründung. Eine Ausnahme bildet lediglich C. I. Elton, der sich auf die Schrift *Solutiones ad Chosroem* des neuplatonischen Philosophen Priskianos Lydos (Priscianus Lydus) beruft, in der dieser sich mit der Beantwortung von Fragen aus verschiedenen Wissensgebieten befasst hatte, die ihm der persische König Chosroes I (reg. 531–578) gestellt hatte.[378] Unter anderem behandelte er im Kapitel VI auch die Theorie der Gezeiten des Poseidonios und deren Abhängigkeit von den Mondphasen,[379] und kam dabei auch auf Fluterscheinungen zu sprechen, die so gewaltig seien, dass sie sogar den Lauf von Strömen umkehren könnten. Dies geschehe beim Rhein und bei Flüssen in Spanien und Britannien. In diesem Zusammenhang hebt er die Themse hervor, die bei Flut vom Seewasser gefüllt und entgegengesetzt zu ihrem natürlichem Lauf fließe, und stellt fest, Poseidonios, der die Gründe für ein derartiges Zurückfließen erforscht habe, sei der Meinung gewesen, dass

---

[377] C. I. Elton, Origins of English History, 30/31 n. 1, 34/35; H. D. Rankin, Celts and the Classical World, 75/76; J. Rhys, Celtic Britain 8, 45; W. Ridgeway, The Greek-Trade Routes to Britain 82.

[378] Der Neuplatoniker Priskianos Lydos verließ nach der Schließung der Athener Akademie im Jahre 529 durch Kaiser Justinian mit einer Gruppe gleichgesinnter paganer Philosophen das Oströmische Reich und fand Aufnahme am Hofe des sassanidischen Großkönigs Chosroes I, für den er die Solutiones verfasste. Die ursprünglich auf Griechisch geschriebene Fassung ist verloren gegangen, und es existiert nur eine aus dem 9. Jahrhundert stammende lateinische Übersetzung. (I. G. Kidd, Poseidonius II Commentary (i), 57).

[379] L. Edelstein and I. G. Kidd, Poseidonios I, F 219, 71–80.

der Mond und nicht die Sonne dafür verantwortlich seien. Diese Passage der Schrift des Priskianos lautet in der lateinischen Übersetzung folgendermaßen:

> In tantum vero aqua egreditur, ut etiam magna flumina in aliam partem convertat. Et hoc aiunt Rhenum a Celtis currentem fluvium, alios iterum in Hiberia et Bretaniis sustinere. In Britania enim fluvium qui dicitur Tamessa in quattuor dies a mari repletum ex redundantia converti dicunt, ut et videatur a mari fluens redire in alias partes, horum igitur causas requirens Stoicus Posidonius, ut et per se ipsum explorator factus huiusmodi reciprocationis, discernit magis causam esse eius lunam et non solem.

> Soweit steigt der Gezeitenstrom an, dass er sogar große Flüsse in die entgegengesetzte Richtung wendet. Man sagt, dies geschehe dem von den Kelten her strömenden Rhein und wiederum auch anderen Flüssen in Spanien und Britannien. In Britannien nämlich, so berichtet man, werde der Themse genannte Fluss für vier Tage, angefüllt von der Flut, vom Meere abgekehrt, sodass er vom Meere fließend in die entgegengetzte Richtung zurückzugehen scheine. So hat denn der Stoiker Posidonius bei der Suche nach der Ursache dieses Sachverhaltes, als er selbst als Erforscher dieser Art des Rückströmens tätig wurde, festgestellt, dass dessen Ursache eher der Mond als die Sonne ist.

Die hier gegebene Beschreibung der die Themse flussaufwärts sich bewegenden Flutwelle entspricht mit Ausnahme der unverständliche Erwähnung der *quattuor dies* durchaus den realen Verhältnissen, denn der vor der Südostküste Englands auftretende sehr starke Tidenhub macht sich stromaufwärts bis London bemerkbar. Dieses auffällige Strömungsverhalten erwähnt übrigens auch Pomponius Mela in seiner Schrift *De Situ Orbis*, ohne allerdings seine Quelle zu nennen. Britannien trägt, so schreibt er, Haine und Wälder und hat gewaltige Stöme, die abwechselnd zum Meere hin und von ihm fortfließen:[380]

> Fert nemora saltusque, ac praegrandia flumina, alternis motibus modo in pelagus modo retro fluentia.

> Es weist Haine und Wälder auf und riesige in entgegengesetzter Bewegung mal zum Meer, mal zurück fließende Ströme. [Übersetzung K. Brodersen]

Es allerdings nicht sicher, ob diese Stelle aus den *Solutiones* des Priscianus wirklich als Beleg dafür gelten kann, dass Poseidonios Gezeitstudien im

---

[380] Mela III 51.

Mündungstrichter der Themse vorgenommen und folglich sich auf der Insel aufgehalten hat. Es kann auch sein, dass er, der ein hohes Interesse an den Erscheinungen von Ebbe und Flut hatte und sich sogar eigens zu deren Studium längere Zeit in Gades aufgehalten hatte,[381] von den eigenartigen Strömungsverhältnissen in der Rhein- und Themsemündung erfahren hatte, und Priskianos nur sagen wollte, dass Poseidonios dadurch veranlasst wurde, diese Phänomene im Rahmen seiner Gezeitentheorie zu erklären. Jedenfalls ist I. G. Kidd, der Herausgeber einer neuen Fragmentsammlung zu Poseidonios, der Meinung, dass dieser nicht Augenzeuge gewesen war. Kidd schreibt in seinem Kommentar zu obiger Stelle: „He [Poseidonios] certainly did not visit either Britain or the Rhine estuary, but he could well have reported stories about them".[382] Ganz ausgeschlossen ist es aber nicht, dass Poseidonios Britannien gesehen hat, denn es gibt keinen überzeugenden Grund, warum zu seiner Zeit eine Reise dorthin nicht möglich gewesen sein sollte; immerhin konnte ja Pytheas schon 200 Jahre früher eine solche Reise unternehmen. Wie oben bereits dargelegt, gab es ja z. B. einen lebhaften Schiffsverkehr zwischen der Gironde und Britannien, und auch die Verkehrswege zu Lande durch Gallien dürften den Reisenden nach der siegreichen Beendigung der Kriege gegen Kimbern und Teutonen offen gestanden haben. Poseidonios, der so weite Reisen in den Westen unternommen hatte, verfügte sicherlich auch über genügend finanzielle Mittel, um eine derartige Expedition zu unternehmen, wobei er vielleicht auch als angesehener Bürger des mit Rom verbündeten Rhodos administrative Unterstützung und Schutz seitens des Imperiums genoss. Wenn Poseidonios aber vielleicht nicht selbst in Britannien gewesen war, so konnte er aber doch Informationen aus erster Hand über die Insel erhalten haben, denn es muss auch nach Pytheas Reisende gegeben haben, die sich in Britannien aufgehalten haben. Strabon spricht jedenfalls, um die Nichtexistenz von Thule zu erweisen, C 63, 1.4.3 von Reisenden, die Britannien und Ierne gesehen (τὴν Βρεττανικὴν καὶ Ἰέρνην ἰδόντες), aber nichts über Thule gesagt hätten (siehe auch Kap. 5.2.1).

---

[381] Siehe Kap. 4.4.
[382] I. G. Kidd, Poseidonius II, Commentary (ii), 786.

4.6.4.3 Poseidonios und Pytheas

Obwohl in keinem einzigen der überliefertenTestimonien und Fragmente des Poseidonios der Name des Pytheas auftaucht, erscheint es als schwer vorstellbar, dass dessen Schrift, die Eratosthenes mit Sicherheit und Polybios sehr wahrscheinlich vorlag, nicht auch Poseidonios bekannt gewesen sein sollte, sei es im Original oder durch Vermittlung der beiden vorgenannten Autoren. In der Forschung wird jedenfalls die Meinung vertreten, dass Poseidonios den Reisebericht gekannt und benutzt habe, wobei u. a. zur Begründung eine Stelle aus der ΕΙΣΑΓΩΓΕ ΕΙΣ ΤΑ ΦΑΙΝΟΜΕΝΑ (Isagoge) des Geminos[383] herangezogen wird. Geminos beschreibt im 6. Kapitel seiner Einführung in die Astronomie die langen Sommertage im hohen Norden zur Zeit der Sommersonnenwende und stellt fest, dass auch Pytheas bis in diese Gegenden gekommen zu sein scheine. Geminos schreibt:[384]

> Ἐπὶ δὲ τοὺς τόπους τούτους δοκεῖ καὶ Πυθέας ὁ Μασσαλιώτης παρεῖναι. φησὶ γοῦν ἐν τοῖς περὶ τοῦ ὠκεανοῦ πεπραγματευμένοις αὐτῷ, ὅτι ἐδείκνυον ἡμῖν οἱ βάρβροι, ὅπου ὁ ἥλιος κοιμᾶται.
>
> Bis in diese Gegenden scheint auch Pytheas von Massalia gekommen zu sein. Er sagt wenigstens in der von ihm verfassten Abhandlung über das Weltmeer: Es zeigten uns die Eingeborenen den Ort, wo die Sonne sich zum Schlafe legt. [Übersetzung nach C. Manitius]

Aus diesem Zitat scheint hervorzugehen, dass der Bericht des Pytheas den Titel ΠΕΡΙ ΘΚΕΑΝΟΥ trug, und jene Forscher, die glauben, dass Poseidonios Kenntnis von den Schriften des Pytheas hatte, führen an, Poseidonios habe, als er seiner eigenen Schrift über das Weltmeer denselben Titel gab, dies in Anlehnung an Pytheas getan und sei deshalb mit dessen Werk vertraut gewesen.[385] W. Aly hat aber gegen diese Auffassungen eingewandt, es könne aus der Stelle bei Geminos nicht auf den Titel des Reiseberichtes geschlossen werden, denn aus den Fragmenten gehe nur hervor, dass Pytheas Interesse für den Ozean gezeigt habe, während die Ozeanschrift des Poseidonios eine viel weiter gefasste Thematik behandelt habe. Aly schreibt: „Aber es fragt

---

[383] Zu Geminos' Lebensdaten siehe Anm. 501.
[384] Gemin. Isagoge 6.9, siehe auch Kap. 5.4.2.1.
[385] Vgl. K. G. Sallmann, Geographie des älteren Plinius, 12, 76 Anm. 74; J. Malitz, Die Historien des Poseidonios, 6 Anm. 12, 201/2; H. Berger, Wissenschaftliche Erdkunde, 551; Mette, Pytheas, 14.

sich überhaupt, wie damals, also kurz vor 300, ein Ionier sein Buch über- oder besser unterschrieb. Wir können daraus nur schließen, dass er sich für den Okeanos interessierte, was wir aus den Fragmenten allein wissen würden. Jedenfalls gibt es keinen äußeren Anhalt, dass der anders formulierte Titel des Poseidonios περὶ Ὠκεαννοῦ καὶ τῶν κατ' αὐτόν genau dasselbe aussagen wollte".[386] Tatsächlich scheint der Reisebericht des Pytheas, in dem u. a. sehr wahrscheinlich eine Umsegelung der Iberischen Halbinsel und Fahrten längs der Küsten Galliens und Britanniens beschrieben wurden, in Teilen einem Periplus geähnelt zu haben, und Markianos von Herakleia zählt Pytheas auch unter diejenigen Gelehrten, die Periploi über das äussere und innere Meer geschrieben hätten.[387] Dafür sprechen z. B. die verschiedenen Entfernungsangaben in Tagesreisen und Stadien: Die Fahrt von Gades bis zum Heiligen Vorgebirge dauerte fünf Tage, die von einem nicht genannten Hafen zur Insel Uxisame drei Tage, von der Keltike bis Kent waren es mehrere Tagesreisen, Thule lag sechs Tagesreisen nördlich von Britannien und war eine Tagesreise vom „geronnenen Meer" entfernt, Britannien selbst hatte eine Länge von 20.000 Stadien und einen Umfang von 40.000 Stadien, die Niederung Metuonis erstreckte sich über 6.000 Stadien längs der Meeresküste, und eine Tagesreise vor dieser lag die Bernsteininsel Abalus. Wenn Geminos schreibt, Pytheas habe ἐν τοῖς περὶ τοῦ ὠκεανοῦ πεπραγματευμένοι αὐτῷ von der Schlafstätte der Sonne und der Begegnung mit den Eingeborenen berichtet, dann meinte er vermutlich mit περὶ τοῦ ὠκεανοῦ nicht den Titel einer Schrift des Pytheas, sondern bezog sich ganz allgemein auf dessen Ausführungen (πεπραγματευμένοις) über seine Fahrt auf den Ozean.[388]

Das Ozeanbuch des Poseidonios, auf das Strabon verschiedentlich Bezug nimmt (C 95–103, 2.2.1–2.3.8; C 135/136, 2.5.43), befasste sich dagegen mit grundsätzlichen geographischen Themen wie z. B. mit der Frage nach dem Zusammenhang des äußeren Meeres (Ozeanfrage), d. h. nach

---

[386] W. Aly, Strabonis Geographica IV, 462.
[387] GGM I, 565.
[388] Es ist in diesem Zusammenhang beachtenswert, dass Geminos an anderer Stelle sehr wohl den Titel eines Buches explizit angibt (Gemin. Isagoge 16.32). Er kommt bei der Erörterung der Frage über die Bewohnbarkeit der äquatorialen Regionen der Erde auf diesbezügliche Überlegungen des Polybios zu sprechen und schreibt: Πολύβιος οὖν ὁ ἱστοριογράφος πεπραγμάτευται βιβλίον, ὃ ἐπιγραφὴν ἔχει „περὶ τῆς ὑπὸ τὸν ἰσημερινὸν οἰκήσεως".

dem Zusammenhang von Atlantischem und Indischem Ozean und der damit verbundenen Verteilung von Wasser und Land auf der Erdkugel[389] sowie deren Einteilung in Zonen unterschiedlicher Bewohnbarkeit unter Berücksichtigung astronomischer, klimatischer und ethnographischer Gesichtspunkte.[390] Hipparchos und später Ptolemaios hielten den Indischen Ozean für ein Binnenmeer, Poseidonios glaubte aber, wie z. B. auch Krates von Mallos, dass die beiden Meere über die Äquatorialzonen miteinander verbunden seien. Er scheint dieses Thema ausführlich behandelt zu haben, als Beweis diente ihm z. B. die Erzählung des Eudoxos von Kyzikos (Kap. 3.6.2) über dessen vermutete Umsegelung Afrikas. Dieser Verbindung des atlantischen mit dem indischen Ozean über einen äquatorialen Meeresarm maß der stoische Philosoph Poseidonios eine besondere Bedeutung zu, da nach der Lehre der Stoa die Gestirne aus den Ausdünstungen des Meeres ihre Nahrung bezogen. Strabon z. B. erwähnt C 6, 1.1.9 diese stoische Auffassung im Zusammenhang mit seiner Erörterung der Ozeanfrage, und Cicero zitiert cic. nat. II 40 den stoischen Philosophen Kleanthes mit der Bemerkung, die Sonne ernähre sich von den Ausdünstungen des Ozeans. Ob auch Pytheas den Ozean unter diesem Blickwinkel sah, lässt sich jedoch aus den Fragmenten nicht erschließen.

Die Zoneneinteilung der Erdkugel nahm Poseidonios nach der Art des von einem Gnomon geworfenen Schattens vor. Er beschrieb dabei auch die bei den „Ringsschattigen" (περίσκιοι) auftretenden Lichtphänomene, und insofern könnte hier vielleicht doch ein Einfluss von seiten des Pytheas vorliegen. Unter den „Ringsschattigen" verstand Poseidonios nämlich, so berichtet Strabon C 135/136, 2.4.43, die (fiktiven?) Bewohner der sich zwischen dem Polarkreis und dem Pol erstreckenden Gegenden. Da dort die Sonne während des ganzen 24-stündigen Tagesverlaufs über dem Horizont verweile, beschreibe die Spitze des von einem Gnomon geworfenen Schattens eine geschlossene Kurve, und eben deshalb bezeichne Poseidonios die dort Wohnenden als περίσκιοι. Für den Geographen sei aber diese Zone, so stellt Strabon fest, ohne Interesse, da sie unbewohnbar sei, was er bereits an anderer Stelle in seiner Kritik an Pytheas zum Ausdruck gebracht habe. (οὐδὲν ὄντας πρὸς τὴν γεωγραφίαν· οὐ γάρ ἐστιν οἰκήσιμα ταῦτα τὰ μέρη διὰ ψῦχος,

---

[389] H. Berger, Wissenschaftliche Erdkunde, 568.
[390] H. Berger, Wissensachftliche Erdkunde, 552; I. G. Kidd, Poseidonius III 13, 14.

ὥσπερ ἐν τοῖς πρὸς Πυθέαν λόγοις εἰρήκαμεν). Allerdings konnte Poseidonios natürlich auch auf rein theoretischem Wege und nicht durch Vermittlung von seiten des Pytheas zu seiner Beschreibung der Polarzone gelangt sein. Ob er sie für bewohnt hielt, darüber geben die Fragmente keine Auskunft. Berührungspunkte zwischen Pytheas und Poseidonios bestehen auch in Hinblick auf die Frage nach dem Ursprung und der Ursache der Gezeiten. Beide Forscher haben sich mit diesem Phänomen befasst, Poseidonios während eines längeren Studienaufenthaltes in Gades (Kap. 4.4) und Pytheas vielleicht ebenfalls dort oder auf seiner Fahrt längs der Küsten Galliens und Britanniens, und beide haben es gemäß der Überlieferung durch den spätantiken Autor Joannes Stobaios[391] auf den Einfluss des Mondes zurückgeführt. Stobaios gibt nämlich in seiner Exzerptensammlung unter dem Eintrag Πῶς ἀμπώτιδες καὶ πλήμμυραι γίνονται die Meinungen einer Reihe antiker Gelehrter zur Entstehung von Ebbe und Flut wieder und erwähnt dabei auch Pytheas und Poseidonios. Es heißt dort:[392]

Πυθέας ὁ Μασσαλιώτης τῇ πληρώσει τῆς σελήνης καὶ τῇ μειώσει τὰς ἑκατέρου τούτων αἰτίας ἀνατίθησιν.

Pytheas aus Massalia gibt als Gründe für diese Dinge die Zunahme und die Abnahme des Mondes an

Und zu Poseidonios bemerkt Stobaios:

Ποσειδώνιος ὑπὸ μὲν τῆς σελήνης κινεῖσθαι τοὺς ἀνέμους, ὑπὸ δὲ τούτων τὰ πελάγη, ἐν οἷς τὰ προειρημένα γίνεσθαι πάθη.

Poseidonios sagt, die Winde würden durch den Mond angetrieben umd von diesen das Meer, in dem die erwähnten Vorgänge [Gezeiten] stattfänden.

---

[391] Stobaios wirkte vermutlich in der 1. Hälfte des 5. Jahrhunderts. In seiner Excerptsammlung Ἐκλογαι Ἀποφθέγματα Ὑποθῆκαι stellte er die Auffassungen einer Vielzahl antiker Autoren zu Themen aus Wissenschaft, Philosophie und Ethiklehre zusammen. Diese Sammlung hat zahlreiche Elemente der ansonsten verloren gegangenen antiken diesbezüglichen Literatur bewahrt und überlieferte Texte durch zusätzliche Zitate ergänzt. Vgl. H. Gärtner, KlP 5, 1979, 378/379 s. v. Stobaios.

[392] Wachsmuth, Stobaei Anthologii I, 252/253 = Diels, Doxographi Graeci, 383, Stobaei Ecl., I 38, 3, 4.

KAPITEL 4

Eine ausführliche Beschreibung der Resultate, die Poseidonios bei seinen in Gades durchgeführten Untersuchungen zum Einfluss des Mondes auf die Gezeiten gewonnen hatte, bringt Strabon C 173–174, 3.5.8. Poseidonios hatte dabei festgestellt, dass der tägliche Wechsel von Ebbe und Flut im Einklang mit dem täglichen Wechsel der Mondpositionen erfolgte (συμπαθῶς τῇ σελήνῃ), und er hatte ferner erkannt, dass besonders ausgeprägte Fluten bei Voll- und Neumond auftraten. Dieser Synchronismus war für ihn ein schlagendes Beispiel für die Abhängigkeit des Terrestrischen vom Siderischen.[393] Ob aber auch Pytheas unter diesem Blickwinkel über die Gezeiten und deren lunare Beeinflussung berichtet hat, und ob Poseidonios, wie Mette vermutet,[394] annehmen konnte, dass er „die Synaphie von Himmel und Erde erkannt habe," darüber geben die Fragmente keine Auskunft. Vielleicht befasste sich Pytheas nur aus der Perspektive eines im nördlichen Meer navigierenden Seefahrers mit den Gezeiten, und dann unterschied sich sein Reisebericht auch in diesem Punkt vom Ozeanbuch des Poseidonios. Im Übrigen war Pytheas nicht der einzige antike Gelehrte, der vor Poseidonios über den Einfluss des Mondes auf die Erscheinung von Ebbe und Flut berichtet hatte. Auch der Astronom Seleukos von Babylon hatte diesbezüglich Untersuchungen angestellt, auf die sich Poseidonios, wie Strabon C 174, 3.5.9 mitteilt, ausdrücklich bezog, und die auch von Stobaios erwähnt wurden (Anm. 392). Von Seleukos wird übrigens überliefert, dass er wie Aristarchos von Samos die Achsendrehung der Erde und deren Umlauf um die Sonne lehrte.[395]

Es erscheint nicht zuletzt auch zweifelhaft, ob Poseidonios eine seiner wichtigsten Schriften tatsächlich nach dem Werk eines zu seiner Zeit umstrittenen Autors benannt haben sollte. Schon Dikaiarchos hatte Pytheas nicht geglaubt, Eratosthenes hatte zumindest Zweifel, und insbesondere Polybios hielt ihn für einen Schwindler und übte im 34. Buch seiner *Historien*, in denen er sich mit geographischen Fragen befasste, scharfe Kritik an ihm. Poseidonios muss dieses negative Urteil des Polybios gekannt haben, denn er war mit dessen *Historien* bestens vertraut: Sein eigenes Geschichtswerk schloss sich ja unmittelbar an jene an. Jedenfalls wird im Suda-Lexikon (Suidae Lexicon

---

[393] Vgl. K. Reinhardt, RE XXII 1, 1953, 666 s. v. Poseidonios von Apameia, der Rhodier genannt.
[394] H. J. Mette, Pytheas, 15.
[395] Plut. mor. 1006 C, Platonicae quaestiones, VIII.

ex recognitione Immanuelis Bekkeri, 877) unter dem Stichwort Ποσειδώνιος ausdrücklich festgestellt: ἔγραψεν ἱστορίαν τὴν μετὰ Πολύβιον ἐν βιβλίοις νβ´.

Hinweise darauf, dass Poseidonios möglicherweise den Reisebericht des Pytheas kannte, haben einige Forscher auch in der Beschreibung Thules gesehen, die Kleomedes in seiner *Meteora* (Cleomedis Caelestia I 4. 208–213) wiedergegeben hat. Dieser berichtet (siehe Kap. 3.4.2.1.1), Pytheas sei angeblich auf der Insel Thule gewesen, (περὶ δὲ Θούλην καλουμένην νῆσον, ἐν ᾗ γεγονέναι φασὶ Πυθέαν τὸν Μασσαλιώτην φιλόσοφον), und dass dort, wenn die Sonne sich im Zeichen des Krebses befinde, der Tag einen Monat dauere. Kleomedes' Hauptquelle aber war Poseidonios, wie er selbst am Schluss seines Werkes bekannte,[396] und K. Müllenhoff ist der Ansicht, dass Kleomedes die Nachrichten über Thule und die hellen Sommernächte des Nordens bei Poseidonios vorgefunden hat, der sie seinerseits der Breitentafel des Hipparchos entnommen habe.[397] Auch Mette glaubt, dass Kleomedes' Ausführungen bezüglich Thules auf Poseidonios zurückgehen.[398] Es ist aber keineswegs sicher, dass Poseidonios von Thule in seinem Ozeanbuch gesprochen hat, denn Strabon, der es sehr genau kannte,[399] hätte sicherlich nicht Abstand genommen, Poseidonios für eine in seinen Augen ungerechtfertigte Annahme der Existenz Thules zu rügen. Er kritisierte ja Poseidonios auch an anderer Stelle scharf wie z. B. C 98, 2.3.4–C 100, 2.3.5 im Zusammenhang mit dessen Erzählung über die Unternehmungen des Eudoxos von Kyzikos (Kap. 3.6.2), und C 491, 11.1.5 warf er ihm in aggresiver Form vor, falsche Angaben gemacht zu haben über die Entfernungen zwischen dem Schwarzen- und Kaspischen Meer sowie zwischen der Maeotis und dem nördlichen Ozean (siehe Anm. 136). Viel wahrscheinlicher ist es, dass Kleomedes die Nachrichten über Thule und Pytheas der *Geographika* des Eratosthenes entnommen hat (Kap. 3.4.2.1.1).

Indizien dafür, dass Poseidonios den Reisebericht des Pytheas gekannt hat, glaubt schließlich Mette aus den Bemerkungen Strabons schließen zu können, in denen dieser C 201, 4.5.5 bei der Beschreibung Thules und C 295, 7.3.1 bei der Erwähnung der Länder jenseits der Elbe, wenn auch widerwillig, die

---

[396] R. Todd, Cleomedis Caelestia II 7, 13–14: τὰ πολλὰ δὲ τῶν εἰρημένων ἐκ τῶν Ποσειδωνίου εἴληπται.
[397] Müllenhoff, Deutsche Altertumskunde I, 358/359 Anm. ** unten. Ferner 400.
[398] Mette, Pytheas, 14.
[399] Strabon leitet C 94, 2.2.1 seine Ausführungen zur Zonenlehre des Poseidonios mit den Worten ein: Ἴδωμεν δὲ καὶ Ποσειδώνιον, ἅ φησιν ἐν τοῖς Περὶ Ὠκεανοῦ.

Kenntnisse des Pytheas als Mathematiker und Astronom hervorhebt.[400] Mette hält es für möglich, dass Strabon diese Beurteilung bei Poseidonios vorfand. Aber Strabon konnte sie natürlich auch der *Geographika* des Eratosthenes entnommen haben oder auch selbst dazu gekommen sein – er verfügte ja, wie bereits erwähnt, über die einem gebildeten Griechen geläufigen Kenntnisse auf dem Gebiet der Astronomie.

Zusammenfassend kann festgestellt werden, dass die oben genannten Belegstellen es zwar als möglich erscheinen lassen, dass Poseidonios den Reisebericht des Pytheas kannte, Beweise dafür liefern sie jedoch nicht. Und selbst wenn sich zweifelsfrei zeigen ließe, dass er Kenntnis von der Schrift des Pytheas hatte, so könnte daraus noch nicht geschlossen werden, dass Diodors Bericht über das cornische Zinn mit Poseidonios als Zwischenquelle auf Pytheas zurück geht. Auch Polybios, der den Reisebericht kannte und vielleicht sogar selbst zur Hand hatte,[401] scheint darin nichts darüber gefunden zu haben. (Siehe Kap. 4.5.4. Britannisches Zinn als mögliches Gesprächsthema) Es ist deshalb auch möglich, dass Poseidonios hinsichtlich des Zinnbergbaus in Cornwall Diodors Primärquelle war.

4.6.5 Publius Licinius Crassus als Quelle Diodors

Es ist in der Forschung auch die These verteten worden, dass Diodors Bericht über den Zinnabbau auf Belerion weder auf Pytheas oder Timaios noch auch auf Poseidonios zurückgeht, sondern dass Publius Licinius Crassus, der Legat Caesars und Sohn des Triumvirn, der Urheber der von Diodor überlieferten Kunde über das cornische Zinn gewesen sei.[402] Der englische Althistoriker Stephen Mitchell bezieht sich zur Begründung dieser von ihm aufgestellten These auf eine Bemerkung, mit der Strabon C 175–176, 3.5.11 seinen Bericht über Iberien und damit auch das dritte Buch seiner *Geographika* abschließt. Strabon berichtet dort, dass die Phönizier – er meint die Karthager – von Gadeira aus Handel mit den Kassiteriden als erste betrieben, die Routen dorthin aber geheim gehalten hätten. Er erzählt dann die Geschichte von dem phönizischen Kapitän, der sein Schiff bei der Verfolgung durch römische Seefahrer, die den Weg zu den Zinninseln auskundschaften wollten, auf

---

[400] Mette, Pytheas, 14, 38.
[401] K. Müllenhoff, Deutsche Altertumskunde I, 406, Anm.*.
[402] St. Mitchell, Cornish Tin, Julius Caesar and the Invasion of Britain, 80–99.

Grund gesetzt und auf diese Weise die ihm nachsetzenden Fahrzeuge in den Untergang gelockt hatte, sich selbst jedoch retten konnte und den Verlust aus der Staatskasse ersetzt bekam (siehe Kap. 5.5.2). Schließlich aber, so fährt Strabon fort, hätten die Römer doch den Weg zu den Zinninseln gefunden:

οἱ Ῥωμαῖοι δὲ ὅμος πειρώμενοι πολλάκις ἐξέμαθον τὸν πλοῦν· ἐπειδὴ δὲ καὶ Πόβλιος Κράσσος διαβὰς ἐπ' αὐτοὺς ἔγνω τὰ μέταλλα ἐκ μικροῦ βάθους ὀρυττόμενα καὶ τοὺς ἄνδρας εἰρηναίους, ἐκ περιουσίας ἤδη τὴν θάλατταν ἐργάζεσθαι ταύτην τοῖς ἐθέλουσιν ἐπέδειξε καίπερ οὖσαν πλείω τῆς διειργούσης τὴν Βρεττανικὴν.

Die Römer aber haben den Seeweg nach zahlreichen Versuchen doch noch gefunden, und als dann Publius Crassus zu ihnen hinüber gefahren war und gesehen hatte, dass die Metalle aus geringer Tiefe gefördert wurden und die Menschen friedfertig waren, legte er unverzüglich detaillierte Hinweise in reichlichem Maße für alle offen, die dieses Meer befahren wollten, obwohl es größer ist als das Meer, das Britannien vom Kontinent trennt.

Zur Begründung seiner These führt Mitchell an, dass eine gewisse Ähnlichkeit zwischen diesem Bericht und den Ausführungen Diodors über die Zinnminen Cornwalls besteht. In beiden Berichten werden die Bewohner des Zinnlandes als zivilisiert und friedfertig beschrieben, und der Abbau des Erzes erfolgt auf einfache Weise – bei Strabon in Gruben geringer Tiefe und bei Diodor in erdartigen Flözen (διαφυὰς γεώδεις). Jener von Strabon erwähnte Publius Crassus, der den Seeweg nach den Zinninseln eröffnete, so schließt Mitchell, sei deshalb Diodors Quelle gewesen. Strabon gibt hier allerdings nicht an, um welches Mitglied der Gens Licinia es sich gehandelt haben mag. In Betracht dazu kommen aber nur P. Crassus, der Konsul des Jahres 97 v. Chr., der in den Jahren 97 bis 93 die Provinz Hispania Ulterior verwaltete,[403] und P. Crassus, dessen Enkel, der als hochrangiger Offizier unter Caesar in Gallien diente und später zusammen mit seinem Vater, dem Triumvirn, auf dem Feldzug gegen die Parther den Tod fand.[404]

Mitchell glaubt, dass Strabon den Sohn des Triumvirn meinte, und dass dieser im Jahre 57 v. Chr. von der Mündung der Loire aus eine Erkundungsfahrt zu den Zinngebieten Cornwalls unternommen habe. Auch eine Reihe Gelehrter

---

[403] K.-L. Elvers, DNP 7, 1999, 163/164, s. v. L. Crassus, P. [I15].
[404] W. Will, DNP 7, 1999, 64, s. v. L. Crassus, P. [I16].

wie Mommsen oder der englische Historiker Rice Holmes[405] und insbesondere auch Berger, der Experte auf dem Gebiet der antiken Geographie, waren der Ansicht, dass Caesars Legat eine Expedition zu den Zinngebieten Britanniens unternommen habe. Mommsen stellt allerdings nur fest, dass Crassus im Jahre 697 = 57 v. Chr. zu den Scilly Inseln gesegelt sei, ohne dies jedoch näher zu begründen.[406] Berger glaubt, Crassus, der unter anderem zeitweise im Gebiet der Veneter nördlich der Loiremündung im Einsatz war,[407] habe von deren Küste aus die Überfahrt nach Britannien angetreten. Dies erkläre, so Berger, die Feststellung Strabons, dass das von Crassus überquerte Meer grösser als dasjenige sei, das Britannien vom Festland trenne (καίπερ οὖσαν πλείω τῆς διειργούσης τὴν Βρεττανικὴν). Berger hat hier die Kanalüberquerung Caesars vor Augen, dessen Flotte nach Strabon C 199, 4.5.2 nur 320 Stadien (= 40 mp) von dem an der Küste beim heutigen Boulogne gelegenen Hafen Itium nach der britannischen Küste bei Dover zurücklegte. Im Vergleich dazu ist natürlich die Segelstrecke von der Südküste der Bretagne nach Cornwall oder den Scilly Inseln bedeutend länger.

Es ist allerdings fraglich, ob Crassus eine derartige Expedition wirklich hat ausführen können. Er musste dabei nämlich, wenn er von der Loiremündung in See stach und dann nach Umsegelung die bretonische Halbinsel über das offene Meer zu den Scilly Inseln oder nach Cornwall fuhr, in Gewässern operieren, die den Römern unbekannt waren und deren Gefährlichkeit Caesar mehrmals betont.[408] Eine derartige Seefahrt war nicht zu vergleichen mit dem Übersetzen der Flotte Caesars über den Kanal. Auch waren die römischen Schiffe für Fahrten auf dem stürmischen und in Küstennähe unter dem Einfluss der Gezeiten stehenden Ozean wenig geeignet. Es ist natürlich nicht ausgeschlossen, dass Crassus nach Britannien auf venetischen Schiffen fuhr, die in ihrer Bauweise den Strömungs- und Windverhältnissen im nördlichen Meer besser angepasst waren als die römischen und deren Besatzungen sich in diesen Gewässern gut auskannten.[409] Dem steht allerdings entgegen, dass sich bereits zu der Zeit, als Crassus an der Loire weilte (57 v. Chr.), jener Konflikt

---

[405] T. Rice Holmes, Ancient Britain, 497.
[406] T. Mommsen, Römische Geschichte III, 269.
[407] H. Berger, Wissenschaftliche Erdkunde, 356.
[408] Caes. Gall. III 12.
[409] Caes. Gall. III 8; III 13.

mit den Venetern anbahnte, der dann ein Jahr später zu deren vollständiger Vernichtung führen sollte.

Die These, dass der jüngere Crassus seine Expedition nach Britannien gemacht habe, weist zudem den Schwachpunkt auf, dass Caesar an keiner Stelle seiner *Commentarii* eine derartige Aktion erwähnt. Das ist umso verwunderlicher, als sich Caesar an zahlreichhen Stellen in anerkennender Weise über die Leistungen und den Kriegseinsatz seines Unterfeldherrn ausspricht. Auch findet sich in den *Commentarii* nirgendwo eine Kunde vom cornischen Zinn. Es werden zwar britannische Zinnvorkommen erwähnt, sie liegen aber im Binnenland (nascitur ibi plumbum album in mediterraneis regionibus) und bieten nur geringe Ausbeute.[410] Diese Auskunft Caesars oder des vermuteten Interpolators reicht als Nachweis für eine Expedition des Crassus auf der Suche nach britannischem Zinn nicht aus.

Es ist in der Forschung neuerdings sogar in Zweifel gezogen worden, ob Diodor überhaupt mit dem Werk Caesars vertraut war. So stellt M. Rathmann in der *Bibliotheke* „eklatante Wissenslücken über den gallisch-germanischen Raum" fest und folgert daraus, „dass Diodor das Werk Caesars nicht gekannt haben kann".[411] Wenn dies zutrifft, dann scheidet natürlich Caesars Legat von vornherein als Quelle Diodors aus.

Es ist deshalb G. F. Unger[412] zuzustimmen, der annimmt, dass Strabon mit Publius Crassus den Konsul des Jahres 97 meinte. Crassus war von 97 bis 93 Statthalter der Provinz Hispania Ulterior und führte in dieser Zeit erfolgreiche Kämpfe gegen die Lusitanier. Unger glaubt, dass Crassus im Zuge dieser Aktionen jene von Strabon erwähnte Flottenexpedition zu den im äußersten Nordwesten vor der Küste Galiciens gelegenen Zinninseln, den Kassiteriden des Poseidonios, unternommen habe. Er musste dabei zur Vermeidung der Untiefen, die die Fahrt zwischen den zahlreichen kleinen Küsteninseln und den Eingängen zu den in die Küste eingreifenden Rias gefährlich machten, auf das offene Meer hinaussegeln, und wenn er, wie Unger vermutet, von einem in der Nähe des heutigen Vigo gelegenen Hafen in See gestochen war, dann hatte er bis zu den Zinninsel vor der galicischen

---

[410] Caes. Gall. V 12. (Interpolation?).
[411] M. Rathmann, Diodor und seine Bibliotheke, S. 28 Anm. 65. Weitere Indizien, dass Diodor die Commentarii nicht gekannt haben könne, auf S. 47 Anm. 138 und S. 284 Anm. 68.
[412] G. F. Unger, Die Kassiteriden und Albion, RhM 38, 1883, 164.

Küste im Norden eine Seestrecke zurückzulegen, die jedenfalls die Seerouten über den Kanal an Länge übertrafen. Crassus' Fahrt führte also gemäß den Überlegungen Ungers zu den Kassiteriden des Poseidonios und nicht nach Cornwall und steht deshalb in keinerlei Beziehung zu Diodors Bericht über den dort praktizierten Zinnbergbau.

4.7 Zusammenfassung

Die ersten konkreten Berichte über britannisches und spanisches Zinn stammen von Poseidonios und Diodorus Siculus. Polybios sprach in seinen Historien wohl nicht vom britannischen, sondern vom Zinn Galiciens, dessen Abbaugebiete er bei seiner Fahrt längs der atlantischen Westküste Spaniens selbst gesehen haben muss. Die ergebnislose Besprechung, die Scipio und Polybios mit im Zinnhandel tätigen Kaufleuten führten, zeigt überdies, dass Polybios auch in Pytheas' Reisebericht, den er sehr gut kannte, nichts Nennenswertes über das britannische Zinn vorgefunden hat. Die von Diodor in einem ausführlichen Bericht über das Zinn Cornwalls erwähnte Insel Iktis war ein „Port of Trade" für den Zinnhandel und ist nicht identisch mit der von Timaios erwähnten Insel Mictis. Timaios kann demzufolge nicht die Quelle Diodors gewesen sein. Das britannische Zinn wurde von Iktis zu einem an der Gironde gelegenen Hafen verschifft und dann weiter zu Lande zum Mittelmeer durch das Gebiet der Tectosagen transportiert, in deren Hauptstadt Tolosa Poseidonios Erkundungen hinsichtlich des importierten Zinns einzog. Er kann deshalb direkt bei Diodor vorliegen, und es ist nicht nötig, dessen Bericht auf Pytheas zurückzuführen. Ein Aufenthalt des Poseidonios in Britannien selbst kann zwar auch nicht völlig ausgeschlossen werden, ist aber doch sehr unwahrscheinlich. Der von Strabon erwähnte Publius Crassus, der den Römern den Weg zu den Zinngebieten gewiesen hatte, war nicht der Legat Caesars, sondern der Statthalter der Provinz Hispania Ulterior, der in den neunziger Jahren des 1. Jh. zu den Kassiteriden des Poseidonios gesegelt war. Es ist möglich, dass Poseidonios den Reisebericht kannte und gewisse Details daraus in sein Ozeanbuch (περὶ Ὠκεανοῦ καὶ τῶν κατ' αὐτόν) übernommen hat, beweisen lässt sich das alledings nicht. Dazu waren beide Werke zu verschieden hinsichtlich der in ihnen behandelten Thematik.

5. Das Britannien des Pytheas und die antike Geographie

5.1 Mutmaßungen über Existenz, Größe und Inselnatur

Über Britannien scheinen vor der endgültigen römischen Inbesitznahme zum Teil abenteuerliche Vorstellungen unter den Gelehrten der Antike geherrscht zu haben. So berichtet z. B. Plutarch, der in seiner Biographie Caesars auf dessen Expeditionen nach Britannien zu sprechen kommt, es sei zu heftigem Streit hinsichtlich Existenz und Größe jener Insel unter den Gelehrten gekommen, und sehr viele von ihnen hätten sie als reines Phantasiegebilde angesehen. Plutarch schreibt:[413]

> Ἡ δ' ἐπὶ τοὺς Βρεττανοὺς στρατεία τὴν μὲν τόλμαν εἶχεν ὀνομαστήν· πρῶτος γὰρ εἰς τὸν ἑσπέριον Ὠκεανὸν ἐπέβη στόλῳ, καὶ διὰ τῆς Ἀτλαντικῆς θαλάττης στρατὸν ἐπὶ πόλεμον κομίζων ἔπλευσε· καὶ νῆσον ἀπιστομένην ὑπὸ μεγέθους, καὶ πολλὴν ἔριν παμπόλλοις συγγραφεῦσι παρασχοῦσαν, ὡς ὄνομα καὶ λόγος οὐ γενομένης οὐδ' οὔσης πέπλασται, κατασχεῖν ἐπιθέμενος, προήγαγεν ἔξω τῆς οἰκουμένης τὴν Ῥωμαίων ἡγεμονίαν.

> Der Kriegszug gegen die Britannier war ein Zeichen höchster Kühnheit. Als erster fuhr er [Caesar] mit einer Flotte in den westlichen Ozean hinaus und segelte mit einem Kriegsheer durch das atlantische Meer zu einer Insel, der man wegen ihrer Größe keine Realität zubilligen wollte und die unter zahlreichen Gelehrten Anlaß zu erbitterten Streitigkeiten gab. Es wurde behauptet, ihr Name und die Kunde von ihr seien erfunden worden, denn sie existiere nicht, noch habe sie je existiert. Indem also Caesar sich daran machte, sie zu erobern, erweiterte er die römische Herrschaft über die Grenzen der Oikumene hinaus.

---

[413] Plut. Caes. 23.

KAPITEL 5

Ganz ähnlich äußerte sich nur wenig später Cassius Dio bei der Beschreibung der ersten Fahrt Caesars nach Britannien. Früher, so berichtet er, habe man überhaupt nichts von Britannien gewußt, und später sei darüber gestritten worden, ob es sich um eine Insel oder um einen Kontinent handele, doch sei im Laufe der Zeit schließlich der Beweis für den Inselcharakter erbracht worden. Cassius schreibt:[414]

καὶ τοῖς μὲν πάνυ πρώτοις καὶ Ἑλλήνων καὶ Ῥωμαίων οὐδ' ὅτι ἔστιν ἐγιγνώσκετο, τοῖς δὲ ἔπειτα ἐς ἀμφισβήτησιν εἴτε ἤπειρος εἴτε καὶ νῆσος ἀφίκετο· καὶ πολλοῖς ἐφ' ἑκάτερον, εἰδόσι μὲν οὐδὲν ἅτε μήτ' αὐτόπταις μήτ' αὐτηκόοις τῶν ἐπιχωρίων γενομένοις, τεκμαιρομένοις δὲ ὡς ἕκαστοι σχολῆς ἢ καὶ φιλολογίας εἶχον, συγγέγραπται. προιόντος δὲ δὴ τοῦ χρόνου πρότερόν τε ἐπ' Ἀγρικόλου ἀντιστρατήγου καὶ νῦν ἐπὶ Σεουήρου αὐτοκράτορος νῆσος οὖσα σαφῶς ἐλήλεγκται.

Bei den allerfrühesten der Griechen und Römer war noch nicht einmal bekannt, dass sie [Britannien] überhaupt existierte, während es bei ihren Nachfolgern zu Streitigkeiten kam, ob sie Festland oder eine Insel sei; und es wurde über beide Auffassungen von vielen geschrieben, die nichts darüber wußten, weil sie weder Augenzeugen waren noch etwas mit eigenen Ohren von den Eingeborenen gehört hatten, sondern nur nach bloßer Vermutung urteilten, je nachdem welcher Gelehrtenschule oder welchem Zweig der Wissenschaften sie angehörten. Im Laufe der Zeit ist jedoch klar erwiesen worden, dass es sich um eine Insel handelt, und zwar zuerst durch den Proprätor Agricola und heutzutage unter dem Kaiser Severus.

Cassius Dio spielt hier auf die Feldzüge des Kaisers Septimius Severus in Britannien an und auf die unter Domitian erfolgte Flottenexpedition des Agricola in Schottland, von der Tacitus in seiner Schrift *De Vita Agricolae* berichtet hat.[415] Es heißt dort:

Hanc oram novissimi maris tunc primum Romana classis circumvecta insulam esse Britanniam adfirmavit

Diese Küste des entferntesten Meeres umsegelte zum ersten Mal eine römische Flotte und bestätigte damit, dass Britannien eine Insel ist. [Übersetzung A. Städele]

---

[414] Cass. Dio XXXIX, 50.
[415] Tac. Agr. 10. 4.

Es ist erstaunlich, dass noch in so später Zeit Unsicherheit hinsichtlich des Inselcharakters Britanniens unter den Gelehrten der Antike bestand, obwohl Eratosthenes und auch Polybios und vielleicht sogar Aristoteles bereits von Britannien als einer Insel gesprochen hatten. Das ist ein Beispiel dafür, dass einstmals gesichertes geographisches Wissen in der Antike auch wieder verloren gehen konnte, wie es z. B. in Hinblick auf das Kaspische Meer der Fall war, das Herodot und Aristoteles bereits als Binnenmeer bekannt war,[416] spätere Geographen, unter ihnen auch Strabon, aber für eine Ausbuchtung des nördlichen Ozeans hielten.

5.2 Geographische Angaben

Die ersten konkreten Angaben über die Ausdehnung der Insel, die sich in der antiken Literatur finden lassen, gehen auf Pytheas zurück und sind in unterschiedlicher Form von Eratosthenes, Polybios, Strabon und Plinius überliefert worden. Daneben existiert noch eine ausführliche von Diodorus Siculus überlieferte Beschreibung, in der allerdings weder Pytheas noch irgendein anderer Gewährsmann erwähnt werden, doch korrelieren Diodors Angaben in so auffallender Weise mit denen der vorgenannten Autoren, dass ein Zusammenhang mit dem Reisebericht des Pytheas angenommen werden kann. Was die Quellen des Polybios und Strabons anbetrifft, so lag ersterem wahrscheinlich die Schrift des Pytheas noch vor, und Strabon kannte jedenfalls das geographische Werk des Eratosthenes sehr genau, der den Reisebericht nachweislich für seine Erdbeschreibung benutzt hatte. Plinius beruft sich auf Pytheas und Isidor von Charax, doch lässt sich über seine und die Quellen Isidors nichts Genaues sagen.

5.2.1 Küstenlänge bei Eratosthenes

Strabon befasst sich im 1. Buch seiner *Geographika* u. a. mit der Erdbeschreibung des Eratosthenes und kommt in diesem Zusammenhang auch auf dessen der Schrift des Pytheas entnommenen Angaben hinsichtlich der Ausdehnung Britanniens zu sprechen. Er übt dort C 63, 1.4.3 zunächst Kritik an Eratosthenes, dem er vorwirft, die Insel Thule, die laut Pytheas die nördlichste der Britannischen Inseln und sechs Tagesreisen von der Hauptinsel

---

[416] Hdt. I 203; Aristot. meteor. II 1 354a.

entfernt in der Nähe des „gefrorenen Meeres" (ἐγγὺς τῆς πεπηγυίας θαλάττης) gelegen sei, in seine Erdkarte aufgenommen und sie auf dieser exakt unter dem Polarkreis plaziert zu haben. Strabon glaubte aber nicht an die Existenz Thules, denn er schreibt:

> ὅ τε γὰρ ἱστορῶν τὴν Θούλην Πυθέας ἀνὴρ ψευδίστατος ἐξήτασται, καὶ οἱ τὴν Βρεττανικὴν καὶ Ἰερνην ἰδόντες οὐδὲν περὶ τῆς Θούλης λέγουσιν, ἄλλας νήσους λέγοντες μικρὰς περὶ τὴν Βρεττανικὴν.
>
> Pytheas, der über Thule erzählt hat, hat sich als ein äußerst lügenhafter Mensch erwiesen, und diejenigen, die Britannien und Ierne (Irland) gesehen haben, haben nichts über Thule berichtet, aber einige andere kleinere Inseln im Umkreis von Britannien erwähnt.

Unmittelbar im Anschluss an diese Ausführungen erwähnt Strabon weitere Ungereimtheiten, welche seiner Meinung nach die auf dem Bericht des Pytheas fussende Erdbeschreibung des Eratosthenes bezüglich Britanniens enthielt. So betrage die Länge der der Keltike zugewandten Seite keineswegs mehr als 20.000 Stadien, wie Pytheas gesagt habe, sondern höchstens deren 5.000. Strabon schreibt:

> αὐτή τε Βρεττανικὴ τὸ μῆκος ἴσως πώς ἐστι τῇ Κελτικῇ παρεκτεταμένη, τῶν πεντακισχιλίων σταδίων οὐ μείζων, καὶ τοῖς ἄκροις τοῖς ἀντικειμήνοις ἀφοριζομένη. ἀντίκειται γὰρ ἀλλήλοις τά τε ἑῷα ἄκρα τοῖς ἑῴοις καὶ τὰ ἑσπέρια τοῖς ἑσπερίοις, καὶ τὰ ἑῷα ἐγγὺς ἀλλήλων ἐστὶ μέχρις ἐπόψεως, τό τε Κάντιον καὶ αἱ τοῦ Ῥήνου ἐκβολαι. ὁ δὲ πλειόνων ἢ δισμυρίων τὸ μῆκος ἀποφαίνει τῆς νήσου καὶ τὸ Κάντιον ἡμερῶν τινων πλοῦν ἀπέχειν τῆς Κελτικῆς φησι.
>
> Britannien selber ist ungefähr von der gleichen Länge wie die sich daneben erstreckende Keltike. Sie beläuft sich auf nicht mehr als fünftausend Stadien und wird abgegrenzt durch die sich gegenüberliegenden Landspitzen, denn die östlichen liegen den östlichen, die westlichen den westlichen gegenüber, und die östlichen, Cantium und die Rheinmündung, kommen sich bis auf Sichtweite nahe; er aber sagt, die Insel sei mehr als zwanzigtausend Stadien lang und Kantion einige Tagesfahrten vom Keltemland entfernt.

Natürlich hatte Strabon hier völlig Recht, wenn er Kritik an der übermäßigen Länge der der Keltike gegenüberliegenden Küste Britanniens übte, aber es muss bedacht werden, dass Eratosthenes, als er mehr als zwei Jahrhunderte vor Strabon den Versuch unternahm, Britannien aufgrund des Pytheasberichtes in seine Erdbeschreibung zu integrieren, von ganz anderen Voraussetzungen und Annahmen hinsichtlich der im Norden Europas herrschenden geographischen und ethnographischen Verhältnisse ausging. Es ist denkbar, dass Pytheas, wie schon C. G. Groskurd vermutete,[417] längs der Süd- und Ostküste Britanniens fuhr, deren gesamte Länge Diodor dann später zu 22.500 Stadien angab (siehe weiter unten). Eratosthenes fasste diese beiden Küstenabschnitte jedoch als eine einzige, ununterbrochen in dieselbe Richtung verlaufende Küstenlinie auf und schrieb ihr eine Länge von mehr als 20.000 Stadien zu. Er stand dann aber vor der Aufgabe, die gegenseitige Lage Britanniens und der Insel Thule im richtigen Verhältnis den Angaben des Pytheas entsprechend in seiner Erdkarte zu berücksichtigen. Eratosthenes hatte nämlich Thule, das von Pytheas als die nördlichste der britannischen Inseln bezeichnet worden war, einerseits weit in den Osten auf den durch Rhodos verlaufenden Meridian und andererseits den Angaben des Pytheas folgend als letztes Land der nördlichen Oikumene direkt auf den Polarkreis gelegt (siehe Abb. 2). Er musste deshalb dem sich über mehr als 20.000 Stadien erstreckenden Britannien in seiner Erdkarte einen von Südwest nach Nordost gerichteten Verlauf parallel zum Festland geben, denn hätte er die Spitze Britanniens zu weit in Richtung auf den Pol gerückt, dann würde die riesige Insel sogar noch weit über den Polarkreis nach Norden hinaus gereicht haben.

Was nun weiterhin die von Strabon monierte Aussage anbetrifft, dass Britannien in ganzer Länge der Küste des Keltenlandes gegenüberliege, so kann es sehr wohl sein, dass Pytheas und Eratosthenes der Ansicht waren, dass die gesamte festländische Küste des nördlichen Ozeans bis zu den Skythen von keltischen Völkern bewohnt war, und sie deshalb auch die sich östlich der Rheinmündung erstreckenden Regionen des Festlandes als *Keltike* bezeichnen konnten. Tatsächlich wurden die Anwohner der Nordseeküste erst mit dem sich in der zweiten Hälfte des 1. vorchristlichen. Jahrhunderts vollziehenden Vordringens der Römer in die Gebiete östlich des Rheins als eine eigenständige, von den Kelten Galliens verschiedene Volksgruppe wahrgenommen.[418] Die älteren griechischen Geographen und Historiker kannten jedenfalls keinen Unterschied zwischen Kelten und

---

[417] Groskurd, Strabo Erdbeschreibung, Teil I, 169 Anm. 1.
[418] Vgl. B. Bleckmann, Germanen von Ariovist bis zu den Wikingern, München 2009, 12/13.

Germanen. So ließ z. B. der einflussreiche und in der Antike vielgelesene Historiker Ephoros von Kyme, der von ca. 400–330 v. Chr. lebte,[419] die im Westen wohnenden Kelten direkt an die Skythen im Norden grenzen. Strabon bemerkt nämlich C 34, 1.2.28 bei der Erörterung der Kontroversen um die richtige Interpretation der von den „zweigeteilten Äthiopern" handelnden Homerstelle Od. I 23:

> Μηνύει δὲ καὶ Ἔφορος τὴν παλαιὰν περὶ τῆς Αἰθιοπίας δόξαν, ὅς φησιν ἐν τῷ περὶ τῆς Εὐρώπης λόγῳ, τῶν περὶ τὸν οὐρανὸν καὶ τὴν γῆν τόπων εἰς τέταρρα μήρη διῃρημένων, τὸ πρὸς τὸν ἀπηλιώτην Ἰνδοὺς ἔχειν, πρὸς νότον δὲ Αἰθίοπας, πρὸς δύσιν Κελτοὺς, πρὸς δὲ βορρᾶν ἄνεμον Σκύθας.

> Die alte Ansicht von Äthiopien offenbart auch Ephoros,[420] der in seiner Abhandlung über Europa sagt, wenn man die Regionen von Himmel und Erde in vier Teile zerlege, dann gehöre den Indern der gegen den Ostwind gelegene Teil, den Äthiopern der gegen den Südwind, den Kelten der gegen Abend und den Skythen der gegen den Nordwind gelegene Teil.

Dass sich Ephoros auch die Nordseeküste als von Kelten besiedelt vorstellte, geht aus einer anderen Stelle bei Strabon hervor. Strabon befasst sich C 293, 7.2.1 mit der Frage nach den Gründen, weshalb die Kimbern von ihrer heimatlichen Halbinsel zu ihren Kriegs- und Raubzügen aufgebrochen seien, und verwirft die Ansichten, dass eine große Flut oder der ständige Gezeitenwechsel sie zur Auswanderung veranlaßt hätten. Anschließend führt er dann weiter aus:

> οὐκ εὖ δ' οὐδὲ ὁ φήσας ὅπλα αἴρεσθαι πρὸς τὰς πλημμυρίδας τοὺς Κίμβρους, οὐδ' ὅτι ἀφοβίαν οἱ Κελτοὶ ἀσκοῦντες κατακλύζεσθαι τὰς οἰκίας ὑπομένουσιν, εἶτ' ἀνοικοδομοῦσι, καὶ ὅτι πλείων αὐτοῖς συμβαίνει φθόρος ἐξ ὕδατος ἢ πολέμου, ὅπερ Ἔφορος φησιν.

> und weder hat recht, wer sagt, dass die Kimbern die Waffen gegen die Gezeitenfluten ergriffen, noch verhält es sich so, dass die Kelten als Übung in Furchtlosigkeit das Wegspülen ihrer Häuser ertrügen und sie dann wieder aufbauten und dass ihnen mehr Schaden durch das Wasser als durch den Krieg entstünde, wie Ephoros sagt.

---

[419] K. Meister, DNP 3, 1089, 1997, s. v. Ephoros.
[420] Wonach die Äthioper die gesamte Küste des südlichen Ozeans bewohnten.

5.2.2 Umfang nach Polybios

Die bereits mehrfach erwähnte, von Strabon C 104, 2.4.1 überlieferte Feststellung des Polybios, dass Pytheas den Umfang Britanniens zu mehr als 40.000 Stadien veranschlagt habe (τὴν δὲ περίμετρον πλειόνον ἢ τεττάρον μυριάδων ἀποδόντος τῆς νήσου), steht im Einklang mit der oben besprochenen, auf Eratosthenes zurückgehenden Angabe, wonach sich die Länge der der Keltike gegenüberliegenden Küste Britanniens auf mehr als 20.000 Stadien belief, denn unter Bezugnahme darauf konnte sich Polybios leicht klarmachen, dass dann der Umfang der Insel in der Tat mehr als 40.000 Stadien betragen musste.[421]

Es kann übrigens sein, dass Polybios den ungeheuren Umfang der Insel von angeblich mehr als 40.000 Stadien nicht für völlig unmöglich hielt, denn immerhin bewegten sich auch die von den antiken Geographen angegebenen Maße für die Ausdehnung der im südlichen Ozean gelegenen Insel Taprobane, des heutigen Sri Lankas, größenordnungsmäßig in demselben Bereich. Plinius z. B. berichtet NH 4.81, dass Eratosthenes 7.000 Stadien für die Länge und 5.000 Stadien für die Breite dieser Insel veranschlagt habe, und Strabon spricht einmal von einer Länge von 5.000 Stadien,[422] an anderer Stelle berichtet er von 8.000 Stadien, über die sich nach Meinung des Eratosthenes die Insel von Ost nach West erstrecke.[423] Der Umfang Taprobanes betrug somit nach der Schätzung der antiken Geographen mindestens 20.000 Stadien, und der spätantike Autor Markian von Heraklea gab für die Umsegelung sogar eine Route von 26.385 Stadien an.[424] Es war also in der Antike außer dem Britannien des Pytheas noch eine weitere Insel bekannt, deren Umfang um ein Mehrfaches größer war als der Siziliens, der größten der Mittelmeerinseln, für die antike Quellen Umfangszahlen zwischen 4.500 und höchstens 5.000 Stadien

---

[421] Wenn Polybios sich Britannien z. B. wie später Diodor (siehe weiter unten) als ein Dreieck vorstellte, dann konnte er sich aufgrund jener Aussage des Eratosthenes leicht klarmachen, dass dann der Umfang der Insel mehr als 40.000 Stadien betragen musste. In einem Dreieck wird nämlich jede Seite an Länge von dem aus den anderen beiden Seiten bestehenden Linienzug übertroffen, was Euklid im 1. Buch seiner Elemente (Eukl. elem. 1 § 4) beweist. Der Umfang eines Dreiecks beträgt somit stets mehr als das Doppelte der Länge einer jeden der Seiten, und bezogen auf das Dreieck Britannien ergibt sich also der Umfang zu mehr als 40.000 Stadien.
[422] Strab. C 72, 2.1.14.
[423] Strab. C 691, 15.1.14.
[424] GGM I, 575.

ausweisen, was den tatsächlichen Verhältnissen recht nahe kommt (siehe Anm. 492). Übrigens erwähnte schon Aristoteles, falls die Schrift ΠΕΡΙ ΤΟΥ ΚΟΣΜΟΥ (De mundo) wirklich von ihm stammt, die Insel Taprobane und verglich sie hinsichtlich ihrer Ausdehnung mit den sehr großen (νῆσοι μέγισται) britannischen Inseln, indem er sagt, sie sei nicht kleiner als diese.[425]

Wenn also Polybios vielleicht keinen Anstoß nahm an dem ungeheuren Umfang Britanniens, so hegte er aber doch Zweifel, ob ein einzelner Reisender wie Pytheas in der Lage gewesen sei, eine so riesige Insel zur Gänze zu erkunden (ὅλην μὲν τὴν Βρεττανικὴν τὴν ἐμβατὸν ἐπελθεῖν). Polybios bemerkte ja im Zusammenhang mit den Reisen des Pytheas, er begreife nicht, wie es einem Privatmann möglich gewesen sein könne, so weite Entfernungen zu Wasser und zu Lande zurückzulegen (ἄπιστον καὶ αὐτὸ τοῦτο, πῶς ἰδιώτῃ ἀνθρώπῳ καὶ πένητι τὰ τοσαῦτα διστήματα πλωτὰ καὶ πορευτὰ γένοιτο).

5.2.3 Gestalt, Lage und Küstenlänge nach Diodorus Siculus

Detailliertere Angaben als Polybios und Strabon macht Diodorus Siculus über Größe und Gestalt der Britannischen Insel. Er stellt fest, dass sie sich schräg längs der Küste Europas erstreckt und wie Sizilien die Gestalt eines Dreiecks hat, und dass die Vorgebirge mit Namen Kantion, Belerion und Orka jeweils die Spitzen dieses Dreiecks bilden. Anschließen gibt er dessen Seitenlängen an und berechnet dann den Umfang zu 42.500 Stadien. Im Einzelnen schreibt Diodor:[426]

> Αὕτη γὰρ τῷ σχήματι τρίγωνος οὖσα παραπλησίως τῇ Σικελίᾳ τὰς πλευρὰς οὐκ ἰσοκώλους ἔχει. παρεκτεινούσης δ' αὐτῆς παρὰ τὴν Εὐρώπην λοξῆς, τὸ μὲν ἐλάχιστον ἀπὸ τῆς ἠπείρου διεστηκὸς ἀκρωτήριον, ὃ καλοῦσι Κάντιον, φασὶν ἀπέχειν ἀπὸ τῆς γῆς σταδίους ὡς ἑκατόν, καθ' ὃν τόπον ἡ θάλαττα ποιεῖται τὸν ἔκρουν, τὸ δ' ἕτερον ἀκρωτήριον τὸ καλούμενον Βελέριον ἀπέχειν λέγεται τῆς ἠπείρου πλοῦν ἡμερῶν τεττάρων, τὸ δ' ὑπολειπόμενον ἀνήκειν μὲν ἱστοροῦσιν εἰς τὸ πέλαγος, ὀνομάζεσθαι δ' Ὄρκαν. τῶν δὲ πλευρῶν τὴν ἐλαχίστην εἶναι σταδίων ἑπτακισχιλίων πεντακοσίων, παρήκουσαν παρὰ τὴν Εὐρώπην, τὴν δὲ δευτέραν τὴν ἀπὸ τοῦ πορθμοῦ πρὸς τὴν κορυφὴν ἀνήκουσαν σταδίων μυρίων πεντακισχιλίων, τὴν δὲ λοιπὴν σταδίων δισμυρίων, ὥστε τὴν πᾶσαν εἶναι τῆς νήσου περιφορὰν σταδίων τετρακισμυρίων δισχιλίων πεντακοσίων.

---

[425] Aristot. mund. 393 b10.
[426] Diod. 5.21.3–4.

Sie [Britannia] ist ähnlich wie Sizilien von dreieckiger Gestalt, doch sind die Seiten nicht gleichlang. Sie erstreckt sich schräg längs Europas, und das am wenigsten vom Festland entfernte Vorgebirge, das die Leute Kantion[427] nennen, sei, so sagt man, ungefähr hundert Stadien vom Land entfernt, und zwar an der Stelle, wo das Meer seinen Ausfluss hat.[428] Das zweite Vorgebirge, das Belerion genannt wird,[429] soll eine Schiffsreise von vier Tagen vom Festland entfernt sein, und das letzte, so berichten die Schreiber, reiche in die offene See hinaus und werde Orka genannt.[430] Von den Seiten sei die sich längs Europas ersteckende die kürzeste und betrage siebentausendfünfhundert Stadien, die zweite, von der Meeresenge bis zur Spitze hinaufreichende habe fünfzehntausend Stadien, und die letzte zwanzigtausend Stadien, sodass der gesamte Umfang der Insel zweiundvierzigtausend und fünfhundert Stadien betrage.

Die Übereinstimmung des von Diodor hier mitgeteilten Gesamtumfangs Britanniens mit dem von Polybios überlieferten und dem aus Strabons *Geographika* gemäß den Angaben des Eratosthenes ableitbaren Wert von mehr als 40.000 Stadien ist so auffällig, dass ein Zusammenhang zwischen Diodors Beschreibung der Insel und dem von Eratosthenes und Polybios benutzten Bericht des Pytheas über Britannien bestehen muss. Allerdings unterscheiden sich die Ausführungen Diodors hinsichtlich der Gestalt und Lage Britanniens relativ zu Europa deutlich von dem, was Strabon C 63, 1.4.3 diesbezüglich der Erdkarte des Eratosthenes entnommen hat. Mit der sich über eine Länge von 20.000 Stadien erstreckenden Seite kann nämlich Diodor nur die Westküste der Insel gemeint haben; die Europa gegenüber liegende und 7.500 Stadien messende Seite ist die Südküste, und die mit einer Länge von 15.000 Stadien von der Meerenge bei Kantion bis zur Spitze (Duncansby Head) verlaufende Seite des Dreiecks bezeichnet dann die Ostküste. Strabon sprach dagegen unter Bezug auf Eratosthenes von einer sich parallel zu Europa von Südwest nach Nordost erstreckenden Küste mit einer Länge von mehr als 20.000 Stadien und meinte damit vermutlich, wie oben Kap. 5.2.1 erläutert, den aus Süd- und Ostküste bestehenden Küstenabschnitt. Es kann deshalb nicht als gesichert angesehen werden, dass Diodors Angaben bezüglich des Inseldreiecks direkt auf Pytheas oder Eratosthenes zurückgehen, und

---

[427] Das heutige Kent.
[428] Gemeint ist der Übergang von der Nordsee in den Kanal.
[429] Heute Land's End.
[430] Wahrscheinlich Duncansby Head an der Nordostspitze Schottlands oder Cape Wrath an den Nordwestspitze.

tatsächlich bleibt Diodor hinsichtlich seiner Quellen auch ganz unbestimmt und beschränkt sich auf allgemeineWendungen wie φασὶν, λέγεται und ἱστοροῦσιν. Zu irgendeinem späteren Zeitpunkt könnte aber der Fehler des Eratosthenes bemerkt und korrigiert worden sein, denn es ist ja nicht ausgeschlossen, dass in den zwei Jahrhunderten zwischen Pytheas und Eratosthenes einerseits und vor Caesars Expeditionen andererseits neue Erkenntnisse zu Britannien bekannt wurden und die diesbezüglichen Korrekturen dann in die von Diodor benutzte Vorlage eingingen. Als Urheber einer derartigen Aktualisierung des von Eratosthenes gezeichneten Bildes Britanniens könnten z. B. Poseidonios oder auch Artemidoros in Frage kommen. Dass Diodor Informationen, die Poseidonios über die Insel eingezogen hatte, in seiner *Bibliotheke* verwertet hat, wurde bereits oben ausführlich dargelegt, und es ist auch sehr gut möglich, dass Artemidoros in seinen *Geographoumena* von Britannien gehandelt hat. So berichtet Strabon C 198, 4.4.6, Artemidoros habe von einer Insel bei Britannien gesprochen, auf der ein Kult geübt werde wie auf Samothrake für Demeter und Kore (εἶναι νῆσον πρὸς τῇ Βρετατανικῇ καθ' ἣν ὅμοια τοῖς ἐν Σαμοθρᾴκῃ περὶ τὴν Δήμητραν καὶ τὴν Κόρην ἱεροποιεῖται). A. Stiehle weist dieses Zitat dem dritten Buch der *Geographoumena* zu und hält es für wahrscheinlich, dass sich Artemidoros dort nach der Beschreibung Galliens auch mit Britannien befasst hatte.[431] Diodor kannte jedenfalls das Werk des Artemidorus,[432] der seinerseits mit der *Geographika* des Eratosthenes vertraut gewesen sein muss, wie aus einigen seiner von Strabon überlieferten kritischen Anmerkungen zu Eratosthenes hervorgeht.[433] Zu den Informanten Diodors gehörte vielleicht auch der von Plinius mehrfach erwähnte Geograph Philemon,[434] der gemäß einer von Ptolemaios in der *Geographike Hyphegesis* überlieferten Bemerkung des Geographen Marinos Erkundungen über Irland eingezogen hatte und deshalb wahrscheinlich auch über detaillierte Kenntnisse bezüglich Britannens verfügte.[435]

---

[431] A. Stiehle, Der Geograph Artemidoros von Ephesos, 207; Rivet & Smith, Place-Names of Roman Britain, 42 weisen dieses Zitat fälschlicherweise Poseidonios zu.
[432] Diod. 3.11.2.
[433] Strab. C 148, 3.2.11. Siehe Kap. 5.5 Wege nach Britannien.
[434] Zu Philemon siehe Anm. 649.
[435] Ptol. geogr. 1.11.7–8 (Stückelberger I, 84).

In der Forschung wird verschiedentlich auch die Meinung vertreten, Diodor habe die Angaben bezüglich der Lage, Gestalt und Ausdehnung der Insel dem Werk des Timaios von Tauromenion entnommen,[436] der seinerseits auf Pytheas fuße. Beweisen lässt sich das allerdings nicht. Zwar hat Diodor nachweislich Schriften dieses Historikers ausführlich benutzt, und Felix Jacoby hat sogar das Kapitel 5.21, aus dem obige Daten hinsichtlich Britanniens stammen, ebenso wie übrigens auch die Abschnitte aus 5.22, in denen Diodor vom Abbau des Britannischen Zinns und dessen Export zum Kontinent berichtet, als ein Exzerpt aus Timaios in seiner Fragmentsammlung abgedruckt,[437] doch erwähnt Diodor in diesen Abschnitten Timaios nicht als seine Quelle, während er ihn an zahlreichen anderen Stellen seiner *Bibliotheke* ausdrücklich als einen seiner Gewährsleute nennt. Es ist überdies auch nicht sicher, inwieweit Timaios überhaupt mit dem Bericht des Pytheas als Ganzem vertraut war, denn das einzige Detail daraus, in dem er namentlich mit Pytheas in Verbindung gebracht wird, bezieht sich auf die von diesem erwähnte Bernsteininsel Abalus.[438] Pytheas' Überlegungen zur Entstehung der Gezeiten, die sicherlich ein wichtiger Bestandteil des Reiseberichts waren, hat er z. B. offensichtlich nicht gekannt. Während nämlich Pytheas das Auftreten von Ebbe und Flut durch Einwirkung des Mondes erklärte,[439] glaubte Timaios, die Gezeiten würden durch die in den Atlantik einströmenden und aus diesen sich wieder zurückziehenden Flüsse bewirkt. In den *Placita Philosophorum* des Ps. Plutarchos heißt es dazu unter dem Eintrag Πῶς ἀμπώτιδες καὶ πλήμμυραι γίνονται:[440]

Τίμαιος τοὺς ἐμβάλλοντας ποταμοὺς εἰς τὴν Ἀτλαντικὴν διὰ τῆς Κελτικῆς ὀρεινῆς αἰτιᾶται προωθοῦντας μὲν ταῖς ἐφόδοις καὶ πλήμμυρραν ποιῶντας, ὑφέλκοντας δὲ ταῖς ἀναναπαύλαις καὶ ἀμπώτιδας κατασκευάζοντας.

Timaios sieht die Ursache darin, dass die sich aus dem keltischen Bergland in den Atlantik ergießenden Flüsse beim Einströmen [das Meer] anschwellen lassen und die Flut bewirken und (es) nach einer Ruhepause wieder zurückziehen und die Ebben erzeugen.

---

[436] K. Müllenhoff, Deutsche Altertumskunde I, 377; F. Nansen, Nebelheim I, 55.
[437] FGrHist 566, F 164.
[438] Plin. nat. 37, 35–36. Siehe Kap. 8. Pytheas und die Bernsteininsel Abalus.
[439] Siehe Kap. 4.6.4.3 Poseidonios und Pytheas.
[440] H. Diels, Doxographi Graeci, Plutarchi Epit III 17. 6, 383.

Es ist deshalb fraglich, ob er in seinem Athener Exil hinsichtlich Britanniens besser unterrichtet war als Eratosthenes.

5.2.4 Umfang bei Plinius und Isidor von Charax

Von gleicher Größenordnung, wenn auch etwas geringer als bei Strabon und Polybios ist auch der von Plinius unter Berufung auf Pytheas und Isidor von Charax mitgeteilte Umfang Britanniens von 4.875 mp. Dies entspricht genau 39.000 Stadien, denn Plinius rechnete 8 Stadien auf eine römische Meile.[441]

Plinius berichtet NH 4.98–101 zunächst über die am nördlichen Ozean bis zur Rheinmündung ansässigen germanischen Völker und wendet sich dann der Beschreibung Britanniens zu und schreibt NH 4.102:

> Ex adverso huius situs Britannia insula clara Graecis nostrisque monimentis inter septentrionem et occidentem iacet, Germaniae, Galliae, Hispaniae, multo maximis Europae partibus magno intervallo adversa. Albion ipsi nomen fuit, cum Britanniae vocarentur omnes de quibus mox paulo dicemus. Haec abest a Gesoriaco Morinorum
>
> gentis litore proximo traiectu $\overline{L}$. circuitu patere | $\overline{XXXXVIII}$ | • $\overline{LXXV}$ Pytheas et Isidorus tradunt,
>
> Dieser Gegend gegenüber liegt zwischen Norden und Westen die Insel Britannien, berühmt durch die Berichte der Griechen und der Unsrigen, durch einen breiten Zwischenraum von Germanien, Gallien und Spanien, den bei weiten größten Ländern Europas, getrennt. Sie selbst trug den Namen Albion, während alle übrigen [Inseln], über die wir gleich sprechen werden, die Britannischen genannt wurden. Von Gesoriacum an der Küste des Stammes der Moriner[442] ist sie mit der kürzesten Überfahrt 50 Meilen entfernt. Pytheas und Isidorus berichten, dass sie sich im Umkreis von 4.875 Meilen erstrecke.

Es ist fraglich, ob Plinius die Schrift des Pytheas vorgelegen hat und er ihr diese Umfangsangabe entnommen hat. Er verzeichnet Pytheas zwar mehrfach in den Indizes zu den Büchern seiner *Naturalis Historia* als einen seiner zahlreichen Quellenautoren, doch nennt er unter diesen auch solche Autoren,

---

[441] Plin. nat. 2, 247; 5, 64.
[442] Gesoriacum: heute Boulogne sur mer; Moriner: an der Nordsee in der heutigen Landschaft Artois (siehe G. Winkler, C. Plinius Secundus Naturkunde III, IV, 431, 435) ansässig.

bei denen es zweifelhaft ist, ob er sie wirklich gelesen hat.[443] Wenn er z. B. NH 2.187 schreibt, dass Pytheas berichtet habe, in Thule herrsche während des Sommers sechs Monate lang Tag, während des Winters sechs Tage lang Nacht, so kann er dies eigentlich nicht bei Pytheas gefunden haben, es sei denn, er hätte Pytheas mißverstanden. Dieser legte nämlich Thule nicht in den Nordpol, und vielleicht noch nicht einmal wie Eratosthenes auf den Polarkreis.

Plinius muss das Maß von 4.875 Meilen für den Umfang Britanniens dem geographischen Werk des Isidoros entnommen haben, den er in obigen Zitat an zweiter Stelle nach Pytheas nennt. Der aus der am persischen Golf gelegenen Hafenstadt Charax stammende Isidoros wirkte sehr wahrscheinlich in der Regierungszeit des Augustus[444] und wird von Plinius, der ihn an verschiedenen Stellen seiner *Naturalis Historia* zitiert, als der neueste unter den Autoren genannt, die eine Erdbeschreibung verfasst hätten (NH 4.141: terrarum orbis situs recentissimum auctorem). Isidoros muss, wie H. Prell nachgewiesen hat,[445] identisch sein mit jenem von C. Müller in seine Sammlung der *Geographi Graeci Minori* aufgenommenen anonymen Autor, der für die Küstenlänge Britanniens 39.000 Stadien angibt (Τῶν δὲ Βρεττανικῶν νήσων ἡ μεγίστη καλουμένη Ἀλβίων τὴν περίμετρον ἔχει σταδίων τρισμυρίων ἐννακισχιλίων).[446]

An Stelle der oben wiedergegebenen 4.875 mp für den Umfang Britanniens, die fast alle neueren Ausgaben des Plinianischen Werkes bringen, finden sich in den Handschriften und in den früheren Ausgaben bis einschließlich solcher aus dem 18. Jahrhundert auch Angaben, die sich auf 3.825 mp oder 3.875 mp entsprechend 30.600 bzw. 31.000 Stadien belaufen,[447] und noch in der ersten Hälfte des 19. Jahrhunderts haben so bedeutende Kenner der antiken Geographie wie A. Forbiger und M. Fuhr, der Verfasser einer sehr genauen und gründlichen Studie über Pytheas, 3.825 mp für die richtige Lesart gehalten,[448] der übrigens auch noch in jüngerer Zeit einige französische

---

[443] R. König, G. Winkler, Plinius d. Ältere, 30.
[444] J. Oelsner, DNP 5, 1998, 1119, s. v. Isidoros aus Charax.
[445] H. Prell, Die Vorstellungen des Altertums über die Erdumfangslänge, 27.
[446] GGM II, 509.
[447] P. F. J. Gosselin, Geographie des Grecs, Paris, 47 (4).
[448] A. Forbiger, Handbuch der Alten Geographie III, Leipzig 1877, 195; M. Fuhr, Pytheas aus Massilia, 27.

Forscher gefolgt sind.[449] Dass aber Plinius tatsächlich bei seinen griechischen Gewährsleuten den Wert von 39.000 Stadien vorfand und in Meilen umrechnete, dafür spricht, dass bereits in den *Collectanea rerum mirabilium* des spätantiken Autors Gaius Iulius Solinus, der Plinius' *Naturalis Historia* als eine seiner Hauptquellen benutzte,[450] der Umfang Britanniens mit 4.875 mp angegeben wird (*Circuitus Britanniae quadragies octies septuaginta quinque milia sunt*).[451] Dieser Wert erscheint jedenfalls bereits in sehr frühen, Ende des 15. Jahrhunderts erschienenen Druckausgaben der *Collectanea*[452] und muss daher in den diesen Ausgaben zugrunde liegenden Handschriften gestanden haben. Übrigens gibt der gelehrte Mönch Dicuil[453] in seiner Schrift *De Mensura Orbis Terrae* (VIII 23) den Umfang Britanniens auch zu 4.875 mp an und beruft sich dabei ausdrücklich auf Solinus.[454] Abhängig von Solinus ist auch sehr wahrscheinlich Isidor von Sevilla, der in XIV. VI seiner *Etymologiae* u. a. auch von Britannien handelt (L. Möller, Enzyklopädie des Isidor von Sevilla, Wiesbaden 2008, S. 531) und der Insel ebenfalls einen Umfang von 4.875 mp zuschreibt.[455]

5.3 Pytheas in Britannien

5.3.1 Die Lesarten ἐμβατόν und ἐμβαδόν

Auf welche Art und Weise Pytheas Britannien bereist und erkundet haben könnte, ob in der Hauptsache von See aus oder doch eher auf dem Landwege, darüber herrscht in der Forschung keine Einigkeit. Polybios beginnt seine

---

[449] P. Fabre, Les Massaliotes, 36; G. Broche, Pytheas, 103.
[450] Der Grammatiker und Buntschriftsteller Solinus wird in das Ende des 3. Jh. oder in das 4. Jh. n. Chr. datiert. Eine seiner wichtigsten Quellen waren die Bücher nat. 3–6, 8–13, 37 des Plinius. (K. Sallmann, DNP 11, 2001, 701–702, s. v. Solinus).
[451] Solin. XXII 18 (Brodersen S. 172).
[452] Gaius Iulius Solinus Polyhistor sive de mirabilibus mundi, Venedig 1473. Digitalisat: https://mdz-nbn-resolving.de/details:bsb00060563, Scan 70.
[453] Zu Dicuil siehe unten Kap. 7.1.
[454] De Mensura VIII 23: Idem Iulius paulo post: Circuitus Brittaniae quadriges octies LXXV sunt.
[455] Isidor (560–636) war von 600 bis zu seinem Tod Bischof von Hispalis (Sevilla). Sein Hauptwerk sind die Etymologiae, eine Enzyklopädie, die in 20 Büchern die verschiedensten Gebiete des antiken Wissens behandelte. (O. Hiltbrunner, KlP 2, 1979, 1461–1462, s. v. Isidoros 8).

von Strabon C 104, 2.4.1–2 überlieferte Kritik am Reisebericht des Pytheas (Kap. 3.1) mit der Bemerkung, es seien viele von Pytheas in die Irre geführt worden, der behauptet habe, ganz Britannien bereist zu haben, wobei er den Umfang der Insel auf mehr als vierzigtausend Stadien geschätzt habe. Diese Stelle wird in den neueren Textausgaben in zwei Lesarten wiedergegeben, die sich dadurch unterscheiden, dass in der einen das Adjektiv ἐμβατόν mit Bezug auf Britannien, in den anderen aber – im Folgenden angedeutet durch Klammerung – an Stelle von ἐμβατόν das Adverbium ἐμβαδόν mit Bezug auf ἐπελθεῖν verwendet wird: καὶ Πυθέαν, ὑφ' οὗ παρακρουσθῆναι πολλούς, ὅλην μὲν τὴν Βρεττανικὴν ἐμβατὸν (ἐμβαδὸν) ἐπελθεῖν φάσκοντος, τὴν δὲ περίμετρον πλειόνον ἢ τεττάρον μυριάδων ἀποδόντος τῆς νήσου. Diese beiden Lesarten führen zu zwei unterschiedlichen Interpretationen hinsichtlich der Art und Weise, wie Polybios sich die Erkundung Britanniens durch Pytheas vorgestellt hat.

5.3.1.1 ἐμβατόν

Zu den neueren Editionen der *Geographika* Strabons, die an dieser Stelle ἐμβατὸν bringen, gehören die von H. L. Jones (1969), von G. Aujac (1969) und von W. Aly (1968) besorgten Ausgaben,[456] wobei die beiden letztgenannten Herausgeber ein von Jones gemäß einem Vorschlag von A. Jacob[457] eingefügtes τὴν vor ἐμβατὸν fortlassen. Auch den Kommentaren von Roseman (1994) und Bianchetti (1998) zu dieser Stelle liegt die Lesart ἐμβατὸν zu Grunde.[458] Die zugehörigen Übersetzungen laufen, ebenso wie diejenigen von Groskurd und Forbiger, mit nur geringfügig unterschiedlichen Formulierungen sinngemäss darauf hinaus, Polybios habe gemeint, dass Pytheas die überall zugängliche Insel, oder soweit sie zugänglich war, besucht, betreten oder bereist habe, und schon in der drei Jahrhunderte früher erschienenen lateinischen Übersetzung des Guarinus (1472) lautet die Strabonstelle: „et Pytheam a quo plerique refutati sunt. Nam cum totam permeabilem se accessisse dicat Britanniam."[459] Diese Übersetzung kommt übrigens der weiter unten

---

[456] Jones, Geography of Strabo I, 398; Aujac, Strabon Géographie I (2), 70; W. Aly, Strabonis Geographica, Vol 1, Libri I–II, Bonn 1968, 124.
[457] A. Jacob, Curae Strabinianae, 150.
[458] C. H. Roseman, Pytheas, 125; S. Bianchetti, Pitea di Massalia, 86.
[459] Guarinus, Geographica, Venedig 1472. Digitalisat: https://mdz-nbn-resolving.de/details:bsb00060563, Scan 62.

KAPITEL 5

ausführlich diskutierten Vorstellung am nächsten, dass Pytheas eine von gelegentlichen Landgängen unterbrochene Küstenfahrt rund um Britannien oder wenigstens um den größten Teil der Insel gemacht habe, und dazu passt auch, dass unmittelbar im Anschluss an jene Bemerkung vom Umfang der Insel, der an dieser Stelle als ihre Küstenlänge aufgefasst werden darf, die Rede ist (τὴν δὲ περίμετρον πλειόνον ἢ τεττάρων μυριάδων ἀποδόντος τῆς νήσου).

Dass in Strabons Text wirklich ἐμβατὸν zu lesen ist, dafür scheint der Umstand zu sprechen, dass in allen bekannten Handschriften und frühen Druckausgaben ἐμβατὸν überliefert ist, allerdings teilweise in der unverständlichen Kombination ἐμβατὸν ἢ ἐπελθεῖν,[460] wie sie z. B. in den bis zum 18. Jhdt. maßgeblichen Ausgaben der Humanisten Guilielmus Xylander (Basel 1571, 105) und Isaak Casaubonus (Genf 1587, 71) erscheint. Der Philologe Johann Philipp Siebenkees hat das ἢ in der von ihm besorgten Textausgabe von 1796 gestrichen und übersetzt die Stelle im beigefügten lateinischen Textteil: hunc [Pytheam] enim perhibere, totam quidem Britanniam, qua permeare licet, se peragrasse. Er bemerkt dazu im kritischen Apparat: ἐμβατὸν ἐπελθεῖν ita scribo cum Reg. Vat. A. B. Venet. οὐκ ἐπελθεῖν Medic. vulgo ἐμβατὸν ἢ ἐπελθεῖν. Tyrwhit. l. c. p. 7 coni. ὅσον ἐμβατὸν ᾖ.[461]. Eine mögliche Erklärung dafür, wie das ἢ in den Text hineingeraten sein könnte, liefert eine interessante Überlegung von M. Fuhr. Er hat ἐπελθεῖν athetiert, denn er vermutet, dass der Text ursprünglich nur τὴν Βρεττανικὴν ἐμβατὸν φάσκοντος lautete und ein Kopist zur Erläuterung am Rand ἐπελθεῖν vermerkte, und dass diese Glosse dann später mit ἢ für ἤγουν oder ἤτοι (= *das heißt*) in den Text übernommen wurde.[462] A. Schmekel hat sich in seiner Sammlung der die Reise des Pytheas betreffenden Fragmente dieser von Fuhr vermuteten Lesart angeschlossen und bemerkt dazu:[463]

> ἐμβατόν qua permeare licet; Coray legendum esse putat ἐμβαδόν pedestri itinere. Obscuritati, qua hic locus premitur, Fuhr (Pytheas aus Massalia. Darmstadt, 1842) ita mederi studet, ut ἐπελθεῖν delendum esse censeat. Quodsi ita scripsit Strabo, tum sensus est: Pytheas affirmavit, Britanniam undique aditum praebere i. e. undique mari circumfusam esse.

---

[460] Vgl. Berger, Die geographischen Fragmente des Eratosthenes, 378.
[461] J. P. Siebenkees, Strabonis rerum geographicarum I, Leipzig 1796, 276.
[462] M. Fuhr, Pytheas aus Massalia, 46.
[463] A. Schmekel, Pytheae Fragmenta, 14.

5.3.1.2 ἐμβαδόν

Die Lesart ἐμβαδὸν geht auf den von Schmekel oben erwähnten (Coray legendum esse putat) griechischen Altphilologen Adamantios Korais (1748–1833) zurück. Dieser ging offenbar von der Vorstellung aus, dass Polybios gemeint oder Strabon diesen wenigstens so interpretiert habe, Pytheas habe behauptet, Britannien der Länge und der Breite nach zu Fuß wie ein Bematist ausgemessen und dabei den Umfang der Insel zu mehr als 40.000 Stadien ermittelt zu haben. Korais schreibt nämlich zur Begründung seiner Konjektur:[464]

> Ἕτεροι διώρθουν, Ὅλην μὲν τὴν Βρετανικὴν, ὅσον ἐμβατὸν ᾖ. Τῆς ἡμετέρας διορθώσεως ὁ νοῦς ἐϛὶν, Ἔφασκεν ὁ Πυθέας ἐμβαδὸν, τουτέϛι κατὰ μῆκος καὶ πλάτος, ἐπελθεῖν ὅλην τὴν Βρετανίαν. Ἔϛι δὲ ἡ λέξις τῶν Μαθηματικῶν, ὧν καὶ το Ἐμβαδομετρεῖν (ὥσπερ καὶ ϛερεομετρεῖν ἔλεγον τὸ κατὰ μῆκος, πλάτος, καὶ βάθος μετρεῖν).

> Andere berichtigen: „Ganz Britannien, soweit es zugänglich war". Der Sinn unserer Berichtigung ist: „Pytheas sagte ἐμβαδὸν, das heißt, in Hinblick auf Länge und Breite ganz Britannien durchziehen". Es ist die Ausdrucksweise der Mathematiker, die das Flächenausmessen bedeutet (so wie sie auch das Messen in Bezug auf Länge, Breite und Tiefe ϛερεομετρεῖν nennen).

Diese Konjektur ist zwar bei einigen Gelehrten auf entschiedene Ablehnung gestoßen – so spricht Großkurd z. B. von einer „ohne Not" vorgenommenen Veränderung,[465] und R. Dion[466] moniert, dass Korais willkürlich (arbitrairement) ἐμβατὸν durch ἐμβαδὸν ersetzt habe – doch haben eine Reihe von älteren Herausgebern[467] des geographischen Werkes Strabons und neuerdings auch S. Radt (2002), ferner Mette[468] in seiner Fragmentsammlung sowie auch einige Erklärer des Pytheasberichtes wie z. B. Müllenhoff,[469] F. Matthias oder F. Kähler die Lesart von Korais übernommen. Es bleibt aber offen, ob Polybios,

---

[464] Α ΚΟΡΑΗ (A. Korais), ΣΤΡΑΒΩΝΟΣ ΓΕΩΓΡΑΦΙΚΩΝ ΒΙΒΛΙΑ ΕΠΤΑΚΑΙΔΕΚΑ, ΜΕΡΟΣ ΤΕΤΑΡΤΟΝ. ΕΝ ΠΑΡΙΣΙΟΣ ΑΩΙΘ (Paris 1819) 46/47.
[465] C. G. Groskurd, Strabo Erdbeschreibung, Teil I, 169 Anm. 1.
[466] R. Dion, Alexandre le Grand et Pytheas, 199 Anm. 100.
[467] G. Kramer, Strabonis Geographica, Vol I, Berlin 1844; A. Meineke, Strabonis Geographica 1; F. Sbordone, Strabonis Geographica, Vol I, Rom 1963, Radt, Strabons Geographika I, Göttingen 2002.
[468] Mette, Pytheas, F7a, 26.
[469] K. Müllenhoff, Deutsche Altertumskunde I, 376 Anm. 2.

falls er wirklich bei seinen Gewährsleuten oder bei Pytheas selbst ἐμβαδὸν gelesen hat, dies im Sinne des Koraisschen Ἐμβαδομετρεῖν verstanden hat, als ob Pytheas ganz Britannien wie ein Feldmesser umschritten habe, wie z. B. Matthias und Kähler annehmen,[470] oder ob er ἐμβαδὸν im Sinne von πεζῇ (= zu Fuß) aufgefasst hat, d. h. dass er einfach nur gemeint hat, Pytheas habe Britannien zu Fuß bereist oder betreten, dabei aber offengelassen hat, auf welche Weise dieser zur Kenntnis des Umfangs der Insel gelangt sei. So übersetzt S. Radt die Strabonstelle folgendermaßen: „Dieser [Pytheas] behaupte, er habe ganz Britannien zu Lande durchzogen, gebe den Umfang der Insel zu mehr als 40.000 Stadien an".[471] Demnach hätte sich Pytheas nicht mit einzelnen Landgängen begnügt, sondern auch das ganze Landesinnere der Insel erschlossen. In seinen *Untersuchungen über Text, Aufbau und Quellen der Geographika* gibt W. Aly allerdings eine andere Interpretation dieser Lesart und bemerkt: „Er [Pytheas] hat gesagt, er habe Britannien ἐμβαδὸν ἐπελθεῖν, d. h. zu Fusse betreten; mehr allerdings auch nicht" und fügt etwas später erläuternd hinzu: „Es ist wohl klar, dass er bei seiner Fahrt von Kantion bis zur Nordspitze mehrfach an Land gehen musste, um Wasser zu fassen, und dass er, wenn er sich einiges hat erzählen lassen, solche Gelegenheiten dazu benutzt hat"[472]. In seiner Textausgabe von 1968 verwendet Aly allerdings, wie oben erwähnt, die Lesart ἐμβατὸν ἐπελθεῖν[473].

Die Verwendung von ἐμβαδὸν im Sinne von πεζῇ ist allerdings nur an zwei Stellen in der antiken Literatur verbürgt,[474] und zwar bei Pausanias in der Beschreibung Griechenlands und in Homers Ilias. Pausanias erzählt im Zusammenhang mit dem Einfall der Galater nach Griechenland, dass die Truppen des Brennos die von dem Flusse Spercheios gebildeten Seen durchschwommen und die größten unter den Kriegern dieses Gewässer sogar watend durchschritten hätten (οἱ δὲ αὐτῶν μήκιστοι διελθεῖν ἐμβαδὸν τὸ ὕδωρ ἐδυνήθησαν).[475] Im 15. Buch der Ilias schildert Homer, wie die Griechen bei den Kämpfen um die Schiffe in eine bedrohliche Situation geraten und

---

[470] F. Matthias, Über Pytheas, 10; F. Kähler, Forschungen zu Pytheas' Nordlandreisen, 115 Anm. 3.
[471] Radt, Strabons Geographika I, 253.
[472] W. Aly, Strabonis Geographica IV, 463.
[473] W. Aly, Strabonis Geographica, Vol. 1, Libri I–II, Bonn 1968, 124.
[474] Liddell-Scott, Oxford 1869, 474. (1940, 538).
[475] Paus. 10.20.8.

Aias ihren Kampfeswillen anspornt, indem er ihnen vorstellt, dass nur der Tod oder die Rettung der Schiffe zur Wahl stehe, und sie mit der Frage beschämt, ob sie denn hofften, dass einjeder in die Heimat zu Fuß gelangen werde (ἐμβαδὸν ἵξεσθαι ἣν πατρίδα γαῖαν ἕκαστος), falls Hektor die Schiffe einnähme.[476] In Hinblick auf das Absurde einer Rückkehr zu Fuß über die Ägäis dachte Aias vielleicht auch an eine Art des Watens. Jedenfalls hat gerade diese poetische Verwendung von ἐμβαδὸν H. Berger dazu veranlasst, der Lesart ἐμβατὸν der Codices den Vorzug zu geben.[477]

Was Pytheas wirklich über die Art und Weise, wie er Britannien bereist hat, in seinem Bericht mitgeteilt hat, lässt sich natürlich nicht mehr feststellen. Es ist jedoch durchaus möglich, dass Polybios wirklich ἐμβαδὸν geschrieben hat und damit zwar nicht meinte, Pytheas habe die Insel wie ein Bematist umschritten und dabei ihren Umfang zu mehr als 40.000 Stadien festgestellt, sondern dass er nur zum Ausdruck bringen wollte, jener habe sie in ihrer Gänze auf dem Landwege erkundet, wie z. B. Radt (siehe oben) übersetzt. Wenn er sich nämlich ausdrücklich darüber wunderte, dass ein unbemittelter Privatmann wie Pytheas so weite Reisen zu Wasser und zu Lande habe machen können (πῶς ἰδιώτῃ ἀνθρώπῳ καὶ πένητι τὰ τοσαῦτα διστήματα πλωτὰ καὶ πορευτὰ γένοιτο), dann könnte er mit πορευτὰ vielleicht auf diese Landreise durch Britannien angespielt haben, denn alle übrigen Reisen des Pytheas, soweit sie aus den Fragmenten erschlossen werden können – die Fahrt von Massalia rund um Spanien nach Britannien, falls sie denn stattgefunden hat, und auch die Fahrt nach Thule und die angebliche Fahrt längs der παρωκεανῖτιν τῆς Εὐρώπης – waren Seereisen. Dass Pytheas auf dem Landwege von Massalia aus zu den Häfen an der Biscaya gezogen sein könnte, wie verschiedentlich in der Forschung angenommen worden ist,[478] scheinen Polybios und auch Strabon nicht in Erwägung gezogen zu haben, jedenfalls gibt es dafür keinerlei Belege, und abgesehen davon dürfte eine derartige Reise auf bekannten Handelswegen nichts Ungewöhnliches gewesen sein. Es ist deshalb denkbar, dass Polybios mit dem Vorwurf, Pytheas habe viele mit der Behauptung getäuscht, ganz Britannien zu Lande durchzogen (ἐμβαδὸν

---

[476] Hom. Il. XV, 505.
[477] H. Berger, Wissenschaftliche Erdkunde, 362 Anm. 1: „An Stelle des von Koray eingetauschten seltenen und poetischen ἐμβαδόν möchte ich doch der handschriftl. Lesart ἐμβατόν den Vorzug geben, denn das Wort ist in Prosa üblich".
[478] Siehe Kap. 5.5 Wege nach Britannien.

ἐπελθεῖν) und den Umfang der Insel zu mehr als 40.000 Stadien angegeben zu haben, sich nicht so sehr auf die schiere Größe der Insel bezog – auch den Umfang der Insel Taprobane im südlichen Ozean stellten sich die antiken Geographen, wie oben (Kap. 5.2.1) bereits erwähnt, in ähnlicher Größenordnung vor – sondern dass er auf die Unglaubwürdigkeit hinweisen wollte, dass eine derart riesige Insel in angemessener Zeit auf dem Landwege erkundet werden könne. Eine Umsegelung der Insel mochte er vielleicht nicht für unmöglich gehalten haben, denn auch bei einer gewiss nicht außergewöhnlichen Reise zu Schiff von Phönizien nach dem jenseits der Säulen gelegenen Gades waren mindestens 30.000 Stadien quer durch das Mittelmeer zurückzulegen,[479] was von einem Schnellsegler bei einer Geschwindigkeit von 1.000 Stadien je Etmal (siehe weiter unten) in gut einem Monat hätte bewältigt werden können. Eine Überlandreise durch ein Britannien von derart gewaltiger Größe hätte dagegen bei den sehr geringen in der Antike erreichbaren Reisegeschwindigkeiten zu Lande[480] mehrere Monate, wenn nicht Jahre in Anspruch genommen und mußte deshalb von Polybios für kaum durchführbar gehalten worden sein.

5.3.2 Pytheas' Fahrt längs der Küste Britanniens

Die von Polybios, Strabon, Diodor und Plinius überlieferten Daten hinsichtlich des Umfangs Britanniens beziehen sich aller Wahrscheinlichkeit nach auf die Strecken, die bei einer küstengebundenen Fahrt zu Schiff zurückgelegt werden mussten,[481] und es ist klar, dass dabei nicht jeder der zahlreichen Küsteneinschnitte ausgefahren wurde, sodass hier nicht die gesamte Küstenlänge mit allen ihren Verästelungen gemeint sein kann.

---

[479] Auf der Karte des Eratosthenes (Abb. 2) beträgt die längs des Hauptbreitenkreises der antiken Geographie gemessene Entfernung zwischen den Säulen und dem am oberen Euphrat in der Nähe der phönizischen Küste gelegenen Thapsacus 27.800 Stadien.

[480] Der Geograph Marinos gibt z. B., wie Ptolemaios berichtet, 7 Monate an als Reisedauer auf einem 36.200 Stadien umfassenden Streckenabschnitt der antiken Seidenstraße (Ptol. geogr. 1.11.4 (Stückelberger I, 84)).

[481] Kähler, Forschungen zu Pytheas' Nordlandreisen, 116 Anm. 1, ist allerdings der Ansicht, dass Pytheas zu seinen Daten nicht durch eine Küstenfahrt zu Schiff, sondern durch Umschreiten der Insel gekommen sei und begründet das damit, dass Strabon περίπλους und nicht περίμετρος geschrieben hätte, wenn er eine Schiffsreise gemeint hätte. Dagegen kann aber eingewandt werden, dass Strabon an zahlreichen Stellen περίμετρος im Sinne von Küstenlängen verwendet.

Eine überschlägige Abschätzung der Entfernungen, die bei einer derartigen Fahrt zu überwinden waren, lässt sich aber gewinnen, wenn man den Küstenverlauf der Insel durch einen Polygonzug annähert, bei dem kleinere Buchten und Landzungen übersprungen werden. Der Näherungswert für den Küstenumfang, zu dem man bei diesem Verfahren gelangt, hängt natürlich von der Länge des zur Approximation verwendeten Linienelementes ab und wird umso größer sein, je geringer dessen Länge gewählt wird. Legt man der Approximation z. B. ein Linienelement von 50 Km entsprechend 270 Stadien (1 Stadion = 185 Meter) zugrunde, dann liefert ein solcher Polygonzug bereits eine brauchbare Näherung für den Küstenverlauf und ergibt für den Periplus um die gesamte Insel ungefähr 3.450 Km entsprechend 18.650 Stadien. Zur Kontrolle kann eine von K. Müllenhoff vorgenommene Approximation herangezogen werden, bei der die Küste mit einer Zirkelweite von 2 geogr. Meilen entsprechend ungefähr 15 Km abgegriffen wurde und sich ein Umfang von ca. 19.600 Stadien ergab.[482] Trotz der durch die Wahl des Linienelementes bedingten Unsicherheit lassen diese Abschätzungen erkennen, dass die von Polybios, Diodor, Strabon und Plinius überlieferten Werte von ungefähr 40.000 oder mehr Stadien viel zu groß sind für einen ganz Britannien umrundenden Periplus.

Zur Erklärung dieser Zahlen ist in der Forschung schon seit langem vermutet worden, dass Pytheas ursprünglich die Zeit, die für die Vorbeifahrt längs der einzelnen Küstenabschnitte benötigt wurde, in Tagesfahrten angegeben hatte, und dass diese Zeiten dann in Distanzen umgewandelt worden sind, wobei ein viel zu großer Konvertierungsfaktor zugrundegelegt wurde.[483] Als Urheber einer derartigen Umrechnung wird häufig Timaios von Tauromenion genannt,[484] doch bestehen gegen diese Annahme die schon oben geäußerten Bedenken hinsichtlich dessen Kenntnis des Reiseberichts des Pytheas.[485] Viel wahrscheinlicher ist es, dass Eratosthenes diese Konvertierung von Tagesfahrten in Stadien vorgenommen hat, denn eine derartige Umrechnung wurde ja erforderlich, wenn er die Britannische Insel in seine Erdkarte eingetragen wollte.

---

[482] Müllenhoff, Deutsche Altertumskunde I, 381.
[483] M. Fuhr, Pytheas von Massalia, 28.
[484] G. Hergt, Die Nordlandfahrt des Pytheas, 44; Nansen, Nebelheim I 55.
[485] Siehe Kap. 5.2.3.

Bei der Umrechnung musste sich Eratosthenes jedoch zur Abschätzung der von Pytheas erzielten Schiffsgeschwindigkeiten an Angaben orientieren, die für die mediterrane Seefahrt der Antike, nicht jedoch für die Nordsee Geltung hatten, denn die Verhältnisse bezüglich der Schifffahrt in den Gewässern rund um die Insel waren ihm nicht bekannt. Derartige Daten, bei denen Tagesfahrten direkt in Stadien angegeben werden, sind in der antiken Literatur verschiedentlich überliefert worden und reichen von 1.300 Stadien je Etmal[486] (700 Stadien bei Tage, 600 Stadien bei Nacht) bei Herodot bis zu den von Ptolemaios überlieferten 400 bis 500 Stadien bei ungünstigen Verhältnissen.[487] Eine Übersicht über die in der antiken Literatur angegebenen Schiffsgeschwindigkeiten findet sich bei A. Forbiger, weitere Beispiele hat G. Hergt verzeichnet.[488] Die genannten Gelehrten glauben aufgrund ihrer Recherchen, dass in der Antike 1.000 Stadien als Mittelwert für eine Tages- und Nachtfahrt (Etmal) – das sind ungefähr 4 Knoten – veranschlagt wurden,[489] was auch von F. Hultsch, einem Experten für antike Metrologie, bestätigt wird.[490] Für einen Geographen der Antike mußte es also, so folgerten

---

[486] 1 Etmal ist die in 24 Stunden (von Mittag zu Mittag) von einem Schiff zurückgelegte Strecke.

[487] Hdt., IV, 86; Ptol. geogr. 1.17.7 (Stückelberger I, 102).

[488] A. Forbiger, Handbuch der Alten Geographie I, 550; G. Hergt, Die Nordlandfahrt des Pytheas, 13.

[489] Zu ganz ähnlichen Werten für die von den antiken Seglern erreichten Geschwindigkeiten sind übrigens auch moderne Seefahrtshistoriker gelangt. Diese haben antike Berichte über Seereisen ausgewertet, bei denen allerdings lediglich jeweils die Ausgangs- und Zielhäfen sowie die Reisedauer in Tages- und Nachtfahrten angegeben werden. Welche Kurse aber die antiken Kapitäne tatsächlich eingeschlagen haben, lässt sich aus diesen Hinweisen nicht mehr genau feststellen. Zur Ermittlung einer durchschnittlichen Fahrgeschwindigkeit haben deshalb diese Seefahrthistoriker Routen zugrunde gelegt, die ihnen in Hinblick auf die Strömungs- und Windverhältnisse im Mittelmeer, die Seetüchtigkeit antiker Segelschiffe und die nautischen Fähigkeiten von deren Führern als wahrscheinlich erschienen und haben dann die auf diesen Kursen zurückgelegten Entfernungen aktuellen Seekarten entnommen. Sie kommen so zu dem Ergebnis, dass die antiken Schiffe unter günstigen Verhältnissen 4 bis 6 Knoten Fahrt machen konnten, das sind Etmale von ungefähr 1.000 bis 1.500 Stadien (A. Köster, Antikes Seewesen, Berlin 1923, 181; L. Casson, Ships and Seamanship in the ancient world, Princeton 1973, 283).

[490] A. Forbiger, Handbuch der Alten Geographie I, 551; G. Hergt, Nordlandfahrt des Pytheas, 44; F. Hultsch, Griechische und Römische Metrologie, Berlin 1862, 44 Anm. 16.

G. Hergt und nach ihm weitere Forscher wie z. B. auch Karl Müllenhoff, naheliegend gewesen sein, diese 1.000 Stadien je Etmal als Richtwert auch für die Schnelligkeit von Schiffen in den unbekannten Gewässern rund um Britannien anzunehmen und als Umrechnungsfaktor bei der Umwandlung der Angaben in Tagesfahrten zu benutzen.[491] Eine zusätzliche Bestätigung für die Vermutung, dass sich den antiken Geographen der Umrechnungsfaktor von 1.000 Stadien je Etmal bei der Berechnung des Umfangs Britanniens anbot, lässt sich auch aus einigen von Strabon und Plinius überlieferten Berichten ableiten, die sich bezeichnenderweise auf die Umsegelung einer Insel, nämlich Siziliens, beziehen.[492] Wenn also Pytheas nach Abzug der

---

[491] G. Hergt, Nordlandfahrt des Pytheas, 44; K. Müllenhoff, Deutsche Altertumskunde I, 381.

[492] Strabon bemerkt C 266, 6.2.1 bei seiner Beschreibung Siziliens, Poseidonios habe ihren Umfang als Periplus zu 4.400 Stadien angegeben (τὸν δὲ περίπλουν ὁ Ποσειδώνιος σταδίων τετρακοσίων ἐπὶ τοῖς τετρακισχιλίοις ἀποφαίνει.). Direkt im Anschluss daran erwähnt Strabon eine gewisse „Chorographie" (Χωρογραφία) bei der es sich vielleicht um die Karte des Agrippa handeln könnte, die Strabon in Rom gesehen haben muss (Vgl. D. Detlefsen, Erdkarte Agrippas, 21). Sie gibt einen etwas größeren Umfang an, und die Küstenlinie der Insel ist in einzelne aneinander anschließende Teilabschnitte zerlegt, deren Länge jeweils in Meilen angegeben wird (ἐν δὲ χωρογραφίᾳ μείζω λέγεται τὰ διαστήματα, κατὰ μέρος διῃρημένα μιλιασμῷ). In der Summe ergeben sich dabei einschließlich der in der Aufzählung nicht enthaltenen 9 Meilen zwischen Messene und Kap Pelorias (Nordost Spitze Siziliens) 596 mp (= 4.768 Stadien) für den Umfang (A. Forbiger, Handbuch der Alten Geographie I, 344 Anm. 73). Wahrscheinlich handelt es sich hierbei um einen Periplus, doch scheint Strabon auch einen zu Lande ermittelten Umfang Siziliens gekannt zu haben, denn im Anschluss an seine obigen Angaben teilt Strabon die Längen der Ost- und Nordküste in Meilen mit, wobei er ausdrücklich betont, dass diese Strecken zu Fuß (πεζῇ) ausgemessen wurden. Auf dem Landwege muss auch die Messung des Inselumfangs erfolgt sein, den Plinius NH 3.86 unter Berufung auf die Erdkarte des Agrippa auf 618 mp (= 4.944 Stadien) veranschlagte, denn dieser Wert ergibt sich aus den terreno itinire ermittelten Längen, die Plinius anschließend NH 3.87 für die Ostküste (176 mp), die Südküste (200 mp) und für die Nordküste (242 mp) anführt. Diese antiken Angaben stimmen recht gut untereinander und auch mit der tatsächlich bei der Umsegelung Siziliens zurückgelegten Entfernung überein, die der Seefahrtshistoriker A. Köster zu 500 nautische Seemeilen (ca. 5.000 Stadien) beziffert (A. Köster, Antikes Seewesen, 179). Mit diesen von Poseidonios, dem Chorographen und den von Plinius überlieferten Entfernungsdaten kann nun die Dauer in Beziehung gesetzt werden, die in der Antike für eine Umsegelung Siziliens veranschlagt wurde. Etwas weiter unten im selben Abschnitt C 266, 6.2.1 bemerkt nämlich Strabon, einige Geographen wie z. B. Ephoros hätten allgemeiner festgestellt, dass die Reise rund um die Insel fünf Tages- und Nachtfahrten erfordere.(ἔνιοι δ'

Liegezeiten von einer reinen Fahrtdauer von ungefähr vierzig Tages- und Nachtfahrten für die Umsegelung der Insel und von mehr als zwanzig für die Vorbeifahrt an der Süd- und Ostküste berichtet hatte, so ergaben sich sofort die von Eratosthenes, Polybios, Diodor und Plinius genannten Werte.

Was die Transportmittel anbetrifft, deren sich Pytheas bei seiner Küstenfahrt bedient haben könnte, so ist davon aus zugehen, dass er nicht, wie C. F. C. Hawkes glaubte, mit einem speziell ausgerüsteten Expeditionsschiff, oder wie G. Broche meinte, sogar mit einer Flotte in den britannischen Gewässern operierte. Vielmehr wird er, da er, wie Polybios sehr wahrscheinlich zu recht feststellte, als Privatmann unterwegs war, sich einheimischen Schiffsleuten und deren Fahrzeugen anvertraut und mit diesen die Küsten Britanniens von einem Anlegeplatz zum anderen befahren haben.[493] Er konnte z. B. mit Lederbooten gefahren sein, wie sie Plinius im Zusammenhang mit dem Zinntransport nach der Insel Mictis erwähnt und von denen derselbe ferner NH 7.206 berichtet, dass sie noch zu seiner Zeit in Britannien in Gebrauch waren (Etiam nunc in Britannico Oceano vitiles corio circumsutae fiunt). Ein derartiges Schiff besaß einen Rumpf aus einem mit Ochsenhautleder überzogenen Holzspantengerüst und konnte gerudert und gesegelt werden und war sogar hochseetauglich.[494] Einen Eindruck vom Aussehen und

---

ἁπλούστερον εἰρήκασιν, ὥσπερ Ἔφορος, τὸν γε περίπλουν ἡμερῶν καὶ υκτῶν πέντε). Den antiken Geographen standen also sowohl Daten für die bei der Umrundung Siziliens zu Schiff und zu Lande zurückgelegten Strecken in Stadien, als auch für die zur See dafür benötigte Zeit in Tages- und Nachtfahrten zur Verfügung, und so konnten sie hieraus eine durchschnittliche Schiffsgeschwindigkeit zwischen 880 (= 4400/5, Periplus nach Poseidonios), 957 (= 4768/5, Periplus nach Choreographie) bis nahezu 1.000 (4944/5 = 989, Landumrundung nach Plinius) Stadien je Etmal berechnen, wodurch die These von G. Hergt eine zusätzliche Bestätigung erhält. Zwar stammen die obigen Angaben bezüglich des Umfangs Siziliens von Autoren, die nach Eratosthenes lebten, doch können sie auf ältere Quellen zurückgehen, denn Sizilien war sicherlich eine der geographisch am besten erschlossenen Regionen der antiken Welt.

[493] Vgl. Cunliffe, Extraordinary Voyage, 106.

[494] Mit einem derartigen Fahrzeug soll St. Brendan (486–578 n. Chr.) der Legende nach den Ozean befahren haben. In der Navigatio Sancti Brandani (G. E. Sollbach, St. Brandans wundersame Seefahrt. Nach der Heidelberger Handschrift, Frankfurt am Main 1987) wird geschildert, wie dieser irische Heilige mit seinen Mönchen ein Lederboot baut und damit auf der Suche nach der terra repromissionaris, dem „Land der Verheißung", in See sticht. Nach einer langen und abenteuerlichen Meeresfahrt erreichen die Mönche schließlich das im fernen Westen gelegene Gelobte Land, verweilen dort eine Zeit

der Ausstattung dieses Boottyps vermittelt das aus Gold angefertigte ca. 19 cm lange Schiffsmodell aus dem Broighter Hoard, einem im Jahre 1896 in Nordirland entdeckten Goldfund, dessen Bestandteile aus dem 1. Jahrhundert v. Chr. stammen. Es besaß 8 hintereinander angeordnete Ruderbänke mit den auf beiden Bordseiten angebrachten Riemen, ferner ein Steuerruder und einen Mast mit einer Rah.[495] Falls es sich um ein maßstabsgetreues Modell handelt, dann muss das Original, das also gerudert und gesegelt werden konnte, eine Länge von mindestens 15 Metern gehabt, über eine beträchtliche Ladekapazität verfügt und mehreren Passagieren Platz geboten haben.

Wie nun Pytheas die Dauer für eine komplette Umsegelung Britanniens ermitteln konnte, darüber lasssen sich nur Vermutungen anstellen. Vielleicht führte er Buch über die Zeit, die er bei der von Landaufenthalten, wetterbedingten Liegezeiten und einer eventuellen Exkursion nach Thule unterbrochenen Fahrt längs der Küsten Britanniens auf See verbrachte. Dazu war es natürlich erfoderlich, diese verschiedenen Teile seiner Reise zeitlich richtig zu koordinieren. Er konnte aber auch die Reisedauer für das Befahren einzelner Küstenabschnitte oder sogar des gesamten Küstenverlaufes Britanniens bei seinen keltischen Bootsführern, die mit den dortigen Gewässern vertraut waren, in Erfahrung gebracht haben, denn die Seewege rund um Britannien

---

lang und kehren dann alle wohlbehalten wieder in ihre irische Heimat zurück. Einige Forscher glauben, dass diese Reise wirklich stattgefunden hat, und dass St. Brendan das Verheißene Land in Neufundland an der Ostküste Kanadas betreten hat. Zur Überprüfung dieser These unternahm der Abenteurer und Reiseschriftsteller Timothy Severin den Versuch, die Reise des Heiligen Brendan nachzuvollziehen. Er ließ nach den alten Konstruktionsvorschriften ein Lederboot bauen und gelangte auf diesem mit vier Begleitern nach Überquerung des Nordatlantiks tatsächlich an die Küste Neufundlands (T. Severin, 1.000 Jahre vor Kolumbus, Auf den Spuren der irischen Seefahrermönche, Hamburg 1979). Das bedeutet natürlich nicht, dass St. Brendan wirklich als erster Europäer vor den Wikingern den amerikanischen Kontinent erreicht hat, aber es wurde immerhin der Nachweis erbracht, dass eine derartige Reise möglich war, und dass keltische Seefahrer mit ihren Booten den Atlantik und die Nordsee befahren konnten. Dieses Ergebnis des von Severin erfolgreich durchgeführten Experiments ist auch für die Beurteilung der Reise des Pytheas von Bedeutung, denn wenn St. Brendan über hochseetaugliche Fahrzeuge verfügte, so dürfte auch für Pytheas prinzipiell die Möglichkeit bestanden haben, auf einheimischen britannischen Booten die offene Nordsee mit Kurs auf Thule zu überqueren, wo immer die Insel auch gelegen haben mag.

[495] Vgl. P. F. Wallace & R. O. Floinn, Treasures of the National Museum of Ireland, Dublin 2002, 154.

müssen schon lange vor Pytheas' Zeit von der einheimischen Schifffahrt erschlossen und befahren worden sein.[496] Diese Schiffsleute wußten natürlich auch, dass Britannien eine Insel war, sodass Pytheas sie nicht unbedingt selbst hätte umsegeln müssen, um ihren Inselcharaker zu erkennen. Es ist sogar sehr gut möglich, dass er gar nicht längs der Westküste gefahren ist, denn Beweise dafür gibt es nicht, im Gegensatz zu der von Eratosthenes überlieferten Fahrt längs der Süd- und Ostküste. Er scheint aber auf jeden Fall in die Gegend der heutigen Landschaft Caithness an der nordöstlichen Spitze Schottlands gekommen zu sein und sogar die Orkneys und die Shetlandinseln erreicht zu haben, wie im folgenden dargelegt werden wird.

5.4 Die Länder oberhalb von Britannien

5.4.1 Fluthöhen

Plinius kommt NH 2.215–217 ausführlich auf das Phänomen von Ebbe und Flut zu sprechen. Er stellt u. a. fest, dass die Gezeiten im Ozean viel stärker in Erscheinung träten als in den anderen Meeren (*Omnes autem aestus in Oceano maiora integunt spatia nudantque quam in reliquo mari*) und bemerkt in diesem Zusammenhang, Pytheas habe berichtet, dass oberhalb Britanniens die Fluten auf eine Höhe von 80 Ellen emporstiegen (octogenis cubitis supra Britanniam intumescere aestus Pytheas Massiliensis auctor est), was einer auf den ersten Blick ganz unmöglichen Höhe von 35 Metern entspricht (Anm. 13). Eine Reihe von Forschern hat angenommen, dass hier von einem Tidenhub die Rede ist, den Pytheas irgendwo an den Küsten Britanniens beobachtet hatte, und dass Plinius oder einer seiner Gewährsleute aus ungeklärten Gründen zu der weit übertriebenen Fluthöhe gekommen ist.[497] Tatsächlich treten in den Flussmündungen der Themse, des Humber und des Severn beträchtliche Gezeitenunterschiede auf, die größten am Severn im Bristol Canal, die allerdings kaum mehr 10 Meter überschreiten.

Es ist aber in der Forschung auch die Meinung vertreten worden, dass sich Pytheas' Aussage über die Fluthöhe auf eine andere Erscheinung beziehen

---

[496] E. G. Bowen, Britain and the Western Seaways, 26–42; D. Ellmers, Seewege, 79.
[497] J. Lelewel, Pytheas und die Geographie seiner Zeit, Leipzig 1838, 29; F. Giesinger, Pytheas von Massalia, RE XXIV 1963, 329, s. v. Pytheas; H. Berger, Wissenschaftlichen Erdkunde 352/362; K. Müllenhoff, Deutsche Altertumskunde I, 366/367; Knapowski, Probleme der Chronologie und der Reichweite der Entdeckungsreisen des Pytheas von Massalia, Poznan 1958, 45.

muss als auf den regelmäßigen Wechsel von Hoch- und Niedrigwasser.[498] Einen Hinweis hierzu liefert die Ortsbestimmung *supra Britanniam*, die höchstwahrscheinlich nur so aufgefasst werden kann, dass damit eine Gegend im Norden Britanniens oder sogar noch weiter nördlich gemeint ist.[499] Wie oben in Kap. 5.2.1 dargelegt wurde, fuhr Pytheas ja längs der Ostküste Britanniens und kann dabei bis in die Nähe des Pentland Firth gelangt sein oder ihn sogar überquert haben. Dieser nur wenige Kilometer breite Sund zwischen der Nordküste Schottlands und den Orkneys ist bei bestimmten Strömungs- und Windverhältnissen ein für die Schifffahrt äußerst gefährliches Gewässer. Er wird von einem der weltweit stärksten Gezeitenströme durchflossen, und wenn bei Sturm Fließ- und Windrichtung einander entgegengesetzt sind, kann es zur Bildung von gewaltigen Wellen kommen, für die Höhen von bis zu 20 Metern beobachtet wurden. Beim Anbranden derartiger Wellen gegen die felsige Küste sollen sich sogar Wasserfontänen entwickelt haben, die Kliffs von einer Höhe von mehr als 60 Metern überspülten.[500] Wenn also Pytheas bis in diese Gegend vorgedrungen war, so konnte er Zeuge eines solchen Ereignisses geworden sein oder aus den Erzählungen der einheimischen Schifferleuten davon erfahren haben.

5.4.2 Der Schlafplatz der Sonne
5.4.2.1 Bericht des Geminos
Als wichtiger Beleg dafür, dass sich Pytheas wirklich in der Nähe des Polarkreises aufgehalten hat, wird in der Forschung eine Stelle aus der ΕΙΣΑΓΩΓΕ ΕΙΣ ΤΑ ΦΑΙΝΟΜΕΝΑ (*Isagoge*) des griechischen Astronomen und Mathematikers Geminos von Rhodos[501] herangezogen, die eine anscheinend

---

[498] M. Cary, E. H. Warmington, Die Entdeckungen der Antike, Zürich 1966, 75 Anm. 54; C. F. C. Hawkes, Pytheas: Europe and the Greek Explorers in Eighth J. L. Myres Memorial Lecture 1975, Oxford 1977, 40 n. 81.

[499] K. Müllenhoff, Deutsche Altertumskunde I, 366, will allerdings nicht ausschließen, dass im griechischen Text ὑπό statt ὑπέρ gestanden hat und hält diese Pliniusstelle für nicht aussagekräftig.

[500] R. Carpenter, Beyond the Pillars, 172/173; Cunliffe, Extraordinary Voyage, 103.

[501] Geminos' genaue Lebensdaten sind nicht bekannt. Eine moderne kalendarische Rechnung, die an eine in der Isagoge entwickelte Überlegung zum Gang des Isisfestes durch das ägyptische Wandeljahr anknüpft (Gemin. Isagoge 8. 20–24), kommt aber zu dem Ergebnis, dass Geminos seine Schrift ungefähr um das Jahr 70 v. Chr. abgefasst haben muss. (D. R. Dicks, Dictionary of Scientific Biography 5, ed. Ch. C. Gillispie, New York 1981, 345, s. v. Geminus).

KAPITEL 5

von Pythas gemachte Beobachtung der in den nördliche Regionen herrschenden sommerlichen Tageslängen zum Inhalt hat.

Im 6. Kapitel dieser elementaren Einführung in die Astronomie befasst sich Geminos mit den Phänomenen von Tag und Nacht aus astronomischer und geographischer Sicht. Er gibt zunächst Definitionen für Tag und Nacht sowie für Monate und Jahre und erklärt den Begriff der Äquinoktialstunde, die wie in der modernen Zeitrechnung dem 24. Teil der Zeitsumme von Tag und Nacht entspricht. Im Anschluss daran wird beschrieben, wie sich die Tageslängen in Abhängigkeit von der geographischen Breite verändern. Geminos leitet diesen Abschnitt ein mit den Worten:[502]

> Οὐ κατὰ πᾶσαν δὲ χώραν καὶ πόλιν τὰ αὐτὰ μεγάθη τῶν ἡμερῶν ἐστιν. ἀλλὰ τοῖς μὲν πρὸς ἄρκτον οἰκοῦσι μείζονες αἱ ἡμέραι γίνονται, τοῖσ δὲ πρὸσ μεσημβρίαν ἐλάττονες.
>
> Nicht in jedem Land und in jeder Stadt ist die Länge der Tage dieselbe, sondern für diejenigen, welche nach Norden wohnen, werden die Tage länger, für diejenigen, welche nach Süden wohnen, kürzer.

Als Beispiele für die nach Norden zuehmend länger werdenden Tagesdauern im Sommersolstitium führt er den 14½ Äquinoktialstunden dauernden längsten Tag in Rhodos und den 15 Äquinoktialstunden dauernden längsten Tag in Rom an und stellt dann für die nächsten noch weiter nördlich gelegenen Regionen fest:

> τοῖς δ' ἔτι βορειοτέροις οἰκοῦσι τῆς Προποντίδος ἡ μεγίστη ἡμέρα γίνεται ὡρῶν ἰσημερινῶν ις', καὶ τοῖς ἔτι βορειοτέροις ιζ' καὶ ιη' ὡρῶν ἡ μεγίστη ἡμέρα γίνεται.
>
> Für diejenigen, welche noch weiter nördlich über die Propontis hinaus wohnen, wird der längste Tag 16 Äquinoktialstunden lang, für die noch weiter nördlich Wohnenden wird er 17 und 18 Stunden lang.

Es folgt dann unmittelbar die Textstelle, in der auf die Fahrt des Pytheas Bezug genommen wird (Gemin. Isagoge 6.9):

> Ἐπὶ δὲ τοὺς τόπους τούτους δοκεῖ καὶ Πυθέας ὁ Μασσαλιώτης παρεῖναι. φησὶ γοῦν ἐν τοῖς περὶ τοῦ ὠκεανοῦ πεπραγματευμένοις αὐτῷ, ὅτι "ἐδείκνυον ἡμῖν οἱ

---

[502] Gemin. Isagoge 6. 7 (Übersetzung dieser und der folgende Stelle aus der Isagoge stammt von Manitius).

βάρβαροι, ὅπου ὁ ἥλιος κοιμᾶται. συνέβαινε γὰρ περὶ τούτους τόπους τὴν μὲν νύκτα παντελῶς μικρὰν γίνεσθαι ὡρῶν οἷς μὲν δύο, οἷς δὲ τριῶν, ὥστε μετὰ τὴν δύσιν μικροῦ διαλείμματος γινομένου ἐπανατέλλειν εὐθέως τὸν ἥλιον".

Bis in diese Gegend scheint auch Pytheas von Massilia gekommem zu sein. Er sagt wenigstens in der von ihm verfassten Abhandlung über das Weltmeer: „Es zeigten uns die Eingeborenen den Ort, wo die Sonne sich zum Schlafe legt. Es traf sich nämlich, dass in diesen Gegenden die Nacht ganz kurz war, an manchen Orten zwei, an anderen drei Stunden, sodass die Sonne, nachdem sie untergegangen, nach Verlauf einer kurzen Zwischenzeit gleich wieder aufging." [Übersetzung nach C. Manitius]

Nach einer in der Forschung weitverbreiteten Meinung handelt es sich hier um ein wörtliches Zitat aus einer Schrift des Pytheas, die möglicherweise den Titel Περὶ Ὠκεανοῦ trug,[503] und auf den ersten Blick scheint diese Textstelle eine einfache Interpretation zu gestatten: Pytheas berichtet hier von einem Land, in dem zur Zeit seiner Anwesentheit die Nächte nur ganz kurz, nämlich drei oder zwei Stunden währten. Dass dabei sehr wahrscheinlich Äquinoktialstunden während des Sommersolstitium gemeint sind, geht aus der von Geminos vorgeschalteten Stundentafel hervor, in der jeweils die Dauer des längsten Tages für verschiedene Breiten in diesem Stundenmaß aufgeführt sind.[504] Die Berechnung der zugehörigen geographischen Breiten führt dann zu dem Ergebnis, dass sich Pytheas in der Gegend des 64. und 65. Breitengrades aufgehalten haben[505] und damit ganz in der Nähe des Polarkreises gewesen sein muss, der damals auf 66°15' lag.[506] Eine Reihe von Forschern ist daher der Meinung, dass dieses Land jenes Thule war, von dem Pytheas/Eratosthenes gesagt hatte, dort falle der sommerliche Wendekreis

---

[503] Siehe Kap. 4.6.4.3 Poseidonios und Pytheas.
[504] Der Wissenschaftshistoriker G. Bilfinger glaubt übrigens, dass in dem von Geminos vermittelten Pytheaszitat das Wort ὥρα zum ersten Mal in der überlieferten antiken Literatur im Sinne von Äquinoktialstunden (ὧραι ἰσημεριναί) gebraucht wurde. G. Bilfinger, OPA = Stunde bei Pytheas, 665–666.
[505] Eine Rechnung ergibt, dass kürzeste Nächte von 3 und 2 Stunden, d. h. vom Verschwinden des oberen Sonnenrandes beim Sonnenuntergang bis zum Erscheinen des oberen Sonnenrandes beim Sonnenaufgang, in der Zeit um 300 v. Chr. auf 63°31' und 64°39' nördlicher Breite stattfanden. Die zugehörigen theoretischen Werte ohne Korrektur des Sonnenhalbmessers und ohne Berücksichtigung der Refraktion sind 64°32' und 65°31' (siehe F. Nansen, Nebelheim I, 58).
[506] K. Müllenhoff, Deutsche Altertumskunde I, 407 Anm. 1. Siehe auch F. Nansen loc. cit.

mit dem arktischen Kreis zusammen. Es ist allerdings fraglich, ob aus den Angaben bezüglich des längsten Tages von 2 bzw. 3 Stunden wirklich rechnerisch auf die geographische Breite geschlossen werden darf, auf der sich Pytheas damals im Lande der Barbaren befand, denn genaue Resulate konnten die ihm zur Verfügung stehenden Methoden zur Messung der Tageslängen nicht liefern (siehe Kap. 6.4.2.4 Messung der Tageslängen). Es ist deshalb auch denkbar, dass Pytheas' Begegnung mit den Barbaren in südlicheren Gegenden stattfand.

Was nun die Ruhestätte der Sonne anbetrifft, so kann gemäß dieser Deutung des Geminoszitates nur der Horizontbogen gemeint sein, unter den die Sonne zur Nachtzeit sinkt. Es verwundert allerdings auf den ersten Blick, dass die Eingeborenen diesen Bogen Pytheas zeigten, da er ihn ja selbst hätte sehen können, wenn er während der Sommersonnenwende ihr Land besucht hatte. Vielleicht hinderten ihn aber ungünstige Witterungsbedingungen oder sonstige widrige Umstände daran. Die Eingeborenen aber kannten die Richtungen zum Untergangs- und Aufgangspunkt der Sonne aus langjähriger Erfahrung und konnten sie Pytheas zeigen, indem sie auf auf geeignete Landmarken hinwiesen, die den gesuchten Horizontbogen einschlossen. K. Müllenhoff ist z. B. der Ansicht, dass Pytheas' Begegnung mit den Eingeborenen auf den Shetland Inseln stattfand. Hier hätte der Eingang des auf der Nordinsel Unst sich nach Norden öffnenden Burra Firth den Nachtbogen markieren können oder auch einige im Umkreis der Shetlands am Horizont liegende Inseln und Schären (siehe Kap. 7. Mutmaßungen über Pytheas' Thule).[507] O. S. Reuter glaubt dagegen, dass Pytheas in Norwegen in der Nähe des heutigen Trondheim mit den Barbaren sprach und diese ihn zu geeigneten Beobachtungsorten geführt hätten, von denen aus der gesuchte Horizontbogen leicht durch Hinweisen auf gewisse Klippen und Vorgebirge festgestellt werden konnte, und auch F. Nansen ist der Ansicht, dass dies in einem norwegischen Fjord geschah.[508]

Die Schlußfolgerung, dass Pytheas tatsächlich die zwei- und dreistündigen Nächte selbst erlebt hat, ergibt sich jedoch aus der Geminosstelle nur dann, wenn man das wörtliche Pytheaszitat, wie oben durch Anführungszeichen zum Ausdruck gebracht, bis εὐθέως τὸν ἥλιον gehen lässt, und verschiedene

---

[507] K. Müllenhoff, Deutsche Altertumskunde I, 403.
[508] O. S. Reuter, Germanische Himmelskunde, 327/328; Nansen, Nebelheim I 64.

Herausgeber der *Isagoge* sind in ihren Editionen auch so verfahren.[509] Es kann aber auch sein, dass die Worte des Pytheas bereits mit κοιμᾶται endeten und der Passus von συνέβαινε bis τὸν ἥλιον von Geminos erklärend hinzugefügt wurde, wie z. B. Mette vermutet,[510] oder dass er vielleicht sogar von einem späteren Epitomator oder Bearbeiter ergänzt wurde.[511] So glaubte z. B. der Mathematikhistoriker M. P. C. Schmidt, dass es sich bei der Bemerkung über die kurzen Nächte im Barbarenland nicht um die Worte des Pytheas handeln könne.[512] Dem hat jedoch der bereits erwähnte G. Bilfinger (siehe Anm. 504) widersprochen. Er ist der Ansicht, dass das Imperfektum συνέβαινε γὰρ notwendig einen Sprecher voraussetze, der an der Reise teilgenommen hat. Bilfinger schreibt: „so kann offenbar nur Pytheas reden oder irgend ein anderer, der dabei war und mit ihm über die damalige Nachtdauer Beobachtungen anzustellen in der Lage war. Wie Geminos von der damaligen Nachtdauer etwas wissen konnte Jahrhunderte nachher, wenn er es nicht selbst von Pytheas erfuhr, […] vermag ich durchaus nicht einzusehen".[513] Dagegen führt R. Dion gerade die Verwendung des Imperfektums συνέβαινε als Beweis dafür an, dass die kurzen Nachtlängen im Lande der Barbaren

---

[509] Wie z. B. Carl Manitius und Germaine Aujac.
[510] H. J. Mette, Sphairopoiia, 82; Mette, Pytheas von Massalia, 28.
[511] Es ist möglich, dass die Isagoge, wie einige Historiker glauben, in späterer Zeit eine Reihe redaktioneller Eingriffe von unbekannter Hand erfahren hat, wodurch sich die Fehler und Irrtümer erklären ließen, die die Schrift in ihrem heutigen Zustand enthält. K. Tittel, RE VII 1, 1910, 1031, s. v. Geminos, bemerkt dazu, nachdem er zunächst auf die Bedeutung der Isagoge als Quelle für griechische Astronomie und Geographie hingewiesen hat: „Allerdings ist der uns vorliegende Text durch mannigfache Irrtümer und Versehen entstellt. Auch die Anordnung lässt zu wünschen übrig. Wieviel von diesen Unebenheiten auf Rechnung späterer Bearbeiter und Abschreiber zu setzen und wieviel dem Geminos zuzuschreiben ist, lässt sich in vielen Fällen schwer entscheiden." Ganz ähnlich urteilt auch der Mathematikhistoriker Thomas Heath (T. Heath, A History of Greek Mathematics II, New York 1981, 233). Er schreibt: „[…] the Isagoge as we have it, contains errors which we cannot attribute to Geminus. The choice therefore seems to lie between two alternatives: either the book is by Geminus in the main, but has in the course of centuries suffered deterioration by interpolations, mistakes of copyists, and so on, or is a compilation of extracts from an original Isagoge by Geminus with foreign and inferior elements introduced either by the compiler himself or other prentice hands".
[512] M. P. C. Schmidt, OPA = Stunde bei Pytheas?, Neue Jahrbücher für Philologie und Pädagogik Bd. 36, 1890, 826–828.
[513] G. Bilfinger, OPA = Stunde bei Pytheas, 665–671.

nicht selbst von Pytheas beobachtet wurden, sondern dass es sich bei den diesbezüglichen Angaben um Erfahrungswerte handelte, die ihm von den Eingeborenen mitgeteilt worden seien. Dion schreibt: „Geminos de Rhodes, dans le passage de son traité d'astronomie où il rapelle que le monde savant doit à Pythéas la connaissance de se dernier fait [2–3 stündige Nächte], choisit un verbe : συμβαίνειν, et emploie un temps : l'imparfait, par lesquels il évite de laisser croire que l'observation ait pu en être faite par l'explorateur lui-même."[514] Geminos sprach also gemäß dieser Interpretation von einem sich regelmäßig wiederholenden Vorgang und nicht von einer einmaligen Beobachtung durch Pytheas.

5.4.2.2 Bericht des Kosmas Indikopleustes

In der *Christlichen Topographie* (Χριστιανικὴ Τοπογραφία) des spätantiken Autors Kosmas Indikopleustes findert sich eine Notiz, die in offensichtlichem Zusammenhang mit der oben besprochenen Stelle bei Gemin. Isagoge 6.9 steht, und von der, wie weiter unten noch dargelegt werden wird, je nach Handschrift – es haben sich erhalten der *Codex Vaticanus Graecus 699* (Vat. Gr. 699), der *Codex Laurentianus Plutei IX. 28* (L) und *der Codex Sinaiticus Graecus 1186* (S)[515] – zwei Varianten existieren. Gemäß Vat. Gr. 699 lautet dieses Zitat:[516]

> πυθέας δὲ ὁ Μασσαλιώτης φησὶν ἐν τοῖς περὶ Ὠκεανοῦ ὅτι παραγενομένῳ αὐτῷ ἐν τοῖς βορειοτάτοις τόποις ἐδείκνυον οἱ αὐτόθι βάρβαροι τὴν ἡλίου κοίτην, ὡς ἐκεῖ τῶν νυκτῶν ἀεὶ γινομένου παρ' αὐτοῖς.

> Pytheas aus Massalia sagt in seinem Buch „Über das Weltmeer", dass ihm, als er in die nördlichsten Gegenden gelangt war, die dort lebenden Barbaren die Lagerstätte der Sonne zeigten, weil sie sich immer bei ihnen in den Nächten dorthin begebe.

Diese Übersetzung orientiert sich an der französischen Übersetzung von W. Wolska-Conus, in der die letzte Zeile ὡς ἐκεῖ τῶν νυκτῶν ἀεὶ γινομένου παρ'

---

[514] R. Dion, Pythéas Explorateur, 196.
[515] V. Manimanis, E. Theodosiou, M. Dimitrijevic, The Contribution of Byzantine Men, 25.
[516] Codex Vaticanus Graecus 699. Digitalisat: https://digi.vatlib.it/view/MSS_Vat.gr.699, 19v.

αὐτοῖς wie folgt wiedergegeben wird: „car c'est toujours là, chez eux, que le soleil vient passer la nuit."[517]

Über den Verfasser der *Christlichen Topographie* ist nur wenig bekannt. Er lebte im 6. Jahrhundert zur Zeit der Kaiser Justin und Justinian I und hatte in jungen Jahren als wahrscheinlich im Gewürzhandel tätiger Kaufmann weite Gebiete am Roten Meer, dem Persischen Golf und dem Indischem Ozean bereist und war vielleicht sogar bis nach Indien und Sri Lanka gelangt oder hatte zumindest umfangreiche Informationen über diese Länder eingezogen, wovon sich sein Beiname „Indikopleustes" herleitet, unter dem seine Werke in der Literatur überliefert worden sind. In späteren Jahren wurde er Mönch und zog sich in das Katharinenkloster auf dem Sinai zurück, wo er neben anderen Werken, die verloren gegangen sind, auch seine *Christliche Topographie* verfasste.[518]

In dieser Schrift bekämpfte Kosmas u. a. die nicht nur von den heidnischen Gelehrten der klassischen Antike und der hellenistischen Epoche sondern auch von christlichen Gelehrten seiner eigenen Zeit wie z. B. Johannes Philoponos (495–575)[519] vertretene Lehre von der Kugelgestalt der Erde und entwickelte ein Weltbild, das sich ausschließlich auf die Aussagen der Heiligen Schrift stützen sollte. Demzufolge war die Erde flach und hatte die Gestalt eines Rechtecks, und der gesamte Kosmos war ein ungeheures quaderförmiges Gebilde, das in seiner Struktur der von Moses nach den Anweisungen Gottes errichteten Stiftshütte glich (2. Mose, 25–40).

Um seine Thesen zu stützen, führte Kosmas nun in Buch II seiner *Christlichen Topographie* (Wie Anm. 517, 78 p. 395, 80 p. 397) einige weit gereiste Gelehrte der Antike – unter ihnen auch Pytheas – an, von denen er glaubte, dass sie die Erde für eine flache Scheibe hielten und dass ihre Theorien im Einklang stünden mit den diesbezüglichen Aussagen des Alten und Neuen Testaments. Kosmas beginnt diesen Abschnitt mit den Worten

τινὲς γὰρ τῶν παλαιῶν φιλοσόφων σχεδὸν τὴν οἰκουμένην περινοστήσαντες καὶ ἱστοριογραφήσαντες παραπλησίως τῇ θείᾳ Γραφῇ ἔφασαν καὶ αὐτοι τὴν θέσιν τῆς

---

[517] W. Wolska-Conus, Cosmas Indicopleustès II, 398.
[518] Manimanis, Theodosiou, Dimitrijevic, wie Anm. 515, 20/21.
[519] Philoponos 2. 4: Ὅτι καὶ Μωυσῆς καὶ Ἡσαΐας καὶ ὁ Ἰὼβ σφαιρικὸν εἶναι τὸ σχῆμα τῆς γῆς ἐθέλουσι.

γῆς εἶναι, καὶ τῶν ἄστρων τὴν περιφορὰν γίνεσθαι. παρίτω δὲ εἰς μέσον ἐξ αὐτῶν τις φάσκων οὕτως.

Einige der alten Gelehrten haben fast die gesamte bewohnte Erde umfahren und darüber berichtet, und auch sie erklären die Lage der Erde und die Umdrehung der Gestirne in ganz ähnlicher Weise wie die Heilige Schrift. Möge einer von ihnen hervortreten und Auskunft geben.

Kosmas nennt zuerst den Historiker Ephoros von Kyme als einen seiner Gewährsleute, der die Erde als ein Rechteck beschrieben und auf einer Karte dargestellt habe, und stellt fest:

Ἀκριβῶς ὁ Ἔφορος καὶ λόγῳ καὶ τῇ καταγραφῇ, ὡς ἡ θεία Γραφή, διηγεῖται τὴν θέσιν τῆς γῆς καὶ τῶν ἄστρων τὴν περιφοράν.

Ganz genau durch Wort und Bild erklärt Ephoros in der selben Weise wie die Heilige Schrift die Position der Erde und den Umlauf der Gestirne.

Im Anschluss an diese Ausführungen folgt dann obiges Zitat, in dem von Pytheas' Begegnung mit den Barbaren des Nordens die Rede ist. Unmittelbar danach erwähnt Kosmas noch Xenophanes von Kolophon, der auch die Erde nicht für eine Kugel gehalten habe, und erklärt abschließend, dass diese Aussagen der Heiden im Einklang mit der Heiligen Schrift stünden.

In welchem Zusammenhang die vom Schlafplatz der Sonne handelnde Stelle bei Kosmas mit derjenigen bei Geminos steht, ist schwierig zu beurteilen, denn Geminos setzte ja in den Ausführungen seiner Isagoge bezüglich der Tageslängen in den nördlichen Regionen ganz klar die Kugelgestalt der Erde voraus. Wenn nun auch Kosmas den Schlafplatz der Sonne bei den Barbaren im äußersten Norden ansiedelte, dann lag ihm dagegen offenbar die alte Vorstellung vor Augen, dass sich dort hohe Gebirge auftürmten, hinter denen die Sonne bei ihrem täglichen Umlauf verschwinde und dass dadurch die Nächte hervorgerufen würden.[520] Kosmas beschreibt dieses Massiv im 4. Buch seiner Topographie, und verschiedene Figuren der reich illuminierten Handschriften zeigen es als einen riesigen, von der Sonne umkreisten und sich nach oben verjüngenden Berg, zu dessen Füßen sich die

---

[520] Aristot. meteor. 354a 27 schreibt, dass dies die Ansicht vieler alter Gelehrter gewesen sei (τὸ πολλοὺς πεισθῆναι τῶν ἀρχαίων μετεωρολόγων).

Erdscheibe nach Süden ausbreitet. Diese Handschriften sind zwar erst in der Zeit zwischen dem 9. und dem 11. Jahrhundert entstanden, doch bereits das Original muss derartige Figuren von der Hand des Autors selbst oder nach seinen Anweisungen enthalten haben, denn Kosmas weist am Beginn von Buch IV der *Christlichen Topographie* ausdrücklich auf sie hin.[521]

Der *Codex Laurentianus Pluteus IX. 28* (L¹) und der *Codex Sinaiticus Graecus 1186* (S) bringen ebenfalls das Pytheaszitat, jedoch in einer anderen Lesart, und zwar heißt es dort τῶν νυκτῶν ἀεὶ γινομένων anstelle von τῶν ‛νυκτῶν ἀεὶ γενομένου[522] was eine vom Vaticanus verschiedene Interpretation des Textstelle zur Folge hat. Der Altphilologe J. Wittmann stellt dazu in einer gründlichen sprachlichen Untersuchung zu Kosmas fest: „Der Massaliote Pytheas erzählt in seiner Beschreibung des Ozeans, dass ihm in den nördlichsten Gegenden die dortigen Barbaren persönlich das Lager der Sonne zeigten, ὡς ἐκεῖ τῶν νυκτῶν ἀεὶ γενομένου παρ' αὐτοῖς. Mit L¹Sm ist γινομένων zu verbessern, sodass es heißt: ‚da es bei ihnen immerfort Nacht ist'. Der Gen. temp. τῶν νυκτῶν, wie er nach der ersten Textfassung anzunehmen wäre, wird bei Cosmas immer durch Praepositionalausdrücke umschrieben".[523]

Mit Blick auf diese Lesart erscheint es möglich, dass Geminos die Worte des Pytheas mißverstanden hatte, und dieser gar nicht von der sommerlichen, sondern von der winterlichen Lagerstätte der Sonne gesprochen hatte, und dass, wie oben bereits erwähnt, die erklärenden Worte συνέβαινε γὰρ περὶ τοὺς τόπους [...] ἐπανατέλλειν εὐθέως τὸν ἥλιον ein Zusatz des Geminos sind, der an die kurzen Sommernächte im hohen Norden dachte, und nicht zu der wörtlichen Rede des Pytheas gehörten. H. Berger bemerkt dazu: „Der gar nicht unbelesene Kosmas verknüpft die Vorstellung der Barbaren nicht mit der kurzen, sondern mit der langen Nacht", und er hält es für möglich, „dass die Barbaren die Schlafstätte der Sonne nicht im Norden, sondern im Süden zeigten, wo dieselbe zur Zeit der Wintersonnenwende immer mehr

---

[521] O. E. Winstedt, The Christian Topography, 128; W. Wolska-Conus, Cosmas Indicopleustès IV, 531.

[522] Winstedt, der selbst γενομένου schreibt, verzeichnet S. 82 im kritischen Apparat zu dieser Stelle: γινομένων L1Sm. (m bedeutet hier: Text nach Montfaucon in der Patrologica Graeca).

[523] J. Wittmann, Sprachliche Untersuchungen zu Cosmas Indicopleustes, Leipzig 1913, 65. (LSm = Laurentianus Sinaiticus in der Bearbeitung durch Montfaucon).

und mehr verschwand."⁵²⁴ Auch der französische Historiker C. Jullian glaubt, dass Pytheas die langen Winternächte meinte, als er von der Lagerstätte der Sonne sprach. Jullian widmet in seiner *Histoire de la Gaule* der Reise des Pytheas einen ausführlichen Abschnitt und lässt ihn bis in die Gegend von Trondheim in Norwegen gelangen, die er mit Thule identifiziert. Er stellt dann unter Verweis auf Geminos und Kosmas fest: „On lui montra dans le lointain le lieu mystérieux où le soleil repose lors de longue nuits du circle polaire",⁵²⁵ und erläutert: „Cette couche du soleil doit être quelque île ou montagne de l'horizon norvégien, et il y a dans cette mention le souvenir de quelque lieu sacré ou de quelque mythe populaire dont les indigènes auront parlé à Pytheas." Bei dieser Interpretation der Worte der Eingeborenen im Sinne der langen Winternächte braucht die von Kosmas beschriebene Szene sich nicht zwingend in der Polarzone selbst abgespielt zu haben, sondern als Orte für die Begegnung mit den Barbaren kommen auch weiter südlich gelegene Landstriche wie z. B. der Norden Schottlands in Frage. Es ist jedenfalls sehr wahrscheinlich, dass sich Pytheas in dieser Gegend während der Sommermonate aufgehalten hat (siehe Kap. 6.5), und seine Gesprächspartner konnten ihm dort auch zur Sommerzeit die im Südwesten bzw. im Südosten am Horizont gelegenen Punkte zeigen, in denen die Sonne im Wintersolstitium unter- bzw. aufging. Diese Richtungen waren ihnen sicherlich bekannt, denn die Wintersonnenwende muss bei ihnen eine hohe kalendarische und kultische Bedeutung gehabt haben. Der Hinweis Camille Jullians, dass sich die Barbaren beim Blick auf den Schlafplatz der Sonne an einem Heiligtum oder einem anderen mystischen Ort orientierten, lässt, übertragen auf den Norden Schottlands, an eines der megalithischen Bauwerke denken, die sich in beträchtlicher Zahl in Caithness im schottischen Nordosten und insbesondere auf den Orkneys und den Shetlands erhalten haben. Diese von den vorkeltischen Bewohnern Britanniens im Neolithikum und der frühen Bronzezeit errichteten Anlagen waren wahrscheinlich u. a. auch nach astronomischen Gesichtspunkten ausgelegt,⁵²⁶ und es wäre verwunderlich, wenn Pytheas nicht auf diese monumentalen Bauten und deren astronomische Bezüge aufmerksam geworden wäre. Sie scheinen zwar zu seiner Zeit schon längst ihre kultische Bedeutung verloren zu haben, aber vielleicht

---

[524] H. Berger, Die geographischen Fragmente des Eratosthenes, 150/151.
[525] C. Jullian, Histoire de la Gaule I, Paris 1926, 423.
[526] A. Burl, From Carnak to Callanish, 62.

dienten sie den Bewohnern Britanniens, mit denen er zusammentraf, immer noch wie deren steinzeitlichen Vorgängern als Marken zum Anvisieren der Auf- und Untergangspunkte der Sonne bei der Feststellung der Jahreszeiten. So definiert z. B. der zur inneren Kammer führende Gang des auf den Orkneys befindlichen Hügelgrabes von Maes Howe eine Sichtachse, die genau auf den Sonnenuntergang im Wintersolstitium weist,[527] und der Eingang des riesigen Grabes von Newgrange in Irland weist in Richtung auf den mittwinterlichen Sonnenaufgang.[528]

5.5 Wege nach Britannien

Es bestanden für Pytheas grundsätzlich zwei Möglichkeiten, von Massalia aus nach Britannien zu gelangen. So hätte er z. B. Gallien auf dem Landweg durchqueren und in einem der Häfen an der Atlantikküste an Bord eines keltischen Schiffes gehen und auf diesem dann nach Britannien übersetzen können. Er hätte sich aber auch in Massalia einschiffen und zunächst südwärts längs der spanischen Mittelmeerküste segeln, darauf die Straße von Gibraltar passieren und dann nach Vorbeifahrt längs der westlichen und nördlichen atlantischen Küsten Spaniens einen Hafen an der Biskaya anlaufen können, um dann ein einheimisches Schiff zur Überfahrt nach Britannien zu besteigen. Beide Varianten sind in der Forschung in Erwägung gezogen worden, sichere Belege für die eine oder die andere Reiseroute lassen sich aber aus den Fragmenten nicht mehr gewinnen.

5.5.1 Seeweg um die iberische Halbinsel

Dass Pytheas tatsächlich seinen Weg um die iberische Halbinsel genommen haben könnte, dafür können einige wenige in den Fragmenten vereinzelt mitgeteilte Bemerkungen herangezogen werden, aus denen hervorgeht, dass der Bericht des Pytheas gewisse Details bezüglich Iberiens enthalten haben muss. Polybios stellt z. B. in seiner weiter oben in Kap. 3.1 ausführlicher behandelten Kritik des Reiseberichtes fest, Eratosthenes habe trotz einiger Zweifel den Ausführungen des Pytheas über Gadeira und Iberien Glauben geschenkt (τὸν δ' Ἐρατοσθένη διαπορήσαντα, εἰ χρὴ πιστεύειν

---

[527] Vgl. Cunliffe, Extraordinary Voyage, 121.
[528] B. Maier, Stonehenge, München 2005, 66; A. Burl, From Carnac to Callanish, 63.

τούτοις, ὅμως περὶ τε τῆς Βρεττανικῆς πεπιστευκέναι καὶ τῶν κατὰ Γάδειρα καὶ τὴν Ἰβηρίαν). Wobei es sich dabei im Einzelnen gehandelt hat, teilt Polybios allerdings nicht mit.

5.5.1.1 Kritik des Artemidoros

Auch aus der Mitteilung Strabons, wonach der Geograph Artemidoros von Ephesos[529] einigen Angaben des Eratosthenes bezüglich Spaniens, die möglicherweise auf Pytheas zurückgehen, nicht geglaubt habe, scheint hervorzugehen, dass Pytheas über Iberien berichtet hat. Strabon kommt nämlich im dritten Buch seiner *Geographika* bei der Beschreibung Iberiens u. a. auch auf Tartessos und Gadeira zu sprechen und stellt fest, Artemidoros habe den Ausführungen des Eratosthenes bezüglich dieser und auch anderer iberischer Regionen widersprochen und ferner auch das verworfen, was Eratosthenes sonst noch im Vertrauen auf Pytheas gesagt habe. Strabon schreibt C 148, 3.2.11:

> καὶ Ἐρατοσθένης δὲ τὴν συνεχῆ τῇ Κάλπῃ Ταρτησσίδα καλεῖσθαί φησι καὶ Ἐρύθειαν νῆσον εὐδαίμονα. πρὸς ὃν Ἀρτεμίδωρος ἀντιλέγων καὶ ταῦτα ψευδῶς λέγεσθαί φησιν ὑπ' αὐτοῦ, καθάπερ καὶ τὸ ἀπὸ Γαδείρων τὸ Ἱερὸν ἀκρωτήριον ἀπέχειν ἡμερῶν πέντε πλοῦν, οὐ πλειόνων ὄντων ἢ χιλίων καὶ ἑκατοσίων σταδίων, καὶ τὸ τὰς ἀμπώτεις μέχρι δεῦρο περατοῦσθαι ἀντὶ τοῦ κύκλῳ περὶ πᾶσαν τὴν οἰκουμένην συμβαίνειν, καὶ τὸ τὰ προσάρκτια μέρη τῆς Ἰβηρίας εὐπαροδώτερα εἶναι πρὸς τὴν Κελτικὴν ἢ κατὰ τὸν Ὠκεανὸν πλέουσι, καὶ ὅσα δὴ ἄλλα εἴρηκε Πυθέα πιστεύσας δι' ἀλαζονείαν.

Auch Eratosthenes sagt, das an Calpe stoßende Land werde das Tartessische genannt, und spricht von einer gesegneten Insel Erytheia. Artemidoros aber widerspricht ihm und sagt, auch dies sei eine seiner falschen Angaben, ebenso wie die Behauptung, das Heilige Vorgebirge sei von Gadeira fünf Tagesfahrten entfernt, während es nicht mehr als eintausendsiebenhundert Stadien sind, die Behauptung, die Ebben nähmen hier ein Ende – statt: sie treten rings um die ganze bewohnte Erde auf –, die Behauptung, das Keltische sei leichter über den nördlichen Teil Iberiens als mit

---

[529] Artemidoros, dessen Akme nach Markian von Herakleia (GGM I, 566, 31) in die 169. Olympiade (104–100) fiel, war der Verfasser einer verloren gegangenen Erdbeschreibung in elf Büchern, deren Titel Γεωγραφούμενα oder Γεωγραφία lautete (R. Stiehle, Der Geograph Artemidoros von Ephesos, Philologus, 11 (1856), 194). Das zweite Buch dieses Werkes befasste sich mit der Iberischen Halbinsel, die Artemidoros selbst auf seinen Reisen kennengelernt hatte. Strabon, der dessen Schriften sehr wahrscheinlich zur Hand hatte, berichtet im dritten Buch seiner Geographika verschiedentlich über die Eindrücke, die Artemidoros in Spanien von Land und Leuten gewonnen hatte.

dem Schiff über den Ozean zu erreichen, und was er sonst noch dem Pytheas infolge von dessen Aufschneiderei geglaubt und nachgesprochen hat. [Übersetzung S. Radt]

Die abschließenden Worte des letzten Satzes (καὶ ὅσα δὴ ἄλα εἴρηκε Πυθέᾳ πιστεύσας) machen es wahrscheinlich, dass Eratosthenes die vorangehenden und von Artemidoros kritisierten Aussagen bezüglich Iberiens dem Bericht des Pytheas entnommen hat.

5.5.1.1.1 Entfernung Gadeira-Heiliges Vorgebirge

Was die Entfernung zwischen Gadeira und dem Heiligen Vorgebirge anbetrifft, so erscheint die Kritik des Artemidoros an den diesbezüglichen Angaben des Eratosthenes als vollkommen berechtigt, wenn man unterstellt, dass Eratosthenes mit dem Heiligen Vorgebirge die südwestlichste Spitze der iberischen Halbinsel meinte, die eine markante Landmarke für die antike Seefahrt darstellte und heute unter dem Namen Cabo de São Vicente bekannt ist. Legt man der Fahrt zwischen diesen beiden Punkten eine küstennahe Route – gemessen als einen die Küsten in nicht allzu weitem Abstand approximierenden Polygonzug zugrunde – dann wären ca. 280 Km und damit rund 1.500 Stadien zurückzulegen gewesen.[530] Von gleicher Größenordnung sind auch die von Strabon und Plinius überlieferten Angaben. Strabon rechnet für die Distanz zwischen Gades und dem heiligen Vorgebirge weniger als 2.000 Stadien und erklärt, dass nach Anderen die Entfernung 230 mp betrage, das sind 1.840 Stadien, wenn 8 Stadien auf eine römische Meile gerechnet werden.[531] Zu fast demselben Ergebnis kommt auch Plinius, der die Entfernung auf 228 mp entsprechend 1.824 Stadien veranschlagt.[532] Artemidoros' Schätzung der Entfernung des Heiligen Vorgebirge von Gades zu nicht mehr als 1.700 Stadien (315 Km) war also durchaus realistisch, und in Anbetracht einer Fahrtgeschwindigkeit von mindestens 500 bis zu mehr als 1.000 Stadien je Etmal, die antike Schiffe für gewöhnlich erreichten, war eine Fahrtdauer von 5 Tagen viel zu lang und musste Artemidoros deshalb als unglaubwürdig erscheinen.

Zur Erklärung dieser Diskrepanz hat man angenommen, dass Pytheas in dem ihm unbekannten Meer jenseits der Straße von Gibraltar mit

---

[530] Vgl. G. Hergt, Die Nordlandfahrt des Pytheas, 11, der zu ähnlichen Zahlen kommt.
[531] Strab. C 140, 3.1.9.
[532] Plin. nat. IV 116.

navigatorischen Schwierigkeiten zu kämpfen gehabt habe und deshalb nur langsam vorangekommen sei.⁵³³ Dem kann allerdings entgegen gehalten werden, dass Artemidoros von irgendwelchen die Schifffahrt in jenen Gewässern erschwerenden Problemen und Hemmnissen nichts bekannt gewesen zu sein scheint. Er hätte aber darüber Bescheid wissen müssen, denn er hatte den Küstenstreifen zwischen Gades und dem Heiligen Vorgebirge selbst bereist und kannte sich dort aus. Das geht aus einer Bemerkung hervor, die Markian von Herakleia im Proömium seiner Epitome zum Periplus des Geographen Menippos von Pergamon macht (Περίπλους τῆς ἐντὸς θαλάττης). Er kommt dort u. a. auch auf Artemidoros zu sprechen und schreibt:⁵³⁴

> Ἀρτεμίδωρος δὲ ὁ Ἐφέσιος γεωγράφος κατὰ τὴν ἑκατοστὴν ἑξακοστὴν ἐννάτην Ὀλυμπιάδα γεγὼνος, τὸ δὲ πλεῖστον μέρος τῆς ἐντὸς καὶ καθ' ἡμᾶς τυγχανούσης θαλάττης ἐκπεριπλεύσας, θεασάμενος δὲ καὶ τὴν νῆσον τὰ Γάδειρα καὶ μέρη τινὰ τῆς ἐκτὸς θαλάττης, ἣν ὠκεανὸν καλοῦσι.
>
> Der Geograph Artemidoros von Ephesos, dessen Akme in der 169. Olympiade fiel (um 100 v. Chr.) und der den größten Teil des inneren und unseren Meeres umfahren hat, hat auch die Insel bei Gadeira und auch einen gewissen Teil des äußeren Meeres, den man „Ozean" nennt, mit eigenen Augen gesehen.

Dass Artemidoros genaue Kenntnisse über die atlantische Südküste Spaniens besaß, wird auch durch den nach ihm benannten „Papyrus des Artemidoros" bestätigt – vorausgesetzt, dass dieser keine neuzeitliche Fälschung ist. Um die Frage, ob diese Schriftrolle wirklich aus späthellenistischer Zeit stammt, hat sich eine erbitterte Debatte entspannt,⁵³⁵ und während der italienische Altphilologe L. Canfora und seine Schule den Papyrus für ein Produkt des im 19. Jhdt. wirkenden berüchtigten Fälschers Konstantinos Simonides hält,⁵³⁶ hat sich eine Reihe renommierter Altertumsforscher und Papyrologen für die Echtheit ausgesprochen.⁵³⁷

---

[533] M. Fuhr, Pytheas aus Massalia 27; H. Berger, Wissenschaftliche Erdkunde 359.
[534] GGM I 566, 31.
[535] K. Brodersen, J. Elsner, Images and Texts on the „Artemidoros Papyrus", Stuttgart 2009.
[536] L. Canfora, Simonidis als Verfasser des falschen Artemidor, in: A. E. Müller et al. (Hg.), Die getäuschte Wissenschaft, Göttingen 2017, 249–253.
[537] J. Elsner, New Studies on the Artemidorus Papyrus, Historia 61, 2012, 289–367.

Der Papyrus enthält neben Zeichnungen menschlicher Köpfe und Gliedmaßen sowie Tierdarstellungen und Skizzen von Fabelwesen auch zwei Kolumnen mit geographischen Texten, in denen die Mittelmeerküste der Iberischen Halbinsel von den Pyrenäen bis zu den Säulen des Herakles und von dort die Atlantikküste bis zur Nordwestspitze beschrieben werden.[538] Die ersten Zeilen[539] dieses Textes bringen in leicht abgewandelter Gestalt ein von Stephanos von Byzanz überliefertes aus dem 2. Buch der *Geographumena* des Artemidoros stammendes Zitat,[540] sodass der geographische Teil der Schriftrolle diesem Buch zugeordnet werden kann.[541] Der Papyrus verzeichnet an der atlantischen Südküste zwischen Κάλπη Ὄρος (Felsen von Gibraltar) und Ἱερὰ Ἄκρα (heiliges Vorgebirge) neben noch nicht identifizierten Örtlichkeiten die Städte Γάδειρα (Gades, Cádiz), Μενεσθέως λιμήν (Portus Menesthei nahe dem heutigen Puerto de Santa Maria) und Ὄνοβα (das heutige Huelva), ferner die Mündungen des Guadalquivir (Βαῖτις) und des Guadiana (Ἄνας).[542] Die Rolle enthält auch Angaben, aus denen sich die gegenseitigen Abstände der aufgelisteten Küstenpunkte ermitteln lassen, und in der Summe ergeben sich für die Entfernung zwischen Gades und dem Heiligen Vorgebirge genau die 1.700 Stadien, von denen Strabon C 148, 3.2.11 spricht.[543]

Von einem Aufenthalt des Artemidoros am Heiligen Vorgebirge berichtet auch Strabon C 138, 3.1.4. Es heißt dort:

> αὐτὸ δὲ τὸ ἄκρον καὶ προπεπτωκὸς εἰς τὴν θάλατταν Ἀρτεμίδωρος εἰκάζει πλοίῳ, γενόμενος, φησίν, ἐν τῷ τόπῳ.

> Das Kap selbst, das in das Meer vorspringt, vergleicht Artemidoros, der, wie er sagt, an diesem Ort gewesen ist, mit einem Schiff.

---

[538] C. Gallazzi, Bärbel Krämer, Salvatore Settis, Il Papiro di Artemidoro, Milano 2008 (= P. Artemid) col IV 1–38, pp. 170–177; col V 1–45, pp. 178–195.
[539] P. Artemid. col IV, 1–14, pp. 170–173.
[540] Stephanus von Byzanz, Ethnica, p. 324, 2–9. Stephanos beschreibt dort die geographische Lage der Halbinsel, erwähnt die beiden Namen Iberien und Hispanien sowie die Einteilung in zwei Provinzen. Siehe dazu: R. Stiehle, Der Geograph Artemidoros von Ephesos, Fr. 21.
[541] C. Gallazzi und B. Kramer, Artemidor im Zeichensaal. Eine Papyrusrolle mit Text, Landkarte und Skizzenbüchern aus späthellenistischer Zeit, Archiv für Papyrusforschung und verwandter Gebiete Bd. 44, 1998, 189–208.
[542] P. Artemid, fig. 2.1. La Peninsola Iberica secondo Artemidoro, p. 118.
[543] P. Artemid, loc. cit und p. 129.

Und im weiteren Verlauf des Zitats erwähnt Strabon noch, dass es nach Artemidoros am Heiligen Vorgebirge einen dem Herakles gewidmeten Tempel und Altar, von denen Ephoros fälschlich gesprochen habe, nicht gebe, und berichtet ferner über einen eigentümlichen von Artemidoros beschriebenen Gebrauch, der von den das Vorgebirge Betretenden ausgeübt werde. An die Sonnenuntergänge, die Artemidoros am Kap erlebt habe, bei denen die untergehende Sonne hundertmal größer als normal erscheine, wollte Strabon allerdings nicht glauben.

Ein anderer Versuch, die von Artemidoros kritisierte lange Fahrtdauer des Pytheas in den atlantischen Küstengewässern Iberiens zu erklären, beruht auf der Vermutung, dass Artemidoros einer Verwechselung unterlegen sei, und dass Eratosthenes oder Pytheas in Wirklichkeit mit dem Heiligen Vorgebirge gar nicht das Cabo de São Vicente (oder die unmittelbar benachbarte Ponte di Sagres) gemeint habe, sondern eines der an der atlantischen Westküste der iberischen Halbinsel in die See vorspringenden Kaps. A. Schulten z. B. glaubt, dass Pytheas vom heutigen Cabo da Roca gesprochen habe,[544] das sich nördlich der Mündung des Tejos markant über den Atlantik erhebt, und es kann in der Tat sein, dass sich dort schon zu Pytheas Zeiten ein lokales Heiligtum befand. Jedenfalls ist zumindest für die Kaiserzeit ein dort praktizierter Sonnen- und Mondkult bezeugt,[545] und Ptolemaios verzeichnete das Kap in seiner *Geographie* als Mondberg (Σελήνης ὄρος, ἄκρον).[546] Allerdings erscheint auch die Entfernung zwischen dem Cabo da Roca und Cadiz noch zu kurz für eine fünftägige Schiffsreise, wenn die Fahrt mit einer Geschwindigkeit von 1.000 Stadien je Etmal erfolgte.

In der Forschung ist deshalb auch in Erwägung gezogen worden, dass sich die fünf Tagesreisen des Pytheas auf die wesentlich längere Strecke zwischen Gades und der Nord-Westspitze Spaniens bezögen, wo Kap Finisterre und Kap Ortegal oder Punta de Nariga wichtige Landmarken für die antike Seefahrt in den umgebenden Gewässern gewesen sein müssen, denn hier wechselte die Küstenschifffahrt abrupt ihre Richtung von Süd-Nord nach West-Ost, und einige Forscher glauben sogar, dass von hier aus Schiffsrouten ausgingen,

---

[544] A. Schulten, Iberische Landeskunde2, Baden-Baden 1974, 64.
[545] A. Hofeneder, Die Religion der Kelten in den antiken literarischen Zeugnissen, Bd. 3, Wien 2011, 61.
[546] Ptol. geogr. 2.5.4 (Stückelberger I, 168).

die auf offener See über die Biskaya führten (siehe weiter unten). G. Hergt hält es z. B. für wahrscheinlich, dass Pytheas das Kap Finisterre passierte und stellt fest, dass die sich über ungefähr 900 Km = 4.865 Stadien erstreckende Seeroute, die Gades mit diesem Kap verbindet, in gut fünf Tagen bewältigt werden konnte, wenn mit einer Geschwindigkeit von 1.000 Stadien je Etmal gesegelt wurde.[547]

Ob Artemidoros hier wirklich das Cabo de Sâo Vicente mit einem der anderen nördlich von diesem gelegenen Kaps verwechselt hat, ist in Anbetracht seiner Kenntnisse Spaniens zumindest fraglich. Wie bereits oben erwähnt, war er über die atlantische Südküste im Detail unterrichtet, aber er scheint auch über genauere Informationen bezüglich der atlantischen Westküste verfügt zu haben. Der oben erwähnte Papyrus des Artemidoros listet nämlich eine Reihe geographisch markanter Küstenpunkte auf wie z. B. die Mündungen des Tejos, des Duoros und des Minhos, ferner im äußersten Nordwesten ein Ἀρτάβρων Ἄκρα und ein Μέγας Λιμήν.[548] Bei der „Landspitze der Artabrer" muss es sich um Cap Finisterre oder um eine der benachbarten Landspitzen handeln,[549] und der „Große Hafen" könnte mit dem Rio da Coruna identifiziert werden.[550] Aber auch ohne dass auf den Papyrus zurückgegriffen werden muss, kann festgestellt werden, dass Artemidoros eine gewisse Kenntnis der Westküste Spaniens besessen haben muss. Plinius berichtet nämlich NH 2.242, Artemidoros habe 991,5 Meilen veranschlagt für die von Gades um das Heilige Vorgebirge herum (*circuitu Sacri promunturii*) bis zum Vorgebirge der Artabrer (*Promunturium Artabrum*) führende Strecke.[551]

Die einfachste Erklärung aber dafür, wie es zu dem Mißverständnis Artemidors hinsichtlich der Fahrt des Pytheas von Gades zum Heiligen Vorgebirge kommen konnte, ergibt sich, wenn man mit C. H. Roseman annimmt, dass Pytheas sich bei der Umrundung der Iberischen Halbinsel der einheimischen Küstenschifffahrt bediente.[552] Er war also nicht etwa, wie

---

[547] G. Hergt, Die Nordlandfahrt des Pytheas, 16.
[548] P. Artemid. fig. 2.1: La Peninsola Iberica secondo Artemidoro, p. 118.
[549] Siehe Kap. 4.3, ferner P. Artemid. 269, V 43.
[550] P. Artemid. 270 V 44.
[551] 991,5 Meilen entsprechen 1.475 Km. Diese Zahl ist viel zu groß für die Entfernung von Cadiz nach Cap Finisterre. Artemidoros oder Plinius muss hier eine andere Strecke im Auge gehabt haben. Vielleicht liegt auch ein Kopierfehler vor.
[552] C. H. Roseman, Pytheas, 149–150.

es Artemidor zu unterstellen scheint, auf einem Schnellsegler unterwegs, der die 1.700 Stadien in zwei Tagen hätte zurücklegen können, sondern er benutzte einheimische Küstenfahrzeuge und musste unter Umständen Zwischenaufenthalte einlegen, um geeignete Anschlüsse für die Weiterfahrt wahrzunehmen zu können, sodass sich seine Fahrt über fünf Tage und Nächte hinzog. Auf die gleiche Weise verfuhr er ja auch in Britannien, denn er war ja als Privatreisender unterwegs, den Polybios einen ἰδιώτῃ ἀνθρώπῳ καὶ πένητι nannte, und verfügte schwerlich über eigens für seine Expedition ausgerüstete Schiffe, wie es zum Beispiel C. F. C. Hawkes oder G. Broche glaubten.[553]

5.5.1.1.2 Verschwinden der Gezeiten

Die Kritik, die Artemidoros an dem Bericht des Eratosthenes über das Verschwinden der Gezeiten übt (τὸ τὰς ἀμπώτεις μέχρὶ δεῦρο περατοῦσθαι), lässt unterschiedliche Interpretationen zu. Bezieht man das μέχρὶ δεῦρο auf Gadeira, dann könnte Eratosthenes gemeint haben, dass Ebbe und Flut in der Straße von Gibraltar in Richtung auf die Meerenge immer schwächer ausfielen, und das entspricht ja auch den tatsächlichen Verhältnissen.[554] Bezieht man δεῦρο jedoch auf das Heilige Vorgebirge, dann kann Eratosthenes einfach auch dahingehend verstanden werden, dass sich die Gezeiten in den Gewässern um Cabo de São Vicente beim Austritt der Straße in den Atlantik nicht mehr so ausgeprägt wie im Küstenabschnitt bei Gadeira bemerkbar machten,[555] und das trifft auch zu. Jedes dieser beiden von Eratosthenes möglicherweise in Betracht gezogenen Phänomene hätte also von Artemidor selber beobachtet und daher nicht in Abrede gestellt werden können, und insofern bleibt Artemidors Kritik unverständlich. Es hat deshalb den Anschein, als habe Pytheas ursprünglich etwas anderes über die Gezeiten gesagt, dessen Sinn dann aber in der Überlieferungskette über Eratosthenes, Artemidoros und Strabon entstellt wurde.

---

[553] Hawkes, Pytheas, 44; Broche, Pythéas, 53.
[554] Vgl. Müllenhoff, Deutsche Altertumskunde I, 368.
[555] Vgl. Bianchetti, Pitea di Massalia, 121, „μέχρὶ δεῦρο vada inteso nel senzo che all'altezza del promomtorio Sacro la marea sarebbe apparsa quasi impercettibile e communque inconfrontabile con quella della zona compreso tra questo promontorio e il distretto gaditano".

5.5.1.1.3 Wege an der atlantischen Nordküste Spaniens

Was die von Artemidoros beanstandeten Aussagen hinsichtlich der Schifffahrt an der Nordküste Spaniens anbetrifft, so sind dafür in der Forschung eine Reihe von unterschiedlichen Interpretationen in Erwägung gezogen worden. C. G. Groskurd und K. Müllenhoff sind der Ansicht, es sei gemeint, dass die Fahrt zu Schiff längs der Nordküste besser in Richtung Osten nach der Kelike hin als umgekehrt von der Keltike in Richtung Westen nach dem Ozean hin ausgeführt werden könne, und Müllenhoff stellt dazu fest, dass dies auch den tatsächlichen Verhältnissen entspricht, weil Wind und Strömung in der Biskaya eine Fahrt nach Osten begünstigen.[556] Eine andere Deutung besagt, dass Pytheas habe sagen wollen, die Nordwestspitze Spaniens sei besser auf dem Landwege von der Keltike aus zu erreichen als durch eine Umsegelung der iberischen Halbinsel.[557] Es wurde auch vermutet, es sei gemeint, dass die Keltike von der spanischen Nordküste aus durch Küstenschifffahrt leichter zu erreichen sei als durch eine Fahrt auf hoher See über die Biskaya.[558]

Diese Versuche, den Sinn des Zitats zu klären, gehen also davon aus, dass hier jeweils zwei mögliche Reiserouten einander gegenüber gestellt werden, doch ob Pytheas eine dieser Routen wirklich benutzt hat, darüber lassen sich aus den Fragmenten keine sicheren Aussagen gewinnen. Einige Forscher glauben zwar, dass hier das eine Mal die Hinreise, das andere Mal die Rückreise gemeint ist;[559] man kann aber aus dem Zitat auch den Eindruck gewinnen, dass hier gar nicht von eigenem Erleben die Rede ist, und Wolfgang Aly hat dazu treffend bemerkt: „Das klingt mehr nach Erkundigung als nach eigener Erfahrung."[560] Möglicherweise handelte es sich hier also um Informationen, die Pytheas während seiner Reise eingezogen haben könnte; er hätte aber auch schon vor deren Antritt Auskünfte über Spanien und dessen atlantische Küsten einholen können. Wenn er nämlich wirklich die Straße von Gibraltar auf seinem Wege nach Britannien passiert haben sollte,

---

[556] C. G. Groskurd, Strabo Erdbeschreibung Teil I, 249, Anm. 2; K. Müllenhoff, Deutsche Altertumskunde I, 370/371.
[557] G. Hergt, Nordlandfahrt 19; A. Schulten, Iberische Landeskunde 69 u. 75; H. Berger, Wissenschaftliche Erdkunde 359.
[558] R. Dion, Alexandre le Grand et Pytheas, in: Aspects politiques de la géographie antique, Paris 1977, 190.
[559] C. G. Groskurd, Strabo Erdbeschreibung Teil I, 249 Anm. 2.
[560] W. Aly, Strabonis Geographica IV, 466.

dann wäre er vermutlich nicht der Erste gewesen, der mit den spanischen Gewässern in Berührung gekommen wäre und darüber berichtet hätte. Auf diesen Aspekt wird weiter unten noch ausführlicher eingegangen werden; im Folgenden soll zunächst der weitere Verlauf der Reiseroute verfolgt werden, die Pytheas nach Umrundung der iberischen Halbinsel auf seinem Weg nach Britannien möglicherweise eingeschlagen hat. Diesbezügliche Hinweise liefern die bereits oben erörterten Bemerkungen, in denen Strabon Kritik übt an der auf Pytheas zurückgehenden Beschreibung der atlantischen Küste der Keltike durch Eratosthenes. Strabon erwähnt in diesem Zusammenhang das von dem Volk der Ostidäer bewohnte Vorgebirge Kabaion und eine drei Tagesreisen vom Festland entfernte Insel namens Uxisame, die die äußerste von allen dort gelegenen Inseln sei (Kap. 3.4.2.1.2). Wie oben im Kap. 3.4.2.1.3 dargelegt, muss es sich bei dem Vorgebirge der Ostidäer, das Strabon auch noch einmal an anderer Stelle C 195, 4.4.1 erwähnt, wo er sagt, dass es nicht soweit in den Ozean hinaus rage, wie von Pytheas angegeben, um die heutige Finistère an der Westspitze der Bretagne handeln, und mit der Insel Uxisame ist aller Wahrscheinlichkeit die vor der Küste von Finistère gelegene Ile d'Ouessant gemeint. Pytheas scheint also auf seinem Weg nach Britannien die bretonische Küste passiert zu haben, wobei es offen bleibt, ob er dieses Zwischenziel erreichte, indem er wie z. B. G. Hergt und G. Broche annehmen,[561] von der Nordwestspitze Spaniens aus seine Fahrt auf hoher See quer durch die Biskaya fortsetzte, oder ob er längs der atlantischen Küsten Nordspaniens und der Keltike navigierte, wie es Paul Fabre unterstellt.[562] Er hätte die bretonische Küste natürlich auch passieren können, wenn er sich erst an der Gironde eingeschifft hätte (Kap. 2.9 Rekonstruktionen der Reise).

5.5.1.2 Pytheas und die *Ora Maritima* des Rufus Festus Avienus

Was nun die oben angesprochene Möglichkeit anbetrifft, dass Pytheas vielleicht schon Vorkenntnisse über die Geographie der atlantischen Küsten Spaniens und das Navigieren in diesen Gewässern besaß, so lassen sich diesbezüglich einige interessante Hinweise in dem von dem spätrömischen Dichter Rufus Festus Avienus (2. Hälfte des 4. Jhdt. v. Chr.) verfassten Lehrgedicht *Ora Maritima* finden. Es beschreibt im Detail die von Tartessos,

---

[561] G. Hergt, Die Nordlandfahrt des Pytheas 21; G. Broche, Pytheas, 80.
[562] P. Fabre, Les Massaliotes, 25–49.

dem alten Umschlagplatz für die in Spanien geförderten Metalle, der im Mündungsgebiet des Guadalquivir gelegen haben soll,[563] bis nach Massalia verlaufende Küste. Es enthält ferner zu Beginn zusätzlich Berichte über die Fahrten der im Metallhandel tätigen Tartessier längs der atlantischen Küsten Spaniens bis zu den Zinngebieten der Oestrymnischen Inseln vor der Bretagne,[564] deren Bewohner – die Oestrymnici – ihrerseits Handelskontakte mit Irland und England gepflegt hätten. Wer der oder die Verfasser der von Avienus benutzten Quellen waren, welcher Zeit sie zuzuordnen sind und in welcher Form sie Avienus vorlagen, ist in der Forschung umstritten.[565] Der Historiker und Archäologe A. Schulten, der sich ausführlich mit der Geschichte und der geographischen Lage von Tartessos befasst hat, glaubt, dass dem Gedicht ein um 530 v. Chr. ursprünglich von einem aus Massalia stammenden Seefahrer verfasster Periplus zugrunde liegt,[566] der später von

---

[563] A. Schulten RE 1A, 1912, 2446, s. v. Tartessos.
[564] Siehe Anm. 207.
[565] M. Fuhrmann, KlP 1, 1979, 788–789, s. v. Avienus.
[566] A. Schulten hat in seiner Ausgabe der Ora Maritima (Avieni Ora Maritima, 9/10: „Fueritne auctor Peripli Euthymenes ille, qui et Massaliensis erat […]?") und ferner in seiner Monographie über Tartessos (Tartessos, Ein Beitrag zur ältesten Geschichte des Westens, 66) die Vermutung ausgesprochen, Euthymenes von Massalia könne dieser Seefahrer gewesen sein. Dies hat eine gewisse Wahrscheinlichkeit für sich, denn Markianos von Herakleia zählt ihn zu denjenigen Gelehrten, die Periploi über das Innere und das Äußere Meer geschrieben hatten (GGM I, 565). Von Euthymenes' Bericht hat sich allerdings nur ein Detail erhalten, und zwar handelt es von einem in den Atlantik mündenden westafrikanischen Strom, den Euthymenes wegen der dort vorkommenden Krokodile und Flusspferde für den Oberlauf des Nils gehalten habe (Sen. nat. II 22). Die Frage nach den Quellen des Nils und der alljährlich stattfindenden Überschwemmungen wurde in der Antike heiß diskutiert, und Aëtios (Aetii Plac. IV 1. 2, Diels, Doxographi Graeci, 385) führt Euthymenes unter dem Stichwort Περὶ Νείλου ἀναβάσεως nach Thales aber vor Anaxagoras und Herodot in einer Liste derjenigen Gelehrten auf, die sich mit diesem Problem befasst hatten. Euthymenes' Fahrt könnte deshalb in das 6. Jahrhundert angesetzt werden (Vgl. F. Jacoby, RE 6, 1907, 1509–1511, s. v. Euthymenes von Massilia; K. Brodersen, DNP 4, 1998, s. v. Euthymenes von Massalia) und fällt somit in den von Schulten bestimmten Zeitraum für die Abfassung des von Avienus als Vorlage benutzten Periplus. Da Euthymenes auf seinem Weg nach Westafrika die Säulen des Herakles passiert haben musste, hätte er Gelegenheit gehabt, Informationen über Tartessos und dessen Metallhandel sowie über die Fahrten der Oestrymnici nach Britannien und Irland einzuziehen, und es ist deshalb denkbar, dass die diesbezüglichen Aussagen in Avienus' Gedicht auf ihn zurückgehen. Es wird aber in der Forschung auch die Ansicht vertreten, dass Euthymenes nicht der Verfasser des

einem griechischen Interpolator im 1. Jhdt. v. Chr. überarbeitet und in metrische Form gebracht worden sei, wobei auch geographische Berichte jüngerer Autoren des 5. Jhdt. mit eingeflossen seien (siehe weiter unten). Diese Schrift habe dann Avienus ins Lateinische übertragen.[567] Zur Begründung seiner Datierung des Periplus führt Schulten an,[568] dass in diesem (vv 148–151) neben der Seeroute durch die Straße von Gibraltar auch ein vom Atlantik zum Mittelmeer verlaufender Landweg erwähnt wird. Schulten sieht darin einen Hinweis, dass zum Zeitpunkt der Abfassung des Periplus den Phokäern, nachdem sie in der Seeschlacht von Alalia unterlegen waren, die Passage durch die Meeresenge mit gezielten Attacken von Seiten der siegreichen Karthager erschwert worden sei und sie deshalb beim Handel mit Tartessos auch von der Option eines Transportweges über Land Gebrauch gemacht hätten. Das Jahr 535, in dem dieses Gefecht stattfand, gilt Schulten somit als terminus post quem für die Entstehung des Periplus, als terminus ante quem aber sieht er den im Jahre 509 zwischen den Karthagern und den Römern geschlossenen 1. Vertrag an, der letzteren und ihren Verbündeten die Einfahrt in die Meeresenge verboten habe. Avienus' Quelle einschließlich derjenigen des Interpolators seien folglich älter als der Bericht des Pytheas, und Schulten glaubt deshalb, Pytheas habe den Periplus gekannt und sei durch diesen sogar zu seiner Nordlandfahrt angeregt worden.[569] Auch A. Berthelot, ebenfalls ein Gelehrter, der über Tartessos geforscht hat, ist der Ansicht, dass es sich bei der *Ora Maritima* um eine Kompilation aus verschiedenen, die spanischen Küsten beschreibenden Texte handelt, die bis in das 6. Jhdt. zurückgehen,[570] doch weicht er in einzelnen Punkten von den Auffassungen Schultens ab, worauf aber hier nicht näher eingegangen zu werden braucht. Jedenfalls ist aber auch er der Auffassung, dass die von Avienus benutzten Quellen

---

massaliotischen Periplus gewesen sein kann, sondern dass seine Fahrt im 4. Jhdt. stattgefunden hat, und dass er und Pytheas sogar Zeitgenossen waren (M. Clerc, Massalia I, 395: „nous […] verrons dans Euthymènes un contemporain, peut-être plus âgé, de Pythéas."). Auch Bianchetti, Pitea di Massalia, 28, glaubt, dass beider Unternehmungen zeitgleich erfolgten („verosimilmente coeve").

[567] A. Schulten Iberische Landeskunde, 44.
[568] A. Schulten, Tartessos – ein Beitrag zur ältesten Geschichte des Westens, 67/68.
[569] A. Schulten, Avieni Ora Maritima, 22.
[570] A. Berthelot, Festus Avienus Ora Maritima, 8, 128, 139.

Verhältnisse beschreiben, wie sie vor der Zeit des Pytheas an den atlantischen Küsten Iberiens und der Keltike bestanden.[571]

Beachtenswert in Hinblick auf Pytheas' Vorstoß in den Norden sind einige Verse aus der *Ora Maritima*, in denen sich eine Andeutung findet, dass die oben erwähnten Oestrymnici nicht nur Handel mit Irland und England betrieben, sondern auch Beziehungen zu Völkern pflegten, die im Nordseeraum ansässig waren. Avienus schreibt vv 131–135:

> si quis dehinc
> ab insulis oestrumnicis lembum audeat
> urgere in undas axe qua lycaonis
> rigescit aethra caespitem ligurgum subit
> cassum incolarum namque celtarum manu
> crebrisque dudum praeliis uacuata sunt

> Wenn es sodann jemand wagen sollte, von den Oestrymnischen Inseln sein Schiff nach dem Meere zu treiben, wo unter Lykaons Wagen die Luft vor Kälte erstarrt, so kommt er zu dem Land der Ligyer, das von Bewohnern leer ist, denn durch die Faust der Kelten und viele frühere Kämpfe sind die Fluren entvölkert. [Übersetzung D. Stichtenoth][572]

Die Erwähnung des Lykaon weist auf den hohen Norden hin, denn Lykaon war in der griechischen Mythologie der Vater der Nymphe Kallisto, die, nachdem sie von der eifersüchtigen Hera in eine wilde Bärin verwandelt worden war, von Zeus zusammen mit ihrem aus der Verbindung mit dem Göttervater hervorgegangenen Sohn Arkas aus Mitleid als Sternbilder an den nördlichen Himmel in die Nähe des Pols versetzt wurde. Die Griechen bezeichneten diese beiden Sternbilder als Μεγάλη Ἄρκτος bzw. Μίκρα Ἄρκτος (Großer und Kleiner Bär), und demgemäß verstanden sie unter τὰ πρὸς Ἄρκτον ganz allgemein den Norden, wovon sich die moderne Bezeichnung „Arktis" für die Polargebiete der nördlichen Hemisphäre herleitet.

Was die von Avienus erwähnten Ligurer anbetrifft, so siedelten sie in historischer Zeit in dem sich zwischen Marseille und Pisa erstreckenden Küstenabschnitt des Mittelmeeres, dessen italienischer Teil auch noch heute nach ihnen als Ligurien bezeichnet wird, die Herkunft dieses Volkes

---

[571] Derselbe, 57.
[572] D. Stichtenoth, Avienus Ora Maritima, 21.

konnte aber bisher nicht zweifelsfrei geklärt werden. Möglicherweise handelte es sich bei ihnen um die Überreste der proto – indoarischen Bevölkerung West- und Nordeuropas, die von den Kelten aus ihren ursprünglichen Wohnstätten vertrieben worden waren. Der Althistoriker D. Timpe ist z. B. der Ansicht, dass in den Berichten der *Ora Maritima* über die nördlich der Oestrymnis wohnenden Ligurer „vielleicht eine zutreffende Erinnerung an vorkeltische Verhältnisse" vorliegt,[573] und nach A. Schulten lag die Heimat der Ligurer des Avienus an der friesischen, nach A. Berthelot an der jütländischen Nordseeküste.[574] Die beiden letztgenannten Gelehrten berufen sich bei dieser Zuordnung u. a. auf einen Bericht Plutarch's über die Schlacht bei Aquae Sextiae im Jahre 102, demzufolge die ligurischen Auxiliartruppen der Römer die mit den Teutonen verbündeten und vermutlich von der Nordsee stammenden Ambronen (Insel Amrum) aufgrund bestimmter sprachlicher Übereinstimmungen als Verwandte erkannt hätten.[575]

Es ist in der Forschung auch die Meinung vertreten worden, dass der von Avienus für sein Lehrgedicht benutzte massaliotische Periplus auf Pytheas selbst zurückgeht. Der amerikanische Archäologe Rhys Carpenter geht z. B. von der oben erwähnten Annahme aus, dass die Ligurer des Avienus einer der prokeltischen Völkerschaften Europas angehörten, doch siedelt er sie nicht wie A. Schulten und A. Berthelot an der südlichen Nordsee an, sondern vermutet, dass es sich bei ihnen um die Nachfahren der steinzeitlichen Bewohner Irlands und Britanniens gehandelt habe. Die langandauernden Kämpfe zwischen den keltischen Invasoren und dieser autochthonen Bevölkerung, die schließlich zu deren Verdrängung oder Unterjochung geführt hätten, seien in Schottland besonders heftig verlaufen, und die Erinnerung an diese Auseinandersetzungen sei dort noch lebendig gewesen, als Pytheas sich im Norden Britanniens aufhielt. Pytheas müsse deshalb, so folgert Carpenter, letztlich Avienus' Quelle gewesen sein.[576] Dazu ist allerdings zu bemerken, dass zwar ein Aufenthalt Pytheas' im Norden Schottlands mit hoher Wahrscheinlichkeit

---

[573] D. Timpe, Entdeckung des Nordens in der Antike, RGA 7, 324.
[574] A. Schulten, Avieni Ora Maritima, 82; A. Berthelot, Festus Avienus Ora Maritima, 58/59.
[575] Plut. Marius 19.
[576] R. Carpenter, Beyond the Pillars, 208/209.

angenommen werden kann, die von den Oestrymnischen Inseln ausgehenden Fahrten aber wohl nicht diese entlegenen Gegenden, mit denen es vermutlich keinerlei Handelsbeziehungen gab, zum Ziel hatten. Eher sind hier, wie A. Schulten und A. Berthelot vermuten, die Küsten Fries- und Jütlands gemeint, die zur Zeit der Abfassung des massaliotischen Periplus' die Hauptlieferanten des begehrten Bernsteins waren, denn der aus dem Baltikum stammende Bernstein wurde erst in der Kaiserzeit in größeren Mengen in den Mittelmeerraum exportiert.[577]

Dass der *Ora Maritima* letztlich der Bericht des Pytheas zugrunde liege, ist auch von dem britischen Archäologen und Anthropologen John Taylor in Erwägung gezogen worden. Er verweist dazu auf die oben erwähnten Verse 148–151, in denen von einem von der Küste des Atlantiks zur Mittelmeerküste führenden Landweg die Rede ist und schreibt: „This is surely a reference to Pytheas' discovery that traversing the northerly part of Iberia on foot is an easier (shorter) journey than sailing around the entire peninsula".[578] Taylor schließt sich hier offenbar der Deutung an, die G. Hergt und andere (siehe Anm. 557) der von Strabon überlieferten Kritik des Artemidoros an den Ausführungen des Eratosthenes gegeben haben, derzufolge der Norden Iberiens leichter auf dem Landwege als auf dem Seeweg um die Halbinsel herum zu erreichen sei (καὶ τὸ τὰ προσάρκτια μέρη τῆς Ἰβηρίας εὐπαροδώτερα εἶναι προς᾽ τὴν Κελτκὴν ἢ κατὰ τὸν Ὠκεανὸν πλέουσι). Da für diese Zeilen aber, wie oben dargelegt, auch andere Interpretationen möglich und in Erwägung gezogen worden sind, kann jene Deutung nicht als Beweis dafür herangezogen werden, dass Avienus' Gedicht auf den Reisebericht des Pytheas zurückgeht.

5.5.2 Sperrung der Straße von Gibraltar

Während sich für die Annahme, dass Pytheas auf seinem Wege nach Britannien die iberische Halbinsel umfahren hat, immerhin einige Hinweise in den Fragmenten finden lassen, können für die These, dass er auf dem Landweg durch Gallien zu den an der Biskaya oder am Ärmelkanal gelegenen Häfen zur Weiterfahrt nach Britannien gezogen ist, nur indirekte Argumente angeführt werden. Pytheas habe, so wird zur Begründung dieser These meist

---

[577] Vgl. K. Müllenhoff, Deutsche Altertumskunde I, 215.
[578] J. Taylor, Albion: the earliest history, 8.

KAPITEL 5

vorgetragen, seinen Weg nicht durch die Säulen des Herakles nehmen können, weil die Karthager die Durchfahrt durch diese Meeresstraße fremden Kaufleuten verwehrt und jedes nichtkarthagische Schiff aufgebracht und versenkt hätten, um ihren Handel mit den außerhalb der Säulen gelegenen metallreichen Gebieten nicht mit ihren Konkurrenten teilen zu müssen. Dass die Karthager tatsächlich fremde Schiffe an der Durchfahrt durch die Säulen zu hindern suchten, geht aus zwei Stellen bei Strabon hervor. Dieser stellt C 802, 17.1.19 unter Berufung auf Eratosthenes fest:

> Καρχηδονίους δὲ καταποντοῦν, εἴ τις τῶν ξενῶν εἰς Σαρδὼ παραπλεύσειεν ἢ ἐπὶ Στήλας· διὰ δὲ ταῦτ' ἀπιστεῖσθαι τὰ πολλὰ τῶν ἑσπερίων.

Die Karthager pflegten jeden Fremden zu versenken, der nach Sardinien oder zu den Säulen an ihrer Küste vorbeisegelte. Aus diesem Grunde würden auch die meisten Geschichten über den Westen nicht geglaubt.

Mit der letzten Bemerkung spielte Strabon wohl auf den Umstand an, dass aufgrund dieser Blockade den Griechen die Gebiete außerhalb der Säulen weitgehend unbekannt gewesen und zum Schauplatz unglaubwürdiger Fabelmärchen geworden waren.

Einen Hinweis auf die Behinderung der Schiffahrt durch die Karthager in den Gewässern jenseits von Gibraltar liefert Strabon ferner C 175–176, 3.5.11. Er berichtet dort über den Handel der Karthager mit den Zinninseln und erzählt dann die Geschichte von dem römischen Kauffahrer, dessen Fahrt ein böses Ende nahm, nachdem er zunächst die karthagische Blockade überwunden hatte. Strabon schreibt:

> πρότερον μὲν οὖν Φοίνικες μόνοι τὴν ἐμπορίον ἔστελλον ταύτην ἐκ τῶν Γαδείρων κρύπτοντες ἅπασι τὸν πλοῦν. τῶν δὲ Ῥωμαίων ἐπακολουθούντων ναυκλήρῳ τινί, ὅπως καὶ αὐτοὶ γνοῖεν τὰ ἐμπόρια, φθόνῳ ὁ ναύκληρος ἑκὼν εἰς τέναγος ἐξέβαλε τὴν ναῦν, ἐπαγαγὼν δ' εἰς τὸν αὐτὸν ὄλεθρον καὶ τοὺς ἑπομένους αὐτὸς ἐσώθη διὰ ναυαγίου καὶ ἀπέλαβε δημοσίᾳ τὴν τιμὴν ὧν ἀπέβαλε φορτίων.

Früher trieben nur die Phönizier von Gadeira aus diesen Handel: sie hielten den Seeweg vor Allen geheim. Und als die Römer einem Kapitän folgten, um auch selber die Handelsplätze kennenzulernen, ließ der Kapitän aus Mißgunst sein Schiff absichtlich auf seichten Grund laufen, wodurch er die ihm Folgenden in das gleiche Verderben riss; selber rettete er sich auf einem Schiffstrümmer und bekam den Preis der Waren, die er verloren hatte, aus der Staatskasse zurückerstattet. [Übersetzung S. Radt]

5.5.3 Die Römisch-Karthagischen Verträge

Die rechtlich-politische Grundlage für die Einschränkung und Behinderung nichtkarthagischer Schifffahrt im westlichen Mittelmeer bildeten zwei Verträge, in denen Rom und Karthago ihre jeweiligen Interessengebiete und Einflusssphären definierten und gegeneinander abgrenzten. Über die in diesen Verträgen aufgeführten Bestimmungen hat Polybios 3.22.1–24.16 im Einzelnen berichtet.

5.5.3.1 Erster Vertrag

Polybios schreibt 3,22,2, der erste Vertrag zwischen Karthago und Rom sei achtundzwanzig Jahre vor dem Übergang des Xerxes nach Griechenland geschlossen worden und datiert ihn demzufolge auf die Zeit um 508/509.[579] Hinsichtlich der Einschränkungen, denen die römische Schifffahrt und der römische Handel und der ihrer Bundesgenossen im karthagischen Machtbereich laut Vertrag unterlagen, stellt Polybios fest, dass es den Römern und ihren Bundesgenossen nicht erlaubt war, zu Schiff über das „Schöne Vorgebirge" hinaus zufahren, außer sie würden durch Sturm oder Feinde dazu gezwungen sein (μὴ πλεῖν Ῥωμαίους μηδὴ τοὺς Ῥωμαίων σψμμάχους ἐπέκεινα τοῦ Καλοῦ ἀκρωτηρίου, ἐὰν μὴ ὑπὸ χειμῶνος ἢ πολεμίων ἀναγκασθῶσιν). Was das Schöne Vorgebirge anbetrifft, so lag es, wie Polybios 3,23,1 in seinem Kommentar zum Vertragswerk schreibt, direkt im Norden vor Karthago (Τὸ μὲν οὖν Καλὸν ἀκροτήριόν ἐστι τὸ προκείμενον αὐτῆς τῆς Καρχηδόνος ὡς πρὸς τὰς ἄρκτους), und es muss deshalb entweder das westlich am Eingang zum Golf von Tunis gelegenen Cap Farina oder das gegenüber im Osten gelegene Cap Bon gemeint sein. In der Forschung wird heute auf Grund geographischer und onomastischer Erwägungen überwiegend angenommen, dass unter dem Καλὸν ἀκρωτήριον das Cap Farina zu verstehen ist.[580] Die Bedeutung der Wendung μὴ πλεῖν ἐπέκεινα τοῦ Καλοῦ ἀκρωτηρίου ist allerdings umstritten, und eine Reihe von Forschern glaubte, dass sich die Verbotszone westlich des Schönen Vorgebirges erstreckt und Polybios den Vertragstext missverstanden habe, indem er die Sperrzone südlich davon ansetzte.[581] Polybios, der mit den Verhältnissen in Karthago sehr gut vertraut

---

[579] F. W. Walbank, Commentary on Polybius I, Oxford 1957, 340.
[580] F. W. Walbank, Commentary on Polybius I, 342; K. Zimmermann, Rom und Karthago, Darmstadt 2009, 7.
[581] F. W. Walbank, Commentary on Polybius I, 341/2.

gewesen sein muss, erklärt aber 3,22,2 in seinem oben erwähnten Kommentar ausdrücklich, seiner Meinung nach (ὡς ἐμοὶ δοκεῖ) sollten die Römer durch das Verbot daran gehindert werden, mit Kriegsschiffen (μακραῖς ναυσὶ) über das Vorgebirge hinaus nach Süden zu fahren (πλεῖν ὡς πρὸς μεσημβρίαν), damit sie die reichen und fruchtbaren in der Byssatis[582] und an der Kleinen Syrte gelegenen Gegenden nicht kennenlernen sollten, die im Besitz der Karthager oder ihrer Bundesgenossen waren. Folglich war es nach Polybios den Römern und ihren Verbündeten untersagt, Kriegs- und Kaperfahrten südlich von Kap Farina zu unternehmen. In der neueren Forschung setzt sich nunmehr die Auffassung durch, dass Polybios mit diesem Kommentar den Vertragstext doch richtig interpretiert habe und die Verbotsklausel sich demzufolge nicht auf den westlich von Karthago gelegenen Bereich des Mittelmeeres bezogen haben kann.[583] Der 1. Vertrag enthielt somit auch keine Bestimmungen, die nichtkarthagischen Schiffen die Durchfahrt durch die Straße von Gibraltar verwehrt hätten. Anders verhält es sich jedoch mit dem 2. Römisch-Karthagischen Vertrag.

5.5.3.2 Zweiter Vertrag

Zu einem späteren Zeitpunkt, so berichtet Polybios 3,24,2, schlossen Karthago und Rom einen neuen Vertrag (Μετὰ δὲ ταύτας ἑτέρας ποιοῦνται συνθέκας). Polybios gibt kein Datum an, wann dies geschah, aber in der Forschung besteht weitgehend Einigkeit darüber, dass dieses Abkommen im Jahre 348 getroffen wurde.[584] Während sich nun im ersten römisch-karthagischen Vertrag kein Hinweis auf eine Sperrung der Straße von Gibraltar durch die Karthager findet, enthält der zweite Vertrag einen Passus, aus dem geschlossen werden kann, dass es den Römern und ihren Bundesgenossen nicht erlaubt war, die Meerenge bei den Säulen des Herakles zu durchfahren. Gleich in der ersten Bestimmung wird nämlich den Römern zusätzlich zum Verbot einer Fahrt über das Schöne Vorgebirge hinaus eine weitere Fahrtgrenze auferlegt. Polybios zitiert 3,24,4–5 den Vertragsanfang mit den folgenden Worten:

---

[582] Heute Küste und Hinterland von Hammamet bis Sfax in Osttunesien.
[583] K. Zimmermann, Rom und Karthago, 7/8, Darmstadt 2009; W. Huss, Die Karthager, München 2004³, 50; P. A. Barcelo, Karthago und die Iberische Halbinsel vor den Barkiden, Bonn 1988, 89.
[584] K. Zimmermann, Rom und Karthago 10; W. Huss, Geschichte der Karthager (Handbuch der Altertumswissenschaften: Abt. 3, Teil 8), München 1987, 153.

ἐπὶ τοῖσδε φιλίαν εἶναι Ῥωμαίοις καὶ τοῖς Ῥωμαίων συμμάχοις καὶ Καρχηδονίων καὶ Τυρίων καὶ Ἰτυκαίων δέμῳ καὶ τοῖς τούτων συμμάχοις. τοῦ Καλοῦ ἀκρωτηρίου, Μαστίας Ταρσηίου μὴ λήζεσθαι ἐπέκεινα Ῥωμαίους μηδ᾽ ἐμπορεύεσθαι μηδὲ πόλιν κτίζειν.

Unter folgenden Bedingungen soll Freundschaft bestehen zwischen den Römern und den Bundesgenossen der Römer und dem Volk der Karthager, Tyrier und Uticaeer und deren Bundesgenossen. Die Römer sollen jenseits des Schönen Vorgebirges und von Mastia Tarseios weder Kaperei oder Handel betreiben noch eine Stadt gründen. [Übersetzung H. Drexler]

Der im Vertragstext genannte Ort Mastia Tarseios, über den hinaus die Römer und damit wohl auch die Massalier als ihre Bundesgenossen unter keinen Umständen vordringen durften, muss, wie in der Forschung angenommen wird, irgendwo an der spanischen Südküste gelegen haben – vielleicht in der Gegend des heutigen Cartegena.[585] Das stünde auch im Einklang mit einem Eintrag in der Ethnika des Stephanos von Byzanz. Unter dem Stichwort Μαστιανοί heißt es dort unter Berufung auf Hekataios „ἔθνος πρὸς ταῖς Ἡρακλείαις στήλαις. Ἑκαταῖος Εὐρώπῃ. εἴρεται δὲ ἀπὸ Μαστίας πόλεως".[586]

5.5.4 Landweg versus Seeweg

Die Karthager betrachteten also spätestens seit dem Abschluss des 2. Vertrags die südwestlich von Mastia gelegenen Küsten und die angrenzenden Seebereiche als ein ausschließlich ihnen zustehendes Operationsgebiet, und damit war für die Römer und ihre Bundesgenossen der Zugang zu der Meeresenge von Gibraltar nicht mehr offen und die Einfahrt in den Atlantik faktisch gesperrt (W. Huß, Karthago, 54). Um unter diesen Umständen zu den an der Biskaya und am Kanal gelegenen Häfen zu gelangen, sei Pytheas, wie z. B. der Geographiehistoriker R. Hennig glaubte, auf den Landweg durch Gallien angewiesen gewesen und einem der von Massalia an den Atlantik führenden Verkehrswege gefolgt.[587] Es ist aber auch vermutet worden, dass Pytheas eine dieser Landrouten nicht deshalb wählte, weil er eine Kontrolle von Seiten der Karthager habe vermeiden wollen, sondern weil ihm eine

---

[585] M. Koch, Tarschisch und Hispanien, Berlin 1984, 114 Anm. 19.
[586] Stephan von Byzanz, Ethnika, 436.
[587] R. Hennig, Terrae Incognitae I, 163.

Überlandreise auf diesen schon seit langem benutzten Wegen als eine kostengünstigere und weniger zeitaufwendige Alternative zur Umsegelung der iberischen Halbinsel erschienen sei.[588]

Es stellt sich dann allerdings die Frage, wie Pytheas zu den von Eratosthenes vermittelten Informationen über Iberien, Gades und die Seeverkehrswege längs der atlantischen Küsten Spaniens gelangen konnte, wenn er diese Gegenden auf seiner Fahrt nach Britannien gar nicht berührt hatte, es sei denn, er hätte diese Regionen auf einer zweiten Reise kennengelernt, wofür sich jedoch in den Quellen keinerlei Belege finden lassen. Eine Erklärung könnte z. B. sein, dass er Auskünfte über die rund um die iberische Halbinsel führende Seeroute eingezogen und in seinen Reisebericht mit aufgenommen hatte. Für derartige Recherchen konnte er jedenfalls auf griechische Autoren zurückgreifen, die vor seiner Zeit über die Meerenge bei den Säulen des Herakles und die Länder jenseits davon geschrieben hatten. Zu diesen Autoren gehörte vielleicht sein Landsmann Euthymenes, der, wie Schulten vermutete (siehe Anm. 566), sogar der Verfasser des Periplus gewesen sein könnte, den Avienus als Vorlage für seine *Ora Maritima* benutzte. Informationen zumindest über die Straße von Gibraltar und über einen Teil der jenseits davon gelegenen Gebiete hätte Pytheas ferner den Werken jener Geographen des 6. und 5. Jahrhunderts entnehmen können, die Avienus in den Versen 42 bis 50 seines Lehrgedichts namentlich unter seine Gewährsleute zählte, und zwar handelt es sich im Einzelnen dabei um Hekataios von Milet,[589] Euktemon von

---

[588] R. Schulz, Abenteuer der Ferne, 220–222; D. Roller, Through the Pillars, 69; Cunliffe, Extraordinary Voyage, 55–57; W. Aly, Strabonis Geographika 4, 463.

[589] Hekataios (560–480) verfasste neben Γενεηλογίαι auch eine Erdbeschreibung (Περιήγεσις oder Περίοδος Γῆς), die Stephanos von Byzanz an zahlreichen Stellen seines Ethnika-Lexikon zitiert. Hekataios entwarf auch (Agathemeri Geographiae Informatio, GGM II, I 1, S. 471) eine gegenüber der Karte des Anaximanders verbesserte Weltkarte (Ἀναξίμανδρος ὁ Μιλήσιος ἀκουστὴς Θάλεω πρῶτος ἀπετόλμησε τὴν οἰκουμένην ἐν πίνακι γράψαι, μεθ' ὃν Ἑκαταῖος ὁ Μιλήσιος ἀνὴρ πολυπλανὴς διηκρίβωσεν ὥστε θαυμασθῆναι τὸ πρᾶγμα).

Athen,[590] Skylax[591] und Damastes von Sigeion.[592] Hekataios z. B. muss über detaillierte Kenntnisse bezüglich einiger Gebiete außerhalb der Säulen des Herakles verfügt haben, denn Stephanos von Byzanz ordnet ihm im Etnika-Lexikon verschiedene Städte im Lande der Tartessier sowie an der marokkanischen Atlantikküste zu,[593] und Euktemon, Damastes und Skylax werden von Avienus (Ora Marit. 336–340; 350–377) mit geographischen Details hinsichtlich der Straße von Gibraltar und der angrenzenden Gegenden zitiert. Vielleicht stand Pytheas auch der Fahrtbericht des Karthagers Himilko (siehe Anm. 169), den Avienus 117–129, 383–389, 404–413 zitiert, zur Verfügung.

Gerade auch die Schriften dieser von Avienus genannten griechischen Autoren lassen die Vermutung zu, dass eine Sperrung der Straße von Gibraltar durch die Karthager niemals – jedenfalls nicht vor Abschluss des 2. Vertrags im Jahre 348 – wirklich effizient durchgeführt worden zu sein scheint. Avienus' Gewährsleute beschrieben nämlich die Meerenge bei den Säulen und zum Teil die jenseits davon liegenden Küsten entweder aus eigener Anschauung wie vielleicht der weitgereiste Hekataios (ἀνὴρ πολυπλανής) oder sie bezogen ihre Informationen aus den Berichten griechischer Kaufleute und Seefahrer, die im 6. und 5. Jhdt. bis in diese Gegenden vorgestoßen und offensichtlich von den Karthagen nicht daran gehindert worden waren. Auch Pytheas hätte dann noch in der ersten Hälfte des 4. Jhdts. – früher dürfte er seine Reise

---

[590] In die Lebenszeit Euktemons fällt die Sonnenfinsternis des Jahres 432. Euktemon war Astronom und befasste sich zusammen mit dem Astronomen Meton mit Arbeiten zum griechischen Kalender. Er schrieb auch ein geographisches Werk, das Avienus zitiert. (R. D. Dicks, Dictionary of Scientific Biography 4, 460, s. v. Euctemon).

[591] Es handelt sich nicht um den von Herodot (Hdt. IV 44) erwähnten Skylax von Karyanda, sondern um den sogenannten Ps. Skylax, den unbekannten Verfasser eines Periplus. Dieser Periplus stammt wahrscheinlich aus der zweiten Hälfte des 4. Jhdt.; D. G. J. Shipley, Pseudo-Skylax' Periplous, Bristol 2011, 7, grenzt die Zeit seiner Entstehung auf die Jahre 338/337 ein, doch geht der Periplus auf die Schriften älterer Autoren zurück.

[592] Das Suda Lexikon (Suidae Lexicon ex recognitione Immanuelis Bekkeri, Berolini 1854, 257) verzeichnet den Geschichtsschreiber Damastes als Zeitgenossen des Herodot und des Hellanikos und benennt ihn u. a. auch als Verfasser eines ἐθνῶν κατάλογον καὶ πόλεων.

[593] Stephan von Byzanz. Ethnica 326: Ἴβυλλα, πόλις Ταρτησσίας. τὸ ἐθνικὸν Ἰβυλλῖνος. παρ' οἷς μέταλλα χρυσοῦ καὶ ἀργύρου. (in römischer Zeit Ilipa); Ethnica 266: Ἐλιβύργη, πόλις Ταρτησσοῦ, Ἑκαταῖος Εὐρώπῃ; Ethnika 314: Θίγγη, πόλις Λιβύης. Ἑκαταῖος περιηγήσει.(heute Tanger). Siehe auch A. Forbiger, Alte Geographie I, Karte II; R. D. Klausen, Hecatei Milesii Fragmenta, Tabula Europae, Asiae, Libyae.

allerdings nicht angetreten haben, denn Polybios zählte ihn mit Eratosthenes und Dikaiarchos zu den neueren Geographen – die Meeresenge unbehelligt durchfahren haben können. Aber auch nach Abschluss des 2. Vertrags wäre es Pytheas vielleicht zeitweilig möglich gewesen, die Säulen des Herakles ohne die Gefahr zu passieren, von den Karthagern aufgebracht zu werden, nämlich in solchen Zeiten, in denen sich Karthago in einer angespannten politischen oder militärischen Lage befand, oder in denen ein konfliktfreies Verhältnis zwischen Karthago und Massalia bestand. Falls Pytheas, wie es sehr wahrscheinlich ist, als Privatreisender unterwegs war, so wäre er bei einer Fahrt auf einheimischen Booten längs der Küsten von einer Sperrung vermutlich gar nicht nicht betroffen worden, und natürlich auch dann nicht, wenn er, wie verschiedentlich vermutet worden ist,[594] auf einem karthagischen Schiff reiste. Im Übrigen wird in der neueren Forschung in Hinblick auf eine vermutete Blockade sogar geltend gemacht, dass aus den verfügbaren Quellen nicht hervorgehe, ob Massalia überhaupt in die Verbotsklausel des 2. Vertrags mit einbezogen war, sodass von einer generellen Sperrung der Straße für die massaliotische Schifffahrt nicht gesprochen werden könne.[595]

5.6 Zusammenfassung

Die von Polybios, Diodorus und Plinius überlieferten Werte für den Umfang Britanniens, über dessen Existenz und Inselcharakter in der Antike lange Zeit kontrovers diskutiert wurde, unterscheiden sich nur geringfügig voneinander. Allerdings weicht Diodor, der seine Quelle nicht angibt, in einigen Details hinsichtlich der Lage und Ausdehnung der Insel deutlich von dem sich auf Pytheas berufenden Eratosthenes ab. Es ist daher zweifelhaft, ob Pytheas wirklich letztlich bei Diodor vorliegt. Von den Lesarten ἐμβατόν und ἐμβαδόν weist die erste auf eine Küstenbeschreibung Britanniens als Periplus, die zweite auf eine Erschließung der Insel auf dem Landwege hin. Es ist nicht völlig ausgeschlossen, dass Polybios tatsächlich ἐμβαδόν geschrieben hat, doch bleibt diese Lesart umstritten. Pytheas befuhr die einzelnen Küstenabschnitte auf einheimischen Booten und maß die zurückgelegten

---

[594] Vgl. H. Berger, Wissenschaftliche Erdkunde, 355 Anm. 2.
[595] S. Bianchetti, Pitea di Massalia, 51/52; A. Barcelo, Karthago und die Iberische Halbinsel vor den Barkiden, 136/137.

Strecken in Tagesfahrten, die Eratosthenes in viel zu große Stadienwerte umrechnete. Er berichtete ferner über Wind- und Strömungsverhältnisse im Pentland Firth und muss deshalb bis in den Norden Schottlands gekommen sein. Hier war es auch, wo ihm die Einheimischen den „Schlafplatz der Sonne" zeigten. Pytheas' Bericht muss gewisse Details bezüglich der Iberischen Halbinsel enthalten haben, es ist allerdings nicht klar, ob er hier über selbst Erlebtes berichtet oder Erfahrungen von Reisenden referiert hat, die vor seiner Zeit die Straße von Gibraltar passiert hatten. Dass es solche gegeben haben kann, legt das Lehrgedicht *Ora Maritima* des spätrömischen Dichters Rufus Festus Avienus nahe. Eine Sperrung der Meeresenge durch die Karthager, wodurch Pytheas gezwungen worden wäre, zur Einschiffung nach Britannien auf dem Landweg durch Gallien zu ziehen, scheint erst nach Abschluss des zweiten römisch-karthagischen Vertrags vom Jahre 348 zur Wirkung gekommen zu sein. In den Fragmenten finden sich aber keinerlei Hinweise darauf, dass Pytheas diesen Weg gewählt hat. Die Annahme, dass Pytheas den Seeweg um Spanien nahm, erscheint daher besser begründbar als die Vermutung, er sei auf dem Landweg durch Gallien zur Atlantikküste gezogen.[596]

---

[596] Eine Passage durch die Meerenge haben, um nur einige zu nennen, die folgenden Autoren angenommen: S. Gutenbrunner, Germanische Frühzeit, Halle 1939, 49–50; K. Müllenhoff, Deutsche Altertumskunde I, 368; G. Hergt, Die Nordlandfahrt des Pytheas, 11–20; F. Nansen Nebelheim I 54; G. Broche, Pythéas, 66–67; P. Fabre, Les Massaliotes, 25–49; R. Dion, Alexandre le Grand et Pytheas, in: Aspects Politiques de la Géographie Antique, Paris 1977, 175–222; C. F. C. Hawkes, Pytheas 41; S. Bianchetti, Pitea di Massalia 53–56; S. Magnani, Viaggio di Pitea, Bologna 2002, 54–63; Rhys Carpenter, Beyond the Pillars, 146–147; C. McPhail, Pytheas of Massalia's Route of Travel, 2014, 247–251.

6. Pytheas und die Breitentafel des Hipparchos

Im zweiten Buch seiner *Geographika* hat Strabon C 75, 2.1.18 für einige nördlich von Massalia verlaufende Breitenkreise geographisch relevante Daten wie Tageslängen und Sonnenhöhen sowie Entfernungen längs des durch Massalia verlaufenden Meridians überliefert. Wie weiter unten dargelegt wird, entnahm Strabon diese Daten einem Breitenverzeichnis, das der Astronom Hipparchos aufgestellt hatte,[597] und nach einer in der Forschung weit verbreiteten Meinung soll es sich dabei um Werte handeln, die Pytheas auf seiner Nordlandreise durch Beobachtung und astronomische Messungen gewonnen und Hipparchos dann für sein Breitenverzeichnis verwendet hat.[598] Es sind aber auch Zweifel an dieser Vorstellung geäußert worden, und es kann sein, dass Hipparchos zu diesen Daten auch ohne direkte Vermittlung durch Pytheas auf rechnerischem Wege gelangt ist.[599] Dieser Gedanke soll im Folgenden ausführlich dargelegt und überprüft werden.

---

[597] Der Astronomiehistoriker R. D. Dicks veranschlagt Hipparchos' Lebenszeit ungefähr auf die Jahre von 194 bis 120 v. Chr. (R. D. Dicks, Hipparchos, 8).

[598] G. Aujac, Les Traités "Sur l'océan" et les zones terrestres, 78 Anm. 2; F. Gisinger, Pytheas, 329; ders. Geographie, 621; H. Berger, Wissenschatliche Erdkunde, 341, 486; ders., Die geographischen Fragmente des Hipparch, 30; F. Nansen, Nebelheim I, 56; D. Roller, Through the Pillars, 71; J. O. Thomson, Ancient Geography, 143; S. Heilen, Pytheas, 70; G. Hergt, Die Nordlandfahrt des Pytheas, 50; R. D. Dicks, Hipparchus, 188.

[599] K. Müllenhoff, Deutsche Altertumskunde I, 405 Anm. 3; A. Diller, Geographical Latitudes in Hipparchus, 266.

Für die diesbezüglichen Überlegungen ist der Zusammenhang von Bedeutung, in dem Strabon auf jene von Hipparchos beschriebenen nördlichen Breiten zu sprechen kam. Er hatte nämlich keineswegs die Absicht, verwertbare Angaben zur Geographie des europäischen Nordens zu machen, denn die von ihm mitgeteilten Daten sind in eine längere Passage (C 68–78) eingebettet, in der Strabon u. a. anhand dieser Daten die Kritik, die Hipparchos an den Vorstellungen des Eratosthenes bezüglich der nord-südlichen Ausdehnung Indiens geübt hatte, zu widerlegen und ad absurdum zu führen suchte. Es sollen daher, bevor auf Strabons Beschreibung jener Breiten näher eingegangen werden wird, zunächst dessen gegen Hipparchos gerichtete und zur Verteidigung der Position des Eratosthenes entwickelten Ausführungen dargelegt werden.

6.1 Strabons Kritik an den Vorstellungen des Hipparchos und Deïmachos hinsichtlich der Lage Indiens

Wie Strabon C 67/68, 2.1.1–3 berichtet, hatte sich Eratosthenes im dritten Buch seiner verloren gegangenen *Geographika* die Aufgabe gestellt, die vor seiner Zeit entstandenen Erdkarten in einigen wichtigen Details zu berichtigen. Eine der von Eratosthenes vorgeschlagenen Verbesserungen der überkommenen Karten bezog sich auf die Lage der den indischen Subkontinent im Norden begrenzenden Gebirgszüge. Wie ein Blick auf die Eratosthenische Erdkarte zeigt (Abb. 2), teilte Eratosthenes die Oikumene durch den durch Rhodos verlaufenden Parallelkreis, das sogenannte διάφραγμα, in eine nördliche und südliche Hälfte. Dieser Breitenkreis, der von den Säulen des Herakles bis zum Golf von Issos durch das Mittelmeer verlief, setzte sich dann von dort durch die Landmasse Asiens fort, wobei er die südlichen Ausläufer der Indien im Norden begrenzenden Gebirge berührte. Der Fehler der alten Geographen bestand nun nach Meinung des Eratosthenes darin, dass sie für jene Gebirgszüge einen von diesem Parallelkreis weit nach Nordosten abweichenden Verlauf angenommen und damit Indien viel zu weit nach Norden gezogen hätten, weshalb eine Revision der alten Karten erforderlich sei. Strabon schreibt C 68, 2.1.2:

οἴεται δεῖν διορθῶσαι τὸν ἀρχαῖον γεωγραφικὸν πίνακα. πολὺ γὰρ ἐπὶ τὰς ἄρκτους παραλλάττειν τὰ ἑωθινὰ μέρη τῶν ὀρῶν κατ' αὐτόν, συνεπισπᾶσθαι δὲ καὶ τὴν Ἰνδικὴν ἀρκτικωτέραν ἢ δεῖ γινομένην.

er glaubt, die alte geographische Karte berichtigen zu müssen, denn auf ihr wichen die östlichen Bereiche der Gebirge zu weit nach Norden ab, und damit würde Indien mitgezogen und nördlicher gelegt, als es nötig sei.

Zum Beweis für die Richtigkeit seiner Auffassungen hinsichtlich der geographischen Lage Indiens, so fährt Strabon fort, habe Eratosthenes angeführt, dass die Entfernung vom numidischen Meroë bis Athen 15.000 Stadien, die Ausdehnung Indiens, gemessen von der Südspitze bis zu den Gebirgen im Norden, nach dem Zeugnis des Patrokles,[600] eines vertrauenswürdigen Kenners Indiens, aber auch ungefähr 15.000 Stadien betrage. Jene Gebirge müssten somit auf gleicher geographischer Breite mit Athen liegen, weil auch Meroë und Indiens südliche Küste nach Auskunft vieler Gelehrter auf gleicher Breite lägen, wie aus den dort herrschenden gleichartigen klimatischen Verhältnissen und den dort beobachtbaren gleichartigen Himmelserscheinungen geschlossen werden könne.

Gegen diese Feststellung des Eratosthenes hatte nun Hipparchos, so berichtet Strabon C 68, 2.1.4, eingewandt, dass die Angaben des Patrokles nicht vertrauenswürdig seien und im Widerspruch stünden zu den Aussagen der Indienreisenden Megasthenes und Deïmachos,[601] denen zufolge die Breite Indiens bis zu den Gebirgen im Norden nicht 15.000, sondern an manchen Stellen 20.000, an anderen sogar 30.000 Stadien betrage. Hipparchos vertrat damit also die Auffassung der „alten Geographen" hinsichtlich der nord-südlichen Ausdehnung Indiens. Strabon legte nun diese Feststellungen des Megasthenes und Deïmachos seiner Verteidigung der Eratosthenischen Position zugrunde, um aus ihnen, teilweise auch unter Verwendung jenes Auszugs aus dem Breitenverzeichnis des Hipparchos, eine Reihe absurder Konsequenzen hinsichtlich der Grenzen der Oikumene abzuleiten,[602] wobei

---

[600] Patrokles nahm unter den Königen Seleukos Nikator (reg. 312–281) und Antiochos I (reg. 281–261) eine hohe Stellung in der seleukidischen Verwaltung ein und war zeitweilig Gouverneur in den östlichen Reichsteilen und deshalb vertraut mit den indischen Verhältnissen. (F. Lasserre, KlP 4, 1979, 556–557, s. v. 3. Patrokles). Er genoss auch als Gelehrter einen ausgezeichneten Ruf und wird von Strabon mehrfach erwähnt.

[601] Megasthenes und Deïmachos bereisten Indien unter Seleukos I bzw. Antiochos I und weilten als dessen Gesandte am Hofe des indischen Königs Chandragupta bzw. dessen Nachfolger in Palibothra, der in der Nähe des heutigen Patna gelegenen Hauptstadt. Vgl. K. Meister, Griechische Geschichtsschreibung, 141–142.

[602] Vgl. D. Shcheglov, Hipparchus on the Latitude of Southern India, 360–362.

er gleich den größeren der beiden o. g. Werte unterstellte, um den von Hipparchos gegen Eratosthenes erhobenen Vorwürfen umso wirksamer begegnen zu können.

6.2 Strabons Beweise gegen Hipparchos als Reductio ad Absurdum

6.2.1 Erste Absurdität: Skythien viel weiter nördlich als Ierne gelegen

Strabon legt seinem Beweis die Hypothese des Hipparchos zugrunde, auf die er bereits im Zusammenhang mit seiner Argumentation gegen die Existenz Thules zurückgegriffen hatte, nämlich dass Massalia und Byzantion auf demselben Parallelkreis lägen. Während er aber dort (siehe Kap. 3.4.2.1.1) folgert, dass der durch den Borysthenes[603] gehende Parallelkreis durch Britannien verlaufe, kommt er hier zu dem Ergebnis, dass der Borysthenes und die Ozeanküste der Keltike auf demselben Parallelkreis lägen. Strabon schreibt C 72, 2.1.12:

> πρῶτον μὲν γὰρ εἴπερ ὁ αὐτός ἐστι παράλληλος ὁ διὰ Βυζαντίου τῷ διὰ Μασσαλίας, καθάπερ εἴρηκεν Ἵππαρχος πιστεύσας Πυθέᾳ, ὁ δ' αὐτὸς καὶ μεσημβρινὸς ἐστιν ὁ διὰ Βυζαντίου τῷ διὰ Βορυσθένους, ὅπερ καὶ αὐτὸ δοκιμάζει ὁ Ἵππαρχος, δοκιμάζει δὲ καὶ τὸ ἀπὸ Βυζαντίου διάστημα ἐπὶ τὸν Βορυσθένη σταδίους εἶναι τρισχιλίους ἑπτακοσίους, τοσοῦτοι ἂν εἶεν καὶ οἱ ἀπὸ Μασσαλίας ἐπὶ τὸν διὰ Βορυσθένους παράλληλον· ὅς γε διὰ τῆς Κελτικῆς παρωκεανίτιδος ἂν εἴη (τοσούτους γὰρ πως διελθόντες συνάπτουσι τῷ Ὠκεανῷ).

> Erstens: wenn der Parallelkreis durch Byzanz derselbe ist wie der durch Massalia, was Hipparch, dem Pytheas Glauben schenkend behauptet, und wenn auch der Meridian durch Byzanz derselbe ist wie der durch den Borysthenes, was Hipparch ebenfalls für richtig befindet und es ferner auch billigt, dass die Entfernung von Byzanz zum Borysthenes dreitausendsiebenhundert Stadien beträgt, dann müssen es auch so viele Stadien von Massalia bis zu dem Parallelkreis durch den Borysthenes sein; der aber wird durch die keltische Ozeanküste verlaufen, denn soviele Stadien sind zurückzulegen, bis der Ozean erreicht wird.

Im Folgenden wies dann Strabon C 72, 2.1.13 zur Widerlegung der fehlerhaften Vorstellungen des Hipparchos bezüglich Indiens zunächst nach,

---

[603] Das Mündungsgebiet des heutigen Dnjeprs.

dass die nord-südliche Ausdehnung der Oikumene, die sich vom Zimtland (Κιvvαμωμοφόρος), das in der Gegend des heutigen Somalias vermutet wurde,[604] bis nach Ierne (Irland) erstrecke, dem äußersten noch bewohnbaren Land im Norden, nur wenig mehr als 30.000 Stadien betragen könne. Dieser Rechnung legte Strabon das Breitenverzeichnis des Hipparchos und nicht das des Eratosthenes zugrunde. Zuerst weist er darauf hin, dass Hipparchos selbst die Entfernung des durch den Borysthenes verlaufenden Parallelkreises vom Äquator mit 34.000 Stadien angegeben habe.[605] Ziehe man hiervon die 8.800 Stadien ab, über welche sich nach Hipparchos die verbrannte und deshalb unbewohnbare Zone von der südlichen Grenze des Zimtlandes bis zum Äquator erstrecke, so verblieben 25.200 Stadien für den sich bis zum Borysthenes und damit auch bis zur Keltike erstreckenden Teil der bewohnten Erde. Von der Keltike aber bis nach Ierne, das Strabon wiederholt in seiner *Geographika* als das äußerste Land im Norden bezeichnet, so fährt Strabon fort, seien es aber, wie er aus zuverlässiger Quelle wisse, nicht mehr als 5.000 Stadien. Die Breite der bewohnten Welt betrug somit 30.200 Stadien.[606] Strabon fasst dieses Ergebnis folgendermaßen zusammen:

ὥστε περὶ τρισμυρίους εἶεν ἂν ἢ μικρῷ πλείους οἱ πάντες οἱ τὸ πλάτος τῆς οἰκουμένης ἀφορίζοντες

Also sind es insgesamt 30.000 oder wenig mehr, die die Breite der bewohnten Welt bestimmen.

Damit war allein die nord-südliche Ausdehnung Indiens, falls die diesbezüglichen Angaben des Deïmachos und Megasthenes zutrafen, fast ebenso groß wie die der gesamten Oikumene. Strabon konnte nun C 72, 2.1.14–C 74, 2.1.16 leicht zeigen, dass sich hieraus die absurde Konsequenz ergab, dass dann die nördlich von Indien gelegenen Länder Baktrien, Hyrkanien und die Sogdiane, welche sich doch eines gesegneten Klimas erfreuten und Früchte

---

[604] S. Faller, Taprobane im Wandel der Zeit, 43.
[605] An anderer Stelle (Strab. 2.5.42) wird diese Entfernung zu 34.100 Stadien angegeben.
[606] Es wird hier deutlich, dass es die Hypothese von der gleichen geographischen Breite Byzantions und Massalias ist, die es Strabon erlaubt, die Streckenangaben des Hipparchos, die sich auf den durch den Borysthenes verlaufenden Meridian bezogen, mit denjenigen zu vergleichen, die Strabon für den durch Massalia und Ierne verlaufenden Meridian offenbar aus anderen Quellen bekannt waren.

aller Art sowie Wein und Getreide in Hülle und Fülle hervorbrächten, ganz aus der bewohnbaren Welt herausfallen müssten, und rechnet abschließend vor, dass diese Länder 3.800 Stadien nördlicher als Ierne liegen müssten.[607] Strabon schreibt C 74, 2.1.17:

> οὗτος δ' ἀποφαίνει ὁ λόγος τῆς Ἰέρνης ἔτι βορειότερον εἶναι τινα κύκλον οἰκήσιμον σταδίοις τρισχιλίοις ὀκτακοσίοις
>
> Aus dieser Überlegung folgt, dass noch 3.800 Stadien nördlicher als Ierne ein bewohnbarer Kreis existiert.

Rechne man dann, so fährt Strabon C 75, 2.1.17 fort, noch die 4.000 Stadien hinzu, über die sich das Land der Skythen, das trotz seiner Unwirtlichkeit immerhin noch bewohnbar sei, von der Grenze Baktriens bis zum nördlichen Ozean erstrecke, so lägen, falls des Deïmachos und Megasthenes Annahmen zuträfen, 7.800 Stadien nachweislich bewohnbarer Regionen außerhalb der Oikumene.

6.2.2 Zweite Absurdität: Britannien und Baktrien auf demselben Parallelkreis gelegen

6.2.2.1 Tageslängen und Sonnenhöhen in Britannien

Unmittelbar an diese Ausführungen schließt Strabon nun C 75, 2.1.18 die eingangs erwähnte Beschreibung der nördlich von Massalia verlaufenden Breitenkreise an:

---

[607] Strabon geht hier davon aus, dass das Zimtland und die südlich von Indien gelegene Insel Taprobane (Sri Lanka) auf gleicher geographischer Breite liegen und deshalb jeweils 8.800 Stadien vom Äquator entfernt sind. Da Meroë und die Südspitze Indiens ebenfalls auf gleicher Breite liegen, so hat Taprobane denselben Abstand von der indischen Südküste wie das Zimtland von Meroë, den Strabon in 2.1.17 zu 4.000 Stadien abschätzt. Bei einer Breite Indiens von 30.000 Stadien, wie von Megasthenes und Demachos behauptet, sind also die Indien im Norden begrenzenden Gebirge 30.000 + 4.000 = 34.000 Stadien von Taprobane und damit 34.000 + 8.800 Stadien vom Äquator entfernt. Da aber nach Strabon, der sich hier auf Hipparchos beruft (siehe oben), der Borysthenes bereits einen Abstand von 34.000 Stadien vom Äquator hat, so würden diese Gebirge 8.800 Stadien nördlich des Borysthenes und damit sogar 3.800 Stadien nördlich von Ierne liegen (Ierne ist 5.000 Stadien nördlicher als die auf gleicher Breite mit dem Borythenes liegend gedachten Keltike), das für Strabon die nördliche Grenze der Oikumene darstellte.

Φησὶ δέ γε ὁ Ἵππαρχος κατὰ τὸν Βορυσθένη καὶ τὴν Κελτικὴν ἐν ὅλαις ταῖς θεριναῖς νυξὶ παραυγάζεσθαι τὸ φῶς τοῦ ἡλίου περιιστάμενον ἀπὸ τῆς δύσεως ἐπὶ τὴν ἀνατολήν, ταῖς δὲ χειμεριναῖς τροπαῖς τὸ πλεῖστον μετεωρίζεσθαι τὸν ἥλιον ἐπὶ πήχεις ἐννέα. ἐν δὲ τοῖς ἀπέχουσι τῆς Μασσαλίας ἑξακισχιλίοις καὶ τριακοσίοις (οὕς ἐκεῖνος μὲν ἔτι Κελτοὺς ὑπολαμβάνει, ἐγὼ δ᾽ οἶμαι Βρεττανοὺς εἶναι, βορειοτέρους τῆς Κελτκῆς σταδίοις δισχιλίοις πεντακοσίοις) πολὺ μᾶλλον τοῦτο συμβαίνειν. ἐν δὲ ταῖς χειμεριναῖς ἡμέραις ὁ ἥλιος μετεωρίζεται πήχεις ἕξ, τέτταρας δὲ ἐν τοῖς ἀπέχουσι Μασσαλίας ἐννακισχιλίους σταδίους και ἑκατόν, ἐλλάτους δὲ τῶν τριῶν ἐν τοῖς ἐπέκεινα, οἳ κατὰ τὸν ἡμέτερον λόγον πολὺ ἂν εἶεν ἀρκτικώτεροι τῆς Ἰένης. οὗτος δὲ Πυθέᾳ πιστεύων κατὰ τὰ νοτιώτερα τῆς Βρεττανικῆς τὴν οἴκησιν ταύτην τίθησι, καὶ φησιν εἶναι τὴν μακροτάτην ἐνταῦθα ἡμέραν ὡρῶν ἰσημερινῶν δέκα ἐννέα, ὀκτωκαίδεκα δὲ ὅπου τέτταρας ὁ ἥλιος μετεωρίζεται πήχεις· οὕς φησιν ἀπέχειν τῆς Μασσαλίας ἐννακισχιλίους καὶ ἑκατὸν σταδίους. ὥσθ᾽ οἱ νοτιώτατοι τῶν Βρεττανῶν βορειότεροι τούτων εἰσίν.

Nun sagt aber Hipparch, dass am Borysthenes und im Keltenlande die ganzen Sommernächte hindurch das Sonnenlicht, sich vom Untergang zum Aufgang herumziehend, schwach schimmere, und dass zur Zeit der Wintersonnenwende die Sonne sich höchstens neun Ellen über den Horizont erhebe. Bei den von Massalia 6.300 Stadien entfernt Wohnenden aber (in denen jener noch Kelten erblickt, während ich glaube, dass es sich um die 2.500 Stadien nördlicher als das Keltenland wohnenden Brittanier handelt) finde dies in noch weit stärkerem Maße statt. Dort erhebt sich in den Wintertagen die Sonne zu sechs Ellen, zu vieren aber in den von Massalia 9.100 Stadien entfernten Gegenden, und zu weniger als dreien in den noch darüber hinaus gelegenen, die nach meiner Überlegung viel weiter nördlich als Ierne sein dürften. Hipparchos aber setzt, dem Pytheas vertrauend, diesen Wohnsitz in den Süden Britanniens und bestimmt den längsten Tag dort zu neunzehn Äquinoktialstunden, zu achtzehn Stunden aber da, wo die Sonne sich vier Ellen hoch erhebt, und diese Leute, sagt er, seien 9.100 Stadien von Massalia entfernt, sodass die südlichsten Britannier nördlicher als diese wohnen.

Strabon beschreibt hier für den durch den Borysthenes und das Keltenland sowie für drei weiter nördlich verlaufende Breitenkreise die dort während des Sommers auftretenden Dämmerungsphänomene und gibt die dort während des Wintersolstitiums auftretenden Mittagshöhen der Sonne in πήχεις (Ellen) an, wobei 1 πῆχυς einem Winkel von 2° entspricht.[608] Für die ersten beiden nördlich des Borysthenes und des Keltenlandes verlaufenden Parallelkreise verzeichnete er ferner jeweils die Entfernung von Massalia und für die letzten beiden noch zusätzlich jeweils die Tageslänge im Sommersolstitium in

---

[608] S. Radt, Strabons Geographika V, 197.

Äquinoktialstunden.[609] Er entnahm diese Daten einem von Hipparchos aufgestellten Breitenverzeichnis, auf das weiter unten ausführlicher eingegangen werden wird.

Zur besseren Übersicht sind Strabons C 75, 2.1.18 mitgeteilte Daten in der nachfolgend aufgeführten Tabelle 1 noch einmal schematisch zusammengestellt.

Tabelle 1: Breitenkreise nördlich von Massalia

Lichtdauer im Sommersolstitium	Sonnenhöhe im Wintersolstitium in πήχεις nach Hipparch/ Strabon 1πῆχυς = 2°	Entfernung von Massalia in Stadien	Geogr. Breite ermittelt aus astronom. Daten
Keine Angabe, aber 16 h nach Tab. 2 Dämmerung in der ganzen Nacht	9 (= 18°)	Keine Angabe, aber gemäß C 72, 2.1.12 3.700	48°
Keine Angabe aber 17 h nach Tab. 2	6 (= 12°)	6.300	54°
18 h	4 (= 8°)	9.100	58°
19 h	≤ 3 (≤ 6°)	Keine Angabe, aber siehe Kap. 6.2.2.2, 12.500	≥ 60°

---

[609] In der Antike unterschied man zwischen ὧραι καιρικαί und ὧραι ἰσημεριναί. Bei den erstgenannten teilte man die von Sonnenaufgang bis Sonnenuntergang verstrichene Tagesdauer in zwölf gleichlange Zeitintervalle, die z. B. an den verschieden langen Zwölftel derjenigen Kurven abgelesen werden konnten, welche die Schattenspitze des Gnomons täglich auf einer Sonnenuhr durchlief. Diese Stunden, deren Länge abhängig war sowohl von der Jahreszeit als auch von der geographischen Breite, wurden für die Organisation des öffentlichen Lebens gebraucht. Die ὧραι ἰσημεριναί wurden dagegen bei wissenschaftlichen Berechnungen verwendet und entsprachen den 24 gleichlangen Stunden, in die auch heute die Zeitsumme von Tag und Nacht eingeteilt ist.

In der letzten Spalte sind zur Orientierung über die Lage dieser Parallelkreise auch die jeweils zugehörigen geographischen Breiten aufgeführt, berechnet aus den von Strabon angegebenen Sonnenhöhen.[610] Diese Breitenwerte stimmen sehr gut überein mit denjenigen Werten, die sich aus den angegebenen Tageslängen mit Hilfe moderner mathematischer Methoden berechnenen lassen.[611] Die in der 2. und 3. Zeile von Strabon angegebenen Entfernungen weisen allerdings einen systematischen Fehler von 1.400 Stadien auf, der einem Breitenunterschied von genau 2° entspricht, denn die aus den astronomischen Daten jeweils berechneten Entfernungen von dem nach Hipparchos auf 43° nördlicher Breite gelegenen Massalia belaufen sich auf $(54-43) \cdot 700 = 7.700$ Stadien bzw. auf $(58-43) \cdot 700 = 10.500$ Stadien anstatt auf die von Strabon angegebenen 6.300 bzw. 9.100 Stadien, wenn 700 Stadien auf 1° gehen. Strabon selbst oder die antiken Herausgeber seiner *Geographika* – sie wurde wahrscheinlich erst posthum veröffentlicht (siehe Anm. 152) – müssen sich also um 2° geirrt haben, und einige Forscher vermuten, dass sie die Entfernungen nicht vom 43. Breitengrad, sondern fälschlicherweise vom 45. Breitengrad gerechnet hätten.[612] Eine derartige

---

[610] Berechnet nach der Beziehung $\varphi = 90° - \sigma - \varepsilon$ (dtv-Atlas zur Astronomie, S. 43), dabei ist φ die geographische Breite, σ die Sonnenhöhe im Wintersolstitium im Gradmaß und $\varepsilon = 24°$ ein von den antiken Astronomen häufig benutzter Näherungswert für die Schiefe der Ekliptik.

[611] Für den 18-stündigen Tag ergibt sich die geographische Breite zu 58°08'58" und für den 19-stündigen Tag zu 61°01'35". Zur näherungsweisen Berechnung wurde die moderne Beziehung $\cos(T) = -\tan(\varphi) \cdot \tan(\varepsilon)$ herangezogen (dtv-Atlas zur Astronomie, S. 43). Dabei ist T die halbe Tagesbogenlänge im Winkelmaß, φ die geographische Breite und ε die Schiefe der Ekliptik. Für die Schiefe der Ekliptik wurde in dieser und auch in allen weiteren Berechnungen der zur Zeit des Hipparchos gültige Wert von $\varepsilon = 23°42'55"$ (siehe Dicks, Hipparchus, 168) zugrunde gelegt. Heute beträgt die Schiefe der Ekliptik 23°26'18". In der o. a. Formel ist die Refraktion und der scheinbare Durchmesser der Sonne, die als punktförmig angenommen wird, nicht berücksichtigt. Die Berechnung wurden hier wie auch weiter unten nur der Systematik halber bis auf Sekunden genau ausgeführt. Die aus diesen geographischen Breiten für den Sonnenstand σ im Wintersolstitium berechneten Werte sind $\sigma = 8°08'07"$ für den 18-stündigen Tag und $\sigma = 5°15'30"$ für den 19-stündigen Tag, berechnet nach der in Anm. 610 angegebenen Formel unter Verwendung des Wertes $\varepsilon = 23°42'55"$ für die Schiefe der Ekliptik. Die Übereinstimmung mit den von Strabon in πῆχυς angegebenen Werten ist sehr gut.

[612] Müllenhoff, Deutsche Altertumskunde I, 346; O. Neugebauer, History of Ancient Astronomy I, 305.

KAPITEL 6

Verwechselung wäre in der Tat leicht möglich gewesen. Wie weiter unten dargelegt, waren nämlich die Parallelkreise der Tab. 1 ursprünglich sehr wahrscheinlich auf Byzantion und nicht auf Massalia bezogen. Strabon zitiert aber C 134, 2.5.41 aus dem Breitenverzeichnis des Hipparchos in Bezug auf den Standort Byzantion:

> εἰσπλεύσασι δ' εἰς Πόντον καὶ προελθοῦσιν ἐπὶ τὰσ ἄρκτους ὅσον χιλίους καὶ τετρακοσίους ἡ μεγίστη ἡμέρα γίνεται ὡρῶν ἰμηερινῶν δεκαπέντε καὶ ἡμίσους. ἀπέχουσι δ' οἱ τόποι οὗτοι ἴσον ἀπό τε τοῦ πόλου καὶ τοῦ ἰσημερινοῦ κύκλον, καὶ ὁ ἀρκτικὸς κύκλος κατὰ κορυφὴν αὐτοῖς ἐστιν.

Segelt man in den Pontos und fährt ungefähr eintausendvierhundert weiter in Richtung Norden, dann wird die Dauer des längsten Tages fünfzehneinhalb Äquinoktialstunden. Diese Gegend ist gleichweit vom Pol und vom Äquator entfernt und der Arktische Kreis geht bei ihnen durch den Zenit.

Dieser Parallelkreis ist also der 45. Breitengrad und liegt genau um die fehlenden 1.400 Stadien nördlicher als Byzantion, das Hipparchos ebenso wie Massalia auf den 43. Breitengrad legte.

Da in obigem Zitat C 75, 2.1.18 von Britanniern die Rede ist, lassen sich die letzten drei Breitenangaben sehr wahrscheinlich auf Nordengland und Schottland einschließlich der Shetland Inseln beziehen. Allerdings schien Hipparchos selbst geglaubt zu haben, dass die von Massalia 6.300 Stadien entfernten Gegenden noch von Kelten bewohnt seien, während Strabon dagegen der Ansicht ist, dass hier bereits Britannier ansässig seien. Was Strabon allerdings über die jenseits des 54. Breitengrades gelegenen Regionen berichtet, hat seit jeher für viel Verwirrung gesorgt. Die Gebiete, in denen der längste Tag 19 Stunden dauere und die Sonne sich im Wintersolstitium um weniger als 3 Ellen über den Horizont erhebe – sie liegen nach moderner Rechnung auf 61° Nord und damit noch etwas weiter nördlich als die Shetlands – habe Hipparch, so schreibt Strabon, im Vertrauen auf Pytheas in Regionen des südlichen Britanniens gesetzt (κατὰ τὰ νοτιώτερα τῆς Βρεττανικῆς τὴν οἴκησιν ταύτην τίθησι, καὶ φησιν εἶναι τὴν μακροτάτην ἐνταῦθα ἡμέραν ὡρῶν ἰσημερινῶν δέκα ἐννέα). Strabon schließt daraus, dass die „südlichsten der Britannier" nördlicher als diejenigen wohnen, bei denen der längste Tag 18 Stunden dauere und der winterliche Sonnenstand 4 Ellen betrage – denn auf diese letzteren bezieht sich das τούτων in der Aussage „ὥσθ' οἱ νοτιώτατοι τῶν Βρεττανῶν βορειότεροι τούτων εἰσίν" am Schluss des obigen

Zitats.⁶¹³ Dies widerspricht aber offensichtlich den tatsächlichen geographischen Verhältnissen, und einige ältere Übersetzer wie Großkurd, Forbiger sowie eine Reihe von Herausgebern der *Geographika* Strabons wie Kramer und Meineke waren deshalb der Meinung, dass die Lesart τὰ νοτιώτερα τῆς Βρεττανικῆς der Handschriften und älteren Ausgaben falsch sein müsse, und haben sie durch τὰ ἀρκτικώτερα τῆς Βρεττανικῆς ersetzt. A. Jacob hat aber darauf hingewiesen, dass dann auch die einige Zeilen später erwähnten νοτιώτατοι τῶν Βρεττανῶν in ἀρκτικώτατοι τῶν Βρεττανῶν geändert werden müssten. Er schlägt vor, da die Handschrift an diesen Stellen nicht verderbt zu sein scheine, die ursprüngliche Lesart beizubehalten, da sie der Logik nicht widerspreche,⁶¹⁴ denn wenn diejenigen, bei denen der längste Tag 19 Stunden dauere und die Sonne sich im Wintersolstitium um weniger als 3 Ellen erhebe, im Süden Britanniens wohnten, dann lebten diese „südlichsten Britannier" in der Tat nördlicher als die 9.100 Stadien von Massalia entfernt Wohnenden, bei denen der längste Tag nur 18 Stunden dauere und die Sonnenhöhe im Winter 4 Ellen betrage.⁶¹⁵ Gleichwohl bleibt diese Bemerkung Strabons hinsichtlich der südlichsten der Britannier weiterhin unverständlich, und es ist in der Forschung bisher noch keine plausible Erklärung dafür gefunden worden. Jedenfalls stellt Germaine Aujac in ihrem Kommentar zu dieser Stelle fest: „La localisation de la Bretagne méridionale à 60°–61° est un erreur dont il est difficile de déceler l'origine".⁶¹⁶

6.2.2.2 Herleitung des Widerspruchs

Strabon gewinnt aber nun genau mit diesen sich auf die „südlichsten Britannier" beziehenden Daten ein zusätzliches Argument, mit dem er die Position des Hipparchos widerlegen kann: Die Wohnsitze der „südlichsten Britannier" liegen, was Strabon hier nicht erwähnt, ihm aber aufgrund

---

[613] Vgl. Jones, Geography of Strabo I, 283 nt. 5.
[614] A. Jacob, Curae Strabonianae, 148–157.
[615] In der Übersetzung Stefan Radt's der Stelle C 75, 2.1.18 wird κατὰ τὰ νοτιώτερα τῆς Βρεττανικῆς mit „Gegenden südlicher als Britannien" wiedergegeben. Das ändert natürlich an der Schlussfolgerung von A. Jacob nichts, denn wenn schon die Gegenden, in denen der längste Tag 19 Stunden dauert, südlich von Britannien liegen, dann leben die südlichsten Britannier erst recht nördlicher als diejenigen, die einen 18-stündigen längsten Tag haben.
[616] G. Aujac, Strabon Géographie I (2), 131.

der dort im Solstitium herrschenden 19-stündigen Tagesdauer bekannt gewesen sein muss, ungefähr auf 61° nördlicher Breite und sind somit etwa 12.600 Stadien von dem auf dem 43. Breitengrad gelegenen Massalia entfernt, wenn 700 Stadien auf 1° gezählt werden. Da gemäß Strabons oben erwähnten Berechnungen Baktrien 3.800 Stadien weiter nördlich von Ierne gelegen ist, Ierne aber 8.700 Stadien von Massalia entfernt ist,[617] so liegt Baktrien insgesamt 8.700 + 3.800 = 12.500 Stadien weiter nördlich als Massalia und deshalb fast auf demselben Parallelkreis, der auch durch die Wohnsitze der „südlichsten Britannier" verläuft. Folgerichtig fährt Strabon deshalb unmittelbar im Anschluss an die Wiedergabe der obigen Tabelle fort:

> ἤτοι οὖν ἐπὶ τοῦ αὐτοῦ παραλλήλου εἰσὶ τοῖς πρὸς τῷ Καυκάσῳ Βακτρίοις ἢ ἐπὶ τινος πλησιάζοντος· εἴρηται γὰρ ὅτι κατὰ τοὺς περὶ Δηίμαχον συμβήσεται βορειοτέρους εἶναι τῆς Ἰέρνης τοὺς πρὸς τῷ Καυκάσῳ Βακτρίους σταδίοις τρισχιλίοις ὀκτακοσίοις· προστεθέντων δὲ τούτων τοῖς ἀπὸ Μασσαλίας εἰς Ἰέρνην, γίνονται μύριοι δισχίλιοι πεντακόσιοι

> Entweder also liegen sie [die südlichsten Britannier] mit den Baktriern am Kaukasus auf demselben Parallelkreis oder auf auf einem in der Nähe verlaufenden. Es wurde ja schon gesagt, dass nach Ansicht des Deïmachos die Baktrier am Kaukasus 3.800 Stadien nördlicher als Ierne wohnen müssen. Zählt man die Entfernung von Massalia bis Ierne dazu, so ergeben sich 12.500.

Mit der sich hieran anschließenden rhetorischen Frage will Strabon dann die ganze Absurdität der von Hipparchos über die nordsüdliche Ausdehnung Indiens gemachten Angaben aufzeigen. Er schreibt:

> τίς οὖν ἱστόρηκεν ἐν τοῖς ἐκεῖ τόποις – λέγω δὲ τοῖς περὶ Βάκτρα – τοῦτο τὸ μῆκος τῶν μεγίστων ἡμερῶν ἢ τὸ ἔξαρμα τοῦ ἡλίου τὸ κατὰ τὰς μεσουρανήσεις ἐν ταῖς χειμεριναῖς τροπαῖς; ὀφθαλμοφανῆ γὰρ πάντα ταῦτα ἰδιώτῃ καὶ οὐ δεόμενα μαθηματικῆς σημειώσεως.

> Wer hat nun jemals in dieser Gegend – ich spreche von jener um Baktra – von einer solchen Dauer des längsten Tages und von einer solchen Mittagshöhe der Sonne zur Wintersonnenwende berichtet? Dies alles ist doch auch dem nicht Fachkundigen unmittelbar einleuchtend und bedarf keiner wissenschaftlichen Erörterung.

---

[617] Strabon rechnet (Kap. 6.2.1) 3.700 Stadien auf die Entfernung von Massalia bis zur Keltike (C 72, 2.1.12) und 5.000 Stadien von der Keltike bis Ierne (C 72, 2.1.13), also 8.700 Stadien von Massalia bis Ierne. C 63, 1.4.4 rechnet er 9.000 Stadien von Massalia bis Ierne.

Der Umstand, dass in der oben C 75, 2.1.18 und Tabelle 1 wiedergegebenen Beschreibung jener nördlichen Breitenkreise Pytheas und Britannien erwähnt werden (Οὗτος δὲ Πυθέᾳ πιστεύων κατὰ τὰ νοτιώτερα τῆς Βρεττανικῆς τὴν οἴκησιν ταύτην τίθησι) und dass in dieser alle Entfernungen auf Massalia bezogen sind, hat zahlreiche Forscher zu der Schlussfolgerung geführt, dass Hipparchos hier die Ergebnisse von Beobachtungen und Messungen wiedergibt, die Pytheas in den nördlichen Breiten um Britannien durchgeführt habe.[618] Es kann jedoch auch sein, dass die von Strabon C 75, 2.1.18 überlieferten Daten des Hipparchos gar nicht direkt auf Pytheas zurückgehen. Strabon entnahm sie jedenfalls einem ihm vorliegenden, von Hipparchos aufgestellten Breitenverzeichnis, und in der Forschung ist verschiedentlich die Vermutung geäußert worden, dass Hipparchos zu den meisten seiner Daten durch Rechnung gelangt ist.[619] Es könnte sich also auch bei den sich auf Britannien beziehenden Angaben Strabons um reine Rechenwerte handeln. Der Astronomiehistoriker R. D. Dicks charakterisiert diese Problematik in seinem Kommentar zum Werk des Hipparchos mit den Worten: „The crucial question at once arises, were the sun-heights and lengths of the longest days actually observed by Pytheas, or merely taken straight from the theoretical data that Hipparchos gave in his astronomical table."[620] Dieser Gedanke wird im folgenden im Detail ausgearbeitet und überprüft werden. Dazu muss zunächst auf das Breitenverzeichnis des Hipparchos etwas ausführlicher eingegangen werden.[621]

---

[618] Siehe Anm. 598.
[619] Vgl. K. Müllenhoff, Deutsche Altertumskunde I, 328; A. Diller, Geographical Latitudes in Hipparchus, 266; D. Shcheglov, Hipparch's Table, 177.
[620] Dicks, Hipparchus, 185. Trotz dieser skeptischen Einstellung hält Dicks es aber für durchaus möglich, dass Pytheas während der Wintersolstitien Gnomonmessungen vorgenommen hat (Dicks, Hipparchus, 187).
[621] Bereits Eratosthenes hatte, wie Strabon C 63, 1.4.2 berichtet, ein System von zum Äquator parallelen Kreisen aufgestellt, die den durch Alexandrien und Meroë verlaufenden Meridian, den Hauptmeridian der griechischen Geographie, zumeist in solchen Orten schnitten, für die gesicherte astronomische Messungen verfügbar waren. Die Parallelkreise des Eratosthenes waren allerdings aufgrund dieser Wahl der Referenzpunkte in unregelmäßigen Abständen vom Äquator über die auf der Nordhalbkugel plazierte Oikumene verteilt. Hipparchos beabsichtigte dagegen mit Hilfe seiner Breitentabelle eine systematische kartographische Erfassung der Oikumene auf astronomischer Basis und teilte zu diesem Zweck – übrigens vermutlich als erster

6.3 Das Breitenverzeichnis des Hipparchos
6.3.1 Der Auszug Strabons aus dem Breitenverzeichnis des Hipparchos

Strabon hat C 132, 2.5.35–C 135, 2.5.43 einen Auszug aus diesem Verzeichnis überliefert, der dessen ursprüngliche Struktur noch deutlich durchscheinen und damit erkennen lässt, dass es ganz ähnlich dem von Ptolemaios in seiner *Syntaxis Mathematica* aufgestellten, insgesamt 39 Breitenkreise enthaltenden

---

der griechischen Geographen (Bunbury, Ancient Geography II, 4 Anm. 9; A. Rehm, RE 8, 1913, 1672, s. v. Hipparchos) – den Großkreis eines Meridians in 360 Teile, sodass bei einem Wert des Erdumfangs von 252.000 Stadien, den er von Eratosthenes übernahm (Strab. C 132, 2.5.34), der gegenseitige Abstand zweier Parallelkreise genau 700 Stadien betrug. Er erhielt so ein System von neunzig vom Äquator aus jeweils um 1° in Richtung Pol fortschreitend versetzter Breitenkreise. Für jede der auf diesen Kreisen gelegenen Regionen sollten – so Strabon – in einer Tabelle charakteristische Angaben über die dort beobachtbaren Himmelserscheinungen verzeichnet werden. Strabon, dessen Geographika die einzige direkte Quelle für Hipparchs verloren gegangenes Tafelwerk ist, schreibt C 132, 2.5.34:

εἰ δή τις εἰς τριακόσια ἑξήκοντα τμήματα τέμοι τὸν μέγιστον τῆς γῆς κύκλον, ἔσται ἑπτακοσίων σταδίων ἕκαστον τῶν τμημάτων· τούτῳ δὴ χρῆται μέτρῳ πρὸς τὰ διαστήματα τὰ ἐν τῷ λεχθέντι διὰ Μερόης μεσημβρινῷ λαμβάνεσθαι μέλλοντα. ἐκεῖνος μὲν δὴ ἄρχεται ἀπὸ τῶν ἐν τῷ ἰσημερινῷ οἰκούντων, καὶ λοιπὸν ἀεὶ δι' ἑπτακοσίων σταδίων τὰς ἐφεξῆς οἰκήσεις ἐπιὼν κατὰ τὸν λεχθέντα μεσημβρινὸν **πειρᾶται λέγειν** τὰ παρ' ἑκάστοις φαινόμενα.

Wenn man nun den größten Kreis der Erde in 360 Segmente teilt, so wird jedes dieser Segmente 700 Stadien lang sein. Dieses Maßes bedient er sich für die auf dem genannten Meridian durch Meroë abzutragenden Entfernungen. Er beginnt folglich bei den unter dem Äquator Wohnenden und versucht, indem er auf dem genannten Meridian immer 700 Stadien weiter zu den folgenden Wohnorten fortschreitet, die Himmelserscheinungen für jeden zu bestimmen.

Ob Hipparchos ein derart umfangreiches und aufwendiges Vorhaben tatsächlich durchgeführt hat, darüber herrscht in der Forschung jedoch keine Einigkeit. Während beispielsweise G. Aujac und H. Berger die Meinung vertreten, dass diese Tabelle wirklich existierte (G. Aujac, Strabon et la Science, 169; Berger, Die geographischen Fragmente des Hipparch, 29/30), glaubt D. R. Dicks, dass Hipparchos vielleicht nur den Plan (περᾶται λέγειν) für ein derartiges Verzeichnis entworfen habe (Dicks, Hipparchus, 164). Die von Strabon in C 132–135 und C 75, 2.1.18 überlieferte Breitentabelle scheint jedenfalls ein Auszug aus einem ganz anders aufgebauten Verzeichnis des Hipparchos gewesen zu sein.

Verzeichnis aufgebaut gewesen sein muss,[622] dem es vermutlich, wie in der Forschung schon mehrfach festgestellt, auch als Vorbild diente.[623] Ptolemaios begann sein Verzeichnis mit dem 12-stündigen Tag am Äquator und gab in Schritten von einer Viertelstunde, später in den nördlichen Regionen von einer halben und einer ganzen Stunde jeweils die Dauer des längsten Tages im Sommersolstitium in Äquinoktialstunden vor und berechnete[624] daraus den Abstand des zugehörigen Parallelkreises vom Äquator im Winkelmaß und die dort im Sommer- und Wintersolstitium sowie im Äquinoktium auftretenden Schattenlängen.[625] Er führte seine Breitentafel sogar noch über den Polarkreis hinaus weiter fort, indem er nacheinander diejenigen Parallelkreise

---

[622] Ptol. alm. II 6. 2–39 (Manitius I, 71–80; Heiberg I, 104–117).

[623] A. Stückelberger, Ptolemaios Geographie III, 137; D. Shcheglov, Hipparchus' Table, 163 Anm. 12 mit weiteren Literaturangaben.

[624] A. Szabo, Das geozentrische Weltbild, 334/335; Stückelberger, Ptolemaios Geographie III, 232.

[625] Ptolemaios kannte natürlich noch nicht die Methoden der modernen Sphärischen Geometrie, aber er arbeitete mit mathematischen Verfahren, die diesen gleichwertig waren. Zur Ermittlung des Abstandes eines Parallelkreises vom Äquator betrachtete er geeignet gewählte Kugeldreiecke und leitete Formeln für deren Seitenlängen (eine dieser Seiten war dabei der Bogen vom Äquator bis zum ins Auge gefaßten Parallelkreis und lieferte den gesuchten Abstand) mit Hilfe einiger Lehrsätze ab (A. Szabo, das Geozentrische Weltbild 205–232), die nach dem im 1. nachchristlichen Jahrhundert wirkenden Mathematiker Menelaos benannt sind, der sie im 3. Buch seiner Sphaerica über Kugeldreiecke entwickelt hatte, wobei es eine offene Frage ist, ob Menelaos diese Sätze als erster formuliert und bewiesen hat, oder ob sie schon vor ihm, etwa auch zur Zeit des Hipparchos, bekannt gewesen waren. Menelaos war Zeitgenosse des Plutarch, in dessen Dialog De facie in orbe lunae er als Gesprächspartner auftritt (T. Heath, History of Greek Mathematics II, 260; I. Bulmer-Thomas, Dictionary of Scientfic Biography 9, 296–303, s. v. Menelaus of Alexandria). Zur numerischen Auswertung seiner Formeln benutzte Ptolemaios anstelle der heute geläufigen, aber zu seiner Zeit noch nicht bekannten trigonometrischen Winkelfunktionen eine Sehnentafel, die im Prinzip dasselbe leistete wie die modernen Beziehungen sin, cos etc. In dieser Tafel waren in Schritten von jeweils ½° für einen Kreis mit einem Radius von 60p (60 partes eigneten sich für Rechnungen im Sexagesimalsystem) den Bogensegmenten im Winkelmaß die Länge der diese unterspannenden Sehnen gegenübergestellt (Ptol. alm. I 11 (Manitius I, 37–40; Heiberg 48–63)). Es bestand dabei auch die Möglichkeit, Zwischenwerte durch Interpolation zu ermitteln. Für die Schiefe der Ekliptik verwendete Ptolemaios bei seinen Rechnungen den Wert 23°51'20" (Ptol. alm. II 33 (Manitius I, 78: Heiberg I, 115)). Tatsächlich betrug dieser zu seiner Zeit 23°40'40".

berechnete, auf denen die Lichtdauer jeweils um einen Monat zunahm, und gelangte so bis zum Nordpol mit seinem ½-jährigen Tag.

In entsprechender Weise nach Norden schreitend, gab auch Hipparchos in Intervallen von einer Viertelstunde, später einer halben Stunde und schließlich einer ganzen Stunde die Tageslängen im Sommersolstitium in Äquinoktialstunden und die geographische Breite der dazu gehörigen Parallelkreise im Gradmaß an, ferner die jeweils sichtbaren Sternkonstellationen und andere astronomische Details, und für die nordischen Breiten verzeichnete er auch die Sonnenhöhen im Wintersolstitium. Allerdings variiert die Schrittweitenlänge in Strabons Auszug bezüglich der Tageslänge aufgrund der besonderen Auswahl der Parallelkreise durch Strabon in unregelmäßiger Weise zwischen ganzen Stunden, halben Stunden und Viertelstunden, und die Abstände der Parallelkreise vom Äquator oder von einem anderen Referenzkreis werden nicht im Winkelmaß (ἰσημερινοῦ μοίρας), wie ursprünglich bei Hipparch[626], sondern in Stadien angegeben. Vermutlich hat Strabon diese Umrechnung selbst vorgenommen, um dem astronomisch nicht vorgebildeten Leser die Übersicht zu erleichtern. Welchen Umfang Hipparchs Verzeichnis ursprünglich besaß, läßt sich allerdings nicht mehr feststellen, denn Strabon wählte aus ihm nur 13 Parallelkreise, die er als wichtig für die Arbeit des praktischen Geographen ansah. Er begann seinen Auszug mit dem 8.800 Stadien vom Äquator entfernten, durch das Zimtland (Κινναμωμοφόρος) verlaufenden Breitenkreis und beendete ihn C 134, 2.5.42–C 135, 2.5.42 mit zwei nördlich von Byzantion verlaufenden Parallelkreisen, auf die in Hinblick auf die weiteren Überlegungen im Folgenden näher eingegangen werden soll.[627]

Der erste jener nördlich von Byzantion verlaufenden Parallelkreise ging durch den Borysthenes und den südlichen Teil des Maeotis-Sees (εἰσὶ δ' οἱ τόποι οὗτοι περὶ Βορυσθένη καὶ τῆς Μαιώτιδος τὰ νότια), des heutigen Asowschen Meeres. Er war 3.800 Stadien von Byzantion entfernt, und dort hat der längste Tag eine Dauer von 16 Äquinoktialstunden, und im Wintersolstitium erhob sich die Sonne dort um neun Ellen über den Horizont. Der darauf folgende und letzte von Strabon in seinem Auszug

---

[626] Dicks, Hipparchus, 163.
[627] Eine schematische Übersicht über den gesamten Teil des von Strabon überlieferten Verzeichnisses einschließlich der in C 75, 2.1.18 erwähnten Parallelkreise findet sich bei O. Neugebauer, History of Astronomy III, 1313.

verzeichnete Parallelkreis ging durch nördlich des Asowschen Meeres gelegene Gegenden und war 6.300 Stadien von Byzantion entfernt (ἐν δὲ τοῖς ἀπέχουσι τὸ Βυζαντίου σταδίους περὶ ἑξακισχιλίους τριακοσίους, βορειοτέροις οὖσι τῆς Μαιώτιδος). Dort betrug die Tageslänge im Sommersolstitium 17 Äqinoktialstunden, und zur Wintersonnenwende stand die Sonne dort sechs Ellen über dem Horizont.

6.3.2 Strabons Gebrauch des Verzeichnisses für seinen Beweis

In der nachfolgend aufgeführten Tabelle 2 sind diese von Strabon mitgeteilten Daten noch einmal in übersichtlicher Form zusammengestellt. Wie ein Vergleich zeigt, besteht eine nahezu vollständige Übereinstimmung hinsichtlich aller Details zwischen den Parallelkreisen dieser Tabelle und den ersten beiden in C 75, 2.1.18 und Tabelle 1 verzeichneten Parallelkreisen, und es ist klar, dass Strabon diese ursprünglich auf Byzantion bezogenen Parallelkreise für seinen Beweis einfach aus dem Verzeichnis des Hipparchos übernommen und aus den weiter unten erörterten Gründen auf Massalia bezogen hat. Er konnte das tun, weil er von der Hypothese des Hipparchos ausging, derzufolge Byzantion und Massalia auf demselben Breitengrad lagen. Sogar der Fehler von 1.400 Stadien wurde von ihm dabei übertragen.

Tabelle 2: Breitenkreise nördich von Byzantion

Lichtdauer im Sommersolstitium	Sonnenhöhe im Wintersolstitium in πήχεις nach Hipparch/ Strabon 1 πῆχυς = 2°	Entfernung von Byzantion in Stadien	Geogr. Breite ermittelt aus astronom. Daten
16 h Dämmerung in der ganzen Nacht	9 (= 18°)	3.800	48°
17 h	6 (= 12°)	6.300	54°

Hipparchs Verzeichnis enthielt aber, wie Strabon selbst zum Abschluss seines Auszugs C 135, 2.5.43 sagt, noch weitere im Norden gelegene Parallelkreise, auf die er jedoch nicht mehr eingehen wollte, weil sie seiner Meinung nach in unbewohnte Länder fielen und deshalb ohne Interesse für den praktischen Geographen seien. Strabon bemerkt dazu:

Τὰ δ' ἐπέκεινα, ἤδη πληζιάζοντα τῇ ἀοικήτῳ διὰ ψύχος, οὐκέτι χρήσιμα τῷ γεωγράφῳ ἐστίν. ὁ βουλόμενος καὶ ταῦτα μαθεῖν καὶ ὅσα ἄλλα τῶν οὐρανίων Ἵππαρχος μὲν ἔρεκεν, ἡμεῖς δὲ παραλείπομεν διὰ τὸ τρανότερα εἶναι τῆς νῦν προκειμένης πραγματείας, παρ' ἐκείνου λαμβανέτω.

Was darüber hinaus liegt, grenzt schon an die wegen der Kälte unbewohnbare Region und ist für den Geographen nicht mehr von Nutzen. Wer auch das erfahren will, sowie all das Übrige, was Hipparch über die Himmelserscheinungen sagt, wir dagegen weglassen, weil es für unseren Zweck zu eingehend ist, entnehme es seinem eigenen Werk. [Übersetzung S. Radt]

Offenbar bediente er sich er aber dann doch in C 75, 2.1.18 dieses von ihm weggelassenen Teils der Breitentafel des Hipparchos und führte diese bis zum 61. Breitenkreis fort, als er noch zwei weitere nördliche Breitenkreise benötigte, um mit ihrer Hilfe zu zeigen, dass Baktrien, falls die Angaben des Deïmachos bezüglich Indiens zuträfen, viel zu weit nach Norden in die wegen der Kälte unbewohnbaren Regionen verschoben werden würde.[628] Diese von Strabon für seine Beweisführung herangezogenen noch weiter nördlich verlaufenden Breitenkreise – in Tabelle 1 in Zeile 3 und 4 aufgeführt – auf denen der längste Tag 18 bzw. 19 Äquinoktialstunden dauert, gehörten zweifellos auch dem von Strabon exzerpierten, aber in C 135, 2.5.43 abgebrochenen Verzeichnis des Hipparchos an und waren ursprünglich sehr wahrscheinlich auf Byzantion bezogen, denn der Entfernungsfehler von 1.400 Stadien hat sich auch auf den Breitenkreis fortgepflanzt, der dem 18 stündigen solstitialen Tag zugeordnet ist. Einen Hinweis darauf, dass diese Parallelkreise von Hipparchos wirklich auf Byzantion bezogen worden waren, liefert ferner eine Stelle aus der ΕΙΣΑΓΩΓΕ ΕΙΣ ΤΑ ΦΑΙΝΟΜΕΝΑ (*Isagoge, Einführung in die Astronomie*) des in der ersten Hälfte des ersten Jahrhunderts v. Chr. wirkenden griechischen Astronomen Geminos von Rhodos.[629] Geminos beschreibt im 6. Buch seiner *Isagoge* die nach Norden zunehmenden Tageslängen im Sommersolstitium (siehe Kap. 5.4.2) und fährt, nachdem er bis zum 15-stündigen Tag von Rom angelangt ist, mit den Worten fort:[630]

---

[628] Dicks, Hipparchus, 189, bemerkt dazu: „all Strabo wanted were a few data obtained from the northern part of the table, with which he could compare the facts known about the regions in question; and this is exactly what he does."
[629] Die Lebensdaten dieses Astronomen und Mathematikers sind nicht genau bekannt. Seine Isagoge wird auf ungefähr 70 v. Chr. datiert. Siehe Anm. 501.
[630] Gemin. Isagoge 6. 8.

τοῖς δ' ἔτι βορειοτέροις οἰκουσι τῆς Προποντίδος ἡ μεγίστη ἡμέρα γίνεται ὡρῶν ἰσημερινῶν ις', καὶ τοῖς ἔτι βορειοτέροις ιζ' καὶ ιη' ὡρῶν ἡ μεγίστη ἡμέρα γίνεται.

Für diejenigen, welche noch weiter nördlich über die Propontis hinaus wohnen, wird der längste Tag 16 Äquinoktialstunden lang, für die noch weiter nördlich Wohnenden wird er 17 und 18 Stunden lang.

Es handelt sich hier um dieselben Parallelkreise, die Strabon C 75, 2.1.18 für seinen Beweis heranzieht, und es ist anzunehmen, dass Geminos diese Daten dem Werk des Hipparchos entnahm, das er sehr wahrscheinlich genau kannte.[631] Die Feststellung, dass diese Gebiete nördlich der Propontis gelegen seien, lassen deshalb den Schluss zu, dass bei Hipparchos Byzantion der Bezugspunkt für die Entfernungsberechnungen und nicht Massalia war. Dies würde auch eine Erklärung für Strabons Feststellung liefern, derzufolge Hipparchos geglaubt habe, dass die 6.300 Stadien nördlich von Massalia entfernt wohnenden Völkerschaften Kelten seien (οὓς ἐκεῖνος μὲν ἔτι Κελτοὺς ὑπολαμβάνει, ἐγὼ δ' οἶμαι Βρεττανοὺς εἶναι). Es könnte nämlich sein, dass Hipparchos, falls er wirklich von Kelten gesprochen hat, hier gar nicht dieselben Kelten gemeint hat, die Strabon 150 Jahre nach Hipparch und 50 Jahre nach der Eroberung Galliens durch die Römer im fernen Westen lokalisierte, sondern dass er von jenen Kelten sprach, die ihre Wohnsitze nördlich des Schwarzen Meeres gehabt haben sollen, denn es gab in der Antike die Vorstellung, dass sich das Siedlungsgebiet der keltischen Stämme weit nach Osten bis an die Grenze zu Skythien erstrecke.[632] So bemerkt Plutarch in seiner Biographie des Marius im Zusammenhang mit der Frage nach der Herkunft der Kimbern:[633]

> Εἰσὶ δὲ οἳ τὴν Κελτικὴν διὰ βάθος χώρας καὶ μέγεθος ἀπὸ τῆς ἔξω θαλάσσης καὶ τῶν ὑπαρκτίων κλιμάτων πρὸς ἥλιον ἀνίσχοντα κατὰ τὴν Μαιῶτιν ἐπιστρέφουσαν ἅπτεσθαι τῆς Ποντικῆς Σκυθίας λέγουσι, κἀκεῖθεν τὰ γένη μεμῖχθαι.

> Einige sagen, dass sich die Keltike mit ihren Ländern in Breite und Länge vom äußeren Meer und den gegen Norden gelegenen Regionen bis zum Maeotis See im Osten erstrecke und an das Pontische Skythien grenze, und dass sich von da ab die beiden Völker vermischten.

---

[631] Vgl. James Evans and J. Lennart Berggren, Geminos's Introduction to the Phenomena, 27.
[632] H. Sauter, Studien zum Kimmerierproblem, 178.
[633] Plut. Mar. XI 6–8.

Da Hipparch den 6.300 Stadien von Byzantion entfernten Parallelkreis, auf dem der längste Tag eine Dauer von 17 Stunden hatte, und den Strabon für seinen Beweis auf Massalia bezogen hatte, nördlich des Maeotis Sees verlaufen ließ (βορειοτέροις οὖσι τῆς Μαιώτιδος), könnte er diese östlichen Kelten gemeint haben, von denen er durch Vermittlung seitens der Griechen des Pontus Kunde erhalten haben mochte. Übrigens ließ auch der Historiker Ephoros von Kyme, der von ca. 400–330 v. Chr. lebte, die Wohnsitze der Kelten direkt an die der Skythen im Norden grenzen.[634]

Die Hipparchos zugeschriebene These, dass Massalia und Byzantion auf derselben geographischen Breite lägen, erlaubte es nun Strabon, jene ursprünglich auf Byzantion bezogenen Breitenkreise auch auf Massalia zu beziehen und damit auf den Meridian zu legen, der durch diejenigen Länder verlief, die er für seinen Beweis gegen Hipparchos und Deïmachos herangezogen hatte, nämlich die Keltike, Britannien und Ierne.[635] Auch kann Hipparchos selbst dank dieser These die Daten seines Verzeichnisses auf Orte gleicher geographischer Breite längs des durch Massalia und Britannien verlaufenden Meridians übertragen und dadurch mit einigen von Pytheas in Britannien gemachten Beobachtungen, die er offenbar aus dessen Bericht kannte, in Beziehung gesetzt haben. Das kann aus der Bemerkung Strabons geschlossen werden, derzufolge Hipparchos die Wohnsitze der „südlichen Britannier" im Vertrauen auf Pytheas auf den Parallelkreis gesetzt habe, auf dem der längste Tag eine Dauer von 19 Äquinoktialstunden hatte (Πυθέᾳ πιστεύων κατὰ τὰ νοτιώτερα τῆς Βρεττανικῆς τὴν οἴκησιν ταύτην τίθησι, καί φησιν εἶναι τὴν μακροτάτην ἐνταῦθα ἡμέραν ὡρῶν ἰσημερινῶν δέκα ἐννέα).

Auf jeden Fall wird Pytheas von den langen Tagen im Norden berichtet haben, und vielleicht war er überhaupt der erste, der aus eigener Anschauung sichere Kunde von jenen Phänomenen gebracht hat, von denen die griechische Welt bis dahin nur in der Einkleidung von Sagen und Mythen gehört hatte,[636] die aber nun im Rahmen der Lehre von der Kugelgestalt der Erde erklärt werden konnten. Die Frage, ob er in Britannien Messungen zur Bestimmung seines Standortes angestellt hat, deren Resultate Hipparchos in irgendeiner Form bei der Aufstellung seiner Breitentabelle berücksichtigen konnte, wird weiter unten

---

[634] Strab. C 34, 1.2.28.
[635] Vgl. H. Berger, Die geographischen Fragmente des Hipparch, 70.
[636] Vgl. S. Rausch, Bilder des Nordens, 170.

ausführlich erörtert werden. Denn wenn es sich auch bei den Breitenangaben der Tabelle des Hipparchos um Rechenwerte handelte, so bedeutet das natürlich nicht, dass Pytheas nicht doch Messungen des Sonnenstandes und der Tageslängen auf seiner Fahrt vorgenommen hat. Er war sich sicherlich dessen bewußt, dass er in Britannien keine Präzisionsmessungen wie z. B. in Massalia machen konnte, aber es war ihm sicherlich möglich, die Zunahme der Tageslängen soweit quantitativ zu ermitteln, dass er die sich aus dem geozentrischen Weltbild ergebenden diesbezüglichen Aussagen bestätigen konnte.[637]

6.3.3 Vergleich der Breitentabelle des Hipparchos mit der des Ptolemaios

Fast alle in Strabons Auszug aufgeführte Parallelkreise sind auch im Verzeichnis des Ptolemaios enthalten,[638] und ein Vergleich beider Verzeichnisse zeigt, dass sich die aus Strabons Entfernungsangaben in das Winkelmaß zurückgerechneten Breiten (700 Stadien auf 1° gerechnet) von den von Ptolemaios für dieselben Parallelkreise ermittelten Breiten nur ganz geringfügig um wenige Bogenminuten unterscheiden.[639] Diese erstaunliche Übereinstimmung lässt sich nur dadurch erklären, dass Hipparchos bei der Aufstellung seines Verzeichnisses ebenso wie Ptolemaios die Tagesdauer im Sommersolstitium

---

[637] Siehe Kap. 6.4 Mögliche Standortbestimmungen durch Pytheas.
[638] Ptol. alm. II 6. 2–39 (Manitius I, 71–80; Heiberg I, 104–117).
[639] Es muss allerdings berücksichtigt werden, dass Strabon vermutlich bei der Umrechnung von Grad in Stadien die Entfernungen auf volle 100 Stadien rundete. Die von Hipparchos angegebenen Maße können sich deshalb im ungünstigsten Fall um ungefähr 4 Minuten von den durch Rückrechnung ermittelten Gradwerten unterscheiden. Als ein typisches Beispiel für die Übereinstimmung der Daten des Hipparchos mit denen des Ptolemaios sei der Parallelkreis herangezogen, auf dem der längste Tag 14¼ Stunden dauert. Nach Strabon/Hipparchos (siehe C 134, 2.5.39) liegt dieser Parallelkreis 1.600 Stadien weiter nördlich von Alexandria, das selbst 21.800 Stadien vom Äquator entfernt ist (Strabon schätzt C 133, 2.5.35 die Entfernung des nubischen Meroë vom Äquator auf 11.800 Stadien und C 133, 2.5.36 die Entfernung von Meroë bis Alexandria auf 10.000 Stadien), und hat deshalb von diesem einen Abstand von 1.600 + 21.800 = 23.400 Stadien. Daraus ergibt sich die zugehörige Breite (700 Stadien auf 1° gerechnet) zu 33°26'. Er verläuft durch die Gegend der einander benachbarten Städte Ptolemais (heute Akkon), Tyros und Sidon (Ἐν δὲ τοῖς περὶ Πτολεμαΐδα τὴν ἐν τῇ Φοινίκῃ καὶ Σιδῶνα καὶ Τύρον). Ptolemaios berechnet (Ptol. alm. II 6. 10 (Manitius I, 74; Heiberg I, 109)) für denselben Parallelkreis eine Breite von 33°18' und stellt fest, dass er mitten durch Phönizien geht (γράφεται διὰ Φοινίκης μέσης).

in bestimmten Intervallen schrittweise vorgab und daraus dann – er muss über einen mathematischen Apparat verfügt haben, der dem des Ptolemaios gleichwertig war – die zugehörige geographische Breite berechnete.[640] Die Differenzen zwischen den von Hipparchos und Ptolemaios errechneten Breitenwerten ist darauf zurückzuführen, dass beide Astronomen geringfügig unterschiedliche Werte für die Schiefe ε der Ekliptik benutzten. Aubrey Diller hat untersucht, mit welchen ε-Werten sich die Breiten des Auszuges Strabons am besten reproduzieren lassen und hat festgestellt, dass für die

---

[640] Dass Hipparchos in der Lage gewesen sein muss, geographische Breiten aus den solstitialen Tageslängen zu berechnen, lässt sich aus dem Ergebnis eines interessanten, von A Szabo durchgeführten numerischen Experimentes erschließen (A. Szabo, Geozentrisches Weltbild, 232–237; A. Szabo/E. Maula, Enklima, 151–155). Szabo bezieht sich dabei auf eine Stelle aus Hipparchs einzig vollständig erhaltenem Werk, dem Kommentar zu den Phainomena des Aratos, in der einer Tagesdauer im Sommersolstitium von 14 Stunden und 36 Minuten (143/5 h) eine Polhöhe und damit eine geographische Breite von ungefähr 37° (ὡς ἔγγιστα) und ferner einer Tagesdauer von 15 Stunde eine Polhöhe und damit eine geographische Breite von ungefähr 41° zugeordnet wird. (Hipparchi in Arati, Lib. I. Cap. III § 5–7, Manitius S. 26). Szabo ermittelte nämlich, und zwar nur unter Zugrundelegung der in der Syntaxis des Ptolemaios beschriebenen Methoden und unter Anwendung der Sehnentafel des Ptolemaios aus der oben erwähnten Dauer des längsten Tages von 14 Stunden und 36 Minuten die Höhe des Himmelspoles und erhielt dafür in völliger Übereinstimmung mit der Aussage Hipparchs einen zwischen 36°45' und 37° liegenden Wert und für die Tagesdauer von 15 Stunden einen zwischen 40°30' und 40°45' liegenden Wert. Bei der Rechnung benutzte Szabo den Näherungswert von 24° für die Schiefe der Ekliptik. Die von Hipparch behauptete Polhöhe von 41° findet sich übrigens auch in dem Breitenverzeichnis des Ptolemaios (Ptol. alm. II 6. 13 (Manitius I, 75; Heiberg I, 109)) und zwar heißt es dort: „Der dreizehnte Parallel ist derjenige, auf welchem der längste Tag 15 Äquinoktialstunden hat. Er hat vom Äquator 40°56' Abstand und geht durch den Hellespont". Allein schon diese Übereinstimmung zwischen der Aussage Hipparchs und der Berechnung des Ptolemaios legt die Vermutung nahe, dass Hipparch sich im wesentlichen derselben Rechenmethoden wie Ptolemaios bedient haben muss. Wahrscheinlich waren ihm bereits die Theoreme bekannt, die der im 1. nachchristlichen Jahrhundert wirkende Mathematiker Menelaos von Alexandria im 3. Buch seiner Sphaerica über Kugeldreiecke entwickelt hatte (siehe Anm. 625). Auf jeden Fall verfügte Hipparchos wie Ptolemaios über eine Sehnentafel zur numerischen Auswertung seiner Formeln, denn der Mathematiker Theon von Alexandria (4. Jahrhdrt. n. Chr.) berichtete in seinem Kommentar zur Syntaxis des Ptolemaios im Zusammenhang mit dessen Sehnentafel, Hipparchos habe eine Sehnentafel in 12 Büchern verfaßt und der oben erwähnte Menelaos eine solche in 6 Büchern (T. Heath, Greek Mathematics II, 257).

meisten Parallelkreise dieser Wert bei 23°40' liegt.⁶⁴¹ Das ist eine erstaunlich genaue Näherung für die zur Zeit des Hipparchos um 150 v. Chr. bestehende Schiefe der Ekliptik, die damals 23°42'55" betrug.⁶⁴² Ptolemaios rechnete dagegen mit dem oben angegebenen Wert von 23°51'20".

Dass es sich insbesondere bei den Breiten der nördlich von Byzantion verlaufenden Parallelkreise um Rechenwerte und nicht um astronomische Messwerte handeln muss, geht übrigens auch schon daraus hervor, dass diesen Kreisen zwar den solstitialen Tageslängen genau korrelierte Breiten, aber keine geographisch fixierbaren und bekannten Orte zugeordnet werden, vielmehr wird nur in ganz allgemeinen Wendungen wie z. B. „in den Gegenden um den Borysthenes und die südlichen Teile der Maeotis" (περὶ Βορυσθένη καὶ τῆς Μαιώτιδος τὰ νότια) oder „die Gegenden nördlich der Maeotis" (βορειοτέροις οὖσι τῆς Μαιώτιδος) angedeutet, durch welche Regionen sie ihren Verlauf nehmen. Niemand wird in diesen Regionen, geschweige denn auf den nördlich davon bereits in Skythien gelegenen Parallelkreisen, die ja sehr wahrscheinlich auch in Hipparchs Breitentabelle noch verzeichnet waren, derart genaue astronomische Messungen vorgenommen haben.

Es ist übrigens auffallend und bemerkenswert, dass auch Ptolemaios ebenso wie Stabon/Hipparchos (siehe Tabelle 1) die Parallelkreise, auf denen der längste Tag 18 bzw. 19 Äquinoktialstunden dauert, mit den britannischen Inseln in Beziehung setzt. Den ersten legt Ptolemaios wie Hipparchos auf eine Breite von 58° und stellt ohne genauere Ortsangaben fest, dass er durch die südlichen Teile von „Klein Brettania" geht (γράφεται διὰ τῶν νοτίων τῆς μικρᾶς Βρεττανίας), und den zweiten legt er wiederum wie Strabon/Hipparchos auf eine Breite von 61° und läßt ihn durch die nördlichen Teile von „Klein Brettania" verlaufen (γράφεται διὰ τῶν βορείων τῆς μικρᾶς Βρεττανίας).⁶⁴³ In diese Gegenden verlegt Ptolemaios auch noch einige weitere Breitenkreise. So geht der in der fortlaufenden Nummerierung seines insgesamt 39 Parallelkreise

---

⁶⁴¹ A. Diller, Geographical Latitudes in Hipparchus, 266. Siehe auch D. Shcheglov, Hipparchus' Table, 178.

⁶⁴² R. D. Dicks, Hipparchus, 168.

⁶⁴³ Ptol. alm. II 6.25/27 (Manitius I 77/78; Heiberg I, 113/114). Unter Kleinbrettania versteht Ptolemaios hier Irland. Siehe G. J. Toomer, Ptolemy's Almagest, 88 n 59: „By 'Great Brittania' and 'Little Brittania' Ptolemy refers to the two principal islands of the British isles, namely modern Great Britain (England, Wales and Scotland) and Ireland".

umfassenden Verzeichnisses als der „neunzehnte" bezeichnete Kreis, auf dem der längste Tag eine Dauer von 16½ Stunden hat (ιθ'. ἐννεακαιδέκατός ἐστιν παράλληλος, καθ' ὃν ἂν γένοιτο ἡ ἡμέρα ὡρῶν ἰσμερινῶν ις L'), durch die südlichsten Teile von Brettania (γράφεται διὰ τῶν νοτιωτάτων τῆς Βρεττανίας), und die Parallelkreise, auf denen die längsten Tage jeweils 17¼, 17½ und 17¾ Stunden dauern, zieht Ptolemaios durch in „Groß Brettania" (τῆς μεγάλης Βρεττανίας) gelegene Regionen. In Hinblick darauf, dass Ptolemaios diese Breitenkreise durch Britannien zieht, hält es der Wissenschaftshistoriker A. Szabo sogar für möglich, dass sich in diesem Teil des Breitenverzeichnisses der Einfluss des Reiseberichts des Pytheas noch bemerkbar mache, und stellt fest: „Man findet nördlich vom ‚neunzehnten Parallel' Ortsnamen, die wohl auf die Reise des Pytheas hinweisen."[644] Diese Vermutung erscheint auf den ersten Blick nicht unplausibel, doch kann Ptolemaios seine Kenntnisse über Britannien und die umgebenden Inseln natürlich auch jüngeren Quellen entnommen haben. Zu der Zeit, als er seine *Syntaxis* verfasste,[645] war Britannien ja bereits seit mindestens hundert Jahren römische Provinz,[646] und auch die kriegerischen Unternehmungen des Gnaeus Julius Agricola – von 77 bis 84 römischer Statthalter in Britannien – gegen die Kaledonier, die im heutigen Schottland siedelten, lagen schon Jahrzehnte zurück. So kann z. B. der Geograph Marinos von Tyros, dessen Wirken in das 1. Drittel des 2. Jhdt. n. Chr. zu setzen ist,[647] als einer der Autoren namhaft gemacht werden, deren Schriften Ptolemaios Informationen über Britannien, Irland und die umgebenden Inseln entnommen hat, denn wenn es sich bei Marinos, wie K. Geus vermutet,[648] tatsächlich um L. Iulius Marinus Caecilius Simplex handelt, den Suffektconsul des Jahres 101, dann war ihm sicherlich das in den römischen Archiven bezüglich Britanniens und dessen Umgebung zusammengetragene Datenmaterial zugänglich. Ptolemaios bezeichnet Marinos in der zeitlich nach der *Syntaxis* enstandenen *Geographike Hyphegesis* als seinen Vorgänger (Ptol. geogr. 1.6.1 (Stückelberger I, 66)) der sich als letzter mit Kartographie

---

[644] A. Szabo, Das geozentrische Weltbild, 186.
[645] Unter der Regierung des Antoninus Pius oder später, denn Ptolemaios erwähnt in der Syntaxis eine astronomische Beobachtung, die im Jahre 141 stattfand. Ptol. alm. IX 7 (Manitius II, 131; Heiberg II, 264).
[646] Seit der Eroberung durch Kaiser Claudius im Jahre 43.
[647] F. Lasserre, KlP 3, 1979, 1027–1029, s. v. Marinos von Tyros.
[648] K. Geus, Wer ist Marinos von Tyros? Geographia Antiqua 2017, 13–23.

und der Sammlung geographischer Daten befasst habe (Δοκεῖ δὴ Μαρῖνος ὁ Τύριος ὕστατος τε τῶν καθ' ἡμᾶς πάσης σπουδῆς ἐπιβαλεῖν τῷ μέρει τούτῳ [...].), und gibt ihn ferner an verschiedenen weiteren Stellen als seine Quelle an. Dass Marinos über geographische Daten bezüglich des von Ptolemaios als „Kleinbrettania" bezeichneten Irland verfügt haben muss, geht aus einer Stelle der *Geographike Hyphegesis* hervor. Ptolemaios bemerkt dort, Marinos habe generell den Berichten von Kaufleuten mißtraut und moniert, dass der Geograph Philemon[649] die Ausdehnung Irlands in ost-westlicher Richtung aufgrund der Angaben von Handelsreisenden falsch ermittelt habe. Ptolemaios schreibt (Ptol. geogr. 1.11. 7–8, Stückelberger I, 84)):

> Ἔοικε δὲ καὶ αὐτὸς ἀπιστεῖν ταῖς τῶν ἐμπορευομένων ἱστορίαις. Τῷ γοῦν τοῦ Φιλήμονος λόγῳ, δι' οὗ τὸ μῆκος τῆς Ἰουερνίας νήσου τὸ ἀπ' ἀνατολῶν ἐπὶ δυσμὰς ἡμερῶν εἴκοσι παραδέδωκεν, οὐ συγκατατίθεται διὰ τὸ φάναι αὐτὸν ὑπὸ ἐμπόρων ἀκηκοέναι· τούτους γὰρ φησι μὴ φροντίζειν τὴν ἀλήθειαν ἐξετάζειν. ἀσχολουμένους περὶ τὴν ἐμπορίαν, πολλάκις δὲ καὶ αὔζειν μᾶλλον τὰ διαστήματα δι' ἀλαζονείαν.

Es scheint, dass Marinos selbst auch sonst den Berichten von Handelsreisenden misstraut hat. Jedenfalls stimmt er der Berechnung des Philemon nicht zu, der zufolge die Ost-West-Ausdehnung Irlands 20 Tagesmärsche betragen soll, da Philemon eingestehe, er habe die Angabe von Händlern; diese aber, sagt Marinos, kümmerten sich nicht darum, den wahren Sachverhalt in Erfahrung zu bringen, da sie sich mit den Handelsgeschäften beschäftigten und zudem gerne die Distanzen aus Prahlerei übertrieben. [Übersetzung Stückelberger I, 85]

6.3.4 Hipparchos' Breitentabelle und die Insel Thule

Wie oben (Kap. 6.3.2) dargelegt, beendete Strabon seinen C 132, 2.5.34– C 135, 2.5.43 beschriebenen, 13 Parallelkreise umfassenden Auszug aus dem Breitenverzeichnis des Hipparchos mit dem nördlich des

---

[649] Philemon gilt als Verfasser einer verlorengegangenen Schrift über den europäischen Norden, die u. a. von Irland, den jütländischen Kimbern und dem Bernstein der Nordsee handelte (H. A. Gärtner, DNP 9, 2000, 786, s. v. Philemon 6). Über seine Lebensdaten ist nichts bekannt. Plinius erwähnt ihn 4, 95; 37, 33 und 36 sowie im Autorenregister zum zehnten Buch seiner Naturalis Historia, sodass sein Wirken spätestens in die Zeit der Flavischen Kaiser fiel. Nach E. Norden, Philemon, der Geograph, 192/193, war er „frühestens ein Zeitgenosse Strabos", und D. Detlefsen, Die Entdeckung des germanischen Nordens im Altertum, 23, setzt sein Wirken in die Zeit um 100 v. Chr.

Maeotis-Sees verlaufenden Breitenkreis, auf dem die Dauer des längsten Tages 17 Äquinoktialstunden betrug. Er begründete dies damit, dass die jenseits davon gelegenen Gegenden wegen der Kälte unbewohnbar und deshalb für den Geographen ohne Belang seien (Τὰ δ' ἐπέκεινα, ἤδη πληζιάζοντα τῇ ἀοικήτῳ διὰ ψύχος, οὐκέτι χρήσιμα τῷ γεωγράφῳ ἐστίν). Hipparchs Tabelle enthielt aber noch mindestens zwei weitere im Norden verlaufende Parallelkreise, auf denen der längste Tag 18 bzw. 19 Stunden dauerte, denn Strabon bediente sich dieser Kreise bei seinem Beweis gegen Hipparchos. Vermutlich führte aber Hipparchos sein Verzeichnis sogar noch über diese Breiten hinaus, denn wenn Strabon seinen Lesern empfahl, hinsichtlich des von ihm weggelassenen Teils der Breitentabelle des Hipparchos dessen Schrift direkt zu konsultieren (ὁ βουλόμενος καὶ ταῦτα μαθεῖν καὶ ὅσα ἄλλα τῶν οὐρανίων Ἵππαρχος μὲν ἔρεκεν, ἡμεῖς δὲ παραλείπομεν διὰ τὸ τρανότερα εἶναι τῆς νῦν προκειμένης πραγματείας, παρ' ἐκείνου λαμβανέτω), dann hatte er dabei wohl nicht nur jene letzten beiden Parallelkreise im Auge, sondern dachte an noch weiter nördlich vielleicht bis zum Pol sich erstreckende Gebiete. Es ist nun schwer vorstellbar, dass Hipparchos in dem von Strabon übergangenen Teil seiner Breitentafel nicht auch denjenigen Parallelkreis verzeichnet haben sollte, auf dem die Dauer des längsten Tages genau 24 Äquinoktialstunden beträgt, und damit erhebt sich die Frage, ob Hipparchos ebenso wie Eratosthenes die Existenz von Thule anerkannte und diesen Kreis durch jene Insel verlaufen ließ. Einige Historiker der antiken Geographie haben es für möglich gehalten, dass Hipparchos dies wirklich getan hat. E. H. Bunbury z. B. glaubt, dass Strabon, der Thule bei jeder passenden Gelegenheit als ein erfundenes Land bezeichnete, es nicht unterlassen hätte zu erwähnen, dass ein so renommierter Gelehrter wie Hipparchos nicht an die Existenz Thules geglaubt habe: „Strabo could hardly have failed to mention the confirmation of his own doubts by so high an authority."[650] Dieses Argument kann allerdings auch umgekehrt werden. Hätte Hipparchos wirklich Thule in sein Verzeichnis aufgenommen, so hätte es Strabon sicherlich nicht an scharfer Kritik fehlen lassen, wie er sie ja auch in Bezug auf Thule an Eratosthenes geübt hatte. Es wäre auch unverständlich, warum er den an den nördlichen Regionen interessierten Lesern seiner *Geogaphika* das Studium dieses Teiles der Tafel des Hipparchos empfahl, wenn dort so eklatant gegen das von Strabon vertretene

---

[650] E. H, Bunbury, Ancient Geography II, 10, n. 5.

Bild der Oikumene verstossen worden wäre. Es hat demnach den Anschein, als habe Hipparchos die Thule des Pytheas/Eratosthenes tatsächlich nicht in sein Breitenverzeichnis aufgenommen. Das bedeutet allerdings nicht, dass er sein Verzeichnis nicht bis zum Polarkreis und sogar darüber hinaus fortgeführt hätte. Auch der im 1. Jahrhundert v. Chr. wirkende Astronom Geminos, dem die Schrift des Hipparchos sicherlich bekannt war, kommt, ohne Thule zu erwähnen, auf den Parallelkreis zu sprechen, auf dem der längste Tag 24 Stunden beträgt und der arktische Kreis mit dem sommerlichen Wendekreis zusammenfällt. Auch Ptolemaios bringt diesen Parallelkreis nicht mit Thule in Verbindung, sondern bei ihm liegt diese Insel auf dem Parallelkreis, auf dem der längste Tag eine Dauer von 20 Stunden hat. Er hatte hierbei offensichtlich den Archipel der Shetland Inseln im Auge, den die Flotte des Agricola entdeckt und mit Thule identifiziert hatte.[651]

6.4 Mögliche Standortbestimmungen durch Pytheas
6.4.1 Reisezeit und Reisedauer

Im Folgenden wird untersucht, welche Möglichkeiten für Pytheas bestanden, in den nordischen Breiten Messungen zur Bestimmung seines Standortes unter den zu seiner Zeit herrschenden Bedingungen einer Land- und Seereise vorzunehmen und die so gewonnenen Daten in geeigneter Weise rechnerisch auszuwerten.

Geht man vom Wortlaut der obigen Textstelle C 75, 2.1.18 aus (Tabelle 1, Zeilen 3 und 4), dann hat Pytheas an wenigstens zwei Sommersolstitien die Tageslänge und jeweils auf denselben geographischen Breiten auch an zwei Wintersolstitien die Sonnenhöhe ermittelt, sodass sich seine Reise, wie R. D. Dicks feststellt, über viele Monate erstreckt haben muss,[652] und auch D. Roller vermutet, dass sich Pytheas länger als ein Jahr in Britannien aufgehalten haben könnte.[653] C. R. Markham veranschlagte sogar eine Reisedauer von nicht weniger als sechs Jahren.[654]

---

[651] Tac. Agr. 10. 4.
[652] R. D. Dicks, Hipparchus, 186.
[653] D. Roller, Through the Pillars, 74.
[654] C. R. Markham, Pytheas, the Discoverer of Britain, The Geographical Journal, Vol. 1, No. 6 (June 1893), 519.

Viel wahrscheinlicher aber ist es, dass er nicht mehrere Jahre unterwegs war, sondern seine Fahrt nach Britannien in der kurzen Spanne während der Sommermonate um die Sonnenwende unternommen hat. Diese Vermutung liegt nahe, wenn man bedenkt, dass es Pytheas bei seiner Expedition in den Norden in der Hauptsache um die Klärung wissenschaftlicher Fragen ging, die sich im Zusammenhang mit der damals neuen Lehre von der Kugelgestalt der Erde ergaben. Pytheas konnte nämlich, wie weiter unten dargelegt wird, alle hierfür erforderlichen Untersuchungen mit den ihm zu Gebote stehenden Instrumentarium bequem während eines einzigen Sommers durchführen, ohne jedesmal die Solstitien abwarten zu müssen, und eine oder mehrere Überwinterungen wären deshalb nicht nötig gewesen. Daraus folgt dann übrigens ein weiteres Mal, dass, wie bereits oben aus anderen Gründen erläutert, die von Strabon mitgeteilten winterlichen Sonnenhöhe nicht von Pytheas gemessen worden sein können, sondern dass sie vielmehr von Hipparchos berechnet wurden.

6.4.2 Pytheas und die Lehre von der Kugelgestalt der Erde
6.4.2.1 Das geozentrische Weltsystem

Die Lehre von der Kugelgestalt der Erde eröffnete nach den Spekulationen vergangener Jahrhunderte erst den Gelehrten des Zeitalters des Pytheas ein ganz neues Weltbild, und tatsächlich scheint die Idee einer im Zentrum des Kosmos ruhenden kugelförmigen Erde, um die sich das Himmelsgewölbe, die Sonne und die Gestirne bewegen, nicht vor der zweiten Hälfte des 4. Jahrhunderts zu einer wirklich gut begründeten Theorie entwickelt worden zu sein. Jedenfalls findet sich die früheste in der antiken Literatur überlieferte Beschreibung dieses geozentrischen Weltsystems erst bei Aristoteles im zweiten Buch seines Traktates *De caelo*.[655]

In diesem System, bei der die im Zentrum ruhende Erdkugel von der Sonne innerhalb eines Jahres auf einer in Bezug auf den Himmelsäquator „schiefen" Bahn, der sogenannten Ekliptik, umlaufen wird, konnte man ebenso gut wie im modernen heliozentrischen Weltsystem alle jene Erscheinungen erklären, die durch die jahreszeitliche, von Ort zu Ort veränderliche Sonneneinstrahlung hervorgerufen werden. So ließ sich z. B. theoretisch ableiten, dass die sommerlichen Tageslängen zunehmen und die Nachtlängen entsprechend abnehmen

---

[655] Aristot. cael. II, 13, 14.

mussten, je weiter man nach Norden fortschritt, und auch die am Polarkreis auftretende Mittsommernacht sowie das in den Polarregionen monatelange Verweilen der Sonne über dem Horizont ließen sich im geozentrischen System völlig korrekt erklären und später auch quantitativ berechnen.[656] Diese auf theoretischem Wege gewonnenen Erkenntnisse mussten aber den Zeitgenossen des Pytheas höchst ungewöhnlich und neuartig erscheinen, denn es gibt in der gesamten antiken Literatur keinerlei Hinweise darauf, dass die Griechen vor der Fahrt des Pytheas Kenntnis vom tatsächlichen Auftreten dieser Phänomene im hohen Norden besassen, wenn man einmal von vereinzelten sagenhaften Andeutungen über lange Winternächte bei den Skythen und anderen Völkern des Nordens absieht.[657] Es ist deshalb nicht verwunderlich, wenn ein unternehmerisch veranlagter und mit dem neuen wissenschaftlichen Weltbild vertrauter Geist die Herausforderung verspürte, diese seltsamen von der Theorie vorausgesagten Phänomene vor Ort zu studieren und zu überprüfen, und ebendies wird einer der Beweggründe gewesen sein, die Pytheas zu seiner Fahrt in den Norden veranlasst haben könnte.[658] Ein weiteres damit zusammenhängendes Motiv für eine derartige Unternehmung war vermutlich auch der Wunsch zu erkunden, wo die nördliche Grenze der Oikumene lag und die sogenannte „erfrorene Zone" (κατεψυγμένη ζώνη) begann, eine Frage, die in der antiken Geographie immer wieder erörtert wurde.

Es stellte sich dann die Frage, in welchen Gegenden derartige Untersuchungen vorgenommen werden sollten. In dieser Hinsicht hatte Pytheas seine Expedition sorgfältig geplant, denn er wählte die nördlichen Breiten Britanniens als Standorte für seine weiter unten beschriebenen Messungen aus. Ihm muss bekannt gewesen sein, dass sich die Insel einerseits weit in den Norden erstreckte, andererseits aber leicht von den Häfen Galliens zu Schiff zu erreichen war, und dass ihre Küsten bereits seit langem von der einheimischen Schifffahrt gut erschlossen waren.[659] Wenn Pytheas gelegentlich in der Literatur als der „Entdecker Britanniens" bezeichnet

---

[656] Ptol. alm. II 6. 33–39 (Manitius I, 78–80; Heiberg I, 115–117).
[657] Vgl. Rausch, Bilder des Nordens, 170.
[658] Vgl. F. Gisinger, Pytheas, 318; H. Berger, Wissenschaftliche Erdkunde, 334.
[659] E. G. Bowen, Britain and the Western Seaways, 26–42; D. Ellmers, Seewege, 79.

wird,⁶⁶⁰ so trifft das im eigentlichen Wortsinne nicht zu, und es kann sein, dass er Vorgänger hatte, die bis in diese Regionen vorgedrungen waren.⁶⁶¹

Für die erfolgreiche Durchführung eines derartigen wissenschaftlichen Unternehmens waren gute astronomische Kenntnisse erforderlich und der Einsatz astronomischer Messmethoden zur Bestimmung des jeweils auf dem Weg nach Norden erreichten Standortes und des dabei zurückgelegten Weges wünschenswert. Pytheas brachte in dieser Hinsicht sehr gute Voraussetzungen mit, denn er war nicht nur ein auf dem Gebiet der Astronomie anerkannter Gelehrter, was sogar Strabon, einer seiner schärfsten Kritiker, wenn auch widerwillig, anerkennen musste,⁶⁶² sondern er hatte auch praktische Erfahrungen bei astronomischen Arbeiten sammeln können. In der antiken Literatur haben sich nämlich zwei Berichte erhalten, aus denen hervorzugehen scheint, dass Pytheas selbst astronomische Messungen durchgeführt hat, und zwar handelt der eine von der Lage des Poles auf der nördlichen Himmelskugel und der andere von einer offenbar zur Bestimmung der geographischen Breite Massalias vorgenommenen Gnomonmessung.

6.4.2.2 Bestimmung der Lage des Himmelspoles

Dass sich Pytheas mit der Frage nach der Lage des Himmelspoles befasst hat, kann aus einer Stelle aus dem Kommentar des Hipparchos zu den *Phainomena* des Aratos geschlossen werden, in der es heißt:⁶⁶³

> Περὶ μὲν οὖν τοῦ βορείου πόλου Εὔδοξος ἀγνοεῖ λέγων οὗτος· „ἔστι δέ τις ἀστὴρ μένων ἀεὶ κατὰ τὸν αὐτὸν τόπον· οὗτος δὲ ὁ ἀστὴρ πόλος ἐστί τοῦ κόσμου". ἐπὶ γὰρ τοῦ πόλου οὐδὲ εἷς ἀστὴρ κεῖται, ἀλλὰ κενός ἐστι τόπος, ᾧ παράκεινται τρεῖς ἀστέρες, μεθ' ὧν τὸ σημεῖον τὸ κατὰ τὸν πόλον τετράγωνον ἔγγιστα σχῆμα περιέχει, καθάπερ καὶ Πυθέας φησὶν ὁ Μασσαλιώτης.

> Was den nördlichen Pol anbelangt, so befindet sich Eudoxos im Irrtum, wenn er sagt „es gibt einen Stern, der immer an derselben Stelle bleibt. Dieser Stern ist der Pol des Kosmos." Am Pol steht nämlich kein Stern, sondern dort ist ein leerer Raum, in dessen Nähe drei Sterne stehen, mit denen der Punkt am Pol ungefähr die Figur eines Vierecks bildet, eine Behauptung, die auch Pytheas von Massalia aufstellt. [Übersetzung C. Manitius]

---

⁶⁶⁰ Markham, Pytheas, the Discoverer of Britain, 504–524.
⁶⁶¹ Vgl. R. Dion, Pythéas Explorateur, 192 : „Pythéas, sur les voies où il s'est avancé, a eu – cela ne peut faire de doute – des devanciers dont l'expérience l'a instruit et guidé."
⁶⁶² Strab. C 201, 4.5.5; C 295, 7.3.2.
⁶⁶³ Hipparchi in Arati, Lib. I. Cap. IV § 1 (Manitius S. 30).

Hipparchos tadelt hier Eudoxos,[664] weil dieser fälschlicherweise behauptet habe, dass ein bestimmter Stern die Lage des Himmelspols kennzeichne, während in Wirklichkeit diese Stelle am Firmament leer sei, doch bilde der Pol mit drei benachbarten Sternen ein Viereck, was auch Pytheas festgestellt habe. Tatsächlich befand sich in den letzten vorchristlichen Jahrhunderten infolge der Präzession der Äquinoktien kein markantes Himmelsobjekt in der Nähe des Pols, und α-Ursus, der heutige Polarstern, war ca. 12° vom Pol entfernt. Die drei Sterne, mit denen zusammen der Pol damals ein Viereck bildete, werden in der Forschung mit den Sternen κ, α im Sternbild Drache und β im Sternbild des Kleinen Bären identifiziert.[665]

Nun geht zwar aus dem obigen Zitat nicht hervor, auf welche Weise Pytheas zur Erkenntnis des leeren Himmelspoles gelangte, doch ist es sehr wahrscheinlich, dass er durch eigene Messungen dazu kam. Bei dem von ihm dabei benutzten Gerät könnte es sich um eine Dioptra gehandelt haben, deren prinzipielle Wirkungsweise z. B. von James Evans beschrieben worden ist.[666] Es bestand im Wesentlichen aus einem Sehrohr, das um eine Achse schwenkbar war, die sich ihrerseits verstellen ließ. Diese Achse konnte ein Beobachter in Richtung auf den Himmelspol positionieren, indem er mit dem Sehrohr dem Umlauf der Zirkumpolarsterne folgte. An ein derartiges Gerät dachte vielleicht Geminos, ein im ersten vorchristlichen Jahrhundert schreibender Verfasser eines astronomischen Handbuchs (siehe Anm. 501), der im Zusammenhang mit der täglichen Drehung des Weltalls von Ost nach West auf einen speziellen Diopter zu sprechen kommt, mit dem die Rotation der Gestirne verfolgt werden könne. Geminos schreibt:[667]

ἔτι δὲ καὶ διὰ τῶν διόπτρων θεωρούμενοι πάντες οἱ ἀστέρες φαίνονται ἐγκύκλιον ποιούμενοι τὴν κίνησιν ἐν ὅλῃ τῇ περιαγωγῇ τῶν διόπτρων.

Ferner aber halten auch, durch die Absehrohre beobachtet, alle Sterne bei einer ganzen Drehung der Absehrohre sichtlich eine kreisförmige Bewegung ein. [Übersetzung C. Manitius]

---

[664] Eudoxos von Knidos (ca. 400–ca. 347), berühmter Astronom und Mathematiker. Siehe G. L. Huxley, Dictionary of Scientific Biography 4, ed. Ch. C. Gillispie, New York 1981, 467, s. v. Eudoxos.
[665] K. Müllenhoff, Deutsche Altertumskunde I, 234 Anm. 1.
[666] James Evans, The History and Practice of Ancient Astronomy, 36, Fig. 1. 23.
[667] Gemin. Isagoge 12. 4.

KAPITEL 6

Die genaue Bestimmung des Himmelspoles war für Pytheas natürlich u. a. auch in Hinblick auf seine geplante Fahrt von Interesse, denn er konnte sich aus dem geozentrischen Weltbild leicht ableiten, dass der Winkel, um den sich der Pol für einen bestimmten Beobachter über den Horzont erhob, genau der geographischen Breite desjenigen Ortes entsprach, auf der sich dieser Beobachter jeweils befand. Durch Anvisieren des Poles hätte sich Pytheas also jederzeit ein Bild über den Fortschritt seiner Fahrt in Richtung Norden machen können, und einige Forscher glaubten auch, dass Pytheas auf seiner Fahrt die geographische Breite seines jeweiligen Standortes durch Messung der Höhe der Himmelspoles über dem Horizont ermittelt habe.[668] Nun wird Pytheas aber, wenn es sein Ziel war, die Lichtphänomene der Mittsommernacht vor Ort zu beobachten, seine Fahrt so geplant haben, dass er sich zur Sommersonnenwende soweit wie möglich im Norden befand. In dieser Zeit sind aber dort die Nächte so hell, dass es zweifelhaft erscheint, ob Pytheas den Pol, zumal dieser durch kein markantes Objekt gekennzeichnet war, mit Hilfe seiner Geräte hätte ausfindig machen können.

6.4.2.3 Breitenmessung mit Hilfe des Gnomons

Es gab aber für Pytheas noch andere Möglichkeiten, die jeweils von ihm auf seiner Fahrt erreichte geographische Breite zu bestimmen. Dazu zählte auf jeden Fall die Messung der Sonnenhöhe unter Einsatz eines Gnomons. Bei diesem Verfahren wird der Gnomon, ein schlanker Stab, senkrecht in eine ebene Fläche eingepflanzt und der Schatten gemessen, den der Gnomon zur Mittagsstunde auf diese Fläche wirft. Aus dem Verhältnis von Schattenlänge zu Gnomonlänge lässt sich dann der Zenitwinkel ζ der Sonne ermitteln und nach Addition der Sonnendeklination δ zum Zeitpunkt der Messung (Winkelabstand der Sonne vom Himmelsäquator) dann auch die geographische Breite φ aus der Beziehung $\varphi = \zeta + \delta$ (Abb. 5) bestimmen.[669] Pytheas scheint, wie bereits oben Kap. 3.4.2.1.1 erwähnt, eine derartige Messung in

---

[668] Vgl. G. Hergt, Die Nordlandfahrt des Pytheas, 50; Bessel, Über Pytheas von Massilien, Göttingen 1838, 53.

[669] Die Sonnendeklination beträgt zu den Tages- und Nachtgleichen 0° und steigt im Sommersolstitium bis auf ihren Höchstwert, der heute 23°26' beträgt. Im Winter kehrt sich der Verlauf um, und die Deklination fällt im Solstitium auf ihren niedrigsten Wert von -23°26'. Zur Zeit des Hipparchos betrugen die Extremwerte der Sonnendeklination +23°43' und -23°43'.

Massalia vorgenommen und ein Schattenverhältnis von 41:120 gefunden zu haben,[670] das rechnerisch auf einen Zenitwinkel von 19°11'18" führt. Die Messung erfolgte, was Strabon, der darüber berichtet hat, zwar nicht erwähnt, aber aus dem o. g. Schattenverhältnis abgeleitet werden kann, genau zur Zeit des Sommersolstitiums. Zu diesem Zeitpunkt nimmt die Sonne ihren Höchststand ein, und die im Jahresverlauf von Tag zu Tag veränderliche Sonnendeklination nimmt damit ihren größten Wert an, der als die *Schiefe der Ekliptik* oder auch als *Ekliptikwinkel* bezeichnet wird. Diese Größe unterliegt im Laufe der Zeit kleinen Schwankungen und betrug um die Wende vom 4. zum 3. Jahrhundert 23°42'55",[671] sodass sich die Breite Massalias aus dieser Messung zu 19°12'18" + 23°42'55" = 42°55'13" ergeben haben würde.[672] Es ist allerdings in der Forschung umstritten, ob Pytheas, dessen Wirken in das letzte Drittel des 4. Jahrhunderts oder spätestens in den Anfang des 3. Jahrhunderts gelegt wird, bereits Winkel im Gradmaß berechnen konnte. Arpad Szabo, der sich eingehend mit der frühen Astronomie und Mathematik der Griechen befasst hat, hält es für wahrscheinlich, dass Pytheas dazu in der Lage gewesen ist und zur Winkelberechnung wie später Hipparchos und Ptolemaios spezielle Sehnentafeln benutzte, die im wesentlichen dasselbe leisteten wie die heute üblichen modernen trigonometrischen Funktionen.[673] Andere Forscher wie beispielsweise R. D. Dicks oder A. Rehm haben jedoch darauf hingewiesen, dass nach antiker Überlieferung der anderthalb Jahrhunderte nach Pytheas lebende Hipparchos der erste gewesen ist, der das auf der Einteilung des Kreises in 360° beruhende Winkelmaß konsequent bei der Winkelberechnung anwandte.[674] Vor seiner Zeit seien Winkel nur als Bruchteile eines rechten Winkels oder eines Tierkreiszeichens oder auch als Bruchteile des Vollkreises charakterisiert worden.[675]

---

[670] Strab. C 134, 2.5.41. Diesen von Pytheas für Massalia ermittelten Wert gibt Hipparchos für Byzantion an.
[671] R. D. Dicks, Hipparchus 168.
[672] Nach Korrektur um den halben Sonnendurchmesser von 16' ergibt sich die von Pytheas gemessene Breite Massalias zu 43°10'13". Sie weicht damit nur um wenige Bogenminuten von der tatsächlichen Breite ab.
[673] A Szabo, Geozentrisches Weltbild, 320/328.
[674] A. Rehm, RE VIII, 1913, 1672, s. v. Hipparchos; R. D. Dicks, Hipparchus, 149.
[675] R. D. Dicks, Solstices, JSTOR 86 (1966), 28.

KAPITEL 6

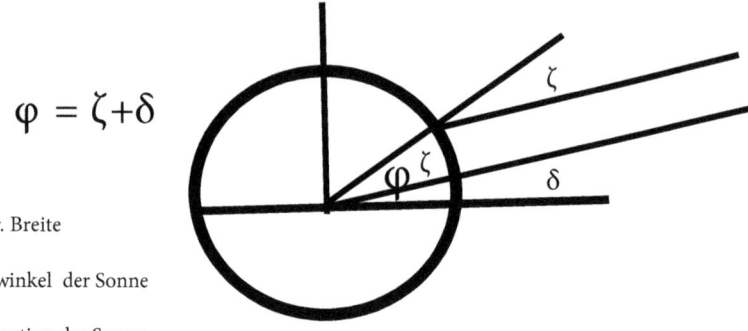

$\varphi = \zeta + \delta$

φ geogr. Breite

ζ Zenitwinkel der Sonne

δ Deklination der Sonne

Abb. 5: Breitenmessung.

Wenn auch Pytheas vielleicht die rechnerischen Methoden der späteren Astronomen noch nicht kannte, so konnte er aber jedenfalls die geographische Breite Massalias auf graphischem Wege durch einen Meridianbogen darstellen, also durch den Bruchteil des Vollkreises, der jene Stadt mit dem Äquator verband. Dieser Bogen ließ sich zusammensetzen aus dem zum Zenitwinkel gehörigen Kreissegment, das er leicht konstruieren konnte, und aus dem zum Ekliptikwinkel gehörigen Kreissegment. Was den Ekliptikwinkel anbetrifft, so war ihm sicherlich bekannt, dass dieser Winkel näherungsweise dem 24° betragenden Zentriwinkel des regelmäßigen Fünfzehnecks entspricht, eine Erkenntnis, die dem in der der 2. Hälfte des 5. Jahrhunderts v. Chr. wirkenden Astronomen und Mathematiker Oinopides von Chios zugeschrieben wird.[676] Sie erwies sich als sehr nützlich für die antiken Astronomen und Geographen, denn ein derartiges Polygon lässt sich auf elementare Weise konstruieren. Euklid z. B. hat eine einfache Anleitung zur Konstruktion des einem Kreis einbeschriebenen regelmäßigen Fünfzehnecks in seine *Elemente* aufgenommen,[677] und der spätantike, im 5. nachchristlichen Jahrhundert wirkende Universalgelehrte Proklos Diadochos bemerkt in seinem Kommentar

---

[676] K. v. Fritz, RE XVII, 1937, 2260–2262, s. v. Oinopides.
[677] Eukl. elem IV 16.

zu Euklids Lehrbuch ausdrücklich, dass dies in Hinblick auf astronomische Anwendungen geschah. Proklos schreibt:[678]

τὸ γοῦν τελευταῖον [πρόβλημα] ἐν τῷ τετάρτῳ, καθ' ὃ τὴν τοῦ πεντεκαιδεκαγώνου πλευρὰν ἐγγράφει τῷ κύκλῳ, τίνος ἕνεκά φησὶν τις αὐτὸν προβάλλειν ἢ τῆς πρὸς ἀστρονομίαν τούτου τοῦ προβλήματος ἀναφοράς;

Das letzte [Problem] im 4. Buche, in welchem er [Euklid] die Seite des Fünfzehnecks dem Kreise einbeschreibt, warum legt er es wohl vor, wenn nicht wegen der Beziehung dieses Problems zur Astronomie? [Übersetzung P. L. Schönberger, in: Steck, Proklus Diadochus,. Kommentar zum ersten Buch von Euklids „Elementen", Halle (Saale) 1945, S. 353]

Pytheas konnte also leicht ein Bogensegment konstruieren, das der Schiefe der Ekliptik von 24° entsprach und damit die geographische Breite Massalias, des Ausgangspunkts seiner Fahrt, näherungsweise graphisch bestimmen.

Nachdem der Massalia mit dem Äquator verbindende Meridianbogen bekannt war, konnte sich Pytheas in der beschriebenen Weise mit Hilfe von Gnomonmessungen, die er im Laufe seiner Fahrt an verschiedenen von ihm erreichten Stationen vornehmen konnte, ein Bild darüber verschaffen, wie weit er in den Norden vorgedrungen war und sich dabei vom Ausgangspunkt seiner Reise entfernt hatte. Dazu musste er allerdings die sich von Tag zu Tag ändernde Sonnendeklination jeweils zum Zeitpunkt seiner Messung kennen, doch verfügte er sicherlich noch nicht wie die späteren griechischen Astronomen der Antike über Tabellen mit den diesbezüglichen Daten.[679] Er könnte sich aber damit beholfen haben, einfach den ihm bekannten Näherungswert des Ekliptikwinkels von 24° an Stelle der aktuellen Sonnendeklination zu verwenden, was allerdings zu nicht unbeträchtlichen Fehlern hätte führen können, je nachdem, in welchem zeitlichen Abstand vom Solstitium die Messung vorgenommen wurde: Zur Zeit des Hipparchos betrug z. B. 10 Tage vor oder nach dem Solstitium die Abweichung der aktuellen Sonnendeklination vom Höchstwert ungefähr ½°, 20 Tage vor oder nach dem Solstitium aber bereits schon etwas mehr als 1½°.[680] Diese

---

[678] Procl. In Eucl. 269, 11–14 (Friedlein).
[679] Ptolemaios hat in der Syntaxis eine derartige Tabelle angegeben. Ptol. alm. II 15 (Manitius I, 54; Heiberg I, 80).
[680] Berechnet nach der Beziehung $\sin(\delta) = \sin(\varepsilon) \cdot \sin(\lambda)$ mit dem zur Zeit des Hipparchos gültigen Ekliptikwinkel $\varepsilon = 23°43'$, λ – ekliptikale Länge.

Abweichung erscheint auf den ersten Blick gering, konnte aber dennoch im ungünstigsten Fall Fehler von bis zu 1.000 Stadien bei den Entfernung von Massalia nach sich ziehen.[681] Immerhin hätte sich Pytheas aber auf diese Weise einen ungefähren Überblick darüber verschaffen können, wie weit er sich von Massalia entfernt und dem Polarkreis genähert hatte.

Nun geht aus dem obigen Zitat Strabons, in dem dieser C 75, 2.1.18 auf einige von Hipparch erwähnte nördliche Breitenkreise zu sprechen kommt, allerdings nicht hervor, ob Pytheas wirklich auf seiner Fahrt Gnomonmessungen vorgenommen hat. Roger Dion, der französische Geographiehistoriker, der eine Reihe wichtiger Forschungsbeiträge zum Reisebericht des Pytheas geleistet hat, bezweifelt dies und weist daraufhin, dass Pytheas, um aussagekräftige Messergebnisse zu erhalten, einen Gnomon von beträchtlicher Länge – der zur Zeit des Aristophanes in Athen aufgestellte Gnomon warf Schatten von bis zu 3 Metern Länge – mit sich geführt und bei jeder Messung eine absolut plane Fläche hergestellt haben müsste, um dort den Gnomon aufzustellen.[682] Unmöglich ist das jedoch nicht. Pytheas hätte sich z. B. vor Ort in Britannien einen Gnomon von keltischen Schmieden anfertigen lassen können, die für ihr Handwerk berühmt waren, und dank seiner bei der Gnomonmessung in Massalia gemachten Erfahrungen hätte er auch den einheimischen Hilfskräften Anleitungen zur Herstellung eines ebenen Untergrundes geben können. Es bleibt aber festzuhalten, dass derartige Gnomonmessungen unter den Bedingungen, die Pytheas auf seiner Fahrt antraf, jedenfalls nicht einfach auszuführen gewesen wären und wahrscheinlich auch zu ungenaue Resultate geliefert hätten, als dass sie eine numerisch zuverlässige Basis für Hipparchs Breitentafel hätten abgeben können. Immerhin konnte Hipparchos (Πυθέᾳ πιστεύων, C 75, 2.1.18) aber ihnen entnehmen, dass sich Pytheas an verschiedenen Orten irgendwo zwischen dem 58. und dem 61. Breitengrad in Britannien aufgehalten und über die dort auftretenden Lichterscheinungen berichtet hatte.

6.4.2.4 Messung der Tageslängen

Neben der Bestimmung der geographischen Breite mittels einer Schattenmessung bestand für Pytheas auch noch die Möglichkeit, durch Messung der im Verlauf seiner Fahrt zunehmenden Tageslängen zu beurteilen,

---

[681] 1° entsprachen 700 Stadien.
[682] R. Dion, Pythéas Explorateur, 195.

wie weit nach Norden er sich bereits bewegt hatte. Der bereits oben erwähnte Historiker Gustav Bilfinger, ein Experte auf dem Gebiet der Geschichte der Zeitmessung, hat eine Methode aufgezeigt, wie Pytheas die Tages- und Nachtlängen auch unter den erschwerten Bedingungen des Reisens zu seiner Zeit auf einfache Weise hätte bestimmen können.[683] Er stellt zunächst fest, dass die in der Antike gebräuchlichen Sonnenuhren stets für eine bestimmte Breite berechnet waren und nur dort zuverlässige Ergebnisse lieferten. Sie waren deshalb für Pytheas nicht von Nutzen, da er ja seine Breite nicht kannte. Eine Zeitmessung unter Benutzung eines transportablen Gnomons als Sonnenuhr erforderte aber, wie oben bereits festgestellt, aufwendige Vorbereitungen, die auf See ganz unmöglich und auch zu Lande sehr schwierig waren, und sie lieferte außerdem die Tageslängen auch nicht in Äquinoktialstunden.[684] Dagegen ist die von Bilfinger beschriebene Methode überall anwendbar und auch unter erschwerten Reisebedingungen sehr einfach zu verwirklichen. Pytheas benötigte dazu zwei Gefäße, die er sich vor Ort hätte anfertigen lassen können und von denen das eine als Vorratsbehälter, das andere als Empfangsbehälter diente. Aus dem Vorratsbehälter ließ man Wasser durch eine kleine Öffnung am Boden unter konstantem Druck, der durch ständiges Nachfüllen aufrechterhalten wurde, in den Empfangsbehälter fließen, und die in diesem während des Tages und der darauf folgenden Nacht jeweils angesammelte Wassermenge wurden gewogen. Aus dem Verhältnis der beiden Gewichtswerte hätte Pytheas dann leicht die Tages- und Nachtlänge in Äquinoktialstunden berechnen können. Er hätte allerdings wegen der sich auf seiner Fahrt von Tag zu Tag verändernden Sonnendeklination nicht die örtlichen solstitialen Tageslängen messen können – das wäre ihm bestenfalls bei einer Messung direkt am Tage des Solstitiums möglich gewesen, die aber nur ein einziges Mal während seiner Fahrt auftreten konnte, wenn

---

[683] G. Bilfinger, ΩPA = Stunde bei Pytheas, 665–671.
[684] Eine Bestimmung der Tageslängen in Äquinoktialstunden ist mit Hilfe einer Äquinoktial- oder Äquatorialsonnenuhr möglich. Bei diesem Instrument handelt es sich um eine Sonnenuhr, bei der das Ziffernblatt parallel zur Äquatorebene liegt und der senkrecht dazu angebrachte Sonnenzeiger deshalb in Richtung auf den Himmelspol weist. Der Schatten des Zeigers überstreicht dann mit konstanter Umdrehungsgeschwindigkeit in jeder Stunde einen Winkel von 15°. Der Einsatz einer derartigen Sonnenuhr kam für Pytheas allerdings nicht in Frage, denn er hätte ja dafür die geographische Breite genau kennen müssen, auf der er sich jeweils befand.

er, wie oben angenommen, nur während der Sommermonate unterwegs war. In allen anderen Fällen konnten sich mehr oder weniger ausgeprägte Abweichungen der gemessenen von den örtlichen solstitialen Tageslängen ergeben, je nachdem, auf welcher Breite und in welchem zeitlichen Abstand von der Sonnenwende die Messung erfolgte. So unterscheidet sich z. B. die Tageslänge 10 Tage vor oder nach der Sonnenwende in dem auf 60° nördlicher Breite gelegenen Lerwick auf den Shetland Inseln, bis zu denen Pytheas nach Ansicht zahlreicher Forscher gekommen sein soll, um etwas mehr als 10 Minuten von derjenigen im Solstitium, 20 Tage vor oder nach der Wende beträgt dieser Unterschied in Lerwick aber schon mehr als eine halbe Stunde.[685] Geht man weiter in Richtung Süden, dann nehmen diese Differenzen zwar kontinuierlich ab, sind aber in ganz Britannien noch immer sehr deutlich wahrnehmbar.

Abgesehen also davon, dass Pytheas, je nachdem, wo und zu welchem Zeitpunkt seine Messung erfolgte, gar nicht die von Strabon in C 75, 2.1.18 angegeben solstitialen Tageslängen bestimmen konnte, dürften Messungen mit Hilfe des oben beschriebenen Wägeverfahrens auch mit Fehlern behaftet gewesen sein, weil der Eintritt der Nacht und der Anbruch des Tages bedingt durch eine möglicherweise unübersichtliche topographische Beschaffenheit des Meßortes und durch ungünstige Witterungsverhältnisse sowie insbesondere auch infolge der langen Dämmerungsphasen im hohen Norden sich nicht genau feststellen lassen konnten. Tatsächlich tritt zur Zeit der Sommersonnenwende im gesamten Raum zwischen den Orkneys und dem Nordpol keine wirkliche Dunkelheit ein.[686]

Außer mit Hilfe des beschriebenen Wägeverfahrens hätte Pytheas noch eine weitere Möglichkeit gehabt, das Verhältnis von Tages- zu Nachtdauer zu bestimmen, um daraus die Tageslänge zu ermitteln. So konnte er den Bogen, unter den die Sonne im Norden während der kurzen Sommernächte zwischen Untergangs- und Aufgangspunkt unter den Horizont sinkt, durch eine Winkelmessung bestimmen.[687] Aus dem Verhältnis dieses Bogens zum Vollkreis ließen sich dann sofort die Tages- und Nachtlängen

---

[685] Die näherungsweise Berechnung der Tageslänge erfolgte wie Anm. 611, ε ersetzt durch δ nach der Beziehung $\cos(T) = -\tan(\varphi)\tan(\delta)$, T-halber Tagesbogen im Gradmaß, φ-geogr. Breite, δ-Deklination wie Anm. 680.
[686] W. H. Fotheringham, On the Thule of the Ancients, 495.
[687] O. S. Reuter, Germanische Himmelskunde 327/328.

ermitteln, doch konnten auch diese Werte aus den soeben erläuterten Gründen erheblich von den örtlichen solstitialen Werten abweichen und waren mit denselben Fehlern behaftet wie die sich aus dem Wägeverfahren ermittelten Daten.

6.5 Zusammenfassung

Strabon kritisierte die Vorstellungen des Astronomen Hipparchos bezüglich der Ausdehnung Indiens und leitete, um deren Irrigkeit aufzuzeigen, absurde Konsequenzen aus ihnen ab. Als erste Absurdität ergab sich, dass Hyrkanien, die Sogdiane und Baktrien viel weiter nördlicher als Irland, das letzte noch bewohnbare Land, zu liegen kamen. Für ein weiteres Gegenargument zog er die Breitentafel des Hipparchos heran und entnahm ihr Werte von sommerlichen solstitialen Tageslängen und von winterlichen solstitialen Sonnenhöhen, die Hipparchos für einige nördlich von Byzantion und des Schwarzen Meeres verlaufende Breitenkreise verzeichnet hatte. Strabon bezog diese Parallelkreise für seinen Beweis auf das auf derselben Breite wie Byzantion gelegene Massalia und ordnete damit die von Hipparchos angebenen Daten Punkten zu, die auf dem durch Massalia und Britannien verlaufenden Meridian lagen. Auf diese Weise gelangte er zu dem zweiten absurden Ergebnis, dass Baktrien und der nördlichste Punkt Britanniens (Strabon spricht fälschlicherweis von den „südlichsten Britanniern") auf demselben Parallelkreis liegen müssten. Die exakte Korrelation zwischen den Tageslängen und Sonnenhöhen in Hipparchos Breitenverzeichnis zeigt, dass Hipparchos diese Werte rechnerisch bestimmt haben muss, und dass es sich bei ihnen nicht um von Pytheas ermittelte Werte handeln kann. Dennoch muss Pytheas auf seiner Nordlandfahrt zur Bestimmung seines Standortes gewisse Messungen gnomonischer und chronometrischer Art vorgenommen haben, aus denen Hipparchos, wie seine Bemerkung über die Wohnsitze der „südlichsten Britannier" nahelegt, feststellen konnte, wo ungefähr sich Pytheas in Britannien aufgehalten hatte. Dies kann als Beleg dafür angesehen werden, dass Pytheas tatsächlich den Norden der Insel erreicht hat. Hipparchos führte übrigens sein Breitenverzeichnis, ebenso wie Ptolemaios es tat, noch über den Polarkreis weiter hinaus, doch scheint er die Insel Thule nicht verzeichnet zu haben.

7. Mutmaßungen über Pytheas' Thule

Bis zum Ende des Altertums haben griechische und römische Geographen, Astronomen, Historiker und Poeten die wunderbaren Eigenschaften Thules beschrieben, doch war „Thule" für viele von ihnen nur ein ohne Bezug auf Pytheas verwendeter „Sammelname"[688] für alle im äußersten Norden am Rande der Welt gelegenen Länder (*Ultima Thule*). Ausdrücklich auf den Reisebericht des Pytheas stützen sich nur Strabon, Plinius der Ältere und der Astronom Kleomedes, und nur bei ihnen finden sich Angaben, die – wenn überhaupt – zur näheren Bestimmung der geographischen Lage und zur Identifikation dieser entlegenen Insel des nördlichen Ozeans verwertet werden können.[689]

Was den im Kap. 3.5 erörterten, von Strabon C 201, 4.5.5 überlieferten Bericht hinsichtlich der Lebensverhältnissein in der Nähe der erfrorenen Zone und der dort praktizierten Imkerei und Erntemethoden anbetrifft, so wurde bereits dargelegt, dass dieser sich vermutlich nicht auf Thule, sondern ganz allgemein auf die im Norden gelegenen Regionen bezieht, sodass es zweifelhaft erscheint, ob er wirklich zur Lokalisierung herangezogen werden darf. Es bleiben dann für die Suche nach der Insel des Pytheas nur noch die von den obengenannten Autoren überlieferten geographisch-astronomischen Angaben, denen zufolge Thule die nördlichste der britannischen Inseln und von der Hauptinsel in sechs Tagesfahrten erreichbar war, wie sowohl Strabon C 63, 1.4.2 (ἀπὸ μὲν τῆς Βρεττανικῆς ἓξ ἡμερῶν πλοῦν ἀπέχειν πρὸς

---

[688] R. Hennig, Terrae Incognitae I, 167.
[689] Siehe Kap. 2.4 Thule; Kap. 3.4.2.1.1 Die Lage der Insel Thule auf dem Polarkreis; Kap. 3.5 Weitere Kritik am Bericht des Pytheas über Thule.

ἄρκτον), als auch Plinius NH 2.186 (sex dierum navigatione in septentrionem a Britannia distante) berichten. Thule befand sich ferner nach Strabon C 63, 1.4.2 ganz in der Nähe des „gefrorenen" oder „geronnenen" Meeres (ἐγγὺς δ' εἶναι τῆς πεπεγυίας θαλάττης), nach Plinius NH 4.104 war sie nur eine Tagesreise vom „mare concretum" entfernt (a Tyle unius diei navigatione mare concretum). In Thule fiel ferner, wie Strabon C 114, 2.5.8 unter Berufung auf Pytheas berichtet, der sommerliche Wendekreis mit dem arktischen Kreis zusammen, und dem entsprechend legte Eratosthenes die Insel genau auf den Polarkreis. Im Einklang damit stehen die Berichte des Plinius und Kleomedes über das auf Thule zu beobachtende Phänomen der Mittsommernacht, wenn die Sonne das Zeichen des Krebses durchlief.

Über die Insel Thule, wie sie beschaffen war und wo sie lag, ist, seit sie von Pytheas zum ersten Mal erwähnt wurde, schon unzählige Male spekuliert worden,[690] ohne dass die Forschung bisher zu einem eindeutigen Ergebnis gekommen ist. Es ist sogar die Meinung vertreten worden, dass die Frage nach der Existenz und Lage Thules überhaupt müßig sei.[691] Die einzigen wirklich ernsthaft in Erwägung zu ziehenden Gegenden sind jedenfalls Island, die Färöer Inseln, die Shetland Inseln und einige Regionen an der Atlantik- und Nordseeküste Skandinaviens. Im Folgenden werden einige alte und neue Argumente vorgetragen, die für oder gegen diese Lokalisierungen Thules sprechen.

7.1 Island und die Färöer

Auf den ersten Blick scheinen die in den Fragmenten überlieferten Angaben hinsichtlich Thules auf keines der nördlich von Britannien gelegenen Länder besser zuzutreffen als auf Island. Es ist eine Insel, der Polarkreis verläuft in nur geringer Entfernung nördlich von ihrer Nordküste, und mit dem in der Nähe befindlichen πεπεγυῖα θάλαττη könnte das polare Eismeer oder auch Treibeis gemeint sein.

In Hinblick auf eine Identifikation Thules mit Island erhebt sich natürlich die Frage, ob Pytheas diese ferne Insel auf einheimischen Schiffen in nur sechs

---

[690] Eine Auswahl der in neuerer Zeit erschienen Lokalisierungen Thules liefern S. Wolfson, Tacitus, Thule and Caledonia, 16/17; S. Bianchetti, Pitea e la scoperta di Thule, 10 Anm. 8.
[691] K. v. See, Ultima Thule, 74, in: Ideologie und Philologie, 2006 Heidelberg.

Tagen und Nächten von Britannien aus überhaupt hätte erreichen können.[692] Einige Forscher wie K. Müllenhoff,[693] S. Wolfson[694] oder F. Nansen[695] schließen das zwar aus, und der Schiffshistoriker D. Ellmers ist sogar der Ansicht, Hochseeschifffahrt habe zu Pytheas' Zeiten im Nordseeraum überhaupt noch nicht praktiziert werden können.[696] Der Keltologe B. Cunliffe hält es dagegen sehr wohl für möglich, dass Atlantikquerungen von Schottland nach Island schon zur Zeit des Pytheas im Prinzip durchführbar waren und vielleicht auch stattgefunden haben. Er bezieht sich dabei auf Berichte über die Atlantikfahrten irischer Mönche, die bereits vor der Entdeckung Islands durch norwegische Seefahrer auf der Insel Fuß gefasst und zeitweilig in der Einsamkeit ein gottgefälliges Leben geführt hatten.[697]

Die frühesten Nachrichten über die irischen Anachoreten gehen zurück auf den gelehrten, aus Irland stammenden Mönch Dicuil, der am fränkischen Königshof als Lehrer an der Palastschule Ludwigs des Frommen wirkte[698] und der Verfasser einer im Jahre 825 unter dem Titel *De mensura orbis terrae* abgeschlossenen geographischen Schrift ist,[699] in der die gesamte damals bekannte Welt beschrieben wurde. Dicuil kommt im 7. Buch dieses Werkes auf die in den Gewässern um Irland und Britannien gelegenen Inseln zu sprechen (VII 6) und zitiert dann in den folgenden Abschnitten VII 7–10 aus der *Naturalis Historia* des Plinius, den *Etymologiae* des Isidorus von Sevilla, der *Periegesis* des Priscianus von Caesarea und aus den *Collectanea rerum mirabilium* des Solinus verschiedene Aussagen über Thule, in denen Bezug genommen wird auf deren exponierte Lage im nördlichen Ozean und auf die dort anzutreffenden

---

[692] Es ist klar, dass bei einer Fahrt über die offene See mit Strabons ἐξ ἡμερῶν πλοῦν und mit Plinius' sex dierum navigatione Tages- und Nachtfahrten zu 24 h gemeint sind.
[693] K. Müllenhoff, Deutsche Altertumskunde I, 389.
[694] S. Wolfson, Thule, Tacitus and Caledonia, 16.
[695] F. Nansen, Nebelheim I, 62.
[696] D. Ellmers, Der Krater von Vix und der Reisebericht des Pytheas von Massalia, 376.
[697] B. Cunliffe, Extraordinary Voyage, 119.
[698] Dicuil, De Mensura, 13.
[699] Dicuil, De Mensura, 17.

KAPITEL 7

Phänomene beständiger Helligkeit während des Sommersolstitiums und beständiger Dunkelheit in der Zeit der Wintersonnenwende.⁷⁰⁰

Diese Zitate antiker Autoren kommentiert Dicuil anschließend anhand aktueller Informationen aus dem Munde reisender Mitbrüder, die sich eine Zeit lang auf Thule aufgehalten und dort die Mittsommernacht erlebt hatten. Dicuil schreibt VII 11:

---

⁷⁰⁰ VII 7 mit Bezug auf Pinius (NH 2.186): Plinius Secundus in quarto libro edocet quod "Pytheas Massaliensis ex dierum navigatione in septrentrionem a Britannia Thilen distantem" narrat.

VII 8 mit Bezug auf die Etymologiae des Isidorus: De eadem semper desertam in eodem XIIII Aethimologiarum libro Isidorus infit "Thile ultima insula oceani inter septentrionalem et occidentalem plagam ultra Britanniam a sole nomen habens quia in ea aestiuum solstitium sol facit".

Zu Isidor von Sevilla siehe Anm. 455.

VII 9 mit Bezug auf die Periegesis des Priscianus: Priscianus de eadem in Periegesi manifestius quam Isidorus inquit "Oceani tranans hic nauibus aequor apertum

Ad Thilen veniens, quae nocte dieque relucet

Tytanis radiis, cum curru scandit ad axis

Signiferi boreas succendens lampade partes".

Priscianus wirkte um 500 als Professor für Lateinische Grammatik in Konstantinopel. Er ist der Verfasser einer Periegese, aus der Dicuil die oben angegebenen Verse zitiert. Dieses Werk war eine Übersetzung ins Lateinische des zur Zeit Kaiser Hadrians entstandenen Lehrgedichts οἰκουμένης περιήγεσις, dessen Autor der Geograph Dionysios von Alexandria war, auch bekannt als Dionysios Periegetes. Die oben zitierten Verse sind eine nahezu wortgetreue Übertragung der Verse 580–583 aus dessen περιήγεσις. Vgl. Brodersen, Dionysios von Alexandria. Das Lied von der Welt, Hildesheim 1994, 21, 80. Siehe auch P. L. Schmidt, DNP 11, 2001, 338–339, s. v. Priscianus.

VII 10 mit Bezug auf die Collectanea rerum memorabilium des Solinus: De eadem manifestius et plenius quam Priscianus Iulius Solinus de Britannia loquens in Collectaneis ita scripsit "Thile ultima, in qua aestiuo solstitio de cancri sidere faciente transitum nox nulla, brumali solstitio perinde nullus dies". (Das entspricht Plinius NH 4.104).

Zu Solinus siehe Anm. 450.

Trigesimus nunc annus est a quo nuntiauerunt mihi clerici qui a kalendis Febroarii usque ad Kalendas Augusti in illa insula manserunt quod non solum in aestiuo solstituo sed in diebus circa illud in uespertina hora occidens sol abscondit se quasi trans paruulum tumulum, ita ut nihil tenebrarum in minimo spatio ipso fiat, sed quicquid homo operari voluerit uel pediculos de camisia abstrahere tamquam in presentia solis potest. Et si in altitudine montium eius fuissent, forsitan numquam sol absconderetur ab illi.

Es jährt sich jetzt zum dreißigsten Mal, dass mir einige Geistliche erzählten, die von Februar bis August auf jener Insel weilten, dass nicht nur während der Sommersonnenwende, sondern auch in den Tagen um diese herum die untergehende Sonne sich am Abend beim Untergang gleichsam hinter einem kleinen Hügel verstecke, sodass es selbst in dieser kleinsten Zeitspanne nicht dunkel werde, und ein Mann könne tun, was er wolle, sogar die Läuse von seinem Hemd entfernen, wie wenn die Sonne noch da sei. Und wenn sie auf der Höhe der Berge der Insel gewesen wären, wäre die Sonne vielleicht niemals vor ihnen verborgen worden.

Des Weiteren stellt Dicuil VII. 13 fest, dass diejenigen irrten, die geschrieben hatten, dass das Meer um die Insel erstarrt sei, fügt aber anschließend an, das „Gefrorene Meer" sei eine Tagesreise nördlich von ihr gefunden worden (sed navigatione unius diei ex illa ad boream congelatum mare inuenerunt). Ob diese letzte Bemerkung wirklich auf dem Bericht der Mönche beruht, ist nicht sicher, denn Dicuil gibt hier offenbar nur das wieder, was er bei Plinius NH 2.104 gelesen hat (a Tyle unius diei navigatione mare concretum a nonnulis Cronium appelatur).

Es kann kein Zweifel darüber bestehen, dass sich die Erzählungen der Gewährsleute Dicuils auf Island beziehen, auch wenn Dicuil selbst die Insel nicht so genannt hat. Sie war offenbar schon vor 795 n. Chr. (30 Jahre, Trigesimus nunc annus, vor Abfassung der *mensura orbis terrae*) von aus Irland oder Britannien stammenden Mönchen aufgesucht worden, und es muss also zu Dicuils Zeit und vielleicht auch schon früher möglich gewesen sein, den Atlantik zwischen Britannien und Island zu überqueren. Die Anwesenheit irischer Mönche auf Island vor der Entdeckung durch die Wikinger wird auch bestätigt durch zwei im frühen Mittelalter auf Island verfasste Schriften, in denen u. a. berichtet wird, dass die ersten aus Norwegen gekommenen Einwanderer dort auf die Spuren irischer Mönche gestoßen seien, die die Insel verlassen hätten, weil sie nicht unter Heiden hätten leben wollen. Es handelt sich bei diesen Werken um das Islendingabok des Ari Thorgilsson

(1067–1148) und das Anfang des 13. Jahrhunderts entstandene Landnámabók, die beide in isländischer Sprache verfasst wurden.

Gleich in der Einleitung stellt der unbekannte Verfasser des Landnámabók fest, der heilige Beda[701] habe in seiner Schrift *De ratione temporum* eine Insel Thyle erwähnt, auf der es zur Zeit der Wintersonnenwende keine Tage und zur Zeit der Sommersonnenwende keine Nächte gäbe. Gelehrte Männer, so fährt der Autor fort, hätten deshalb geglaubt, dass mit Thyle Island gemeint sei, weil dort während der Sonnenwenden dieselben Verhältnisse herrschten. Anschließend kommt er dann auf die Anwesenheit irischer Mönche zu sprechen und schreibt (Übersetzung nach Walter Baetke): „Der Priester Beda starb, wie geschrieben ist, 735 Jahre nach der Fleischwerdung unseres Herrn und mehr als hundert Jahre, bevor Island von Nordmännern besiedelt wurde. Bevor aber Island von Norwegen besiedelt wurde, waren da Leute, die die Nordmänner ‚Papa' nennen. Sie waren Christen, und man glaubt, dass sie von Westen übers Meer kamen; denn es fanden sich nach ihrem Wegzug irische Bücher, Glocken und Krummstäbe und noch mehr Dinge, aus denen man sehen konnte, dass es Westleute waren. Und in englischen Büchern wird erwähnt, dass in jener Zeit zwischen den Ländern Verkehr bestand."[702] Ganz Ähnliches berichtet auch Ari Thorgilsson im Islendingabok über die irischen Anachoreten. Nachdem er zunächst von den Taten Ingolfs erzählt, des ersten Norwegers, der nach Island kam und dort siedelte, fährt er dann fort (Übersetzung nach W. Baetke): „In jener Zeit war Island zwischen Gebirge und Strand mit Wald bewachsen. Damals lebten Christen hier, die die Nordmänner ‚Papen' nennen, aber sie fuhren nachher fort, weil sie mit Heiden hier nicht wohnen wollten und ließen irische Bücher, Glocken und Krumstäbe zurück; daraus konnte man entnehmen, dass sie Iren waren."[703]

Wenn also die irischen Mönche in der Lage waren, den Atlantik zwischen Britannien und Island auf ihren einheimischen Schiffen zu überqueren, dann

---

[701] Beda Venerabilis (672–735) verbrachte sein ganzes Leben als Benediktinermönch im Kloster Jarrow im damaligen Königreich Northumbria. Er verfasste u. a. eine angelsächsischen Kirchengeschichte (Historia ecclesiastica gentis anglorum) sowie theologische und naturwissenschaftliche Werke. Seine Schrift De Tempore Ratione befasst sich mit Themen zur Kalenderrechnung sowie zur Festlegung des Osterzyklus und enthält außerdem noch eine umfangreiche Weltchronik.

[702] W. Baetke, Islands Besiedlung und älteste Geschichte, Düsseldorf 1967, 61.

[703] Derselbe, 44.

ist es nicht ausgeschlossen, dass auch zu der Zeit, als Pytheas in Britannien weilte, derartige Fahrten durchgeführt werden konnten, denn die bronzezeitlichen keltischen Boote, die hinsichtlich ihrer Hochseetüchtigkeit und Fahreigenschaften sicherlich schon zu Pytheas' Zeiten das Ergebnis einer sich über viele Jahrhunderte erstreckenden Optimierung gewesen waren,[704] werden sich nicht wesentlich von den Booten der irischen Mönche unterschieden haben. Es ist auch sehr gut möglich, dass keltische Seefahrer oder Pytheas selbst, wenn er denn von Schottland aus nach Island gefahren ist, die Insel, wie Strabon und Plinius berichten, schon nach sechs Tagen und Nächten hätten erreichen können. Um dies zu verdeutlichen, soll im Folgenden eine überschlägige Abschätzung der für diese Fahrt erforderlichen Reisegeschwindigkeit unternommen werden. Wählt man z. B. als Ausgangspunkt der Fahrt Duncansby Head an der Nordostspitze Schottlands, dann sind es etwa 500 Seemeilen bis in die Gegend von Höfn an der Süd-Ostküste Islands, und diese Entfernung kann ein Schiff in sechs Tages- und Nachtfahrten bei einer Geschwindigkeit von ungefähr 3.5 Knoten zurücklegen.[705] Eine derartige Schnelligkeit wird von modernen Segelbooten ohne weiteres erreicht und bei entsprechend günstigen Windverhältnissen auch deutlich übertroffen. Dass aber auch den irischen Mönchen mit ihren Booten solche Geschwindigkeiten möglich waren, lässt sich aus der nachstehend wiedergegebenen Bemerkung Dicuils schließen, in der er auf den Schiffsverkehr zwischen einigen nördlich von Britannien gelegenen Inseln und im Zusammenhang damit auf den Fahrtbericht eines ihm bekannten Priesters zu sprechen kommt. Dicuil schreibt VII. 14:

> Sunt aliae insulae multae in septentrionali Britannicae oceano quae a septentrionalibus Britannicae insulis duorum dierum ac noctium recta navigatione plenis uelis assiduo feliciter vento adiri quaeunt. Aliquis presbyter religiosus mihi retulit quod in duobis aestuis diebus et una intercedente nocte nauigans in duorum nauicula transtrorum in unam illam introiuit.

---

[704] Die hervorragende Eignung dieser Boote für Fahrten auf dem Atlantik wird auch durch die Fahrt des britischen Abenteurers Timothy Severin auf den Spuren von St. Brendan bewiesen (siehe Anm. 494).

[705] Berechnet wurde die Länge der Orthodrome zwischen John o Groats nahe bei Duncansby Head und Höfn auf Island zu 483.7 Seemeilen. Formel: $D = R \cdot \zeta$, $\cos(\zeta) = \cos(\varphi 1) \cdot \cos(\varphi 2) \cdot \cos(\lambda 1 - \lambda 2) + \sin(\varphi 1) \cdot \sin(\varphi 2)$, D – Entfernung zwischen den Punkten P1 und P2, R – Erdradius, ζ – Großkreisbogen zwischen den Punkten P1 und P2, φ – geogr. Breite, λ – geogr. Länge.

KAPITEL 7

> Es gibt viele andere Inseln nördlich von Britannien, die von den im Norden Britanniens gelegenen Inseln in zwei Tagen und Nächten und auf direktem Wege mit vollen Segeln bei beständigem Wind glücklich erreicht werden können. Ein vertrauenswürdiger Priester hat mir berichtet, dass er in zwei Sommertagen und der dazwischen liegenden Nacht zu einer (dieser Inseln) in einem kleinen Boot mit zwei Ruderbänken[706] gelangt sei.

Einige Gelehrte wie der französische Altertumsforscher Antoine J. Letronne und der Keltologe und Indologe Heinrich Zimmer waren der Ansicht, dass es eine der Färöer Inseln war, auf der Dicuils Gewährsmann an Land ging, und das glaubte auch F. Nansen.[707] Wenn diese Annahme zutrifft, dann muss der Priester seine Fahrt von den Orkneys oder den Shetland Inseln aus angetreten haben, und damit ergibt sich die Möglichkeit, die Geschwindigkeiten der Boote abzuschätzen, mit denen die irischen Mönche im 8. Jahrhundert zwischen den Inseln im Norden von Britannien verkehrten. Die Entfernung zwischen den Färöern und sowohl den Orkneys als auch den Shetland Inseln beträgt ca. 200 Seemeilen,[708] sodass eine Fahrtdauer von zwei Tagen und Nächten eine Geschwindigkeit von ungefähr 4 Knoten ergibt, und das liegt über der für eine sechstägige Überfahrt nach Island mindestens erforderlichen Schnelligkeit. Dicuils Priester bewältigte diese Strecke sogar in 36 Stunden, was einer Geschwindigkeit von ungefähr 5.5 Knoten entspricht. Das erscheint recht hoch, doch war diese Fahrt vielleicht eine Ausnahme, sonst hätte Dicuil sie wohl nicht für erwähnenswert befunden.

Die vorstehenden Überlegungen machen es wahrscheinlich, dass keltische Seeleute Island auch schon zur Zeit des Pytheas in einer Fahrt von sechs Tagen und Nächten hätten erreichen können, und damit gewinnt die These, dass Island Pytheas' Thule gewesen war, ein zusätzliches Argument neben den Hinweisen auf die Lage der Insel unter dem Polarkreis und auf ihre Nähe zur πεπεγυῖα θάλαττα, wenn darunter wirklich das Eismeer verstanden werden

---

[706] Statt einer Navicula könnte es sich auch um ein größeres Boot mit Ruderreihen auf beiden Seiten gehandelt haben.

[707] A. Letronne, Recherches géographiques et critiques sur le livre « De mensura orbis terrae », Paris 1814, 133.; H. Zimmer, Über die frühesten Berührungen der Iren mit den Nordgermanen, Sitzungs. Ber. Königl. Preuss. Akad. d. Wissensch. 1891, Berlin 1891, 288; F. Nansen, Nebelheim I, 175.

[708] Die Länge der Orthodrome zwischen Thorshavn auf den Färöern und Kirkwall auf Orkney beträgt 214 Seemeilen, zwischen Thorshavn und Lerwick auf den Shetland Inseln sind es 198 Seemeilen.

darf. Die Existenz Islands konnte also den damaligen Bewohnern Schottlands, mit denen Pytheas zusammentraf, sehr wohl bekannt gewesen sein, denn es kann z. B. sein, dass einige Fischer einmal dorthin verschlagen worden waren und anderen dann den Weg dorthin gewiesen hatten. Auch wenn Pytheas Thule niemals selbst gesehen haben sollte – aus den Fragmenten geht jedenfalls nicht eindeutig hervor, ob er dort gewesen war und die Mittsommernacht erlebt hat – so könnten ihn doch seine keltischen Gesprächspartner die Kunde von jener entlegenen Insel vermittelt haben, und das würde ihn zu der Erkenntnis geführt haben, dass Thule dort gelegen sein musste, wo der sommerliche Sonnenwendekreis mit dem arktischen Kreis zusammenfiel.

Nun lässt allerdings die Feststellung, dass Thule in einer Entfernung von sechs Tagesreisen nördlich von Britannien lag, weniger an sporadische Fahrten keltischer Fischer oder Abenteurer denken als vielmehr an eine Verbindung, über die sich ein regelmäßiger Verkehr und Transport von Handelswaren vollzog, der natürlich nur zwischen bewohnten Regionen als sinnvoll angenommen werden kann. Es bleibt deshalb ein Schwachpunkt der These, der zufolge Island Thule war, dass die Insel vor der Ankunft der norwegischen Einwanderer sehr wahrscheinlich nicht dauerhaft besiedelt war, wenn man von den zeitweiligen Aufenthalten der irischen Mönche einmal absieht. Jedenfalls gibt es keinerlei archäologische Belege dafür, dass Island vor dem 9. Jahrhundert bewohnt war. F. Nansen hält es dennoch nicht für ausgeschlossen, dass es eine keltische Urbevölkerung auf der Insel gegeben habe, und begründet dies mit der Tatsache, dass dort noch heute Ortsnamen zu finden sind, die eindeutig keltischen Ursprungs seien.[709] Wahrscheinlicher aber ist es, dass dieser keltische Einfluss auf jene norwegischen „Landnehmer" zurückzuführen ist, die über die britischen Inseln, auf denen sie sich zunächst niedergelassen hatten, nach Island kamen.[710]

Wenn also bei der Suche nach Pytheas' Thule als Kriterium das Vorhandensein einer regelmäßigen Verkehrsverbindung zwischen dem Norden Britanniens und Thule herangezogen werden muss, dann kommen anstelle Islands als mögliche Kandidaten für Thule nur die Shetland Inseln oder eine der westskandinavischen Küstenlandschaften in Frage. Die Färöer

---

[709] F. Nansen, Nebelheim I, 179. Nansen, Nebelheim I, 62, hält allerdings nicht Island, sondern Norwegen für Pytheas' Thule.
[710] H. Uecker, Geschichte der altnordischen Literatur, Stuttgart 2004, 14.

Inseln, die auch vereinzelt in Erwägung gezogen worden sind,[711] scheiden aus denselben Gründen aus, die auch gegen die Gleichsetzung Islands mit Thule sprechen, denn auch sie wurden erst durch norwegische Einwanderer besiedelt.

7.2 Shetland Inseln

Was die Shetland Inseln anbetrifft, so war dieser Archipel ebenso wie die weiter südlich gelegenen Orkneys und die Landschaft Caithness im Nordosten Schottlands schon seit dem Neolithikum besiedelt,[712] und die durch archäologische Untersuchungen nachgewiesenen identischen Lebensverhältnisse der prähistorischen Bewohner dieser Regionen zeigen, dass zwischen den Inseln und dem Festland enge Beziehungen bestanden haben müssen und dass es sogar Verbindungen zu weiter entfernten Regionen der britischen Inseln gab. Bei Ausgrabungen auf den Shetlands wurde z. B. ein Schmelzplatz mit den Überresten von Schmelztigeln und Tonformen entdeckt, die der Herstellung von Bronzewerkzeugen- und Waffen dienten.[713] Da das hierfür erforderliche Material und technische Wissen sehr wahrscheinlich auf den Inseln selbst anfänglich nicht zur Verfügung stand, müssen diese von Zeit zu Zeit von Wanderschmieden besucht worden sein, die möglicherweise aus Irland kamen (siehe weiter unten). Die Orkneys und die Shetland Inseln wurden also bereits in der Bronzezeit von einheimischen Schiffen angefahren. Wahrscheinlich handelte es sich dabei um Küstenschifffahrt, die nur bei Tage stattfand, und wenn Pytheas' Thule die Shetland Inseln waren, dann wird sich Pytheas dieser Schiffswege bedient haben, und das würde auch erklären, dass sechs Tage Fahrt für die im Vergleich zu den Entfernungen nach Island und Norwegen verhältnismäßig geringe Distanz benötigt wurden, die die Shetland Inseln vom schottischen Festland trennen.[714] Einige Forscher, die

---

[711] P. Fabre, Les Massaliotes, 25–49.
[712] D. W. Moore, The Other British Isles, London 2005, 7.
[713] J. McIntosh, Handbook to Life in Prehistoric Europe, Oxford 2009, 78.
[714] Der Schiffsarchäologe D. Ellmers, Der Krater von Vix und der Reisebericht des Pytheas von Massalia, 376, glaubt allerdings, dass sich die Fahrt nach den Shetlands in Gestalt eines „Springens" von Insel zu Insel im sogenannten „Nachtsprungverfahren" vollzog. Dieses Nachtsprungverfahren kam immer dann zur Anwendung, wenn zwei sich gegenüberliegende Küsten einerseits außer Sichtweite befanden, andererseits aber auch nicht zu weit voneinander entfernt waren. Die Fahrt begann deshalb bei Einbruch der

davon ausgehen, dass Strabon mit ἐξ ἡμερῶν πλοῦν eine ununterbrochene Fahrt von sechs Tagen und Nächten meinte, bei der natürlich eine viel längere Strecke zurückgelegt werden konnte, haben deshalb die Gleichsetzung der Shetland Inseln mit Pytheas' Thule abgelehnt und es statt dessen auf Island oder in Norwegen gesucht.[715]

Als Pytheas die Orkneys und die Shetland Inseln auf seiner Fahrt nach Norden erreichte, traf er dort auf eine Keltisch sprechende Bevölkerung, mit der er leicht mit Hilfe von Dolmetschern – falls er nicht sogar selbst des Keltischen mächtig war – kommunizieren konnte. Die Inselbewohner erfreuten sich damals eines gewissen Wohlstandes: Sie betrieben Ackerbau und Viehzucht und wohnten in kleinen Dörfern, die sich häufig um monumentale Rundbauten, den sogenannten Brochs gruppierten. Diese aus Trockenmauerwerk bis zu einer Höhe von 15 Metern aufgeführten Bauwerke, die in ihrer konischen Gestalt modernen Kühltürmen ähnelten, und deren Innenräume sich über mehrere Stockwerke erstreckten,[716] zeugen von den technischen und geometrischen Kenntnissen ihrer Erbauer. Derartige Brochs waren in großer Zahl über ganz Nordschottland und die umgebenden Inseln verstreut. Der am besten erhaltene dieser Brochs befindet sich auf den

---

Dunkelheit und orientierte sich am Polarstern oder benachbarten Sternbildern. Wenn dann am nächsten Tag die Gegenküste erreicht war, wurde wieder auf Sicht gefahren. Was nun die Fahrt des Pytheas anbetrifft, konnte dieser aber, wenn er zur Zeit der Sommersonnenwende in Schottland war, sich jenes Verfahrens nicht bedienen, da ja im Dämmerlicht der Sommernächte die Sterne nicht sichtbar waren, ganz abgesehen davon, dass zu seiner Zeit kein markanter Stern im Himmelspol stand. Er hätte aber, wenn er z. B. bei Duncansby Head an der Nordostspitze Schottlands oder sogar vom weiter südlich gelegenen Moray Firth, wo ein alter, die irische See und die Nordsee verbindender Handelsweg endete (Kap. 7.2), aufgebrochen wäre, auf jeden Fall seine Route so wählen können, dass er immer Landsicht hatte, und zwar auch auf offener See zwischen den Orkneys und den Shetland Inseln, denn diese und auch die dazwischen gelegenen Fair Isle sind von jenen aus bei klarem Wetter sichtbar. (Johann Sölch, Die Landschaften der Britischen Inseln, Zweiter Band, Schottland und Irland, Wien 1952, 1096). Schon Agricola sichtete ja Fair Isle oder das shetlandische Mainland auf seiner Flottenexpedition von den Orkneys aus und glaubte, Thule am Horizont ausgemacht zu haben (Tac. Agr. 10. 4: dispecta est et Thule; siehe Kap. 7.2).

[715] F. Nansen, Nebelheim I, 60; G. Hergt, Die Nordlandfahrt des Pytheas, Halle a. S. 1893, 69.

[716] J. Armit, Towers in the North. The Brochs of Scotland, 73.

Shetlands und zwar auf der östlich vor der Hauptinsel Mainland gelegenen kleinen Insel Mousa.[717]

Die Bewohner der Orkneys und der Shetland Inseln waren also keineswegs primitive Barbaren, und es ist denkbar, dass sich Pytheas eine gewisse Zeit in dieser Gegend aufgehalten hat und dass die von Geminos berichtete Szene, in der die Eingeborenen ihm die Schlafstätte der Sonne zeigten, sich irgendwo auf den Orkneys oder den Shetlandinseln abgespielt hat. Karl Müllenhoff war z. B. der Ansicht, dass dies auf den Shetland Inseln geschah, und er stellte sich vor, dass die Einheimischen den Nachtbogen der Sonne durch einige am Horizont liegende Inseln und Schären oder auch durch den Eingang des auf der Nordinsel Unst gelegenen Burra Firth markiert hätten.[718] Tatsächlich erstreckt sich die Öffnung dieses Fjords über einen Bogen von ungefähr 70°, und das entspricht nach Müllenhoffs Rechnung genau der Weite, die der Nachtbogen zur Sommersonnenwende auf dem auf 61°50' nördlicher Breite gelegenen Unst einnimmt.[719] Da aber im Sommersolstitium auf dieser Breite wirkliche Dunkelheit nicht mehr eintritt und selbst nach Sonnenuntergang der Nachthimmel ständig erhellt bleibt – die heutigen Bewohner der Shetlands bezeichnen diese Phänomen als „simmer dim" – so musste Pytheas in dem Bewußtsein, am äußersten Rand der bewohnten Welt angelangt zu sein, zu der Überzeugung gekommen sein, dass er sein Ziel, so weit wie überhaupt nur möglich nach Norden vorzustoßen und die von der Lehre von der Kugelgestalt der Erde vorausgesagten Lichtphänomene zu erleben und zu dokumentieren, auf den Shetlandinseln erreicht hatte. Es ist deshalb sehr gut möglich, dass dieser Archipel die Thule des Pytheas gewesen ist.[720]

---

[717] J. Armit, Towers in the North, 15 Abb. 2.
[718] Übrigens glaubte auch C. M. Markham, Pytheas, the Discoverer of Britain, 518, dass Pytheas am Burra Firth war.
[719] K. Müllenhoff, Deutsche Altertumskunde I, 403.
[720] Bereits der französische Militär und Historiker Louis-Felix Guynememt de Keralio, De la connaissance que les anciens ont eue de pays du Nord de l'Europe, in: Mém. de l'Acad. Des inscr. XIX 1784 p. 46, war der Meinung, dass Pytheas' Thule auf den Shetland Inseln zu suchen sei. Diese These ist später auch von K. Müllenhoff, Deutsche Altertumskunde I, 408, vertreten und neuerdings auch wieder von dem Schiffsarchäologen D. Ellmers, Der Krater von Vix und der Reisebericht des Pytheas von Massalia, 377 aufgegriffen worden. Beide Forscher glauben, dass Thule die Nordinsel Unst gewesen war. Auch F. Mittenhuber, Naturphänomene des hohen Nordens in den kleinen Schriften des Tacitus, 2003, 54, hält es für wahrscheinlich, dass Thule eine der Shetland Inseln war.

Gegen diese These läßt sich allerdings der Einwand erheben, dass die tatsächliche geographische Lage der Shetland Inseln, die sich nicht über den 61. Breitenkreis hinaus nach Norden erstrecken, unvereinbar ist mit der Lage, die Eratosthenes in seiner Erdbeschreibung der Insel Thule auf demjenigen Parallelkreis zugewiesen hatte, der vom Äquator einen Abstand von 46.300 Stadien hat und damit der Polarkreis ist. Wie bereits festgestellt wurde, handelt es sich bei dieser Zahl aber ganz klar um das Ergebnis einer Rechnung, bei der Eratosthenes von vorneherein davon ausging, dass Thule auf dem Polarkreis gelegen war, doch ist es nicht sicher, ob er diese Lagebeschreibung Thules bereits im Reisebericht des Pytheas vorfand. Strabon berichtet zwar C 114, 2.5.8, Pytheas habe Thule, die nördlichste der britannischen Inseln, das letzte Land genannt, wo der sommerliche Wendekreis mit dem arktischen Kreis zusammenfalle (Ὁ μὲν οὖν Μασσαλιότης Πυθέας τὰ περὶ Θούλην τὴν βορειοτάτην τῶν Βρεττανίδων ὕστατα λέγει, παρ᾽ οἷς ὁ αὐτός ἐστι τῷ ἀρκτικῷ ὁ θερινὸς τροπικὸς κύκλος), was in der Terminologie der griechischen Astronomie eine Lage auf dem Polarkreis bedeutete, es kann aber sein, dass Eratosthenes die Erzählungen des Pytheas, der sicherlich von den hellen Sommernächten auf Thule gesprochen hatte, nur in in diesem Sinne interpretiert hat und einen markanten, weit im Norden gelegenen Ort suchte, auf den er Thule auf seiner Erdkarte plazieren konnte. Dabei spielte vielleicht auch eine Symmetrieüberlegung eine Rolle, denn Eratosthenes' Thule ist vom Pol ebenso weit entfernt wie Syene vom Äquator (Kap. 3.4.2.1.1. Es ist jedenfalls auffallend, dass derselbe Geminos, der über die Begegnung des Pytheas mit den Barbaren berichtet, die diesem den Schlafplatz der Sonne zeigten, nichts von einer auf dem Polarkreis gelegenen Insel weiß, obwohl er nur kurz nach dieser Stelle vom 24-stündigen Tag und vom Sommerwendekreis spricht. Geminos schreibt:[721]

Ἔτι δὲ μᾶλλον πρὸς ἄρκτον ἡμῶν παροδευόντων γίνεται ὁ θερινὸς τροπικὸς κύκλος ὅλος ὑπὲρ γῆν, ὥστε ἐν ταῖς θεριναῖς τροπαῖς τὴν παρ᾽ ἐκείνοις ἡμέραν γίνεσθαι ὡρῶν ἰσημερινῶν κδ᾽.

Wenn wir noch weiter nach Norden wandern, so kommt der Sommerwendekreis ganz über die Erde zu liegen, sodass zur Zeit der Sommerwende der längste Tag in diese Gegenden 24 Äquinoktialstunden lang wird. [Übersetzung C. Manitius]

---

[721] Gemin. Isagoge 6. 13.

KAPITEL 7

Dass sich übrigens im Laufe der Überlieferungsgeschichte des Pytheasberichtes Irrtümer bezüglich der polaren Lage Thules eingestellt haben können, wird auch durch eine Stelle bei Plinius belegt. Plinius stellt NH 2.186 fest, dass in den unter dem Pol gelegenen Ländern der Tag sechs Monate und die Nacht ebenso lange dauere und bemerkt abschließend, dies finde, wie Pytheas berichtet habe, auch auf der Insel Thule statt (quod fieri in insulam Thyle Pytheas Massaliensis scribit, sex dierum navigatione in septentrionem a Britannia distante). Wie bereits in Kap. 5.2.4 festgestellt, kann Pytheas dies nicht geschrieben haben.

Aber selbst wenn Pytheas Thule in Zusammenhang mit dem Polarkreis erwähnt hat, muss das nicht unbedingt bedeuten, dass er sich auch tatsächlich in der Polarzone aufgehalten hat, denn das Erlebnis des shetländischen „simmer dim" konnte ihn zu der Überzeugung geführt haben, dass er von dieser Zone nicht mehr sehr weit entfernt war. Es ist jedenfalls fraglich, ob Pytheas bei seinen beschränkten Möglichkeiten wirklich feststellen konnte, dass er sich auf dem Polarkreis befand, und es kann sein, dass die Thule des Pytheas im Unterschied zu der Thule des Eratosthenes viel weiter südlich lag (Kap. 3.4.2.1.1) und mit den Shetland Inseln identifiziert werden darf.

Ein Problem hinsichtlich dieser Gleichsetzung stellt allerdings Strabons πεπεγυῖα θάλαττα bzw. das *mare concretum* des Plinius dar, das von Thule eine Tagesreise entfernt gewesen sein soll. Mit beiden Bezeichnungen muss dasselbe geographische Objekt gemeint sein, aber es ist klar, dass es sich dabei nicht um das Eismeer der Polarzone, um Packeis oder Treibeis gehandelt haben kann, wenn wirklich die Shetland Inseln die Thule des Pytheas gewesen waren. Ein Hinweis darauf, wo dieses sonderbare Meer gelegen haben könnte, ergibt sich aber NH 4.104 aus der Bemerkung des Plinius, dass jenes eine Tagesreise von Thule entfernte *mare concretum* von einigen auch das Kronische Meer genannt werde (a Tyle unius diei navigatione mare concretum a nonnulis Cronium appelatur). Kronisches Meer heiße nämlich nach Auskunft des Geographen Philemon,[722] so stellt Plinius NH 4.94/95 fest, derjenige Teil des nördlichen Ozeans, der sich jenseits des *Morimarusa* genannten Meeres erstrecke. Plinius schreibt:

---

[722] Zu Philemon siehe Anm. 649.

Philemon Morimarusam a Cimbris vocari, hoc est mortuum mare, inde usque ad promunturium Rusbeas, ultra deinde Cronium.

Philemon sagt, dass er von den Kimbern bis zum Vorgebirge Rusbeas Morimarusa, d. h. „totes Meer", dann weiter darüber hinaus Kronion genannt werde.

Das *promuntorium Rusbeas* wird in der Forschung mit der Nordspitze Jütlands oder mit der gegenüber liegende Halbinsel Lindesnes an der südlichen Festlandsspitze Norwegens identifiziert,[723] und *Morimarusa* bezeichnete demnach das Skagerak. Der Name *Morimarusa* selbst kommt aus dem Altkeltischen, nicht aus dem Germanischen, und bedeutet, wie Plinius richtig bemerkt, „Totes Meer", und wahrscheinlich stammt er aus Britannien.[724] Das ist sehr gut möglich, denn es bestanden seit der Bronzezeit Handelsbeziehungen zwischen den britannischen Inseln und Westnorwegen sowie dem am Kattegat gelegenen Regionen Südschwedens und Dänemarks (Kap. 7.3) und *Morimarusa* bezeichnete vielleicht auch wirklich die Besonderheit dieses Meeres, dass auf ihm unter bestimmten Umständen die Schifffahrt zum Erliegen kommen konnte. Das jenseits der *Morimarusa* gelegene Kronische Meer – das *mare concretum* des Plinius – umfasste dann offenbar den sich westlich von Norwegen erstreckenden Atlantischen Ozean, vielleicht auch, wie J. Svennung vermutet, Teile der Nordsee,[725] und schon daraus ergibt sich, dass Plinius nicht ein gefrorenes Meer damit gemeint haben kann.

Einige Gelehrte haben versucht, die Bezeichnung *mare cronion* bzw. Κρόνιος πόντος aus dem Keltischen herzuleiten. So hat z. B. der Skandinavist und Altphilologe J. Svennung darauf hingewiesen, das „cronos" mit dem altenglischen Wort „hran" für „Wal" in Verbindung stehe und *mare cronion*

---

[723] J. Svennung, Skandinavien bei Plinius und Ptolemaios, 33. Siehe auch Winkler, Plinius III/IV, 425.

[724] Svennung, Skandinavien bei Plinius und Ptolemaios, 26.

[725] Svennung, Skandinavien bei Plinius und Ptolemaios, 26/27, bezieht sich auf Plinius, der NH 37.35 über das von Pytheas erwähnte Bernsteinvorkommen auf der Insel Abalus berichtet hat. Pytheas habe, so schreibt Plinius, den in den Frühjahrsstürmen auf diese Insel geworfenen Bernstein als eine Auswurf des „geronnenen" Meeres (concreti maris purgamentum) bezeichnet. Abalus aber war sehr wahrscheinlich eine vor der Küste Schleswig-Holsteins gelegene Insel, vielleicht das heutige Helgoland. Das Gebiet der heutigen Deutschen Bucht gehörte demnach auch zum mare concretum, das übrigens deshalb in der Forschung verschiedentlich mit dem Wattenmeer identifiziert worden ist.

deshalb Walmeer bedeute.[726] Für die Gewässer um Island, die Färöer und Norwegen ergibt diese Bezeichnung auf jeden Fall einen Sinn, aber auch für die See um die Shetland Inseln wäre der Name „Walmeer" zutreffend, denn dort kommen Schwertwale aus der Familie der Delphine in großen Mengen vor und bilden heute eine der Touristenattraktionen, die Shetland zu bieten hat. Sicherlich waren Wale auch den einheimischen Bewohnern bekannt, mit denen Pytheas auf den Orkneys und den Shetlands zusammentraf.

Ein anderer Erklärungsversuch, bei dem *mare cronium* ebenfalls aus dem Keltischen abgeleitet wird, beruht auf der Annahme, dass dieser Bezeichnung die Gräzisierung des aus dem Irischen stammenden Ausdrucks „muir chroinn" zugrunde liege, der in der Tat „geronnenes Meer" bedeutet. Der Altphilologe Otto Keller bemerkt dazu: aus dem „geronnenen Meer", *muir Chroinn* der Iren wurde mit Anlehnung an Κρόνος ein Κρόνιος πόντος oder Κρόνιος Ὠκεανός = „Nordsee, nördliches Meer, Eismeer".[727] Wenn diese These zutreffend ist,[728] dann ist es gut möglich, dass die Kunde vom geronnenen Meer tatsächlich auf Pytheas zurückgeht und dass er sie im Norden Britanniens z. B. von irischen Händlern und reisenden Metallschmieden erfuhr, die, wie weiter unten dargelegt, Schottland auf einem die irische See mit der Nordsee verbindenden Landweg durchquerten. Da Kronos – gleichbedeutend mit dem römischen Saturnus – in der antiken Mythologie u. a. mit Meer, Feuchtigkeit und Kälte in Verbindung gebracht wurde und auch als winterlicher Gott galt,[729] ist es denkbar, dass das gräzisierte *muir Chroinn* für die griechischen Geographen zum Κρόνιος Ὠκεανός wurde und damit der bis dahin unbekannte, nebelige und kalte Ozean im Norden bezeichnet wurde, von dem Pytheas als erster griechischer Reisende konkret berichtet hatte. Es wird in der Forschung aber auch die Auffassung vertreten, dass der

---

[726] J. Svennung, Skandinavien bei Plinius und Ptolemaios, 28.
[727] O. Keller, Lateinische Volksethymologie und Verwandtes, Leipzig 1891, 184.
[728] Auch R. Carpenter, Beyond the Pillars, 178, erwähnt die Latinisierung von muir croinn zu mare Cronion, gibt jedoch keine Quellen an. Die Vermutung, dass cronium sich aus dem irischen „Muir chroinn" ableite, wurde übrigens bereits von dem irischen Philosophen John Toland (1670–1722) geäußert (John Toland, The Miscellaneous Works VI, London 1747, 150: „from the word Croinn which signifies close and thick"), aber von K. Müllenhoff (Deutsche Altertumskunde I, 415 Anm. 1) unter Berufung auf den schottischen Gelehrten W. M. Hennessy (1829–1889) abgelehnt.
[729] H. W. Roscher, Ausführliches Lexikon der griechischen und römischen Mythologie II 1, Sp. 1471–1477).

Name „Kronosmeer" für den nördlichen Ozean nicht auf keltische Quellen zurückgeführt zu werden brauche, sondern schon allein aus den erwähnten Vorstellungen der griechisch-römischen Mythologie erklärt werden könne.[730] Aber unabhängig davon, wie der Name *mare cronium* oder Κρόνιος Ὠκεανός für das Nordmeer in der Antike entstanden ist, so scheint er jedenfalls nicht das Eismeer der Polarzone zu bezeichnen, von dem die antiken Geographen ja auch gar nichts wissen konnten.

In Hinblick auf eine Gleichsetzung Thules mit den Shetland Inseln ist es auch denkbar, dass irgendein Zusammenhang zwischen dem *mare concretum* und jenem *mare pigrum et grave* des Tacitus besteht, das der vor der Küste Nordschottlands operierenden Flotte des Agricola Schwierigkeiten bei der Weiterfahrt bereitete. Tacitus berichtet in seiner Schrift *De Vita Iulii Agricolae* über die Kämpfe, die sein Schwiegervater Gn. Iulius Agricola – Statthalter Britanniens von 77–84 – mit den im Norden Schottlands siedelnden Kaledoniern führte und kommt auch auf eine Operation der römischen Flotte zu sprechen, bei der die Orkneys unterworfen und eine in der Ferne noch weiter nördlich gelegene Insel gesichtet wurde, die die Römer für die legendäre Thule hielten. Tacitus schreibt Agr. 10.4:

> Hanc oram novissimi maris tunc primum Romana classis circumvecta insulam esse Britanniam adfirmavit, ac simul incognitas ad id tempus insulas, quas Orcadas vocant, invenit domuitque, dispecta est et Thule, quia hactenus iussum et hiems adpetebat. Sed mare pigrum et grave remigantibus perhibent ne ventis quidem perinde attoli. Credo, quod rariores terrae montesque, causa ac materia tempestatum, et profunda moles continui maris tardius impellitur.
>
> Diese Küste des entferntesten Meeres umsegelte damals zum ersten Mal eine römische Flotte und bestätigte damit, dass Britannien eine Insel ist; gleichzeitig entdeckte sie bis dahin unbekannte Inseln, die Orkaden heißen, und unterwarf sie. Nur gesichtet wurde auch Thule, weil der Auftrag nicht weiter ging und der Winter nahte. Aber das träge und für Ruderschiffe beschwerliche Meer werde, so erzählt man, nicht einmal durch Winde wie anderswo aufgewühlt, weil, wie ich glaube, gebirgige Landstriche, Anlaß und Grundlage für Stürme, recht selten sind und weil die tiefe Masse des unaufhörlich sich dahinziehenden Meeres ziemlich langsam in Bewegung kommt. [Übersetzung Alfons Städele, Städele, Tacitus, S. 21]

---

[730] M. Egeler, Avalon 66°Nord. Zur Frühgeschichte und Rezeption eines Mythos, 405.

KAPITEL 7

Es ist klar, dass die von den Römern in der Ferne erblickte Insel das heutige Mainland gewesen sein muss, die Hauptinsel der Shetland Inseln, oder die kleine zwischen diesen und den Orkneys gelegene Fair Isle. Ob sich Agricola aber wirklich auf Pytheas bezog, als er Thule in der fernen Insel zu sehen glaubte, ist fraglich. Ihm und auch Tacitus scheint Pytheas' Reisebericht unbekannt gewesen zu sein,[731] denn sonst hätte Tacitus nicht schreiben können, dass der Inselcharakter Britanniens erst von der Flotte des Agricola festgestellt worden sei. Thule war aber im Laufe der Zeit zu einem Synonym für das Ende der Welt geworden,[732] und so lag es für Agricola und seine Mannschaften, die sich tatsächlich am Gestade (*oram novissimi maris*) des äußersten Meeres zu befinden glaubten, nahe, jene am Horizont liegende Insel für die zu ihrer Zeit längst legendär gewordene Thule zu halten. Die Gleichsetzung der Shetlands mit der Thule des Pytheas braucht also nicht, wie z. B. Stan Wolfson glaubt, mit der herangezogenen Stelle aus Tacitus' *Agricola* begründet zu werden,[733] sondern läßt sich, wie oben dargelegt, auch unabhängig von dieser Überlieferung als plausibel erweisen.

Was das mare *pigrum et grave remigantibus* anbetrifft, so spielt Tacitus offenbar auf die besonderen Strömungsverhältnisse an, die der römischen Flotte das Navigieren in den Gewässern rund um die Orkneys und Shetlandinseln erschwerte.[734] Insbesondere müssen die im Pentland Firth zwischen der Nordostspitze Schottlands und den Orkneys auftretenden Wirbelfelder und Gezeitensröme, die auch noch heute der modernen Schifffahrt zu schaffen machen können, das Fortkommen der römischen Ruderschiffe behindert haben, sodass Tacitus' Beschreibung dieser Gewässer als eines *mare grave remigantibus* genau zutreffend ist. Ob allerdings Agricolas Ruderer das Meer

---

[731] Es ist sogar in Zweifel gezogen worden, ob Tacitus wirklich die Lehre von der Kugelgestalt der Erde bekannt war, auf die Pytheas ja in jedem Fall in seinem Bericht Bezug genommen haben muss. (Städele, Tacitus Agricola, 250).

[732] So wurde Thule z. B. durch Vergil poetisch verklärt als das äußerste Land, das Augustus beherrschen werde (Georg. 1. 30, tibi serviat ultima thule), und Seneca prophezeite, Thule werde einstmals nicht mehr das Ende der Welt sein. (Medea 378/379, nec sit terris ultima thule).

[733] S. Wolfson, Tacitus, Thule and Caledonia, 29–34).

[734] Vgl. Müllenhoff, Deutsche Altertumskunde I, 388; F. Witek, Mare pigrum, Zu Tacitus, Agricola 10 und 38, Grazer Beiträge 2007 p. 109; A. R. Burn, mare pigrum et grave, The Classical Review 1949, 63 Issue 3–4, 94; F. Mittenhuber, Naturphänomene des hohen Nordens, Museum Helveticum, 2003, 54.

auch als *piger* d. h. als träge wahrgenommen haben, kann bezweifelt werden, denn es konnte ihnen ja nicht entgangen sein, dass sich die von ihnen befahrene See in Bewegung befand. Das Subjekt zu *perhibent* in obigem Zitat sind wahrscheinlich nicht die römischen Rudersoldaten,[735] sondern die Kennzeichnung dieses Gewässers als *piger* scheint ein Kommentar von Tacitus selbst zu sein ebenso wie seine Bemerkung, dass das Meer dort nicht einmal durch Winde bewegt werde (*ne ventis quidem perinde attoli*). Das wird auch deutlich durch die Erklärung (*Credo, quod*), die Tacitus für die dort anzutreffenden Windstillen angibt. Hier kommt eine in der Antike weit verbreitete Vorstellung von der Beschaffenheit des nördlichen Ozeans als eines trägen und unbewegten Meeres zum Ausdruck. So berichtet Tacitus Germ. 45 auch von einem oberhalb der Suionen[736] gelegenen *mare pigrum et prope immotum*.

Abschließend lässt sich feststellen, dass weder das *mare concretum* noch das *mare cronium* des Plinius und schon garnicht das *mare pigrum* des Tacitus die Züge eines gefrorenen Meeres aufweisen und deshalb nicht das Eismeer der Polarzone bezeichnen, und das gilt dann auch für Strabons πεπεγυῖα θάλαττα, wenn damit dasselbe Objekt wie das *mare conretum* gemeint war. Somit entfällt ein wichtiger Einwand gegen die These, dass die Shetland Inseln Pytheas' Thule gewesen sind.

7.3 Norwegen

Außer Island und den Shetland Inseln sind auch westnorwegische[737] und sogar die am Kattegat gelegene südwestschwedischen Küstenlandschaften[738] als die Thule des Pytheas in Erwägung gezogen und die Hypothese aufgestellt worden, dass Pytheas zu diesen Ländern von Britannien aus in einer sechstägigen Schiffsreise auf direktem Wege quer über Nordsee gelangt sei.

Nun wurde bereits festgestellt, dass es zwischen Thule und Britannien sehr wahrscheinlich einen regelmäßigen Verkehr gegeben haben muss. Thule

---

[735] Vgl. F. Witek, Mare pigrum, 111.
[736] Ein im südlichen Schweden ansässiges Volk (W. Capelle, Das Alte Germanien, Jena 1937, 503).
[737] F. Nansen, Nebelheim I, 62; R. Hennig, Terrae Incognitae I, 168–171: C. McPhail, Pytheas of Massalia's Route of Travel, 2014, 251–254.
[738] W. Köpp, Ultima omnium Thyle, Wiss. Zeitschrift der Ernst-Moritz-Arndt-Universität Greifswald, Gesell. u. Sprachwissen. Reihe, Heft 1, 1951/1952, 10.

kann deshalb im westlichen Skandinavien nur dann gesucht werden, wenn sich nachweisen läßt, dass Handelsbeziehungen zwischen Britannien und den in Betracht gezogenen skandinavischen Regionen bestanden und dass letztere in sechstägiger Schiffsreise über die Nordsee von einem im Osten Schottlands oder einem auf den Orkneys oder den Shetland Inseln gelegenen Hafen erreichbar waren.

Dass tatsächlich bereits in der frühen Bronzezeit ein Verkehr zwischen Schottland und Skandinavien stattgefunden haben muss, kann z. B. durch archäologische Funde belegt werden, die in Südschweden und Dänemark zu Tage gefördert worden sind. Es handelt sich dabei um Bronzewerkzeuge- und Waffen wie Beile und Dolche, die vermutlich entweder aus Irland importiert oder von irischen Wanderschmieden vor Ort hergestellt worden sind,[739] und nach Ansicht des schwedischen Prähistorikers Oskar Montelius stammt der in Gräbern Südskandinaviens zum Vorschein gekommene bronzezeitliche Goldschmuck zum Teil ebenfalls von der irischen Insel, die als eines der goldreichsten Länder der Bronzezeit auch das Material für das einheimische schwedische Goldschmiedehandwerk gelieferte habe.[740]

Es ist klar, dass diese Fundstücke irischer Provinienz zumindestens streckenweise über See nach Skandinavien gebracht worden sein müssen, und im Folgenden soll einer der Verkehrswege aufgezeigt werden, auf denen der Transport der irischen Güter vermutlich erfolgte. Diese Handelsroute verlief zunächst über die irische See zur schottischen Nordwestküste. Von dort führte ein durch bronzezeitliche Funde belegter Überlandweg durch den Great Glen, der großen von Südwest nach Nordost quer durch das schottische Hochland hindurchgehenden tektonischen Verwerfung, und endete am Moray Firth, wo sich Häfen befanden, von denen aus die Fahrt dann zu Schiff weiterging. Ein zweiter etwas weiter südlich gelegener Überlandweg verband den Firth of Clyde mit dem Firth of Forth.[741] Die irischen Händler und Metallschmiede benutzten diese Wege offenbar, um die gefährliche Umfahrung der Nordspitze

---

[739] B. Megaw and E. Hardy, British Decorated Axes and their Diffusion during the Earlier Part of the Bronze Age, in Proc. Prehist. Soc (1938) Vol. 4, Nr. 2, 291/292; S. Ó Ríordáin, The Halberd in Bronze Age Europe, Archaeologica LXXXVI, 1937, 299.

[740] O. Montelius, Verbindungen zwischen Skandinavien und dem westlichen Europa vor Christi Geburt, Archiv für Anthropologie 19, 1891, 10.

[741] Vgl. S. Ó Ríordáin, The Halberd in Bronze Age Europe, 272; E. G. Bowen, Britain and the Western Seaways, 46.

Schottlands um Cape Wrath und die anschließende Passage durch den Pentland Firth zu vermeiden. Diese Seeroute mit ihren unberechenbaren Wind- und Strömungsverhältnissen war vor Einführung der Dampfschifffahrt bei den Seefahrern seit jeher berüchtigt und sehr gefürchtet, und genau deshalb wurde übrigens Anfang des 19. Jahrhunderts der durch den Great Glen verlaufende Caledonian Canal angelegt, der die beschwerliche Fahrt um Schottland herum überflüssig machen sollte.

Wie die Reise der bronzezeitlichen irischen Händler ausgehend von der Ostküste Schottlands dann weiter verlief, ob sie als Küstenschifffahrt längs der Ostküste Britanniens zum Ausgang des Ärmelkanals und dann entlang der Küsten von Friesland und Jütland bis hinauf zum Skagerak erfolgte und vielleicht noch darüber hinaus, oder ob sie quer über die Nordsee ging, darüber lassen sich allerdings keine sicheren Erkenntnisse gewinnen. Der Praehistoriker J. M. de Navarro hält es aber für möglich, dass die Fahrt vom Moray Firth über das offene Meer unter Vermeidung der für die Seefahrt gefährlichen jütischen Westküste direkt zur Nordspitze von Jütland ging und von dort dann weiter in den Kattegat.[742] Eine derartige Hochseefahrt muss übrigens schon deshalb grundsätzlich in Erwägung gezogen werden, weil es die Forschungsergebniss O. Montelius' hinsichtlich der steinzeitlichen Grabkultur Nordeuropas sehr wahrscheinlich machen, dass es schon in sehr früher Zeit zu direkten Überquerungen der Nordsee gekommen sein muss. Montelius schließt das aus der überraschenden Übereinstimmung zwischen bestimmten Begräbnisformen, die ausschließlich im Norden Britanniens und in Mittelschweden aber nicht in den dazwischen liegenden Küstenländern praktiziert wurden und deshalb auf einen von Britannien ausgehenden Kultureinfluss zurückzuführen seien, der nur direkt über die Nordsee vermittelt worden sein konnte.[743]

---

[742] J. M. de Navarro, The British Isles and the Beginning of the Northern Earlybronze Age, in: The Early Cultures of North-West Europe, 85, Cambridge 1950.
[743] O. Montelius, Der Handel in der Vorzeit, Praehistorische Zeitschrift II Heft 4 1911, 256/257. Montelius bemerkt dazu: „Sicherlich wird mancher das für unmöglich erklären. Aber abgesehen davon, dass es am Anfang des zwanzigsten Jahrhunderts n. Chr. Geburt für uns sehr schwer ist zu wissen, was zwanzig Jahrhunderte v. Chr. Geburt unmöglich war, müssen wir bedenken, dass wir, solange die oben geschilderten Verhältnisse hinsichtlich der Ausbreitung der Typen nicht durch neue Funde sich als unrichtig erweisen, gezwungen sind, einen solchen direkten Einfluss anzunehmen."

Wenn es nun bereits in der Bronzezeit und sogar schon davor eine Verbindung über See zwischen dem Norden Britanniens und dem westlichen Skandinavien gab, dann ist kein Grund vorhanden, warum ein solcher Seeverkehr nicht auch noch in der Übergangsphase von der nordischen Bronzezeit zur Eisenzeit (ab 500 v. Chr.) stattgefunden haben sollte, in jener Zeit also, in der Pytheas sich in Britannien aufgehalten hat. Dass jedenfalls damals sehr wahrscheinlich hochseegängige Schiffe zur Verfügung standen, wird bezeugt durch das bereits oben erwähnte Schiffsmodell aus dem Broighter Hoard (Kap. 3.5.2) und kann auch erschlossen werden aus der Überquerung des Atlantiks, die dem britischen Abenteurer Timothy Severin mit einem Nachbau eines keltischen Lederbootes gelang (Anm. 494).

Es ist deshalb denkbar, dass die oben beschriebenen Überlandwege durch Schottland auch noch zur Zeit des Pytheas benutzt wurden – an den Gründen, die zur Wahl dieser Route führten, hatte sich ja nichts geändert – und dass Pytheas im Norden Schottlands auf irische Händler traf, die auf dem Weg nach Thule waren; und vielleicht bot sich ihm hier eine Mitfahrgelegenheit. Es könnte dann sogar sein, dass er den Namen des Landes, zu dem die Reise ging, aus dem Munde dieser Handelsleute erfuhr. Jedenfalls ist in der Forschung die Ansicht vertreten worden, dass sich der Name Thule aus dem im Altirischen vorkommenden „thual" herleitet, was in jener Sprache „Norden" bedeute.[744]

Wenn es also zu Pytheas' Zeit einen Handelsverkehr direkt über die Nordsee gab, dann kann Thule irgendwo an der Atlantikküste Mittel- oder Südnorwegens gelegen haben.[745] So wird meist angenommen, dass

---

[744] Adelung, Aelteste Geschichte der Deutschen, Leipzig 1896, 82 Anm. 1; Montelius, Kulturgeschichte Schwedens 161, Anm. 1.

[745] In diesen Regionen Mittel- und Südnorwegens ist dank des milden Klimas Getreideanbau möglich, und es kann auch Imkerei betrieben werden. Das steht scheinbar im Einklang mit den von Strabon geschilderten, in den Gegenden nahe der erfrorenen Zone anzutreffenden Lebensverhältnissen. Er sagt ja C 201, 4.5.5 (Kap. 3.5), dass dort Getreide gedeihe und Honig gewonnen werde, aus denen die Eingeborenen ein Getränk zubereiten würden (παρ' οἷς δὲ σῖτος καὶ μέλι γίγνεται, καὶ τὸ πόμα ἐντεῦθεν ἔχειν). In der Forschung wird vielfach angenommen, dass sich diese Ausführungen Strabons auf das unmittebar vorher im Text erwähnte Thule bezögen und deshalb Pytheas nach Norwegen und nicht nach Island, wo Bienen nicht vorkommen, gelangt sei. Es wurde aber weiter oben (Kap. 3.5) darauf hingewiesen, dass der Text eine blinde Lücke zu enthalten scheint, und dass Strabon auch andere im Norden gelegene Gegenden als das vermeintliche Thule gemeint haben kann.

Pytheas die norwegische Küste beim heutigen Trondheim[746] oder Bergen[747] erreicht habe, oder dass ihm, wie Frjidhof Nansen glaubt, der von Geminos erwähnte Schlafplatz der Sonne an dem sich weit nach Westen öffnenden, zwischen Trondheim und Bergen gelegenen Römsdalfjord gezeigt worden sein könnte.[748]

Es sind allerdings in der Forschung vereinzelt auch Zweifel geäußert worden, ob eine Fahrt von Britannien nach Norwegen über die offene Nordsee angesichts beschränkter navigatorischer Mittel vor der Wikingerzeit überhaupt durchführbar war. So stellt z. B. der norwegische Archäologe und Prähistoriker E. Bakka fest: „[…] we have, as far as I can see, extremely little evidence of a direct contact across the North Sea from Norway to Britain before the first recorded Viking raid, in 793".[749] Er glaubt, dass sich damals Fahrten zur See hauptsächlich in Form von Küstenschifffahrt vollzogen haben, und nur sehr kurze Distanzen über das offene Meer zurückgelegt wurden. Der Schiffsarchäologe D. Ellmers hat sich dieser Ansicht in einer kürzlich erschienenen Veröffentlichung angeschlossen und deshalb die These verworfen, derzufolge Norwegen Pytheas' Thule gewesen sei. Seiner Meinung nach muss Thule vielmehr auf den Shetland Inseln gesucht werden.[750]

Wenn die Thule des Pytheas bei Trondheim oder auch weiter südlich bei Bergen lag, dann kann, ähnlich wie im Falle der Shetland Inseln bereits dargelegt, mit dem πεπεγυῖα θάλαττα Strabons oder mit Plinius' *mare conretum* schwerlich das Eismeer oder Treibeis gemeint sein. Vielleicht spielen diese Bezeichnungen, wie J. Svennung vermutet, auf eine besondere Erscheinung an, die sich in den norwegischen Gewässern beobachten lässt. Es handelt sich dabei um das in der Ozeanographie als Totwasser bezeichnete Phänomen,[751] das auftreten kann, wenn sich leichteres Süßwasser über schwereres Salzwasser schiebt. Dies geschieht z. B., wenn das Schmelzwasser der norwegischen Gletscher in die Fjorde abfließt oder im Kattegat, wenn das Salzwasser der Nordsee unter das leichtere Ostseewasser strömt. Fährt

---

[746] Hennig, Terrae Incognitae I, 168.
[747] Magnani, Il Viaggio di Pitea sull'Oceano, 197.
[748] Nansen, Nebelheim I, 64.
[749] E. Bakka, Scandinavian Trade Relations, with the Continent and the British Isles in Pre-Viking Times, 51.
[750] Ellmers, Der Krater von Vix und der Reisebericht des Pytheas, 376.
[751] O. Baschin, Meereswellen, in: Physikalisches Handbuch, 778.

ein Schiff in diese Schichtung ein, dann erzeugt es an der Grenzfläche sogenannte interne Wellen, die seine Fahrt erheblich verlangsamen oder es sogar ganz zum Stillstand kommen lassen können.[752] Von außen ist die Ursache der Verlangsamung nicht erkennbar, und Seefahrer, denen dies widerfuhr, mussten den Eindruck gewinnen, als blieben sie in einem verdickten Meer stecken. Das „geronnene Meer" könnte also tatsächlich in der Nähe des norwegischen Küstenstreifens gelegen haben, an dem Pytheas nach sechstägiger Seefahrt Thule betreten haben soll.

7.4 Zusammenfassung

Für die Lokalisierung Thules, sei es in Island, auf den Shetland Inseln oder in Norwegen, lassen sich jeweils gute Gründe angegeben, aber es reicht keiner von diesen aus, als dass definitiv eine Entscheidung getroffen werden könnte, wo Pytheas' Thule wirklich gelegen hat. Dass es aber überhaupt möglich ist, Strabons und Plinius' Beschreibungen ergänzt durch die des Kleomedes wahlweise den Gegebenheiten jener nordischen Länder anzupassen, macht es wahrscheinlich, dass Thule keine Erfindung des Pytheas war, wie Polybios und Strabon glaubten, sondern ein reales geographisches Objekt. Alle drei Kandidaten waren von Schottland aus mit keltischen Booten auf dem Seeweg erreichbar, und jedem von ihnen lässt sich auch ein in der Nähe gelegenes *mare concretum* oder πεπεγυία θάλαττα sinnvoll zuordnen. Am plausibelsten ist es aber, Thule mit den Shetland Inseln gleichzusetzen, denn neben den Eigenschaften, die diese mit Island und Norwegen teilen, weisen sie noch weitere von den antiken Autoren erwähnte Details auf, die auf letztere nicht zutreffen. So ist das im Norden des Archipels gelegene Unst wirklich die nördlichste der britannischen Inseln, während man Island und Norwegen diese Eigenschaft jeweils nur recht gezwungen zuschreiben kann. Auf den Shetland Inseln siedelte ferner eine wohlhabende keltische Bevölkerung, mit der Pytheas entweder selbst oder mit Hilfe keltischer Dolmetscher kommunizieren konnte, während in Norwegen germanische Stämme ansässig waren und Island sogar unbewohnt war.

---

[752] Vgl. J. Svennung, Skandinavien bei Plinius und Ptolemaios, 27/28.

8. Pytheas und die Bernsteininsel Abalus

8.1 Bernsteininseln bei Plinius und Diodorus Siculus

Wenn Pytheas seine Expedition in der Hauptsache aus wissenschaftlichen Interesse durchgeführt hat, um die Konsequenzen aus der zu seiner Zeit noch neuartigen Lehre von der Kugelgestalt der Erde an Ort und Stelle zu studieren – insbesondere auch die Zunahme der sommerlichen Tagesdauern mit fortschreitender nördlicher Breite – dann hätte er nach Abschluss seiner von Geminos überlieferten, auf Thule vorgenommenen Untersuchungen seine Fahrt dort beenden und die Rückreise ohne weitere Umwege nach Massalia antreten können, und vielleicht tat er das auch. In der Forschung wird aber auch vermutet, dass er noch ausgedehnte Abstecher in den Nordsee- oder Ostseeraum unternommen und die dort gelegenen Gebiete aufgesucht habe, von denen die antike Welt den als Schmuck begehrten Bernstein bezog.

Als Beleg hierfür wird eine Stelle aus der *Naturalis Historia* des Plinius herangezogen. Im 37. Buch dieses Werkes befasst sich Plinius mit dem Thema „Edelsteine" und kommt in diesem Zusammenhang auch ausführlich auf das Vorkommen sowie auf die Verarbeitung und die Verwendung von Bernstein zu sprechen. Dabei erwähnt er NH 37.35, Pytheas habe von einer Küstenniederung namens Metuonis gesprochen, die – je nach Lesart der Handschriften – das Volk der Gutonen oder Guionen bewohne, und er habe ferner von einer davor gelegenen Insel namens Abalus berichtet, an deren Küste Bernstein angeschwemmt und von den Inselbewohnern an das benachbarte Festland verkauft werde. Dies glaube auch Timaios, so fügt Plinius an, doch nenne er die Insel Basilia. Plinius schreibt:

Pytheas Gutonibus (Guionibus, Detlefsen), Germaniae genti, accoli aestuarium oceani Metuonidis nomine spatio stadiorum sex milium, ab hoc diei navigatione abesse insulam Abalum, illo per ver fluctibus advehi et esse concreti maris purgamentum, incolas pro ligno ad ignem uti eo proximisque Teutonis vendere. Huic et Timaeus credidit, sed Insulam Basiliam vocavit.

Pytheas sagt, von den Gutonen, einem Volk Germaniens werde eine Niederung am Ozean namens Metuonis bewohnt, die sich über 6.000 Stadien erstrecke. Von dort sei die Insel Abalus eine Tagesfahrt zu Schiff entfernt; dort werde der Bernstein im Frühjahr durch die Fluten angeschwemmt und er sei eine Ausscheidung des geronnenen Meeres. Die Einwohner würden ihn anstelle von Holz als Brennstoff verwenden und ihn an die benachbarten Teutonen verkaufen. Dem schenkte auch Timaios Glauben, nannte aber die Insel Basilia.(R. König übersetzt *mare concretum* mit „Eismeer")

Im Zusammenhang mit dieser Mitteilung muss auch eine Passage aus dem 4. Buch der *Naturalis Historia* stehen, in der Plinius in zwei ganz kurzen Notizen von Inseln im nördlichen Ozean spricht. Timaios, so schreibt Plinius NH 4.94, habe von einer Insel namens Baunonia berichtet, die eine Tagesreise vor der Küste Skythiens gelegen sei und an deren Ufer im Frühjahr Bernstein angeschwemmt werde. Anschließend erwähnt Plinius NH 4.95 noch eine Insel namens Baltia, von der Xenophon von Lampsakos[753] erzählt habe, dass sie von unermesslicher Größe und in der Entfernung einer dreitägigen Seereise vor der Küste Skythiens gelegen sei. Pytheas nenne dieselbe Insel Basilia.

Auch Diodor erwähnt in seiner *Bibliotheke* eine im Ozean gelegene Bernsteininsel und zwar in einem vom Bernstein handelnden Exkurs, der unmittelbar auf seinen Bericht über das Zinn Cornwalls folgt. Diodor schreibt 5.23.1:

τῆς Σκυθίας τῆς ὑπὲρ τὴν Γαλατίαν κατ' ἀντικρὺ νῆσός ἐστι πελαγία κατὰ τὸν ὠκεανὸν ἡ προσαγορευμένη Βασίλεια. εἰς ταύτην ὁ κλύδων ἐκβάλλει δαψιλές τὸ καλούμενον ἤλεκτρον, οὐδαμοῦ δὲ τῆς οἰκουμένης φαινόμενον.

Direkt gegenüber dem Teil Skythiens, der über der Γαλατία liegt, befindet sich in der offenen See eine Insel namens Basileia. Auf diese wirft die Brandung in großer Menge den sogenannten Bernstein, wie es nirgendwo auf der bewohnten Welt gesehen wird.

---

[753] In der Forschung wird angenommen, dass das Wirken des Geographen Xenophon von Lampsakos in die Zeit zwischen dem Ende des 2. und dem Anfang des 1. Jh. v. Chr. fällt. (H. A. Gärtner, DNP 12/2, 2002, 643, s. v. Xenophon 8).

Im Anschluss an diese Feststellung erwähnt er, dass die alten Autoren ganz unglaubliche Geschichten über den Bernstein geschrieben hätten, und erzählt dann die Sage von Phaëthon und den Heliaden. Abschließend bemerkt er, es hätten jene geirrt, die diese Geschichten erfunden hätten, und sie seien auch in späterer Zeit widerlegt worden, nachdem die wirklichen Verhältnisse bekannt geworden seien. Es sei deshalb, schreibt Diodor 5.23.4, notwendig, sich den wahren Sachverhalt zu vergegenwärtigen:

> τὸ γὰρ ἤλεκτρον συνάγεται μὲν ἐν τῇ προειρημένῃ νήσῳ, κομίζεται δ' ὑπὸ τῶν ἐγχωρίων πρὸς τὴν ἀντιπέρας ἤπειρον, δι'ἧς φέρεται πρὸς τοὺς καθ' ἡμᾶς τόπους, καθότι προείρηται.

> Der Bernstein wird nämlich auf der erwähnten Insel gesammelt und von den Eingeborenen auf das gegenüberliegende Festland gebracht und durch dieses in unsere Gegenden gebracht, wie wir gesagt haben.

Diodor nennt zwar seine Quellen nicht, doch es kann sein, dass die von Diodor zitierten Passagen auf Timaios zurückgehen. Dafür spricht die inhaltliche Übereinstimmung mit NH 37.35, ferner der Inselname Βασίλεια und nicht zuletzt auch der Einschub mit der Erzählung vom Sturz des Phaëthon, denn Timaios flocht oft Sagengeschichtliches in seine geographischen und historischen Ausführungen ein.[754] Es ist allerdings nicht sicher, ob Timaios wirklich die Schrift des Pytheas vorlag und er, wie in der Forschung verschiedentlich behauptet wird, „den Pytheas ausgeschrieben habe". Er kannte z. B. nicht Pytheas' Ausführungen bezüglich des Einflusses des Mondes auf die Entstehung der Gezeiten, sondern hatte über diese Erscheinungen veraltete und vollkommen unrichtige Ansichten (Kap. 5.2.3), und was den von Diodor überlieferten Bericht über die Bernsteininsel anbetrifft, so fällt auf, dass dieser viel weniger konkret ist als die von Plinius mitgeteilte Kunde von Abalus und dem Aestuarium Metuonis und seiner Bewohner. Vielleicht hatte Timaios andere und nicht auf den Reisebericht des Pytheas zurückgehende Quellen oder er sprach sogar, wie Rhys Carpenter vermutet,[755] von einer anderen Insel als Pytheas.

---

[754] Vgl. Meister, Die Griechische Geschichtsschreibung, 132.
[755] Carpenter, Beyond the Pillars, 186.

KAPITEL 8

8.2 Lokalisierung von Abalus
8.2.1 Gutonen, Guionen, Inguaeonen und Teutonen

Für die Lokalisierung der Bernsteininsel des Pytheas kann die bis heute noch nicht abgeschlossene Diskussion über die Frage, in welchem Überlieferungszusammenhang die von Plinius und Diodor erwähnten Bernsteininseln verschiedenen Namens zueinanderstehen,[756] übergangen werden, denn nur die oben im lateinischen Text wiedergegebene Stelle NH 37.35 liefert konkrete Anhaltspunkte darüber, wo Abalus möglicherweise zu suchen ist.

Einen wichtigen Hinweis für die Ortsbestimmung der Bernsteininsel liefert die Bezeichnung der am Ozean gelegenen Metuonis als eines Aestuariums. Lateinische Autoren verstanden darunter Küstenniederungen, Meeresbuchten und Flussmündungen, an denen sich Ebbe und Flut bemerkbar machten,[757] und der Althistoriker V. Burr stellt nach einer gründlichen Untersuchung unter Heranziehung der in den antiken Texten überlieferten Bedeutungen fest: „*Aestuarium oceani* ist ein Küstenstreifen, der während der Ebbe fast ganz vom Meer verlassen ist und während der Flut von den Wogen bedeckt ist, also das Wattenmeer".[758] Er bestätigt damit die Erkenntnisse von Gelehrten wie D. Detlefsen, E. Norden und O. Scheel, die auch das *Aestuarium* des Plinius mit dem Wattenmeer der Nordseeküste identifizierten.[759] Alle Versuche, die Metuonis in den Ostseeraum zu legen, sind deshalb von vornehrein zum Scheitern verurteilt, und damit kann es sich bei den von Plinius je

---

[756] Eine ausführliche Erörterung dieses Problems findet sich bei Magnani, Il Viaggio di Pitea sull' Oceano, 213–222.
[757] Oxford Latin Dictionary ed. C. G. W. Glare, Oxford/New York 2005, 72, verzeichnet unter dem Eintrag „aestuarium": 1 an inlet, etc., covered by the sea at high tide, tidal opening b a river estuary.
[758] V. Burr, Aestuarium Metuonis, 182.
[759] D. Detlefsen, Die Entdeckung des Germanischen Nordens, 6; E. Norden, Germanische Urgeschichte, 296 Anm. 2; Otto Scheel, der Erforscher der Geschichte Schleswig-Holsteins, hält es für gewiß, „daß Pytheas nicht die Ostsee gesichtet und befahren hat, darum auch das die Nordsee im Osten begrenzende Land nicht als Halbinsel entdeckt hat. Jede dahin zielende Behauptung ist irrig, auch nicht durch noch so leise Andeutungen gestützt. Sodann steht fest, daß Pytheas das ‚Aestuarium' des Ozeans, also die Bucht kennengelernt hat, in der das Meer in regelmäßigen Wechsel heranrollt und zurückweicht. Das wäre die Nordsee, genauer das Wattenmeer." (O. Scheel, Die Frühgeschichte bis 1100, 9).

nach Handschrift als Guionen oder Gutonen erwähnten Bewohnern dieser Landschaft auch nicht um Angehörige des Volksstammes der Goten handeln, die ursprünglich vielleicht im südlichen Schweden ansässig waren und um die Zeitenwende ihre Sitze im Mündungsgebiet der Weichsel hatten,[760] niemals aber an der Nordseeküste gesiedelt haben. Daraus folgt aber, dass das eine Tagesreise von der Metuonis entfernte Abalus nicht in der Ostsee gelegen haben kann, und deshalb scheidet auch das in der Forschung vielfach in Erwägung gezogene Samland[761] des ehemaligen Ostpreußens, das erst in der Kaiserzeit zum wichtigsten Lieferanten von Bernstein wurde,[762] als Kandidat für Pytheas' Bernsteininsel aus, ganz abgesehen davon, dass das Samland niemals eine Insel gewesen ist. Abalus muss vielmehr im Nordseeraum gesucht werden, was bereits die Erwähnung der Teutonen deutlich macht, die ihre Wohnsitze im Altertum im westlichen Jütland hatten.

D. Detlefsen hat die interessante These aufgestellt, dass anstelle der in den Handschriften überlieferten Gutonen oder Guionen Plinius ursprünglich von Inguionen als den Bewohnern der Metuonis gesprochen habe, dass aber dann in der Überlieferungskette die erste Silbe fälschlich als Präposition aufgefasst und aufgrund der dadurch entstandenen Verständnisschwierigkeiten von den Schreibern getilgt worden sei.[763] Detlefsens Inguionen müssen somit identisch sein mit den Inguaeonen, von denen Plinius NH 4.100 sagt, sie seien einer der fünf Hauptstämme der Germanen und umfassten die Kimbern, die Teutonen und die Chauken (alterum genus Inguaeones, quorum pars Cimbri, Teutoni ac Chaucorum gentes). Sie saßen somit sehr wahrscheinlich schon zur Zeit des Pytheas in den an die südliche und mittlere Nordsee angrenzenden Gebieten zwischen der Ems, Elbe und Nordjütland, und dementsprechend

---

[760] A. Lippold, KlP 2, 1979, 858, s. v. Goti; K. Dietz, DNP, 1998, 1163/6, s. v. Goti. Der auf Jordanes, Getica, zurückgehenden Vorstellung, dass die Goten ursprünglich aus Skandinavien kamen, wird in der Forschung heute nur noch der Wert einer „gelehrten Spekulation" zugemessen. (B. Bleckmann, Die Germanen, 92).

[761] G. Broche, Pythéas, 204–220; S. Magnani, Il Viaggio di Pitea sull' Oceano, 225, 232/233.

[762] D. Timpe, Entdeckung des Nordens in der Antike, 372.

[763] Detlefsen, Entdeckung des Germanischen Nordens, 7–9. Detlefsen hat seine These zwar später zurückgezogen (D. Detlefsen, Zur alten Geographie der Cimbrischen Halbinsel, Hermes 46, 1911, 309–311), aber zu Unrecht, denn sie wird heute in der Forschung weitgehend anerkannt (D. Timpe, Die Söhne des Mannus, in Romano-Germanica, Gesammelte Studien zur Germania des Tacitus, Stuttgart und Leipzig 1995, 20 = Chiron 21, 1991, 69–125).

hat sie R. Wenskus auch längs dieses Küstenstrichs auf seiner Karte verzeichnet, in der die im 5. und 4. Jhdt. v. Chr. im Nordseeraum bestehenden Siedlungsverhältnisse dargestellt werden.[764]

8.2.2 Abalus-Helgoland als „Port of Trade" für den Bernsteinhandel

Was nun die Lage von Abalus anbetrifft, so muss diese Insel vor der Westküste des heutigen Schleswig-Holsteins gesucht werden, denn ihre Bewohner verkauften den Bernstein an die benachbarten Teutonen, die nach Plinius' Worten zwischen den Kimbern im Norden und den Chauken im Süden in dieser Landschaft ihre Wohnsitze hatten. Nun hat sich aber die Nordseeküste Schleswig-Holsteins in den mehr als zweitausend Jahren, die seit Pytheas' Reise vergangen sind, infolge der durch zahlreiche Sturmfluten hervorgerufenen Landverluste erheblich verändert, und vielleicht ist die Bernsteininsel des Pytheas schon längst untergegangen, wie beispielsweise R. Hennig glaubte.[765] Es kann aber auch sein, dass sich Reste von ihr noch erhalten haben, und in diesem Fall kommt als einzige in der Deutschen Bucht gelegene Insel nur Helgoland infrage, das, wenn auch verkleinert, nach Meinung zahlreicher Forscher wie B. Cunliffe, D. Detlefsen und M. Cary, um nur einige Beispiele zu nennen, das einstige Abalus gewesen war.[766] Diese Identifikation weist allerdings den Schwachpunkt auf, dass gerade für diese Insel die geologischen Voraussetzungen für eine ergiebige Ausbeute an Bernstein fehlen,[767] im Gegensatz zu anderen vor der Küste Schleswig-Holsteins gelegenen Gebieten wie die Halbinsel Eiderstedt oder das dänische Fanö, wo er noch heute nach den Herbst- und Frühjahrsstürmen in größeren Mengen gefunden wird. Doch hat bereits S. Gutenbrunner darauf aufmerksam gemacht, dass Helgoland wahrscheinlich der Markt- und Stapelplatz für den jütländischen Bernstein gewesen war, nicht aber dessen Ursprungsort.[768] Helgoland könnte somit als

---

[764] R. Wenskus, Stammesbildung und Verfassung, das Werden der frühmittelalterlichen Gentes, Karte 1, Köln Graz 1961.
[765] R. Hennig, Terrae Incognitae I, 175.
[766] B. Cunliffe, Extraordinary Voyage, 149; D. Detlefsen, Die Entdeckung des Germanischen Nordens, 12; M. Cary, E. H. Warmington, Die Entdeckungen der Antike, 79, Zürich 1966.
[767] C. Ahrens, Helgoland in vorgeschichtlicher Zeit, 38.
[768] S. Gutenbrunner, Germanische Frühzeit, 71.

ein „Port of Trade" für Bernstein fungiert haben, vergleichbar den vor der englischen Südküste gelegenen Inseln Iktis und Mictis, die dieselbe Funktion für das britische Zinn hatten.[769] R. Wenskus nimmt daher wahrscheinlich zu Recht an, „dass Helgoland im Rahmen eines größeren Systems von insularen Handelsplätzen als Bernsteinstapel im 4. vorchristlichen Jahrhundert eine besondere Rolle gespielt hat".[770] Helgoland war also als ein Art Drehscheibe für den Bernsteinhandel, von der Handelsrouten nach Süden und nach Westen ausgingen.

---

[769] Derartige „Port of Trades" der Antike boten nicht nur durch ihre exponierte Lage außerhalb größerer Machtbereiche den Handeltreibenden Sicherheit, sie bildeten auch oft einen Tabubereich, der einer Gottheit unterstand, die ihren Sitz dort hatte. Was Helgoland anbetrifft, so befand sich dort nach den Berichten frühmittelalterlicher Autoren wie Alkuin (Vita Sancti Willibrordi), Altfried (Vita Sancti Liudgeri) und Adam von Bremen (Gesta Hamburgensis Ecclesiae Pontificum, Buch 4, Kap. III) ein Kultzentrum des germanischen Gottes Fosite. (Siehe W. Krogmann, Die Heilige Insel, 1–12). Diese Berichte beziehen sich zwar auf die Zeit der christlichen Missionierung der Nordseevölker durch angelsächsische und friesische Mönche, aber es ist denkbar, dass auf Helgoland die Tradition der Verehrung des Fosite oder einer anderen Gottheit bis weit in die vorgeschichtliche Zeit hinauf reichte. Schon das äußere Erscheinungsbild machte übrigens Helgoland zu einem im gesamten Nordseegebiet einzigartigen Ort. Damals erhob sich noch neben dem roten Felsen ein erst im ausgehenden Mittelalter endgültig verschwundener weißer Kreidefelsen, und die Insel muss den praehistorischen Seefahrern einen spektakulären Anblick geboten haben. Einnerungen daran hat vielleicht Apollonios Rhodios in seinem Argonauten-Epos bewahrt (Vgl. Grahn-Hoek, Roter Flint und Heiliges Land, 41). Er beseibt im 4. Buch die Irrfahrt der Argonauten auf der Flucht vor der Rache des Aietes und lässt die Helden zweimal die Insel Ἠλέκτρις passieren, deren Name sich zweifellos von dem griechischen Wort ἤλεκτρον für Bernstein herleitet. In 4. 506 wird sie beschrieben als die Höchste von allen und als nahe dem Fluss Eridanos gelegen (ἀλλάων ὑπάτην, ποταμοῦ σχεδὸν Ἠριδανοῖο), und in 4. 579/580 werden die Argonauten im Sturm wieder auf die Insel zurück geworfen, die ausdrücklich als felsig bezeichnet wird (φορέοντο νήσου ἐπὶ κραναῆς Ἠλεκτρίδος). Diese Beschreibung könnte auf Helgoland passen, wenn man den Eridanos, den schon Herodot, Hdt. III 115, in Verbindung mit Bernstein erwähnt, mit der Elbe identifiziert, von deren Mündung eine wichtige durch Mitteleuropa und Westeuropa verlaufende Bernsteinstraße ausging.
[770] R. Wenskus, Pytheas und der Bernsteinhandel, 97. Vgl. H. Grahn-Hoek, Roter Flint und Heiliges Land, 43.

8.3 Seeverbindungen von Abalus nach Britannien und Rückreise

Eine nach Süden gehende Route, auf der jütischer Bernstein transportiert wurde, führte von der Mündung der Elbe zunächst flussaufwärts und verzweigte sich dann bei der Saalemündung in einen durch Böhmen und über die Alpen nach Italien führenden und in einen weiter westlich zum Oberrhein und durch die westliche Schweiz zum Mittelmeer verlaufenden Weg.[771] Es muss aber auch eine Handelsverbindung in westlicher Richtung zwischen Jütland und Britannien über die Nordsee gegeben haben, die über den auf Abalus gelegenen Handelsplatz geführt haben wird. In den bronzezeitlichen Gräbern von Wessex, Sussex und Wiltshire im Süden Englands ist nämlich Bernsteinschmuck in so großen Mengen gefunden worden, dass die zwar vorhandenen, aber wenig ergiebigen einheimischen Berrnsteinlagerstätten nur in geringem Maß als Lieferanten des Rohmaterials infrage kommen können. Dieses und vielleicht auch schon die „Fertigprodukte" müssen über See importiert worden sein.[772] Auch die Bernsteinartefakte, die in großer Menge in den zahlreichen über ganz Irland verstreuten Gräbern entdeckt worden sind, können nur auf diesem Weg dorthin gelangt sein, denn natürlicher Bernstein kommt in Irland nicht vor. Einen Hinweis über den möglichen Verlauf dieser Handelsroute hat u. a. die Untersuchung eines Grabes auf den Orkneys geliefert, bei der irische Goldscheiben (sundisks) zusammen mit kunstvoll gearbeiteten Bernsteinperlen zu Tage kamen. Der irische Prähistoriker E. MacWhite bemerkt dazu: „This find is interesting geographically as it gives evidence of sea trade from Ireland to Scandinavia via the Caithness routs".[773] Es handelt sich bei diesen Caithness routs, benannt nach der nordschottischen Landschaft Caithness, offensichtlich um dieselben Handelswege, auf denen, wie oben in Kap. 7.3 beschrieben, die irischen Metallschmiede zunächst über die irische See fuhren, dann über Land durch den Great Glen zu den im Osten gelegenen Häfen zogen und von dort über die Nordsee nach Skandinavien gelangten. Auch eine Reihe von an der schottischen Ostküste entdeckten Depots aus der späten Bronzezeit, die Bernstein- und

---

[771] J. M. De Navarro, Prehistoric Routes between Northern Europe and Italy defined by the Amber Trade, Map 1.
[772] C. I. Elton, Origins of English History, 63.
[773] E. MacWhite, Amber in the Irish Bronze Age, 122.

andere Objekte enthielten, lassen vermuten, dass irische Händler diesen Weg durch den Norden Schottlands benutzten, um dann über See nach Jütland zu fahren,[774] und es ist denkbar, dass ihr Ziel Abalus war.

Es wurde nun bereits festgestellt (Kap. 7.3), dass sich Pytheas im Norden Schottlands aufgehalten hat und dabei mit keltischen Händlern in Kontakt gekommen sein kann. In diesem Zusammenhang ist es beachtenswert, dass Abalus, wie S. Gutenbrunner vermutet, wahrscheinlich ein keltischer Name ist,[775] und R. Wenskus hat sogar die Ansicht geäußert, „dass die *lingua franca* des nordischen Inselhafensystems in der Zeit des Pytheas eben wohl die keltische Sprache war".[776] Wenn diese Deutung zutrifft, dann kann Pytheas die Kunde von Abalus in Schottland aus dem Munde keltischer Händler erfahren haben, und vielleicht schloss er sich auf der Rückreise einer Gruppe von Kaufleuten an, die nach Jütland fuhren. Jedenfalls lassen Plinius' auf Pytheas zurückgehende Mitteilungen über das Aestuarium Metuonis und seine Ausdehnung – ja vielleicht schon der Name Metuonis selbst – an einen Berichterstatter denken, der diese Gegenden selbst bereist hat. Metuonis ist nämlich, wie D. Detlefsen vermutet, der griechische Nominativ des im Pliniuszitat stehenden Genetivs Metuonidis und könnte in Analogie zu Ländernamen wie Thebais, Doris und Chaukis durch Anhängen der Silbe „is" aus dem Wort „metuon" entstanden sein. Allerdings handelt es sich bei diesem nicht um den Namen eines Volksstammes, sondern „metuon" steht mit dem Bedeutungsfeld „Matte, Wiese, Weide" in Verbindung mit friesisch mede, altenglisch mede oder medewe (engl. meadow). Die Metuonis muss demnach den Vorbeifahrenden den Anblick eines Wiesen-, Weide- und Marschlandes geboten haben, und dies traf vor der Eindeichung auch für die gesamte Wattenküste der südlichen Nordsee zu.[777] Was nun die Ausdehnung dieses Marschlandes von 6.000 Stadien anbetrifft – das entspräche der gesamten Küste von Calais bis Skagen an der Nordspitze Jütlands – so ist diese Angabe natürlich ebensowenig wörtlich zu verstehen wie die Angaben des Eratosthenes und des Polybios hinsichtlich der Länge und des Umfangs

---

[774] Ros O Maolduin, In search of amber: Long distance directional movement between Bronze Age Ireland and Denmark, and an analogy from the early medieval literature of Ireland, 115–122, figure 3.
[775] S. Gutenbrunner, Germanische Frühzeit, 72.
[776] R. Wenskus, Pytheas und der Bernsteinhandel, 102.
[777] D. Detlefsen, Die Entdeckung des Germanischen Nordens, 10/11.

Britanniens. Wahrscheinlich wurde die Küstenlänge der Metuonis wie dort in Tagesfahrten zu je 1.000 Stadien berechnet, und wenn die Entfernung der Insel Abalus/Helgoland vom Festland oder der Elbemündung eine Tagesfahrt betrug, dann würden ungefähr sechs Tagesfahrten zur Ausdehnung des Küstenabschnittes von West- bis Nordfriesland passen.

8.4 Zusammenfassung

Das Aesturium Metuonis lag nicht im Ostseeraum, sondern im Wattengebiet der südlichen Nordsee, und demzufolge ist die Insel Abalus auch dort zu suchen. Der einzige markante dort gelegene Ort, auf den Plinius' Beschreibung zutrifft, ist aber die Insel Helgoland, die daher mit Abalus identifiziert werden kann. Abalus war zur Zeit des Pytheas ein „Port of Trade" für den Handel mit jütländischem Bernstein und durch eine über die Nordsee verlaufende Seeroute mit dem Norden Schottlands verbunden. Pytheas könnte sich bei seiner Rückkehr aus Schottland einer Gruppe von Händlern angeschlossen haben und über diese Route bis zur Elbmündung gelangt sein und dann den Heimweg auf einer der oben erwähnten Überlandrouten durch den Kontinent zum Mittelmeer angetreten haben. Das würde es auch verständlich machen, dass Polybios über Pytheas, der bis Abalus fast ausschließlich auf See unterwegs war, schreiben konnte, es sei ihm unbegreiflich, dass dieser so weite Strecken zu Wasser und zu Lande habe zurücklegen können (τὰ τοσαῦτα διστήματα πλωτὰ καὶ πορευτὰ γένοιτο).

9. Résumé

Die in dieser Arbeit durchgeführten Untersuchungen ergeben folgendes Bild von den Aktivitäten des Pytheas als eines Wissenschaftlers und Forschungsreisenden.

Pytheas wurde in der Antike nicht als Verfasser von Reiseromanen phantastischen Inhaltes wie z. B. Hekataios von Abdera, Euhemeros von Messene oder Antiphanes von Berge angesehen, und die Fragmente enthalten auch an keiner Stelle Elemente dieser Literaturgattung. Er stand vielmehr im Ruf eines ausgezeichneten Mathematikers und Astronomen, was auch Strabon und Polybios, seine schärfsten Kritiker, anerkennen mussten: Strabon erwähnt einmal, dass die von Pytheas im Norden angestellten Beobachtungen sich gut astronomisch begründen ließen, und Polybios setzte ihn in eine Reihe mit Eratosthenes und Dikaiarchos, angesehenen Wissenschaftlern, die das neue Weltbild von der kugelförmigen Erde vertraten, doch geht er in den erhaltenen Teilen seiner Historien auf Pytheas' wissenschaftliche Leistungen nicht ein. Ob er, der selbst ausgedehnte Reisen unternommen hatte, wirklich, wie verschiedentlich angenommen wird, Pytheas den Ruhm als Forschungsreisenden neidete, ist nicht belegbar und eher unwahrscheinlich. Er zweifelte aber, ob ein allein auf sich gestellter Privatmann wie Pytheas so weite Fahrten hätte durchführen können, denn seine eigenen Reisen, die in der Hauptsache der Erkundung des wirtschaftlichen Potentials der von Rom neu gewonnen Gebiete im Westen dienten, wurden von Scipio Aemilianus ermöglicht, der auf dem Höhepunkt seiner Macht über beträchtliche Mittel verfügen konnte.

Strabons Kritik entzündet sich in der Hauptsache an den seiner Meinung nach fehlerhaften geographischen Daten – insbesondere bezüglich Thules – die von Pytheas geliefert und von Eratosthenes für seine Erdbeschreibung übernommenen wurden, sie bleibt aber letztlich sachbezogen trotz des polemischen und aggresiven Tons, der übrigens nicht selten kennzeichnend war für die Debattenkultur in der Antike. Selbst so angesehene Gelehrte wie Eratosthenes und Poseidonios wurden von Polybios und Strabon verschiedentlich scharf angegriffen, und damit relativiert sich das ungünstige Urteil der letzteren über Pytheas.

Pytheas hatte seine Reise nicht unternommen, weil ihn Entdeckungsfreude oder gar Abenteuerlust dazu angetrieben hätten, und er scheint auch nicht auf seiner Fahrt Handelsinteressen wahrgenommen zu haben. Es ist jedenfalls aus den Fragmenten nicht erkennbar, dass er bei seinem Aufenthalt in Britannien die Zinnminen in Cornwall inspiziert hat, von denen Massalia das begehrte Mertall bezog, und auch Polybios, der den Reisebericht sehr genau kannte, scheint davon nichts gewußt zu haben. Der Bericht des Diodorus Siculus über die Gewinnung und die Verarbeitung des Zinns sowie dessen Transport über den Kanal und weiter auf dem Landweg nach Massalia geht deshalb wahrscheinlich nicht auf Pytheas zurück, sondern Diodors Quelle war vemutlich Poseidonios.

Pytheas' Fahrt diente vielmehr dem klaren Ziel, empirische Bestätigungen für das zu seiner Zeit neu entwickelte geozentrische System zu erbringen, in dem die kugelförmige Erde von den Himmelskörpern umkreist wurde. Er hatte dazu bereits in Massalia umfangreiche Vorbereitungen für seine Expedition getroffen – eine Neuvermessung des Himmelspols und eine genaue Bestimmung der geographischen Breite Massalias – und den wissenschaftlichen Charakter seines Reiseberichts machen insbesondere auch die Fragmente deutlich, die aus den Schriften des Hipparchos von Nikaia, des Geminos von Rhodos und des Kleomedes stammen. Diese Gelehrten waren Astronomen, Geographen und Mathematiker, und sie erwähnten die Forschungsergebnisse des Pytheas im Zusammenhang mit ihren eigenen Ausführungen über Erscheinungen, die sich aus der Kugelgestalt der Erde ergaben, wie z. B. die Zunahme der sommerlichen Tageslängen mit wachsender geographischer Breite.

Pytheas Reise hat sich wahrscheinlich in einem kurzen Zeitraum von nur wenigen Monaten um die Sommersonnenwende herum vollzogen, in denen er seine wissenschaftlichen Untersuchungen durchführen konnte. Er begab sich deshalb auf dem schnellst möglichen Wege nach Britannien,

RÉSUMÉ

dessen Küsten er auf einheimischen Booten befuhr und dabei die von ihm zurückgelegten Strecken in Tagesfahrten angab, aus denen Eratosthenes, Polybios und Diodor dann später die Länge einzelner Küstenabschnitte oder auch den gesamten Umfang der Insel ermittelten. Sie benutzten aber dazu einen Konvertierungsfaktor, der viel zu große Werte lieferte. Im Norden Britanniens unternahm Pytheas die von ihm beabsichtigten und vorbereiteten Gnomonmessungen zur Breitenbestimmung und ferner Messungen der Tageslängen. Allerdings konnte Pytheas unter den zu seiner Zeit herrschenden Bedingungen einer Land- und Seereise mit dem ihm zur Verfügung stehenden Instrumentarium präzise Werte nicht ermitteln, und außerdem verfügte er noch nicht wie Hipparchos über den voll entwickelten mathematischen Apparat der griechischen Astronomie. Die von Strabon aus Hipparchs Breitentabelle entnommenen Werte der winterlichen Sonnenstände beruhen deshalb mit Sicherheit auf Rechnungen Hipparchs und sind kein Beleg für eventuelle Überwinterungen. Auch die von Strabon mitgeteilten exakten Werte für die sommerlichen Tageslängen müssen von Hipparchos berechnet worden sein, dennoch dienten Pytheas' Messungen Hipparchos zur Orientierung hinsichtlich der nördlichen Breiten bei der Erstellung seines Verzeichnisses, denn er erwähnte Pytheas in diesem Zusammenhang.

Ob Pytheas wirklich bis zum Polarkreis vorgestoßen ist, und seine Thule dort gelegen war, läßt sich aus den Fragmenten nicht sicher beurteilen, denn es ist möglich, dass Eratosthenes die diesbezüglichen Aussagen des Reiseberichts in diesem Sinne für die Erstellung seiner Karte der Oikumene interpretierte, sodass unterschieden werden muss zwischen der Thule des Eratosthenes und der des Pytheas, die deshalb südlicher als jene gelegen haben kann. Nachdem lange Zeit Island und Norwegen in der Forschung als die aussichtsreichsten Kandidaten für Thule galten, sind in jüngerer Zeit auch wieder die Shetland Inseln ins Blickfeld geraten, und nach Abwägung alter und neuer Argumente für die eine oder andere Identifikation ist sogar die These am plausibelsten, dass dieser Archipel die Thule des Pytheas war, und dass er dort gewesen ist und nicht nur vom Hörensagen davon berichtet hat.

Die in der Forschung verschiedentlich vorgetragene Ansicht, dass Pytheas bis in den Ostseeraum vorgedrungen sei und dass sich dort die Bernsteininsel Abalus befand, von der er laut Plinius berichtet haben soll, lässt sich aus den Fragmenten nicht belegen. Die Pliniusstelle macht es vielmehr wahrscheinlich, dass Abalus in der südlichen Nordsee gesucht werden muss. Sie lag in der Entfernung von einer Tagesreise zu Schiff vor einer Niederung namens „Metuonis", die mit der sich von Ost- bis Nordfriesland erstreckenden Küste identifiziert werden kann, und die Inselbewohner verkauften den an ihren Stränden angeschwemmten Bernstein an die benachbarten Teutonen. Die einzige Insel, die in diesem Seegebiet eine markante Position einnimmt und auf die diese Beschreibung zutrifft, ist Helgoland, und vermutlich war sie ein Stapel- und Handelsplatz für den jütländischen Bernstein, der zu Pytheas' Zeiten die Hauptmasse des in den Mittelmeerraum gebrachten Bernsteins ausmachte. Es bestanden zwischen diesem „Port of Trade" und dem Norden Schottlands Seeverbindungen, und es ist möglich, dass sich Pytheas nach Abschluss seiner Untersuchungen in einem der Häfen an der schottischen Ostküste einer Gruppe von Händlern anschloss, die auf dem Weg nach Abalus waren, und dass er dann von dort den Heimweg auf einer der über Land verlaufenden Bernsteinstraßen antrat.

10. Anhang: Die Arktischen Kreise und der Polarkreis

10.1 Arktische Kreise

Unter dem Arktischen Kreis verstanden die antiken Astronomen einen auf der Himmelskugel gedachten, zum Himmelsäquator parallelen Kreis, der dadurch gekennzeichnet ist, dass er auf dieser diejenige Kugelkalotte begrenzt, innerhalb deren sich je nach Beobachtungsstandort die immer sichtbaren Sterne, d. h. die Zirkumpolarsterne, auf Kreisbahnen um den Himmelspol bewegen. Die Lage und Größe dieses Arktischen Kreises ist daher abhängig von der geographischen Breite φ, auf der sich der Beobachter befindet (Abb. 6) und berührt dessen Horizontkreis genau im Norden. Am Nordpol, wo alle Sterne Zirkumpolarsterne sind, fällt er mit dem Horizontkreis selbst zusammen, und am Äquator, wo alle Sterne auf und untergehen, schrumpft er zu einem Punkt. Allgemein gilt, dass für einen sich auf der nördlichen Breite φ befindlichen Beobachter der Abstand des Arktischen Kreises vom Pol im Winkelmaß φ, und der Abstand vom Äquator 90°-φ beträgt. Seinen Namen erhielt der so definierte Arktische Kreis übrigens deshalb, weil die Sterne des Großen Bären von Griechenland aus gesehen als Zirkumpolarsterne wahrgenommen werden. Spiegelbildlich zum Arktischen Kreis liegt der Antarktische Kreis, dessen Sterne für einen auf der nördlichen Breite φ befindlichen Beobachter stets unter dem Horizont liegen und deshalb immer unsichtbar sind.

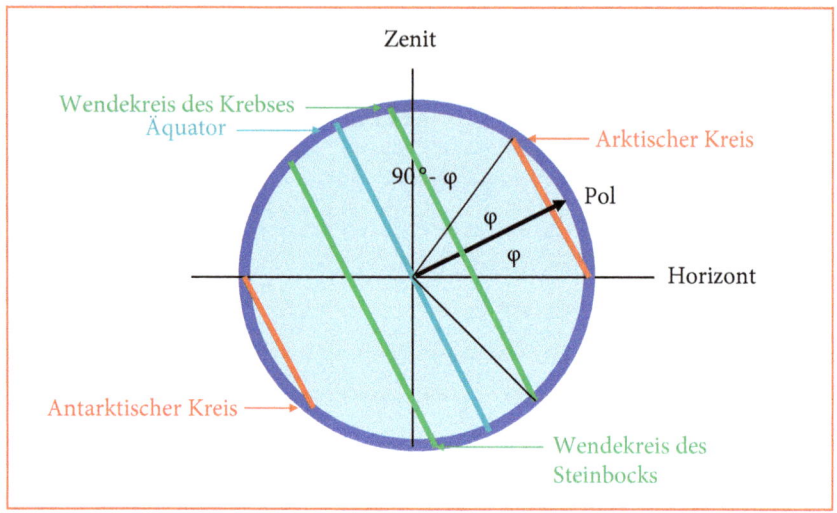

Abb. 6: Arktische Kreise. Schnitt durch die Meridianebene.

10.2 Polarkreis

Für einen Beobachter auf der geographischen Breite φ = 90°-ε, wobei ε die Schiefe der Ekliptik bedeutet, hat der variable Arktische Kreis im Winkelmaß den Abstand ε = 90°-(90°-ε) vom Äquator. Denselben Abstand ε vom Äquator hat aber auch der sommerliche Sonnenwendekreis, den sich die antiken Astronomen als festen, zum Äquator parallelen Kreis auf der Himmelskugel dachten. Beide Kreise fallen also für einen auf der Breite φ = 90°-ε befindlichen Beobachter zusammen. (Abb. 7). Da nun einerseits der sommerliche Sonnenwendekreis derjenige Kreis auf der Himmelskugel ist, auf dem sich die Sonne zum Zeitpunkt des Sommersolstitiums scheinbar um die Erde bewegt, der variable arktische Kreis andererseits den Horizont berührt, so folgt, dass die Sonne während des Sommersolstitiums für einen Beobachter auf der Breite 90°-ε nicht unter den Horizont sinkt und somit an diesem Tag nicht untergeht. Dieser Beobachter befindet sich also auf dem Polarkreis, d. h. mit ε ≈ 24° auf einer Breite von ungefähr 66°. Wenn daher Strabon C 114, 2.5.8 schreibt: „Ὁ μὲν οὖν Μασσαλιώτης Πυθέας τὰ περὶ Θούλην τὴν βορειοτάτην τῶν Βρεττανίδων ὕστατα λέγει, παρ' οἷς ὁ αὐτός ἐστι τῷ ἀρκτικῷ ὁ θερινὸς τροπικὸς κύκλος", dann lag Thule nach Auskunft des Pytheas oder besser des Eratosthenes direkt auf dem Polarkreis.

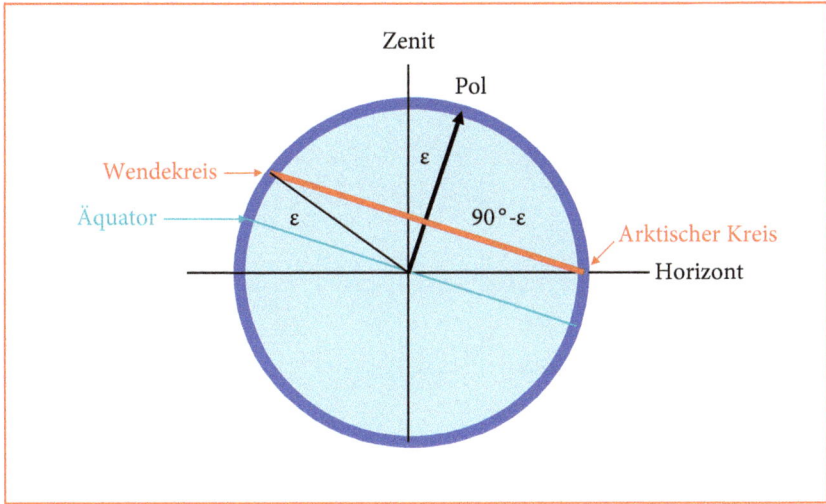

Abb. 7: Arktischer Kreis fällt mit Wendekreis zusammen.

11. Bibliographie

Abkürzungen

CAF   Comicorum Atticorum Fragmenta
KlP   Der Kleine Pauly
DNP   Der Neue Pauly
FGrHist Fragmente der griechischen Historiker
GGM   Geographi Graeci Minores
RE   Paulys Realencyclopädie der Classischen Altertumswissenschaft
RGA   Reallexikon der Germanischen Altertumskunde
RhM   Rheinisches Museum für Philologie

Textausgaben und Übersetzungen

Ailianos

Aelian, On the Characteristics of Animals. With an English Translation by A. F. Scholfield, in three Volumes, Vol II, Books VI–XI, Cambridge (Mass), London 1959.

Aristoteles

Aristotle, Meteorologica. With an English Translation by H. D. P. Lee. Cambridge (Mass), London 1952.

Aristotle, On the Heavens. With an English Translation by W. K. C. Guthrie. Cambridge (Mass), London 1960.

Aristotele, Trattato sul Cosmo per Alessandro. Traduzione con Testo Greco a Cura di Giovanni Reale. Napoli 1974.

Arrianos

Arrian, Der Alexanderzug, Indische Geschichte. Griechisch und deutsch. Herausgegeben und übersetzt von Gehard Wirth und Oskar von Hinüber. München und Zürich 1985.

Apollonios Rhodios

Apollonius Rhodius. The Argonautica. With an English Translation by R. C. Seaton. Cambridge (Mass), London 1980.

Appianos

Appian's Roman History, with an English Translation by H. White, Vol. I, London, Cambridge (Mass) 1964.

Athenaios

Athenaeus, The Deipnosophistes. With an English Translation by Charles Burton Gulick. In Seven Volumes. Vol. II, London, Cambridge (Mass) 1967.

Avienus

Rufus Festus Avienus *Ora Maritima*, Lateinisch und Deutsch, herausgegeb. von D. Stichtenoth, Darmstadt 1968.

Cassius Dio

Dio's Roman History. With an English Translation by Earnest Cary. In nine Volumes. Vol. III. London, Cambridge (Mass) 1969.

Caesar

C. Julius Caesar. Der Gallische Krieg. Lateinisch–Deutsch. Herausgegeben von Greorg Dorminger.

Dicuil

Dicuili Liber de Mensura Orbis Terrae. Edited by J. J. Tierney with Contributions by L. Bieler, Dublin 1957.

Diodorus Siculus

Diodorus of Sicily, the Library of History with an Translation by C. H. Oldfather. London 1939.

Vol. II, Books 2. 35-4. 58, Cambridge (Mass), London 2006 (first publ. 1935).

Vol. III, Books 4. 59-8, Cambridge (Mass), London 1939.

Diodoros. Griechische Weltgeschichte Buch I–X, zweiter Teil. Übersetzt von G. Wirth (Buch I–III) und O. Veh (Buch IV–X). Bibliothek der Griechischen Literatur, Bd. 35, Stuttgart 1993.

Diodor's von Sicilien Historische Bibliothek, übersetzt von Christian Friedrich Wurm, Viertes Bändchen, Stuttgart 1829.

Geminos

Gemini Elementa Astronomiae, ad codicum fidem recensuit germanica interpretatione et commntariis instruxit Carolus Manitius, Stuttgart 1974.

Géminos. Introduction aux Phénomènes, Texte établi et traduit par Germaine Aujac, Paris 1975.

Hipparchos

Hipparchi in Arati et Eudoxi Phaenomena Commentariorum Libri Tres, ad Codicum fidem recensuit germanica interpretatatione et commentariis instruxit Carolus Manitius, Leipzig 1894.

Homer

Ilias, Übertragen von Hans Rupé. Mit Urtext, Anhang und Registern. München[6] 1977.

Odyssee, Griechisch und Deutsch. Übertragen von Anton Weiher. Mit Urtext, Anhang und Register. Einführung von A. Heubeck. München[5] 1977.

Johannes Philoponos

Johannes Philoponos, De Opificio Mundi. Über die Erschaffung der Welt, erster Teilband, übersetzt und eingeleitet von Clemens Scholten, Freiburg 1997.

Kleomedes

Cleomedis Caelestia (ΜΕΤΕΩΡΑ), Edidit Robert Todd, Leipzig 1990.

Kleomedes. Die Kreisbewegung der Gestirne. Übersetzt und erläutert von Dr. Artur Czwalina. Leipzig 1927.

Kosmas Indikopleustes

The Christian Topography of Cosmas Indicopleustes-Edited with Geographical notes by O. E. Winstedt, Cambridge 1909.

Cosmas Indicopleustès. Topographie Chrétienne Tome I (Livres I–IV). Introduction, Texte critique, Traduction et Notes par Wanda Wolska-Conus. Paris 1968.

Codex Vaticanus Graecus 699 (Vat. Gr. 699)

Digitalisat: https://digi.vatlib.it/view/MSS_Vat.gr.699, 19v.

Letzter Zugriff am 28.03.2025.

Livius

Titus Livius. Römische Geschichte XXIV–XXVI. Lateinisch und Deutsch herausgegeben von Josef Feix. Düsseldorf 2007.

Pausanias

Pausaniae Graeciae Descriptio. Vol III, Libri IX–X. Indices. Edidit Maria Helena Rocha-Pereira. Leipzig 1981.

Plinius d. Ä.

C. Plinius Secundus d. Ä. Naturkunde Lateinisch–Deutsch.

Buch II Kosmologie. Herausgegeben und übersetzt von G. Winkler und R. König, Düsseldorf/Zürich, 1997.

Bücher III/IV Geographie: Europa. Herausgegeben und übersetzt von Gerhard Winkler in Zusammenarbeit mit R. König, München und Zürich 1988.

Buch V Geographie: Afrika und Asien. Herausgegeben und übersetzt von Gerhard Winkler in Zusammenarbeit mit R. König, München 1995.

Buch VI Geographie; Asien. Herausgegeben und übersetzt von K. Brodersen, Düsseldorf/Zürich 1996.

Buch VII Anthropologie. Herausgegeben und übersetzt von R. König in Zusammenarbeit mit G. Winkler, Zürich/Düsseldorf 1996.

Buch XXXIV Metallurgie. Herausgegeben und übersetzt von R. König in Zusammenarbeit mit K. Bayer, München und Zürich 1989.

Buch XXXVII Steine: Edelsteine, Gemmen, Bernstein. Herausgegeben und übersetzt von R. König in Zusammenarbeit mit J. Hop, Zürich 1994.

Pliny Natural History. In ten Volumes. Vol. II, Libri III–VII. With an English Translation by H. Rackham, Cambridge (M) 1969.

The Natural History of Pliny. Translated with copious Notes and Illustrations by the late John Bostock and H. T. Riley. Vol I, London/New York 1893.

Plutarchos

Plutarch's Moralia. In sixteen Volumes. Vol. I, 1A–86A. With an English Translation by F. C. Babbitt. Cambridge, Massachusetts 1964; Vol. XIII (1), 999C–1032F. With an English Translation by Harold Charniss. Cambridge, Massachusetts, London 1976.

Plutarch, Fünf Doppelbiographien, 1. Teil: Alexander und Caesar, Aristeides und Marcus Cato, Perikles und Fabius Maximus. Griechisch und Deutsch. Übersetzt von Konrat Ziegler und Walter Wuhrmann. Mit einer Einführung von Konrat Ziegler. Düsseldorf/Zürich2 2001.

Plutarch's Lives. With an English Translation by Bernadotte Perrin in eleven Volumes. Vol. IX, Demetrios and Antony. Pyrrhos and Gaius Marius. Cambridge, Massachusetts 1948.

Polybios

Polybius. The Histories with an English Translation by W. R. Paton in six Volumes

II Cambridge (Mass) 1979. (Books 3–4)

IV Cambridge (Mass) 1993. (Books 9–15)

VI Cambridge (Mass), London 1995. (Fragments of Books 29–34)

U. Ph. Boissevain, C. de Boor, Th. Büttner-Wobst, vol. 2, pars 2, Excerpta de virtutibus et vitiis, Nr. 113 p. 201 = Pol. 34, 6, 15. In: Excerpta Historica Iussu Imp. Constantini Porphyrogeniti Confecta Ediderunt U. Ph. Boissevain, C. De Boor, Th. Büttner-Wobst. Excerpta De Virtutibus et Vitiis, Pars II Recensuit et Praefatus est Antonius Gerardus Roos, Berolini MCMX.

H. Drexler, Polybios Geschichte, Gesamtausgabe in zwei Bänden, erster Band, eingeleitet und übertragen von Hans Drexler, Zürich/Stuttgart 1961.

H. Drexler, Polybios Geschichte, Gesamtausgabe in zwei Bänden, zweiter Band eingeleitet und übertragen von Hans Drexler, Zürich/Stuttgart 1963.

Nicolaus Perottus, Polybiu Megapolitu Historion Biblia 5: = Polybii Megapolitani Historiarum Libri Priores Quinque.

Nicolao Perotto Episcopo Sipontino Interprete.

Basileae: Hervagius, 1549.

Regensburg, Staatl. Bibliothek – 999/2Class.129.

Digitalisat: https://mdz-nbn-resolving.de/details:bsb11054232, Scan 103.

Letzter Zugriff am 28.03.2025.

Pomponius Mela
Pomponius Mela. Kreuzfahrt durch die Alte Welt. Zweisprachige Ausgabe von Kai Brodersen, Darmstadt 1994.

Proklos Diadochos
Procli Diadochi in Primum Euclidis Elementorum Librum. Commentarii ex Recognitione Godofredo Friedlein, Lipsiae MDCCCLXXIII.

Proklos Diadochos, 410–485, Kommentar zum ersten Buch von Euklids „Elementen". Aus dem Griechischen ins Deutsche übertragen und mit textkritischen Anmerkungen versehen von P. Leander Schönberger, Hrsg. Max Steck, Halle (Saale) 1945, 373.

Ptolemaios
Almagest
Claudii Ptolemaei Opera quae exstant omnia. Volumen I, Syntaxis Mathematica. Edidit J. L. Heiberg. Pars I, Libros I–VI continens. Lipsiae 1898.

Claudii Ptolemaei Opera quae exstant omnia. Volumen I, Syntaxis Mathematica. Edidit J. L. Heiberg. Pars II, Libros VII–XIII continens. Lipsiae 1898.

Ptolemäus, Handbuch der Astronomie, Band I und II, Deutsche Übersetzung und erläuternde Anmerkungen von K. Manitius. Vorwort und Berichtigungen von O. Neugebauer, Leipzig 1963.

Ptolemy's Almagest. Translated and Annotated by G. J. Toomer, London 1984.

Geographike Hyphegesis

Klaudios Ptolemaios, Handbuch der Geographie, Griechisch–Deutsch, Hrsg. A. Stückelberger und Gerd Graßhoff, 1. Teil, Einleitung und Buch 1–4, Basel 2006.

Klaudios Ptolemaios, Handbuch der Geographie, Griechisch–Deutsch, Hrsg. A. Stückelberger und Gerd Graßhoff, 2. Teil, Buch 5–8 und Indices, Basel 2006.

Solinus

Gaius Iulius Solinus. Wunder der Welt. Lateinisch und Deutsch. Eingeleitet, übersetzt und kommentiert von Kai Brodersen. Darmstadt 2014.

Gaius Iulius Solinus, Polyhistor sive de mirabilibus mundi.

Venedig: Nicolaus Jenson, 1473.

München Bayerische Staatsbibliothek – 4 Inc. c.a. 44 r.

Digitalisat: https://mdz-nbn-resolving.de/details:bsb00060573, Scan 70.

Letzter Zugriff am 27.03.2025.

Cl. Salmasii Plinianae Exercitationes in Caii Iulii Solini Polyhistora. Paris: Morellus, 1629.

München, Bayerische Staatsbibliothek – 2A.lat.b 684-1.

Digitalisat: https://mdz-nbn-resolving.de/details:bsb10210459, Scan 396.

Letzter Zugriff am 27.03.2025.

Strabon

Strabonis Geographica. Recensuit Wolfgang Aly. Volumen Primum. Libri I–II, Bonn 1968.

Strabonis Geographica. Recensuit Wolfgang Aly. Volumen Secundum. Libri III–IV, Bonn 1972.

Strabon Géographie, Tome I 1re partie, Introduction Générale par G. Aujac et F. Lasserre, Livre I, Text établie et traduit par Germaine Aujac, Paris 2003.

Strabon Géographie, Tome I 2e partie, Livre II, Text établie et traduit par Germaine Aujac, Paris 2003.

Strabon Géographie, Tome II, Livres III et IV, Texte Etablie et Traduit par François Lasserre, Paris 2012.

Strabo Geographica. In der Übersetzung und mit Anmerkungen versehen von Dr. A. Forbiger, Berlin und Stuttgart 1855–1898, neu gesetzt und überarbeitet Wiesbaden 2005.

Strabo Erdbeschreibung in siebzehn Büchern, verdeutscht von Cristoph Gottlieb Groskurd. Teil I, Buch I–IV, Berlin-Stettin, 1831–1834. Nachdruck Hildesheim, Zürich, New York 1988.

Guarinus, Geographica: Mit Widmungsbrief an Papst Paulus II von Johannes Andreas Buxis. Mit Widmungsbrief an Papst Nikolaus V und – Vorrede an Jacobus Antonius Marcellus von Guarinus Veronensis. Mit Gedicht an Jacobus Zeno, Bischof von Padua, von Raphael Zovenzonius.

Venedig: Wendelin von Speyer, 1472.

München, Bayerische Staatsbibliothek – 2Inc. c.a. 149.

Digitalisat: https://mdz-nbn-resolving.de/details:bsb00060563, Scan 62.

Letzter Zugriff am 28.03.2025

The Geography of Strabo. With an English Translation by H. L. Jones, in eight Volumes. Cambridge (M), London.

I (Books i–ii) 1969.

II (Books iii–v) 1969.

III (Books vi–vii) 1983.

V (Books x–xii)

VIII (Book xvii) 1982.

Α ΚΟΡΑΗ (A. Korais), ΣΤΡΑΒΩΝΟΣ ΓΕΩΓΡΑΦΙΚΩΝ ΒΙΒΛΙΑ ΕΠΤΑΚΑΙΔΕΚΑ, ΜΕΡΟΣ ΤΕΤΑΡΤΟΝ. ΕΝ ΠΑΡΙΣΙΟΣ ΑΩΙΘ (Paris 1819) 46/47.

Strabonis Geographica, recognovit Augustus Meineke. Volumen Primum, 1969. Unveränderter Nachdruck der Ausgabe Leipzig 1877.

S. Radt, Strabons Geographika Bd. 1, Prolegomena, Buch I–IV: Text und Übersetzung, Göttingen 2002.

S. Radt, Strabons Geographika Bd. 5, Abgekürzt zitierte Literatur. Band I–IV: Kommentar, Göttingen 2006

Siebenkees, Strabonis = Strabonis Rerum Geographicarum Libri XVII, Xylandri Versionem Emendavit Ioannes Philippus Siebenkees, Leipzig 1796.

Tacitus
Cornelius Tacitus. Agricola – Germania, Lateinisch und Deutsch. Herausgegeben, übersetzt und erläutert von Alfons Städele, ²Düsseldorf und Zürich 2001

Sammelwerke
Photios
Photius Bibliothèque II, Codices 84–185, Texte établie et traduit par René Henry, Paris 1960.

Stephanos von Byzanz
Stephan von Byzanz, Ethnika. Stephani Byzantii Ethnicorum quae supersunt ex recensione Augsti Meinekii, unveränderter Nachdruck der 1849 im Verlag G. Reimer in Berlin erschienenen Ausgabe, Graz 1958.

Stobaios
Ioannis Stobaei Anthologii libri duo priores qui inscribi solent eklogae physicae et ethicae. Recensuit Curtius Wachsmuth, Vol I, Berolini 1884.

Doxographi Graeci. Collegit Recensuit Prolegomenis Indicibusque instruxit Hermannus Diels. Berolini 1958.

Suda
Suidae Lexicon ex recognitione Immanuelis Bekkeri, Berolini 1854.

Literaturverzeichnis

C. H. Adelung, Aelteste Geschichte der Deutschen, Leipzig 1806.

C. Ahrens, Helgoland in vorgeschichtlicher Zeit, in: H. P. Rickmers (Hrsg.), Helgoland Naturdenkmal der Nordsee – Deutsche Schicksalsinsel, Hamburg 1980, 27–40.

W. Aly, Strabonis Geographica IV, Strabon von Amaseia, Untersuchungen über Text, Aufbau und Quellen der Geographika, Bonn 1957.

J. Armit, Towers in the North. The Brochs of Scotland, Stroud Glocestershire 2012.

G. Aujac, Strabon et la Science de son Temps, Paris 1965.

G. Aujac, Les traités « Sur L'Océan » et les zones terrestres, Revue des Études Anciennes Bd. 74, 1972, 74–85.

W. Baetke, Islands Besiedlung und älteste Geschichte (Thule altnordische Dichtung und Prosa Bd. 23, Hrsg. Felix Niedner), Düsseldorf 1967.

E. Bakka, Scandinavian Trade Relations with the Continent and the British Isles in Pre-Viking Times, Early Medieval Studies/Kungl. Vitterhets-, Historie-och Antikvitetsakademien Stockholm 1971 Nr. 3, 37–51.

P. A. Barcelo, Karthago und die Iberische Halbinsel vor den Barkiden, Bonn 1988.

O. Baschin, Meereswellen, in: Physikalisches Handbuch, Hrsg. A. Berliner, K. Scheel, Berlin^2 1932.

G. F. Bass, Die Schiffswracks der Bronzezeit im östlichen Mittelmeer. In: Das Schiff von Uluburun, Welthandel vor 3.000 Jahren. Katalog der Ausstellung des Deutschen Bergbau-Museums Bochum vom 15. Juli 2005 bis 16. Juli 2006, Herausgeber Ünsal Yalcin, Cemal Pulik und Rainer Slotta, Bochum 2005, 303–308.

N. Beagrie, The St. Mawes Ingot, Cornish Archaeology No. 22, 1983, 107–111.

H. Bengtson, V. Milojcic, Großer Historischer Weltatlas, I. Teil Vorgeschichte und Altertum, 5. überarbeitete und erweiterte Auflage, München 1972, S. 12. Teilkarte d.

H. Berger, Geschichte der wissenschaftlichen Erdkunde der Griechen, Leipzig^2 1903.

H. Berger, Die geographischen Fragmente des Hipparch, Leipzig 1869.

H. Berger, Die geographischen Fragmente des Eratosthenes, Leipzig 1880.

A. Berthelot, Festus Avienus. Ora Maritima, Edition annotée, précédée d'une introduction accompagnée d'une Commentaire, Paris 1934.

W. Bessel, Über Pytheas von Massilien und dessen Einfluß auf die Kenntnis der Alten vom Norden Europas, Göttingen 1838.

S. Bianchetti, Pitea di Massalia, L'Oceano. Introduzione, testo, traduzione e commento, a cura di Serena Bianchetti, Pisa-Roma 1998.

S. Bianchetti, Per la datazione del Peri Okeanou di Pitea di Massalia, Sileno 23, 1997, 73–85.

S. Bianchetti, Pitea e la scoperta di Thule, Sileno 19, 1993, 9–24.

R. Bichler, An den Grenzen zur Phantastik. Antike Fahrtenberichte und ihre Beglaubigungsstrategien, 237–259. In: Fremde Wirklichkeiten. Literarische Phantastik und antike Literatur. Herausgegeben von Nicola Hömke, Manuel Baumbach, Heidelberg 2006.

G. Bilfinger, OPA = Stunde bei Pytheas, Neue Jahrbücher für Philologie und Pädagogik Bd. 36, 1890, 665–671.

B. Bleckmann, Die Germanen von Ariovist bis zu den Wikingern, München 2009.

U. Ph. Boissevain, C. de Boor, Th. Büttner-Wobst, vol. 2, pars 2, Excerpta de virtutibus et vitiis, Berolini 1910, Nr. 113 p. 201.

E. G. Bowen, Britain and the Western Seaways, Southampton 1972

G. Broche, Pythéas le Massaliote. Découvreur de l'extrême Occident et du Nord de l'Europe (IVe siècle av. J.-C.), Paris 1935.

K. Brodersen, J. Elsner, Images and Texts on the "Artemidoros Papyrus", Stuttgart 2009.

T. S. Brown, Timaeus of Tauromenium, Berkely, Los Angeles 1958.

I. Bulmer-Thomas, Dictionary of Scientfic Biography 9, ed. Ch. C. Gillispie, New York 1981, 296–303, s. v. Menelaus of Alexandria.

E. H. Bunbury, A History of Ancient Geography I/II, London 1876.

A. Burl, From Carnak to Callanish. The prehistoric Stone Rows and Avenues of Britain, Ireland and Brittany, Singapore 1993.

BIBLIOGRAPHIE

A. R. Burn, mare pigrum et grave, The Classical Review 1949, 63 Issue 3–4.

V. Burr, Aestuarium Metuonis – ein Beitrag zum Pytheasfragment über das Deutsche Wattenmeer, Würzburger Jahrbücher für d. Altertumswissenschaft 182, 3. Jahrgang, Nr 1, 1948, 181–189.

L. Canfora, Simonidis als Verfasser des falschen Artemidor, in: A. E. Müller et al. (Hg), Die getäuschte Wissenschaft, Göttingen 2017, 249–253.

W. Capelle, Das Alte Germanien. Die Nachrichten der griechischen und römischen Schriftsteller, Jena 1937.

R. Carpenter, Beyond the Pillars of Heracles, the Classical Word seen by the Eyes of its Discoverers, New York 1966.

M. Cary, The Greeks and Ancient Trade with the Atlantic, The Journal of Hellenistic Studies, XLIV 1924, 166–179.

M. Carry, E. H. Warmington, Die Entdeckungen der Antike, Zürich 1966.

L. Casson, Ships and Seamanship in the Ancient World, Baltimore and London 1995.

M. Clerc, Massalia, Histoire de Marseille dans l'Antiquité, Des origines à la fin de l'Empire romain d'Occident Vol. I, Des Origines jusqu'au IIIe Siècle avant J.-C. Marseille 1999.

C. Corby, Le Nom d'Ouessant et des Iles voisines. In: Annales de Bretagne. Tome 59, numéro 2, 1952, pp. 347–351.

K. Christ, Geschichte der Römischen Kaiserzeit. Von Augustus bis Konstantin, München[4] 2002.

W. Christ, Avien und die ältesten Nachrichten über Iberien und die Westküste Europa's. In: Abhandlungen der Philosophisch-Philologischen Classe der Königlichen Bayerischen Akademie der Wissenschaften, Elften Bandes Erste Abteilung. München 1866, pp. 113–188.

B. Cunliffe, The extraordinary Voyage of Pytheas the Greek, New York 2003.

B. Cunliffe, Iron Age Communities in Britain. An Account of England, Scotland and Wales from the seventh Century B. C. until the Roman Conquest. Routledge, London and New York[4] 2005.

B. Cunliffe, Facing the Ocean, The Atlantic and its Peoples 8000 BC-AD 1500. Oxford, New York 2001.

B. Cunliffe, Ictis: is it here?, Oxford Journal of Archaeology 2 (1), 1983, 123–126.

B. Cunliffe, Britain Begins, Oxford 2013.

O. Cuntz, Polybius und sein Werk, Leipzig 1902.

A. Czwalina, Kleomedes. Die Kreisbewegungen der Gestirne, Leipzig 1927.

D. Detlefsen, Ursprung, Einrichtung und Bedeutung der Erdkarte Agrippas, Quellen und Forschungen zur alten Geschichte und Geographie, Hrsg. W. Sieglin, Heft 18, Berlin 1906.

D. Detlefsen, Die Entdeckung des Germanischen Nordens im Altertum. Quellen und Forschungen zur alten Geschichte und Geographie, Hrsg. W. Sieglin, Heft 8, Berlin 1904.

D. Detlefsen, Zur alten Geographie der Cimbrischen Halbinsel, Hermes 46, 1911, 309–311.

D. R. Dicks, Dictionary of Scientific Biography 3, ed. Ch. C. Gillispie, New York 1981, 318–320, s. v. Cleomedes.

D. R. Dicks, Dictionary of Scientific Biographie 5, ed. Ch. C. Gillispie, New York 1981, 344–347, s. v. Geminus.

D. R. Dicks, Dictionary of Scientific Biography 4, ed. Ch. C. Gillispie, New York 1981, 459/460, s. v. Euctemon.

D. R. Dicks, Solstices, JSTOR 86 (1966), 28.

R. D. Dicks, The Geographical Fragments of Hipparchus, London 1960.

A. Diller, Textual Tradition of Strabo's Geography, Amsterdam 1975.

A. Diller, Geographical Latitudes in Eratosthenes, Hipparchus and Poseidonius, Klio 27 (1934), 258–269.

R. Dion, Pythéas Explorateur, Revue de philologie, de littérature et d'histoire anciennes, ser. 3:40 = 92 (1966), 191–216.

R. Dion, Où Pythéas voulait aller?, Mélanges d'archéologie et d'histoire offerts à André Piganiol, Bd. 3, Paris 1966, 1315–1336,

R. Dion, Une erreur traditionnelle à redresser. L'identification de l'Iktis de Diodore de Sicilie avec l'île de Wight. Bulletin de L'Association Guillaume Budé, Vol. 35, 1977, 246–256.

R. Dion, Transport de l'étain des îles britanniques à Marseille à travers la Gaule préromanique, Actes du 93ᵉ Congrès National des Sociétés Savantes, Tours 1968, Paris 1970, 423–438.

R. Dion, Alexandre le Grand et Pythéas, in: Aspects politiques de la géographie antique, Paris 1977, 176–222.

B. Dreyer, Polybios – Leben und Werk im Banne Roms, Hildesheim 2011.

dtv-Atlas zur Astronomie, Tafeln und Texte mit Sternatlas, München⁶ 1980.

A. Dudzinski, Diodorus' Use of Timaeus', The Ancient History Bulletin, Vol. 30, Nrs. 1–2, 2016, 43–76.

M. Ebert, Südrußland im Altertum, Aalen 1960.

L. Edelstein and I. G. Kidd, Posidonius I, The Fragments, Cambridge, New York, New Rochelle, Melbourne, Sydney² 1989 (1972).

I. G. Kidd, Poseidonius II (i) = I. G. Kidd, Poseidonius II. The Commentary: (i) Testimonia and Fragments 1–149, Cambridge, New York, New Rochelle, Melbourne, Sydney 1988.

I. G. Kidd, Poseidonius II (ii) = I. G. Kidd, Poseidonius II. The Commentary: (ii) Fragments 150–293, Cambridge, New York, New Rochelle, Melbourne, Sydney 1988.

I. G. Kidd, Poseidonius III = I. G. Kidd, Poseidonius Vol. III, The Translation of the Fragments. Cambridge Classical Texts and Commentaries 36. Cambridge 1999.

M. Egeler, Avalon 66° Nord. Zur Frühgeschichte und Rezeption eines Mythos, Berlin/Boston 2015.

D. Ellmers, Der Krater von Vix und der Reisebericht des Pytheas von Massalia, Archäologisches Korrespondenzblatt Bd. 40, Nr. 3, 2010, 363–381.

D. Ellmers, RGA Bd. 28, 2005, 78–84, s. v. Seewege.

J. Elsner et al., New Studies on the Artemidorus Papyrus, Historia 61, Heft 3, 2012.

C. H. Elton, Origins of English History, London 1890.

James Evans, The History and Practice of Ancient Astronomy, New York/Oxford 1998.

James Evans and J. Lennart Berggren, Geminos's Introduction to the Phenomena. A Translation and Study of a Hellenistic Survey of Astronomy, Princeton and Oxford 2006.

John Evans, The Ancient Bronze Implements, Weapons, and Ornaments, of Great Britain and Ireland. London 1881.

P. Fabre, Les Massaliotes et L'Atlantique, 107e Congrès National des Sociétés Savantes Archéologie, Brest 1982, 25–49.

P. Fabre, Les Grecs et la Découverte de L'Atlantique, Revue des études anciennes, 94, 1992, 11–21.

S. Faller, Taprobane im Wandel der Zeit. Das Sri-Lanka-Bild in Griechischen und Lateinischen Quellen zwischen Alexanderzug und Spätantike. Stuttgart 2000.

W. H. Fotheringham, On the Thule of the Ancients, Proceedings of the Society of Antiquaries of Scotland, Vol. 3. Part III (1857–1859), Edinburgh 1872, 491–503.

A. Fox, Tin Ingots from Bigbury Bay, South Devon. Devon Archaeological Society, Proc. No. 53, 1995, 11–23.

A. Fox, Tin Ingots from Bigbury Bay, South Devon. The Bulletin of the Peak District Mines Historical Society Vol. 13, No. 2, Winter 1996, 150–151.

A. Forbiger, Handbuch der Alten Geographie, Erster Band, Leipzig 1842.

A. Forbiger, Handbuch der Alten Geographie, Dritter Band, Leipzig 1877.

K. v. Fritz, RE XVII, 1937, 2258–2272, s. v. Oinopides.

M. Fuhr, Pytheas aus Massilia. Historisch-Kritische Abhandlung, Darmstadt 1842.

C. Gallazzi, B. Krämer, S. Settis, Il Papiro di Artemidoro, Milano 2008.

C. Gallazzi und B. Kramer, Artemidor im Zeichensaal. Eine Papyrusrolle mit Text, Landkarte und Skizzenbüchern aus späthellenistischer Zeit, Archiv für Papyrusforschung und verwandter Gebiete Bd. 44, 1998, 189–208.

G. Gerland, Zu Pytheas' Nordlandfahrt, Beiträge zur Geophysik: Zeitschrift für physikalische Erdkunde; zugl. Organ d. Kaiserlichen Hauptstation für Erdbebenforschung zu Straßburg i. E, Bd. 2, Leipzig 1895.

K. Geus, Utopie und Geographie. Zum Weltbild der Griechen in frühhellenistischer Zeit. Orbis Terrarum 6, 2000, 55–90.

K. Geus, Wer ist Marinos von Tyros? Zur Hauptquelle des Ptolemaios in seiner Geographie. Geographia Antiqua N° 26, 2017, 13–23.

F. Gisinger, Die Erdbeschreibung des Eudoxos von Knidos, Berlin 1921.

F. Gisinger, RE XXIV 1, 1963, 314–366, s. v. Pytheas von Massalia.

F. Gisinger, RE Supplementband 4, 1924, 521–685, s. v. Geographie.

B. R. Goldstein, The Obliquity of the Ecliptic in Ancient Greek Astronomy, Archives internationales d'histoire des sciences, No. 110, 1983.

P. F. J. Gosselin, Geographie des Grecs Analysée, Paris 1790.

H. Grahn-Hoek, Roter Flint und Heiliges Land. Helgoland zwischen Vorgeschichte und Mittelalter, Neumünster 2009.

C. G. Groskurd, Strabo Erdbeschreibung, Teil I, Berlin-Stettin, 1831–1834. Nachdruck Hildesheim, Zürich, New York 1988.

S. Gutenbrunner, Germanische Frühzeit in den Berichten der Antike, Halle 1939.

C. F. C. Hawkes, Pytheas: Europe and the Greek Explorers. The Eighth J. L. Myres Memorial Lecture 1975, Oxford 1977.

C. F. C. Hawkes, Ictis disentangled and the British Tin Trade, Oxford Journal of Archaeology, Vol. 3, 1984, 211–233.

S. G. Haw, Cinnamon, Cassia and the Ancient Trade, JAHA, 4. 1, 5–18 (2017).

T. Heath, A History of Greek Mathematics, Vol. II, From Aristarchus to Diophantus, New York 1981.

J. L. Heiberg, Syntaxis Mathematica, Vol. I und II, Leipzig 1898.

S. Heilen, Eudoxos von Knidos und Pytheas von Massalia, in: W. Hübner (Hg), Geschichte der Mathematik und der Naturwissenschaften in der Antike Band 2, Geographie und verwandte Wissenschaften, Stuttgart 2000, 55–73.

H. O'Neill Hencken, The Archaeology of Cornwall and Scilly, London 1932.

R. Hennig, Terrae Incognitae I, Leiden 1944.

R. Hennig, Abhandlungen zur Geschichte der Schiffahrt, Jena 1928.

G. Hergt, Die Nordlandfahrt des Pytheas, Halle 1893.

J. Herrmann, Volksstämme und „nördlicher Seeweg" in der älteren Eisenzeit, Zeitschrift für Archäologie 19, 1985, 147–153.

J. Herrmann (Hrsg.), Griechische und Lateinische Quellen zur Frühgeschichte Mitteleuropas bis zur Mitte des I. Jahrtausends U. Z. Erster Teil. Von Homer bis Plutarch, Berlin 1988.

A. Hofeneder, Die Religion der Kelten in den antiken literarischen Zeugnissen, Bd. 3, Wien 2011.

N. Holzberg, Der antike Roman, München 1986.

F. Hultsch, Griechische und Römische Metrologie, Berlin 1862.

W. Huss, Geschichte der Karthager. Handbuch der Altertumswissenschaft, Abt. 3, 8. Teil, München 1985.

W. Huss, Die Karthager, München³ 2004.

W. Huß, Karthago, München 1995.

F. Jacoby, RE VI, 1907, 952–972, s. v. Euemeros.

F. Jacoby, RE VII 2, 1912, 2666–2769, s. v. Hekataios von Abdera.

A. Jacob, Curae Strabinianae, Revue de Philologie, de Littérature et d'Histoire anciennes n.s. : 36 : 2 (1912 Avril), 148–157.

B. Jacobs, Megasthenes' Beschreibung von Pataliputra, in: Megasthenes und seine Zeit, Hrsg. J. Wiesehöfer, Wiesbaden 2016, 63–84.

H. James, The Block of Tin dredged up in Falmouth Harbour, and now in the Truro Museum. Archaeological Journal, Vol. 28, 1871, 196–202.

C. Jullian, Histoire de la Gaule I, Les Invasions Gauloises et la Colonisation Greque, Paris⁶ 1926.

C. Jullian, Histoire de la Gaule II, La Gaule Indépendant, Paris⁶ 1926.

F. Kähler, Forschungen zu Pytheas' Nordlandreisen, in: Festschrift Gymnasium Halle a. S, Halle 1903, 99–156.

O. Keller, Lateinische Volksethymologie und Verwandtes, Leipzig 1891.

Louis-Felix Guynememt de Keralio. De la connaissance que les anciens ont eue de pays du Nord de l'Europe, in: Mém. de l'Acad. Des inscr. XIX 1784.

I. G. Kidd, Poseidonius II (i) = I. G. Kidd, Poseidonius Vol. II, The Commentary: (i) Testimonia and Fragments 1–149, Cambridge, New York, New Rochelle, Melbourne, Sydney 1988.

I. G. Kidd, Poseidonius II (ii) = I. G. Kidd, Poseidonius Vol. II. The Commentary: (ii) Fragments 150–293, Cambridge, New York, New Rochelle, Melbourne, Sydney 1988.

I. G. Kidd, Poseidonius III = I. G. Kidd, Poseidonius Vol. III, The Translation of the Fragments. Cambridge Classical Texts and Commentaries 36. Cambridge 1999.

L. Edelstein and I. G. Kidd, Posidonius Vol. I, The Fragments, Cambridge, New York, New Rochelle, Melbourne, Sydney^2 1989 (1972).

R. D. Klausen, Hecatei Milesi Fragmenta – Scylacis Caryandensis Periplus. Edidit Rud. Henr. Klausen Dr. Addita est Tabula Geographica. Berolini 1831.

G. Knaack, Antiphanes von Berge, RhM 61, 1906, 135–138.

R. Knapowski, Probleme der Chronologie und Reichweite der Entdeckungsreisen des Pytheas von Massalia, Poznan 1958.

R. König, G. Winkler, Plinius d. Ältere – Leben und Werk eines antiken Naturforschers, München 1979.

W. Köpp, Ultima omnium Thyle, Wiss. Zeitschrift der Ernst-Moritz-Arndt-Universität Greifswald, Gesell. u. Sprachwissen. Reihe, Heft 1, 1951/1952.

A. Köster, Das antike Seewesen, Berlin 1923.

M. Koch, Tarschisch und Hispanien. Historisch-geographische und namenkundliche Untersuchungen zur phoinikischen Kolonisation der Iberischen Halbinsel, Berlin 1984.

W. Krogmann, Die Heilige Insel. Ein Beitrag zur altfriesischen Religionsgeschichte, Assen 1942.

H. Krähenbühl, Der ur- und frühgeschichtliche Zinnerzbergbau und die Bronzezeit (Fortsetzung 2), BERGKNAPPE – Freunde des Bergbaus in Graubünden FBG, Nr. 99, Heft 1, Februar 2002.

F. Lasserre, KLP Bd. 3, 1979, 1027–1029, s. v. Marinos von Tyros.

F. Lasserre, Ostiéens et Ostimniens chez Pythéas, Museum Heveticum 20, 1963, 107–113.

J. P. Le Bihan, J. F. Villard, J. P. Guillaumet, P. Méniel, Ouessant, Escale nécessaire sur la Voie atlantique : évidence ou fantasme d'archéologue ?, in: Routes du monde et passages obligés de la Protohistoire au haut Moyen Age. Actes du colloque international d'Ouessant, 27 et 28 septembre 2007, sous la dir. de LE BIHAN Jean-Paul et GUILLAUMET Jean-Paul. Centre de Recherche archéologique du Finistère, Quimper 2010, 275–292.

J. P. Le Bihan, Ouessant au vent de l'Histoire, Telgruc-sur-Mer 2007.

J. Lelewel, Pytheas und die Geographie seiner Zeit, Leipzig 1838.

A. Letronne, Recherches géographiques et critiques sur le livre « De mensura orbis terrae », Paris 1814.

Ros O Maolduin, In search of amber: Long distance directional movement between Bronze Age Ireland and Denmark, and an analogy from the early medieval literature of ireland, in: Forging Identities. The Mobility of Culture in Bronze Age Europe. Proceedings of an International Conference and the Marie Curie ITN "Forging Identities" at Aarhus University June 2012. (2015) 115–122.

E. MacWhite, Amber in the Irish Bronze Age, Journal of the Cork Historical and Archaeological Society Vol. XLIX, 1944, 122–127.

S. Magnani, Il Viaggio di Pitea sull'Oceano, Bologna 2002.

B. Maier, Stonehenge. Archäologie, Geschichte, Mythos, München 2005.

J. Malitz, Die Historien des Poseidonios, Zetemata LXXIX, München 1983.

V. Manimanis, E. Theodosiou, M. Dimitrijevic, The Contribution of Byzantine Men of the Church in Science-Cosmas Indikopleustes (6th Century), European Journal of Science and Theology, April 2013, Vol. 9, Nr. 2, 19–29.

C. R. Markham, Pytheas, the Discoverer of Britain, The Geographical Journal, Vol. 1, No. 6 (June 1893), 504–524.

F. Matthias, Über Pytheas von Massilia und die ältesten Nachrichten von den Germanen, I und II, Berlin 1901.

I. S. Maxwell, The Location of Ictis, Journal of the Royal Institution of Cornwall, 6 (4), 1972, 293–319.

S. McGrail, Cross-Channel Seamenship and Navigation in the Late First Millenium BC, Oxford Journal of Archaeology 2 (3) 1983, 299–337.

J. McIntosh, Handbook to Life in Prehistoric Europe, Oxford 2009.

C. McPhail, Pytheas of Massalia's Route of Travel, Phoenix Vol. 68, No 3/4, 2014, 247–251.

C. McPhail, Reconstructing Eratosthenes' Map of the World. A Study in Source Analysis. Thesis University of Otago, 2011.

B. Megaw and E. Hardy, British Decorated Axes and their Diffusion during the Earlier Part of the Bronze Age, in: Proc. Prehist. Soc. Vol. 4, Nr. 2, 1938, 272–307.

A. Meineke, Vindiciarum Strabonianarum Liber, Berlin 1852, 46.

K. Meister, Die griechische Geschichtsschreibung. Von den Anfängen bis zum Ende des Hellenismus. Köln 1990.

H. J. Mette, Pytheas von Massalia, Berlin 1952.

H. J. Mette, Sphairopoiia – Untersuchungen zur Kosmologie des Krates von Pergamon, München 1936.

P. Meyer, Straboniana, in: Jahresbericht der Fürsten- und Landesschule zu Grimma über das Schuljahr 1889–1890, Grimma 1890.

K. Miller, Die ältesten Weltkarten VI. Rekonstruierte Karten, Stuttgart 1898.

St. Mitchell, Cornish Tin, Iulius Caesar and the Invasion of Britain, Latomos 180, 1983, 80–99.

F. Mittenhuber, Naturphänomene des hohen Nordens in den kleinen Schriften des Tacitus, Museum Helveticum 60, 2003, 44–59.

Th. Mommsen, Römische Geschichte III. Von Sullas Tode bis zur Schlacht von Thapsus, Berlin[13] 1923.

L. Monteagudo, Die Beile auf der Iberischen Halbinsel, (Praehistorische Bronzefunde: Abt. 9; 6), München 1977.

O. Montelius, Verbindungen zwischen Skandinavien und dem westlichen Europa vor Christi Geburt, Archiv für Anthropologie 19, 1891, 1–21.

O. Montelius, Der Handel in der Vorzeit, Praehistorische Zeitschrift, II Heft 4, 1911, 249–291.

O. Montelius, Kulturgeschichte Schwedens. Von den ältesten Zeiten bis zum elften Jahrhundert nach Christus, Leipzig 1906.

D. W. Moore, The Other British Isles, London 2005.

S. Moscati, The Phoenicians, Milan, 1988 (Palazzo Grassi 1988, Venezia).

K. Müllenhoff, Deutsche Altertumskunde I, Berlin 1890.

A. E. Müller, L. Diamantopoulou, C. Gastgeber, A. Katsiakiori-Rankl (Hg.), Die getäuschte Wissenschaft. Ein Genie betrügt Europa-Konstantin Simonides, 2017.

F. Nansen, Nebelheim I, Leipzig 1911.

J. M. De Navarro, The British Isles and the Beginning of the Northern Earlybronze Age, in: The Early Cultures of North-West Europe (H. M. Chadwick Memorial Studies), Cambridge 1950, 77–105.

J. M. De Navarro, Prehistoric Routes between Northern Europe and Italy defined by the Amber Trade, in: The Geographical Journal 66 Nr. 6 (1925), 481–507.

H.-G. Nesselrath, RGA 23, 2003, 617–620, s. v. Pytheas.

O. Neugebauer, Astronomy and History, Selected Essays, New York 1983.

O. Neugebauer, A History of Ancient Mathematical Astronomy I, II, III, Berlin Heidelberg New York 1975.

H. Nissen, Die Ökonomie der Geschichte des Polybios, RhM XXVI, 1871.

E. Norden, Die Germanische Urgeschichte in Tacitus' Germania, Leipzig^5 1998.

E. Norden, Philemon, der Geograph, in: Kleine Schriften zum Klassischen Altertum (hrsg. von B. Kytzeler) 1966, 191–196.

Onnasch, Die Ätherlehre in De Mundo und ihre Aristotelizität, Hermes 124, 1996, 171–191.

S. Ó. Ríordáin, The Halberd in Bronze Age Europe, Archaeologica LXXXVI, 1937, 196–321.

L. Pearson, The Greek Historians of the West. Timaeus and his Predecessors, Atlanta 1987.

P. Pédech, La Méthode Historique de Polybe, Paris 1964.

P. Pédech, La Géographie de Polybe : Structure et Contenu du Livre XXXIV des Histoires, Les Études Classiques XXIV, 1956, 3–24.

R. D. Penhallurick, Tin in Antiquity, its Mining and Trade throughout the Ancient World with particular Reference to Cornwall, London 1986.

K.-E. Petzold, Geschichtsdenken und Geschichtsschreibung, Stuttgart 1999.

H. Prell, Die Vorstellungen des Altertums von der Erdumfangslänge, Berlin 1959.

C. Pulak, Das Schiffswrack von Uluburun, in: Das Schiff von Uluburun, Welthandel vor 3.000 Jahren. Katalog der Ausstellung des Deutschen Bergbau-Museums Bochum vom 15. Juli 2005 bis 16. Juli 2006, Herausgeber Ünsal Yalcin, Cemal Pulik und Rainer Slotta, Bochum 2005, 55–131.

S. Radt, Strabons Geographika Bd. 1, Prolegomena, Buch I–IV: Text und Übersetzung, Göttingen 2002.

S. Radt, Strabons Geographika Bd. 5, Abgekürzt zitierte Literatur. Band I–IV: Kommentar, Göttingen 2006

M. J. Ramin, Le Problème de Corbilo et le rôle économique de l'embouchure de la Loire. Caesarodunum, X 1975, 119–123.

H. D. Rankin, Celts and the Classical World, London & Sidney 1987.

M. Rathmann, Diodor und seine Bibliotheke, Berlin/Boston 2016.

S. Rausch, Bilder des Nordens, Vorstellungen vom Norden in der griechischen Literatur von Homer bis zum Ende des Hellenismus, Darmstadt 2013.

A. Rehm, Griechische Windrosen, Sitzunsberichte Kgl. Bayr. Akad. d. Wiss., Philos. – philol. u. hist. Klasse, 1916, 3. Abhdl., München 1916.

A. Rehm, RE VIII, 1913, 1666–1681, s. v. Hipparchos.

G. Reale, Aristotele Trattato del Mondo sul Cosmo per Alessandro, Napoli 1974.

K. Reinhardt, RE XXII 1, 1953, 558–826, s. v. Poseidonios von Apameia, der Rhodier genannt.

O. S. Reuter, Germanische Himmelskunde, München 1934.

J. Rhys, Celtic Britain, London 1884.

T. Rice Holmes, Ancient Britain and the Invasions of Julius Caesar, Oxford 1907.

W. Ridgeway, The Greek Trade-Routes to Britain, Folk-Lore I, London 1890, 82–108.

A. L. F. Rivet & C. Smith, Place-Names of Roman Britain, London 1979.

D. Roller, Through the Pillars of Herakles, New York 2006.

H. W. Roscher, Ausführliches Lexikon der griechischen und römischen Mythologie II 1, Hildesheim, Zürich, New York 1993.

C. H. Roseman, Pytheas of Massalia. On the Ocean, Text, Translation and Commentary, Chikago 1994.

K. G. Sallmann, Geographie des älteren Plinius in ihrem Verhältnis zu Varro, Versuch einer Quellenanalyse, Berlin, New York 1971.

H. Sauter, Studien zum Kimmerierproblem, Bonn 2000.

O. Scheel, Die Frühgeschichte bis 1100. Geschichte Schleswig-Holsteins, Band 2, 2. Hälfte, Lieferung 1, Hrsg. V. Pauls und O. Scheel, Neumünster 1938.

A. Schmekel, Pytheae Massaliensis quae supersunt fragmenta edidit et illustravit Alfredus Schmekel. Schulprogramm, Merseburg 1848.

M. P. C. Schmidt, OPA = Stunde bei Pytheas?, Neue Jahrbücher für Philologie und Pädagogik Bd. 36, 1890, 826–827.

A. Schmitt, Zu Pytheas von Massilia, Programm zu dem Jahresbericht der kgl. Studienanstalt zu Landau für 1876, Landau 1876.

A. Schulten, Iberische Landeskunde, Baden-Baden[2] 1974.

A. Schulten, Numantia, eine topographisch-historische Untersuchung, Abhandlungen der Akademie der Wissenschaften zu Göttingen, philologisch-historische Klasse, Neue Folge Band 8, no 4, Berlin 1905.

A. Schulten, Tartessos – ein Beitrag zur ältesten Geschichte des Westens, Hamburg 1950.

A. Schulten, Avieni Ora Maritima (Periplus Massiliensis saec. VI a. C.) adiunctis ceteris testimoniis anno 500 a. C. antiquioribus, Barcinone/Berolini 1922.

R. Schulz, Abenteuer der Ferne, Die großen Entdeckungsfahrten und das Weltwissen der Antike, Stuttgart 2016.

E. Seebold, Pomponius Mela und Plinius über die Nordseeküste. Erschließung der gemeinsamen Quelle, in: Studien zur Literatur, Sprache und Geschichte in Europa, Wolfgang Haubrichs zum 65. Geburtstag gewidmet. Hrsgb. A. Greule, H. W. Herrmann et al., St. Ingbert 2008, 735–746.

K. v. See, Ultima Thule, in: Philologie und Ideologie, Heidelberg 2006, 55–89.

T. Severin, 1.000 Jahre vor Kolumbus, Auf den Spuren der irischen Seefahrermönche, Hamburg 1979.

D. Shcheglov, Hipparchus' Table of Climata and Ptolemy's Geography, in: Orbis Terrarum (2003–2007) 159–162.

D. Shcheglov, Hipparchus on the Latitude of Southern India, in: Greek, Roman, and Byzantine Studies 45, 2005, 359–380.

C. M. Sheldrake, The History of Belerion, an Investigation in the Discussions of Greeks and Romans in Cornwall. Dissertation University of Exeter 2012.

J. Sölch, Die Landschaften der Britischen Inseln, Zweiter Band, Schottland und Irland, Wien 1952.

G. E. Sollbach, St. Brandans wundersame Seefahrt. Nach der Heidelberger Handschrift Cod. Pal. Germ. 60 herausgegeben, übertragen und erläutert von Gerhard E. Sollbach, Frankfurt am Main 1987.

R. Stiehle, Der Geograph Artemidoros von Ephesos, Philologus, 11 (1856), 193–244.

Stückelberger (Hrsg.), Klaudios Ptolemaios, Handbuch der Geographie I und II, Basel 200.

Stückelberger (Hrsg.), Klaudios Ptolemaios, Handbuch der Geographie III, Basel 2009.

J. Svennung, Skandinavien bei Plinius und Ptolemaios, Uppsala 1974.

A. Szabó, Das geozentrische Weltbild, Astronomie, Geographie und Mathematik der Griechen, München 1992.

A. Szabó / E. Maula, Enklima, Untersuchungen zur Frühgeschichte der griechischen Astronomie, Athen 1982.

J. Taylor, Albion: the earliest history, Dublin 2016.

O. Thomson, History of Ancient Geography, Cambridge 1948.

D. Timpe, Griechischer Handel nach dem nördlichen Barbarikum (nach historischen Quellen). In: Untersuchungen zu Handel und Verkehr der vor- und frühgeschichtlichen Zeit in Mittel- und Nordeuropa I. Hrsg. K. Düwel, H. Jankuhn, H. Siems, D. Timpe. Göttingen 1985, 181–213.

D. Timpe, Die Söhne des Mannus, in Romano-Germanica, Gesammelte Studien zur Germania des Tacitus, Stuttgart und Leipzig 1995, 20 = Chiron 21, 1991, 69–125.

D. Timpe, Entdeckung des Nordens in der Antike, RGA 7 (1989), 307–389, s. v. Entdeckungsgeschichte.

J. Toland, The Miscellaneous Works of Mr. John Toland V1, London 1747.

R. Todd, Cleomedis Caelestia, Leipzig 1990.

G. J. Toomer, Ptolemy's Almagest, London 1984.

H. F. Tozer, A History of Ancient Geography, Cambridge[2] 1935.

H. Uecker, Geschichte der altnordischen Literatur, Stuttgart 2004.

F. A. Ukert, Geographie der Griechen und Römer. Von den frühesten Zeiten bis auf Ptolemäus, Ersten Theiles erste Abteilung, Weimar 1816.

C. F. Unger, Kassiteriden und Albion, RhM XXXVIII, 1883, 157–196.

F. W. Walbank, Polybius, Berkeley 1972.

F. W. Walbank, The Geography of Polybius, Classica et Mediaevalia IX, 1948, 155–182.

F. Walbank, Polemic in Polybius, The Journal of Roman Studies 52, 1962, 1–12.

F. W. Walbank, A Historical Commentary on Polybius I, Commentary on Books I–VI, Oxford 1957.

F. W. Walbank, A Historical Commentary on Polybius III, Commentary on Books XIX–XL, Oxford 1979.

M. Waldmann, Der Bernstein im Altertum. Eine historisch-philologische Skizze. Separatdruck aus dem Programm des livl. Landesgymnasiums für das Jahr 1882. Fellin 1883.

P. F. Wallace and R. O. Floinn, Treasures of the National Museum of Ireland, Irish Antiquities, Dublin 2002.

F. Wehrli, Dikaiarchos, Die Schule des Aristoteles, Heft I, Basel 1967.

G. Weisgerber, J. Cierny, Ist das Zinnrätsel gelöst?, in: Oxus: Magazin für Politik, Wirtschaft und Kultur in Zentralasien; Kasachstan, Kirgisistan, Tadschikistan, Turkmenistan, Usbekistan, Heft 4, 1999, 44–47.

O. Weinreich, Antiphanes und Münchhausen. Das antike Lügenmärlein von den gefrorenen Worten und sein Fortleben im Abendland. Wien und Leipzig 1942.

R. Wenskus, Pytheas und der Bernsteinhandel. In: Untersuchungen zu Handel und Verkehr der vor- und frühgeschichtlichen Zeit in Mittel- und Nordeuropa I. Hrsg. K. Düwel, H. Jankuhn, H. Siems, D. Timpe. Göttingen 1985, 84–108.

R. Wenskus, Stammesbildung und Verfassung. Das Werden der frühmittelalterlichen Gentes, Köln/Graz 1961.

U. v. Wilamowitz-Möllendorff, Das Weltgebäude (Aus der Schrift περὶ κόσμου), Griechisches Lesebuch I, 2. Halbbd., Berlin 1965.

M. Winiarczyk, Hekataios von Abdera. In: Die Hellenistischen Utopien. Beiträge zur Altertumskunde Bd. 293, 45–71, Berlin/Boston 2011.

O. E. Winstedt, The Christian Topography of Cosmas Indicopleustes- Edited with Geographical notes by O. E. Winstedt, Cambridge 1909.

F. Witek, Mare Pigrum, Zu Tacitus, Agricola 10 und 38, Grazer Beiträge, Zeitschrift für Klassische Altertumswissenschaft. Supplementband XI, 2007, 106–123.

J. Wittmann, Sprachliche Untersuchungen zu Cosmas Indicopleustes, Borna-Leipzig 1913.

S. Wolfson, Tacitus, Thule and Caledonia, Oxford 2008.

W. Wolska-Conus, Cosmas Indicopleustès. Topographie Chrétienne Tome I (Livres I–IV). Introduction, Texte critique, Traduction et Notes par Wanda Wolska-Conus. Paris 1968.

Ü. Yalcin, C. Pulak, R. Slotta, Das Schiff von Uluburun, Welthandel vor 3.000 Jahren. Katalog der Ausstellung des Deutschen Bergbau-Museums Bochum vom 15. Juli 2005 bis 16. Juli 2006, Bochum 2005.

H. Zimmer, Über die frühesten Berührungen der Iren mit den Nordgermanen, Sitzungs. Ber. Königl. Preuss. Akad. d. Wissensch. 1891, Berlin 1891, 279–317.

K. Zimmermann, Rom und Karthago, Darmstadt[2] 2009.

12. Abbildungsverzeichnis, Liste der Tabellen

Abb. 1: Quellenautoren (Erstellt vom Verfasser nach einer Idee von G. Hergt, Nordlandfahrt des Pytheas, 10) ... 2

Abb. 2: Oikumene nach Eratosthenes (erstellt vom Verfasser auf der Grundlage von H. Bengtson-V. Milojcic, Großer Historischer Weltatlas I, 12d. Mit Veränderung der Gestalt Britanniens und mit korrigierten Skalen der Entfernungen vom Äquator und der Längenabschnitte) ... 36

Abb. 3: Ober- und Unterseite des Zinnbarren von Falmouth. Kopie im Bergbau-Museum Bochum. Nach H. Krähenbühl, Zinnerzbergbau, S. 11, Abb. 18, in: BERGKNAPPE – Freunde des Bergbaus in Graubünden FBG, Nr 99, Heft 1, Febr. 2002. (Mit freundlicher Genehmigung der Redaktion) ... 134

Abb. 4: Zinn-Ochsenhautbarren vom Schiffswrack von Uluburun. In: Das Schiff von Uluburun, Welthandel vor 3000 Jahren. Katalog der Ausstellung des Deutschen Bergbau-Museums Bochum vom 15. Juli 2005 bis16. Juli 2006, Herausgeber Ünsal Yalcin, Cemal Pulik und Rainer Slotta, Bochum 2005, 572, Katalognr. 47. (Mit freundlicher Genehmigung durch Prof. Ü. Yalcin, Deutsches Bergbau-Museum Bochum) ... 136

Abb. 5: Breitenmessung (erstellt vom Verfasser) ... 264

Abb. 6: Arktische Kreise. Schnitt durch die Meridianebene (erstellt vom Verfasser) ... 310

Abb. 7: Polarkreis – Arktischer Kreis fällt mit Wendekreis zusammen (erstellt vom Verfasser) 311

Tabelle 1: Breitenkreise nördlich von Massalia 238
Tabelle 2: Breitenkreise nördlich von Byzantion 247

Index

A

Abalus 1, 3, 9, 10, 11, 18, 19, 20, 21, 24, 28, 140, 161, 181, 285, 295–300, 302–304, 307–308
Adam von Bremen 301
Aelian/Claudius Aelianus /Ailianos 95
Aëtios 217
Äquator 16, 36, 43, 44, 45, 50, 51, 52, 161, 235, 236, 240, 243–246, 251, 252, 254, 255, 267, 283, 309, 310, 311
Äquinoktialstunde 8, 198, 199, 237, 238, 240, 243, 245, 246, 248, 249, 250, 252, 253, 256, 267, 283
Äquinoktium 245
Agathemerus 44
Agricola 172, 254, 257, 281, 287, 288
Agrippa 112, 193
Aias 189
Alalia 219
Albion 101, 182
Alexander der Große 27, 30, 35, 43, 78, 79, 93
Alexandreia 45, 51, 78, 85
Alkuin 301
Alpen 39, 99, 115, 122, 123, 147, 148, 149, 154, 302
Ambronen 220
Antiphanes von Berge 5, 26, 37, 38, 85, 86, 87, 88–93, 96, 305
Antonios Diogenes 90, 91, 93
Apollonios Rhodios 301
Appian 102, 117, 119, 120
Aquae Sextiae 220
Aratos von Soloi 252, 260
Arelate 154
Argonauten 21, 33, 76, 301
Aristarchos von Samos 164
Aristoteles 27, 43, 100, 173, 178, 258
Arktischer Kreis 10, 15, 17, 50–53, 70, 200, 240, 257, 272, 279, 283, 309, 310, 311
Artabrer 108-111, 213
Artemidoros von Ephesos 1, 2, 7, 14, 107, 180, 208-214, 215, 223
Asowsches Meer 65
Astragaloi 131, 132, 133, 136, 156
Astronomie 8, 10, 16, 43, 69, 73, 160, 166, 198, 201, 260, 263, 265, 283, 307
Athen 55, 233, 266
Athenaios 73, 151
Atlantik 39, 61, 70, 82, 103, 109, 110, 111, 121, 122, 124, 145, 156, 181, 195, 207, 211, 212, 214, 217, 219, 225, 227, 229, 272, 275, 276, 277, 292
Aude 20, 147
Augustus 183, 288
Avienus 2, 7, 97, 216, 217–221, 226, 227, 229

B

Baktrien 235, 236, 242, 248, 289
Basilia (Insel) 10, 18, 19, 28, 76, 140, 295, 296
Basileia (Insel) 21, 296
Baltia (Insel) 76, 296
Baltikum 20, 34, 63, 221
Baunonia (Insel) 76, 140, 296
Beda Venerabilis 276

INDEX

Belerion 126, 129, 131, 132, 139, 141, 142, 143, 153, 156, 160, 178, 179
Berge am Strymon 88, 89, 92
Bergen 21, 293
Bernstein 10, 18, 34, 76, 97, 140, 221, 256, 285, 295, 296, 297, 299, 300, 301, 302, 304, 308
Bernsteininsel 10, 21, 140, 296, 297, 298, 299, 300, 307
Bernsteinhandel 4, 301
Bernsteinstraßen 10, 308
Biskaya 7, 19, 31, 39, 41, 59, 103, 110, 122, 125, 207, 213, 215, 216, 221, 225
Blei 97, 109
Boote 20, 138, 195, 228, 229, 277, 278, 294, 307
Bornholm 21
Borysthenes 36, 45–51, 52, 234–236, 237, 246, 253
Breitenkreis 8, 43, 44, 53, 231, 232, 236, 237, 243, 244, 246, 247, 248, 250, 253, 254, 256, 266, 269, 283
Breitentafel/Breitenverzeichnis des Hipparchos 8, 9, 54, 78, 165, 231, 233, 235, 238, 240, 243, 244, 245, 248, 255, 256, 257, 266, 269
St. Brendan 194, 195, 277
Brennos 188
Bretagne 15, 58, 59, 60, 61, 63, 104, 144, 149, 168, 216, 217, 241
Britannien 4, 5, 6, 7, 8, 11–13, 14, 15, 16, 17, 19, 23, 24, 25, 27, 41, 45, 46, 47–49, 50, 52, 61, 62, 64, 71, 96, 98, 100, 102, 105, 107, 112–116, 118, 124–126, 127, 128, 131, 138, 141, 142, 144, 145, 146, 147, 150, 154–155, 156, 157–159, 161, 167–169, 170, 171–175, 177, 179, 180, 182, 184–191, 193–196, 207, 214–217, 221, 226, 229, 234, 243, 250, 251, 254, 257, 258, 266, 268, 269, 272, 273, 275, 277, 278, 279, 285, 287, 289, 290, 291, 292, 293, 302, 306

Broch (Schottland) 281
Broighter Hoard 195
Bronze 4, 5, 10, 98, 105, 124, 130, 131, 134, 135, 206, 277, 280, 285, 290, 291, 292, 302
Byzantion/Byzanz 8, 47, 48, 234, 235, 240, 246, 247, 248, 249, 250, 253, 263, 269

C
Cabo da Roca 212
Cabo de Sâo Vicente (Heiliges Vorgebirge) 54, 209, 212, 213, 214
Cádiz 33, 211, 212, 213
Caecilius Simplex 254
Caepio (Q. Servilius) 152
Caesar 6, 58, 61, 98, 128, 144, 147, 150, 166, 167, 168, 169, 170, 171, 172, 180
Caithness (Schottland) 196, 206, 280, 302
Callaicus (S. I. Brutus) 102, 121
Cap Bon 223
Cap Farina 223
Cap Finisterre 108, 213
Cape Wrath 179, 291
Cassius Dio 172
Cicero 119, 120, 162
Claudius 254
Cliffmining 130
Corbilo 12, 15, 113–120, 122, 123, 124, 125, 127, 143, 144, 149, 150, 156
Cornwall 5, 6, 14, 20, 98, 107, 125, 126, 127–130, 132, 133, 137, 144, 149, 153, 157, 166–168, 170, 296, 306

D
Damastes von Sigeion 227
Danziger Bucht 35
Deïmachos 78, 79, 233, 235, 236, 242, 248, 250
Delphi 40, 152
Dikaiarchos 2, 23, 24, 25, 26, 27, 28, 42, 43, 44, 55, 164, 228, 305

Diodorus Siculus 5, 6, 9, 10, 13, 20, 33, 71, 72, 73, 87, 95, 98, 99, 106, 124, 127, 128, 129–134, 136, 137, 138, 139, 141, 144, 145, 146, 148, 149, 151, 153–157, 165, 166, 167, 169, 170, 173, 175, 177–181, 190, 191, 194, 228, 296, 297, 298, 306, 307
Dionysios Periegetes 274
Dnjepr 34, 36
Domitian 172
Don (Tanais) 32
Düna 21, 34
Duncansby Head 20, 179, 277, 281

E
Ekliptik 54, 239, 245, 252, 253, 258, 263, 265, 310
Elbe 74, 165, 299, 301, 302, 304
Ephoros von Kyme 107, 176, 193, 204, 212, 250
Eratosthenes von Kyrene 1, 2, 3, 5, 6, 7, 12, 14, 16, 23–28, 32, 35, 36, 37, 38, 42–57, 58–61, 71, 80, 91, 96, 103, 126, 127, 160, 164, 165, 166, 173–175, 177, 179, 180, 182, 183, 190, 191, 192, 194, 196, 199, 207, 208, 209, 212, 214, 216, 221, 222, 226, 228, 229, 232–235, 243, 244, 256, 272, 283, 284, 303, 305, 306, 307, 311
Eridanos 301
Epidauros 92
Eudoxos von Knidos 43, 260, 261, 281
Eudoxos von Kyzikos 81–86, 96, 162, 165
Euhemeros von Messene 5, 25, 37, 38, 78, 85, 86, 87, 88, 96, 305
Euklid 177, 264, 265
Euktemom von Athen 226
Euthymenes 217, 218, 226

F
Färöer 4, 9, 20, 21, 53, 272, 278, 279, 286
Fair Isle 281, 288

Finnland 4
Finnischer Meerbusen 2
Finistère 47, 58, 59, 62, 216
Fosite 301
Friesland 21, 220, 221, 291

G
Gades/Gadeira 12, 14, 17, 24, 25, 27, 32, 33, 41, 76, 82, 83, 84, 109, 110, 112, 157, 159, 161, 163, 164, 166, 190, 207, 208, 209, 210, 211, 212, 213, 214, 222, 226
Galater 188
Galicien 98, 102, 108, 110, 111, 169, 170
Gallien 20, 31, 61, 62, 101, 107, 110, 111, 113, 114, 118, 121, 122, 125, 127, 133, 138, 139, 145, 146, 147, 148, 151, 152, 154, 155, 156, 159, 161, 163, 167, 175, 180, 182, 207, 221, 225, 229, 249, 259
Garonne 20, 62, 113, 144, 147, 150, 151, 152
Gefrorenes/Geronnenes Meer 13, 15, 17, 18, 21, 45, 174, 272, 275, 285, 289
Gefrorene Zone 65, 66, 68, 71
Geminos von Rhodos 1, 2, 6, 17, 18, 53, 160, 161, 197, 198, 199, 201, 202, 204, 205, 248, 249, 257, 261, 282, 283, 295, 306
Geographen 1, 7, 14, 5, 180, 190, 208, 210, 254, 255, 274
Geographie 1, 6, 8, 10, 13, 14, 22, 23, 26, 29, 32, 36, 39, 43, 45, 48, 51, 52, 53, 55, 61, 64, 71, 81, 92, 94, 97, 100, 105, 127, 128, 139, 142, 151, 154, 161, 164, 168, 175, 183, 187, 190, 198, 199, 201, 211, 212, 216, 217, 227, 232, 233, 235, 238, 239, 241, 243, 250, 256, 257, 259, 260, 262, 266, 271, 273, 297, 305, 306, 309, 310
Geozentrisches Weltbild 74, 251, 258, 259, 262, 306
Germanen 138, 176, 182, 285, 294, 299, 301

INDEX

Gesoriacum (Boulogne) 182
Gezeiten 12, 14, 83, 87, 110, 157, 163, 164, 168, 181, 196, 214, 297
Gezeiteninseln 128, 137, 143, 144, 145, 156
Gibraltar 7, 207, 209, 211, 214, 215, 218, 222, 224, 225, 226, 227, 229
Gironde 20, 144, 147, 148, 149, 150, 152, 153, 154, 159, 170, 215
Gnomon 47, 238, 162, 243, 262, 265, 266, 267, 307
Gold 63, 99, 103, 104, 105, 107, 108, 111, 135, 146, 152, 153, 195
Goten 299
Great Glen 290, 291, 302
Guarinus 185
Gutonen/Guionen 18, 295, 299

H

Hannibal 40, 99, 100, 115, 17, 122, 123
Hauptmeridian 36 (Abb. 2) 44, 243
Hauptparallelkreis 36 (Diaphragma Abb. 2) 44, 55, 61
Hekataios von Abdera 75, 93, 94, 95, 96, 305
Hekateios von Milet 225, 226, 227
Helgoland 10, 20, 285, 300, 301, 304, 308
Hengistbury Head 143
Herakleides Pontikos 84, 85
Herodot 80, 84, 85, 97, 135, 173, 192, 217, 227, 301
Himilko 86, 227
Hipparchos von Nikaia 1, 2, 8, 9, 13, 42, 43, 45, 46, 47, 48, 53, 54, 78, 81, 162, 165, 231–232, 233–243, 244–250, 251–253, 255–257, 258, 260, 261, 262, 263, 265, 266, 269, 306, 307
Homer 70, 74, 79, 80, 188

Hyperboräer 74, 75, 93–96
Hyrkanien 235, 269

I

Iberien 11, 12, 14, 25, 27, 31, 55, 56, 57, 60, 61, 83, 84, 99, 100, 101, 102, 103, 107, 110, 111, 141, 146, 150, 207, 208, 209, 211, 212, 219, 221, 226
Ierne 46, 49, 50, 55, 56, 57, 101, 159, 174, 235, 236, 237, 242, 250
Iktis (Insel) 128, 131, 137–139, 141–146, 150, 151, 156, 157, 170, 301
Indien 44, 55, 56, 57, 78, 79, 80, 82, 83, 84, 85, 87, 203, 232, 233, 234, 235, 236, 242, 248, 269
Indischer Ozean 81, 82, 162
Irland 46, 64, 71, 100, 101, 138, 174, 180, 207, 217, 219, 220, 235, 253, 254, 255, 269, 273, 275, 280, 281, 290, 302
Island 2, 4, 9, 20, 71, 272, 273, 275–281, 286, 289, 292, 294, 307
Islendingabók 275, 276
Isidor von Charax 1, 2, 173, 182
Isidor von Sevilla 184, 274

J

Jütland 10, 220, 221, 255, 285, 291, 299, 300, 302, 303, 304, 308

K

Kabaion (Vorgebirge) 56, 61, 215
Karthago 7, 35, 52, 101, 111, 112, 114, 119, 121, 223, 224, 228
Kanal (Britischer) 5, 19, 20, 61, 62, 64, 98, 124, 127, 128, 137, 139, 143, 149, 154, 155, 156, 168, 170, 179, 225, 306

INDEX

Kanalinseln 63, 137, 145, 157
Kartographie 43, 48, 243, 254
Kaspisches Meer 35, 173
Kattegat 21, 53, 285, 289, 291, 293
Kassiteriden 105, 107, 109, 110, 140, 146, 166, 169, 176
Kelten 61, 107, 146, 148, 149, 152, 153, 158, 175, 176, 219, 220, 237, 240, 249, 250
Keltike 11, 12, 14, 21, 31, 46, 60, 61, 149, 154, 155, 156, 161, 174, 175, 177, 215, 216, 219, 234, 235, 236, 242, 249, 250
Kent 12, 20, 161, 179
Kimbern 156, 159, 176, 249, 255, 285, 299, 300
Kleanthes 162
Kleomedes 1, 2, 17, 53, 54, 165, 271, 294, 306
Kosmas Indikopleustes 1, 2, 6, 18, 202–206
Kronisches Meer 284, 286
Kugelgestalt der Erde 4, 8, 27, 42, 51, 74, 96, 203, 204, 250, 258, 282, 288, 295, 306

L

Land's End 129, 143, 179
Landnámabók 276
Lerwick (Shetland) 268, 278
Ligurer 219, 220
Loire 15, 62, 113, 114, 122, 124, 144, 147, 148, 149, 150, 155, 156, 167, 168
Lusitanien 106, 107, 108, 110, 146, 148
Lykaon 219

M

Maeotis 33, 35, 65, 165, 246, 249, 250, 253, 256
Maes Howe (Grab) 207
Mainland (Shetland) 139, 281, 288

Mare Concretum 13, 17, 272, 275, 284, 285, 287, 289, 294, 296
Marinos von Tyros 180, 190, 254, 255
L. Iulius Marinus Caecilius Simplex 254
Marius 249
Markianos von Herakleia 1, 2, 58, 89, 161, 177, 208, 219, 217
Massalia 1, 5, 6, 8, 9, 10, 12, 19, 20, 21, 39, 40, 47, 48, 49, 73, 83, 98, 99, 106, 107, 113, 114, 115, 117, 118, 119, 120, 123, 124, 125, 126, 127, 146, 149, 150, 151, 154, 155, 156, 189, 207, 217, 225, 228, 231, 234, 235, 236, 237, 238, 239, 240, 241, 242, 247, 249, 250, 251, 260, 263, 264, 265, 266, 269, 295, 306
Massinissa 117, 118, 119
Mastia Tarseios 225
Mathematik 8, 43, 75, 263
Meerlunge 11, 19, 21, 23, 85, 86, 87, 96
Megasthenes 75, 78, 79, 233, 235, 236
Menelaos von Alexandria 245, 252
Menippos von Pergamon 89, 91, 210
Meroë 45, 233, 236, 243, 244, 251
Meton von Athen 95
Metuonis 11, 18, 19, 20, 21, 24, 161, 295–299, 303, 304, 308
Meridian 36, 44, 52, 56, 175, 231, 234, 235, 243, 244, 250, 264, 269
Mictis (Insel) 138–144, 156, 170, 194, 301
Mond 91, 93, 94, 95, 158, 163, 164, 181, 297
Moray Firth 281, 290, 291
Midacritus 97
Morbihan 149
Morimarusa 284, 285
Mount Batten 137
Muir Chroinn 286

INDEX

N

Narbo 12, 39, 113, 114, 115, 117, 118, 119, 120, 123, 124, 125, 127, 146, 147, 149, 150, 151, 153, 154, 155

Newgrange (Grab) 207

Niccolo Perotti 104

Nordpol 16, 183, 246, 268, 309

Nordsee 4, 10, 20, 62, 179, 182, 192, 195, 219, 220, 255, 281, 285, 286, 289–293, 295, 298, 299, 302, 303, 304, 307

Norwegen 4, 9, 21, 71, 200, 206, 275, 276, 279, 280, 281, 285, 286, 289, 292, 293, 294, 307

Numantia 104, 111, 118–120, 121, 122, 123, 125

O

Ochsenhautbarren 134, 135, 136

Oder 34

Odysseus 69, 70

Oikumene 5, 8, 14, 29, 36, 43, 44, 45, 48, 55, 57, 60, 78, 93, 94, 96, 103, 172, 175, 232, 233, 235, 236, 243, 257, 259, 307

Oinopides von Chios 264

Onesikritos 78, 79

Ora Maritima 7, 97, 216, 217, 218, 219, 220, 221, 226, 229

Orkney 4, 20, 196, 197, 206, 207, 268, 278, 280, 281, 282, 286, 287, 288, 290, 302

Osismier 59, 60

Ostsee 2, 10, 17, 20, 21, 34, 77, 295, 298, 299, 304, 307

Ouessant (Uxisame) 62, 63, 64

Ozean 9, 12, 15, 18, 33, 34, 35, 38, 43, 58, 59, 60, 61, 65, 74, 75, 76, 81, 84, 93, 95, 100, 107, 122, 140, 146, 147, 153, 154, 156, 160, 161, 162, 165, 168, 171, 177, 182, 190, 194, 196, 203, 209, 210, 215, 216, 234, 236, 273, 285, 286, 287, 296, 298

P

Palibothra 80, 233

Palus Maeotis 33, 35

Panchaia 25, 38, 87

Papyrus des Artemidoros 7, 210, 211, 213

Parallelkreise 13, 44, 45, 47, 48, 50–52, 57, 61, 232, 234, 236, 237, 239, 240, 242–251, 253–257, 259, 269, 283

Patrokles 233

Pentland Firth 197, 229, 288, 291

Periplus 7, 58, 89, 91, 161, 210, 217, 218, 220, 221, 226, 227, 228

Philemon 180, 255, 284, 285

Philoponos 203

Photios 90, 91, 93

Platon 89, 90, 92

Plinius 1, 2, 6, 9, 10, 12, 13, 16, 18, 24, 28, 32, 53, 55, 58, 76–78, 97, 108, 111, 112, 138, 140–142, 173, 177, 180, 182–184, 190, 191, 193, 194, 196, 209, 213, 228, 255, 271, 272, 273, 275, 277, 284, 285, 289, 293, 294, 295–297, 298, 299, 300, 303, 304, 307

Plutarch 89, 171, 220, 245, 249, 181

Ps. Plutarchos 181

Pointe du Raz 15, 58, 62

Polarkreis 9, 10, 16, 36, 50, 51, 52, 53, 96, 162, 174, 175, 183, 245, 257, 266, 269, 272, 278, 283, 284, 307, 310, 311

Polybios 1, 2, 5, 6, 11–12, 14, 15, 17, 18, 23–25, 26–31, 32–42, 43, 60, 80, 86, 87, 91, 96, 98, 99–105, 107, 109, 110–113, 114–120, 121–123, 125–126, 127, 160, 161, 164, 166, 170, 173, 177–178, 179, 182, 184, 185, 187, 189, 190, 191, 194, 207, 208, 214, 223–224, 228, 294, 303, 304, 305, 306, 307

Pomponius Mela 53, 58, 60, 62, 76, 77, 150, 158

Pontos 21, 34, 36, 52, 65, 76, 90, 93, 240

Port of Trade 4, 10, 63, 137, 138, 143, 144, 170, 301, 304, 308

Poseidonios 2, 6, 35, 38, 44, 53, 65, 73, 81, 83–86, 96, 98, 102, 105–110, 124, 144, 146, 151–159, 160–166, 169, 170, 180, 193, 194, 306

Priscianus Lydus 157, 158

Priscianus von Caesarea 273

Proklos Diadochos 264

Pseudo Skymnos 88

Ptolemaios von Alexandria 8, 9, 15, 16, 35, 43, 50, 53, 54, 58, 81, 139, 142, 162, 180, 190, 192, 212, 244, 245, 251–255, 257, 263, 265, 269

Publius Cornelius Scipio 9, 100, 114

Publius Cornelius Scipio Africanus 114, 115

Publius Licinius Crassus (Legat Caesars) 6, 166

Publius Crassus (Konsul) 169, 170

Q

Quiberon 150

R

Rhein 46, 47, 59, 61, 147, 154, 157, 158, 159, 174, 175, 182

Rhipäen/Rhipäische Berge 74, 75, 76, 93, 95

Rhodos 44, 45, 55, 57, 61, 159, 175, 198, 232

Rhone 115, 145, 147, 148, 150, 152, 153, 154, 155

Rom 31, 78, 117, 118, 123, 159, 198, 223, 224, 248, 305

Rusbeas (Vorgebirge) 285

S

Samland 299

Sataspes 86

Saturnus 286

Säulen des Herakles 32, 33, 56, 57, 59, 61, 70, 99, 100, 103, 190, 211, 217, 222, 224, 226, 227, 228, 232

Schifffahrt 7, 63, 125, 139, 150, 192, 196, 197, 210, 215, 223, 228, 259, 285, 288

Schiffsgeschwindigkeit 192, 194

Schottland 10, 13, 20, 172, 179, 196, 197, 206, 220, 229, 240, 254, 273, 277, 279, 280, 281, 286, 287, 288, 290, 291, 292, 294, 303, 304, 308

Scilly Inseln 20, 168

Scipio Aemilianus 12, 39, 98, 102, 104, 111–114, 116–121, 122, 123–127, 149, 170, 305

Seine 143, 147, 148, 155

Seleukos von Babylon 164

Seneca 288

Septimius Severus 172

Shaftmining 130

INDEX

Shetland 4, 6, 9, 19, 20, 21, 51, 53, 196, 200, 206, 240, 257, 268, 272, 278, 279, 280, 281–284, 286–289, 290, 293, 294, 307
Silber 63, 99, 100, 101, 103, 104, 105, 107, 108, 111, 131, 146, 152, 153
Simmer Dim 282
Sizilien 32, 177, 178, 179, 193, 194
Skagen 21, 303
Skagerak 285
Skandinavien 290, 292, 299, 302
Skythen 46, 47, 76, 148, 175, 176, 236, 250, 259
Sogdiane 235, 269
Solinus 141, 184, 273, 274
Solstitium 242, 262, 265, 267, 268
Sommersonnenwende 50, 142, 160, 200, 262, 268, 275, 276, 281, 282, 306
Sonnendeklination 262, 263, 265, 266, 267
Sonnenhöhen 8, 231, 238, 239, 241, 246, 247, 257, 258, 262, 269
Spanien 7, 59, 60, 101, 102, 103, 104, 105, 106–108, 110, 112, 115, 117–120, 121, 122, 125, 131, 146, 157, 158, 170, 182, 189, 207, 208, 210, 212–217, 226, 229
St. Michaels Mount 137, 145
Stadion 191
Stephanos von Byzanz 1, 2, 88, 90, 211, 225, 226, 227
Stobaios 1, 2, 163, 164
Strabon 1, 2, 5, 7, 8, 10, 11–13, 14, 15, 16, 17, 18, 23–25, 26, 31, 32, 36, 37, 38, 42–52, 55–57, 58–61, 64–74, 75, 78–81, 82–86, 87, 88, 91, 92, 95, 96, 101, 106–110, 112, 113–114, 124, 142, 143, 146, 147, 149, 150, 151, 152, 154, 155, 156, 159, 161, 162, 164, 165, 166–169, 170, 173–176, 177–180, 182, 185, 187, 189, 190, 191, 193, 208, 209, 211, 212, 214, 216, 221, 222, 231–243, 244, 246, 247–250, 251, 253, 255–256, 258, 260, 263, 268, 269, 271, 272, 277, 281, 283, 292, 293, 294, 305–307, 310
Suda 27, 164, 227
Syene 283, 45, 51, 52

T
Tageslängen 4, 8, 9, 13, 16, 18, 48, 53, 198, 200, 204, 231, 239, 246, 248, 251, 252, 253, 258, 266, 267, 268, 269, 306, 307
Tanais 17, 21, 24, 32, 33, 34, 35, 36, 39, 41, 93
Taprobane 32, 177, 178, 190, 236
Tartessos 208, 216, 217, 218
Tectosagen 152, 153, 155, 170
Teutonen 18, 156, 159, 220, 296, 299, 300, 308
Themse 157, 158, 159, 196
Theon von Alexandria 252
Thule 1, 3, 5, 9, 11, 13, 15, 16, 17, 19, 20, 21, 23, 24, 34, 36, 41, 43, 45–47, 49–55, 64, 65, 67, 69, 71–73, 76, 77, 90, 91, 93, 94, 96, 142, 159, 161, 165, 173, 174, 175, 183, 189, 195, 199, 200, 206, 234, 256, 257, 259, 269, 271–274, 278–284, 287–289, 292–294, 295, 305, 307, 311
Timaios von Tauromenion 1, 2, 6, 10, 18, 27, 28, 33, 41, 42, 80, 98, 107, 127, 138, 139, 140, 141, 143, 144, 155, 156, 166, 170, 181, 295, 296, 297
Tin Streaming 130

348

Tolosa 53, 150, 152, 153, 155, 170, 293
Trondheim 200, 206, 293

U

Uluburun (Schiff) 135, 136
Unst (Shetland) 200, 282, 294
Utopischer Reiseroman 75
Uxisame (Insel) 20, 56, 57, 58, 61, 62, 63, 64, 96, 161, 216

V

Vectis 139, 141, 144
Veneter 149, 150, 167
Vergil 288
Verträge (Rom-Karthago) 7, 218, 223–225, 227, 228, 229

W

Walmeer 286
Wattenmeer 145, 285, 298
Wight 137, 139, 142–144, 155
Wintersonnenwende 142, 205, 206, 237, 242, 247, 274, 276

X

Xenophon von Lampsakos 2, 76, 296

Z

Zimtland 44, 45, 51, 57, 235, 236, 246
Zinn 5, 6, 63, 97–99, 101, 102, 104, 105, 106–109, 111, 113, 114, 124–126, 127, 128–136, 137, 138, 141, 143, 144, 145, 146, 148, 150, 154, 156, 166, 169, 170, 296, 301
Zinninseln (Kassiteriden) 106, 109, 110, 166, 167, 169, 222
Zirkumpolarsterne 261, 309

PRISMATA
Beiträge zur Altertumswissenschaft

Begründet von Ilona Opelt †.
Herausgegeben von Bruno Bleckmann, Raban von Haehling,
Christoph Schubert, Markus Stein, Bernhard Zimmermann

Band 1 Dietmar Schmitz: Zeugen des Prozeßgegners in Gerichtsreden Ciceros. 1985.

Band 2 Ingeborg Weiss: Die Italienbücher des Strabon von Amaseia. 1991.

Band 3 Brigitte Richter: Vitellius. Ein Zerrbild der Geschichtsschreibung. Untersuchungen zum Prinzipat des A. Vitellius. 1992.

Band 4 Dietmar Schmitz (Hrsg.): Ilona Opelt: Kleine Schriften. 1997.

Band 5 Helga Scholten: Der Eunuch in Kaisernähe. Zur politischen und sozialen Bedeutung des praepositus sacri cubiculi im 4. und 5. Jahrhundert n.Chr. 1995.

Band 6 Peter Nadig: ARDET AMBITUS. Untersuchungen zum Phänomen der Wahlbestechungen in der römischen Republik. 1997.

Band 7 Joachim Lehnen: ADVENTUS PRINCIPIS. Untersuchungen zu Sinngehalt und Zeremoniell der Kaiserankunft in den Städten des Imperium Romanum. 1997.

Band 8 Michael Stemmler: Eques Romanus – Reiter und Ritter. Begriffsgeschichtliche Untersuchungen zu den Entstehungsbedingungen einer römischen Adelskategorie im Heer und in den comitia centuriata. 1997.

Band 9 Ludwig Bernays: Ars poetica. Studien zu formalen Aspekten der antiken Dichtung. 1999.

Band 10 Lukas Richter: Pathos und Harmonía. Melodisch-tonale Aspekte der attischen Tragödie. 2000.

Band 11 Horst Peters: Platons Dialog Lysis. Ein unlösbares Rätsel? 2001.

Band 12 Alfons Rösger: Studien zum Herrscherbegriff der Historia Augusta und zum antiken Erziehungswesen. Herausgegeben von Raban von Haehling und Wolfgang Will. 2001.

Band 13 Tobias Arand: Das schmähliche Ende. Der Tod des schlechten Kaisers und seine literarische Gestaltung in der römischen Historiographie. 2002.

Band 14 Marcus Sigismund: Über das Alter. Eine historisch-kritische Analyse der Schriften Über das Alter / von Musonius, Favorinus und Iuncus. 2003.

Band 15 Detlef Urban: Die augusteische Herrschaftsprogrammatik in Ovids Metamorphosen. 2005.

Band 16 Martin Drechsler: Interpretationen der Beweismethoden in der Syllogistik des Aristoteles sowie ein logisch-semantischer Kommentar zu den Analytica priora I, 1, 2, 4–7. 2005.

Band 17 Simone Kroschel: „Wenig verlangt die Natur". Naturgemäß leben, Einfachheit und Askese im antiken Denken. 2008.

Band 18 Karl-Heinz v. Rothenburg: Geschichte und Funktion von Abbildungen in lateinischen Lehrbüchern. Ein Beitrag zur Geschichte des textbezogenen Bildes. 2009.

Band 19 Natalia Pedrique: Logos dynastes. Dichtung und Rhetorik in Platons Gorgias. 2011

Band 20 Georgios Kraias: Epische Szenen in tragischem Kontext. Untersuchung zu den Homer-Bezügen bei Aischylos. 2011.

Band 21 Thomas Bounas: Die Kriegsrechtfertigung in der attischen Rhetorik des 4. Jh. v. Chr. Vom Korinthischen Krieg bis zur Schlacht bei Chaironeia (395–338 v. Chr.). 2016.

Band 22 Jens-Frederik Eckholdt: Von göttlicher Vorsehung bis Zufall. ‚Tyche' im Werk des Plutarch von Chaironeia. 2019.

Band 23 Sophie Röder: Kaiserliches Handeln im 3. Jahrhundert als situatives Gestalten. Studien zur Regierungspraxis und zu Funktionen der Herrschaftsrepräsentation des Gallienus. 2019.

Band 24 Peter Braun-Angott: Pytheas von Massalia. Geographische, astronomische und handelspolitische Aspekte seines Reiseberichts. 2026.

www.peterlang.com

www.ingramcontent.com/pod-product-compliance
Ingram Content Group UK Ltd.
Pitfield, Milton Keynes, MK11 3LW, UK
UKHW021828210426
5322IPUK00004B/84